冶金工业出版社

普通高等教育"十四五"规划教材

材料性能学

主　编　胡　平　操齐高
副主编　杨俊宙　高黎黎　王　华
　　　　陈文静　邢海瑞　王耀勉

北　京
冶金工业出版社
2024

内 容 提 要

本书对金属材料物理性能和力学性能进行总结及论述,主要包括材料各种主要性能的基本概念、变化规律及其性能指标,影响材料性能的主要因素等,旨在培养学生提高材料性能指标、充分发挥材料性能潜力的能力,以及合理选材、用材、进行材料改性的能力。

本书可作为金属材料工程、材料成形及控制工程、材料科学与工程等材料类专业教材,也可供从事材料专业的研发、技术、生产人员阅读参考。

图书在版编目(CIP)数据

材料性能学/胡平,操齐高主编. —北京:冶金工业出版社,2024.4
普通高等教育"十四五"规划教材
ISBN 978-7-5024-9770-5

Ⅰ.①材… Ⅱ.①胡… ②操… Ⅲ.①工程材料—性能—高等学校—教材 Ⅳ.①TB3

中国国家版本馆 CIP 数据核字(2024)第 048602 号

材料性能学

出版发行	冶金工业出版社	电　话	(010)64027926
地　址	北京市东城区嵩祝院北巷 39 号	邮　编	100009
网　址	www.mip1953.com	电子信箱	service@mip1953.com

责任编辑　曾　媛　赵缘园　美术编辑　吕欣童　版式设计　郑小利
责任校对　石　静　责任印制　窦　唯
三河市双峰印刷装订有限公司印刷
2024 年 4 月第 1 版,2024 年 4 月第 1 次印刷
787mm×1092mm　1/16;24.75 印张;603 千字;384 页
定价 65.00 元

投稿电话　(010)64027932　投稿信箱　tougao@cnmip.com.cn
营销中心电话　(010)64044283
冶金工业出版社天猫旗舰店　yjgycbs.tmall.com
(本书如有印装质量问题,本社营销中心负责退换)

前　　言

"材料性能学"是我国高等教育材料类专业重要的专业基础课。随着时代的发展，航空、航天、核电、信息、能源等重要领域对材料性能的要求日益提高。掌握材料各种性能的基本概念、物理本质、影响因素、表征分析及其在工程中的应用，是新工科背景下材料类专业学生培养目标达成的必然要求。

本书共分14章。第1章为材料性能概述，主要包括材料性能的定义、外延与划分等，供学生作为开始学习的基础知识储备。第2~6章为材料的物理性能，主要介绍材料的电学性能（第2章）、磁学性能（第3章）、功能转换性能（第4章）、热学性能（第5章）和光学性能（第6章）。第7~14章为材料的力学性能，主要包括弹性变形（第7章）、塑性变形（第8章）、常规静载力学性能（第9章）、材料的断裂韧性（第10章）、疲劳性能（第11章）、高温力学性能（第12章）、环境介质作用下的力学性能（第13章）和金属的摩擦与磨损（第14章）；其中，第13章和第14章重点针对金属材料进行介绍。本书在编排内容时，每章均从关键的知识点出发，添加了案例导入，从工程实际问题引出相关材料性能的介绍，目的是激发学生的学习兴趣，有助于学生更好地理解基本概念及其应用。此外，每章最后提供了多种类型的习题，以便学生温故而知新。

本书由胡平和操齐高任主编，杨俊宙、高黎黎、王华、陈文静、邢海瑞和王耀勉任副主编，具体的编写分工如下：第1、12章由西安建筑科技大学胡平教授编写，第2章由西北有色金属研究院电子材料研究所所长操齐高教授编写，第3章由西安建筑科技大学王华老师编写，第4~6章由西安建筑科技大学高黎黎副教授编写，第7、10、13~14章由西安建筑科技大学杨俊宙博士编写，第8章由西安建筑科技大学邢海瑞博士编写，第9章由西安航空职业技术学院

II

陈文静老师编写，第 11 章由西安建筑科技大学王耀勉副教授编写。全书由胡平教授统稿审定。

由于编者水平所限，书中不妥之处在所难免，敬请读者批评指正。

编　者

2023 年 5 月 10 日

目　　录

1 材料性能概述

【本章提要与学习重点】

本章主要针对材料的物理、电学、磁学、力学等性能进行概括，从而引出研究材料性能的目的。通过本章学习，使学生了解研究/开发材料的方法与普遍规律，并对内部结构及外界条件如何影响性能具有初步认识，使学生对材料性能整体概况具有初步把握。

【导入案例】

材料的作用和意义是不言而喻的，可以说人类的历史就是一部材料及其技术演变史。人们利用材料时，有时利用其具有抵抗外力的作用而保持自己的形状和结构不变以用来制造工具、机械、车辆、房屋、桥梁等，这些材料统称为结构材料。最早的结构材料是木材、石头等天然材料，随着青铜器和铁器出现，金属成了主要结构材料之一，至今仍然在广泛地应用。结构材料是以强度、刚度、韧性、耐磨性、疲劳强度等力学性能为特征的材料。

还有一类材料，人们在使用的过程中主要是利用其某些特殊的性能，如通过光、电、磁、声、热化学、生物化学等作用，使材料具有特定的功能，包括光学功能、电磁功能、声学功能、分离功能、形状记忆功能、自适应功能等，人们将这种材料统称为功能材料。

根据材料的应用领域不同，常把材料分为结构材料和功能材料两大类。结构材料主要是以材料的力学性能为主要衡量指标，这类材料应用于机械制造、交通运输、航天航空、建筑工程等基础工业领域。功能材料主要是以材料的物理性能为主要衡量指标，具有优良的电学、声学、热学、光学、磁学、力学、化学、生物化学等功能及其相互转化的功能，并且用于非结构目的的材料。

功能材料的使用和结构材料一样有着悠久的历史，但是人们使用功能材料这个概念还是近60年的事情。1965年美国贝尔研究所的 Morton 博士率先采用这一名词，之后得到广大学者的认同。随着20世纪高新技术产业的迅猛发展，各种各样的新型功能材料大量出现，同时也进一步推动科学技术的发展。

近年来，功能材料取得迅猛发展，现已开发的物理功能材料主要有：（1）单功能材料，如导电材料、介电材料、铁电材料、磁性材料、磁信息材料、光学材料、非线性光学材料、红外材料、光信息材料、发热材料、隔热材料、弹性材料和阻尼材料等；（2）功能转换材料，如压电材料、光电材料、热电材料、磁光材料、磁电材料、磁敏材料、声光材料、电流变体和磁流变体、磁致伸缩材料、电致伸缩陶瓷、光致变色玻璃、电致变色材料等；（3）复合功能材料，如形状记忆材料、梯度材料、隐身材料、传感材料、智能材料、环境材料等。除此之外，化学和生物医药材料、仿生材料、储氢材料等也正在迅速发展，并取得越来越广泛的应用。

自从20世纪70年代以来，日本和欧美各国对功能材料的研究十分重视，因为功能材料在未来社会发展中具有重大价值。可以说，功能材料是能源、计算机、通信、电子、激光和空间科学等现代技术的基础。近10多年来，功能材料成为材料科学和工程领域中最活跃的部分。

种类繁多的功能材料正在渗透到科技、社会生活中的各个领域，未来世界需要各种性能优异的功能材料，而且要求使用的材料多功能化、智能化，人们正在朝着这个方面不断探索。

1.1　材料性能的定义

材料性能是一种用于表征材料在给定外界条件下的行为参量，例如，外力作用下的拉伸行为的载荷-位移曲线或应力-应变曲线，采用屈服、缩颈、断裂等的行为判据，分别有屈服强度、抗拉强度、断裂强度等力学性能。用于表征材料在外磁场作用下磁化及退磁行为的磁滞回线，采用不同的行为判据，分别有矫顽力、剩余磁感、储藏的磁能等磁学性能。外界条件不同，相同的材料也会有不同的性能。断裂强度的临界条件是断裂，不少的外界条件可以影响断裂行为，温度升高到熔点的 $40\% \sim 50\%$ 以上——蠕变断裂强度；反复的交变载荷——疲劳断裂强度；特定的化学介质——腐蚀断裂强度。

1.2　材料性能的外延与划分

材料性能的划分只是为了学习和研究的方便。各种性能间既有区别，又有联系（表1-1）。复杂性能就是不同简单性能的组合。消振性，对于高振动的器件（如汽轮机的叶片）是一个重要的力学性能，但对于琴丝、大钟，除了力学性能外还涉及悦耳的声学性能；材料的高温蠕变强度，既是力学性能，又是热学性能，材料的应力腐蚀既是化学问题，又是力学问题；反射率既是光学性能，又与金属表面的化学稳定性有关。

表 1-1　材料性能的一般划分方法

物理性能	力学性能	化学性能	复杂性能
热学性能	强度	抗氧化性	复合性能：简单性能的组合，如高温、疲劳强度等
声学性能	延性	耐腐蚀性	工艺性能：铸造性、可锻性、可焊性、切割性等
光学性能	韧性	抗渗入性	使用性能：抗弹穿入性、耐磨性、乐器悦耳性、刀刃锋锐性等
电学性能	刚性		
磁学性能			
辐照性能			

研究材料性能时，还要注意性能的复合与转换。物理现象之间的转换相当普遍，人们利用这些现象，制备了很多功能元件与控制元件，如热电偶、光电管、电阻应变片、压电晶体等。近年来，还提出了相乘效应：若对材料 A 施加 X 作用，可得到 Y 效果，则这个材料具有 X/Y 性能，压电性能中 X 为压力，Y 为电位差；材料 B 具有 Y/Z 性能，则 A 与

B 复合之后具有 X/Z 新性能，（X/Y）·（Y/Z）＝（X/Z），一些实例已列于表 1-2 中。

表 1-2　相乘效应

A 组元性能（X/Y）	B 组元性能（Y/Z）	AB 组元性能（X/Z）
压电性	磁阻性	压阻效应
压磁性	法拉第效应（电磁转变）	压制电极性变化
压电性	场致发光	压力发光
压电性	凯尔光电效应	力致发光
磁致伸缩	压阻性	磁阻效应
磁致伸缩	压电性	磁电效应
光导性	电致伸缩	光致伸缩
光导性	场致发光	光波转变（红外/可见光）
闪烁现象	光导性	辐照诱致导电
闪烁现象	荧光	辐射荧光
热胀变形	热敏性	热阻控制效应

　　同一材料的不同性能，只是相同的内部结构在不同的外界条件下所表现出的不同行为。在研究材料性能时，既要总结个别性能的特殊规律，又要从材料的内部结构去理解材料为什么会有这些性能。例如，在研究材料机械性能时，既要研究材料的各种强度、弹性、塑性韧性的特殊规律，即建立与性能的各种表象规律，又要运用晶体缺陷理论去研究材料从形变到断裂的普遍规律，去探寻这些现象形成的机理。又如，材料的电、磁、光、热现象的物理性能，可以在电子论的指导下得到物理本质的统一。因此，我们必须要运用固体物理和固体化学，从本质上理解固体材料的各种性能所涉及的现象。绝大多数性能是与整体内部的原子特性和交互作用有关的，但是，有些性能则只与材料的表面层原子有关，如腐蚀和氧化、摩擦和磨损、晶体外延生长与离子注入、催化和表面反应等。

　　一般人们都用"工艺—结构—性能"这条路线去控制或改造性能，即工艺决定结构，结构决定性能。改变结构时，应考虑它的可变性以及这种改变对于性能改变的敏感性。有些结构是难以改变的，如原子结构，有些组织虽然可以通过工艺来改变，但性能对于结构却有不同的敏感性。某些性能主要取决于成分，成分固定，性能也就随之而固定，称之为非结构敏感性性能。另一些性能则由于晶体的缺陷、畸变、第二相的数量、大小和分布等改变而可能有很大的变化，这些则称为结构敏感性的性能，例如，电导率、屈服强度、矫顽力等。

1.3　材料性能的研究目的

　　材料性能的研究，既是材料开发的出发点，也是其重要归属。陶瓷材料，它之所以能广泛地应用，归根结底是因为其某一方面的性能可以满足人类的需要，可制成各种各样的形状，坚硬、表面光洁度高，可用作各种各样的容器；同时具有一定的电气绝缘强度及机械强度，可作为重要的绝缘材料。近年来开发出来的一些新性能还可满足一些特殊环境的要求，用此制备重要的功能元件；利用磁性制备计算机记忆元件；利用光学性能制备光学元件，如透明陶瓷可用作钠光灯的灯罩，钠光灯的发光效率高且节能，但若用普通玻璃，则会因为钠蒸气的腐蚀作用而出问题；利用机械强度与化学惰性制备仿生陶瓷（人造骨骼、牙齿等）、耐高温陶瓷等集成电路的绝缘基板材料，首先必须要具有一定的强度，以便能够承载起安装在其上的集成电路元件及分布在其上的电路线，要有均匀而平滑的表面，以便进行穿孔、开槽等精密加工，从而能够构成细微而精密的图形，还应有优良的绝缘性能，尤其是在高频下，还要有充分的导热性，以迅速散发电路上因电流产生的热，电子元器件与基片的热膨胀系数之差应尽可能地小，从而保证基片与电路间良好的匹配性，电路与基片就不会剥离。总之，材料的强度表面光洁度、绝缘性能、热导性、热膨胀系数等是衡量基板材料好坏的重要指标。环氧树脂等塑料是较好的基片材料，但它们的导热性能不好。氧化铝的导热性能约为环氧树脂的 30 倍，故氧化铝是重要的基片材料。比氧化铝导热性更好的材料，更有希望作基片的材料。氧化铝单晶（也称为蓝宝石），其导热系数比氧化铝烧结体大 4 倍，却难以获得合适的薄片形状。碳化硅导热性较好，约 10 倍于氧化铝，硬度高，可精密加工，热膨胀系数接近硅，却是半导体，且致密烧结非常困难。现采用添加百分之几的氧化铍，并用热压烧结方法，获得了导热性能与绝缘性兼有的致密材料。金刚石是导热系数最好的材料，绝缘性也很好，是最理想的绝缘基片材料，但是要稳定地供给高纯度且具有一定大小的片状金刚石晶体，目前还有很大困难，要投入实际应用，还需要作出很大的努力。以上仅从导热系数指标来讨论，实际应用中还要考虑其他指标。如对于大型计算机，还要考虑介电常数，因为若基片材料的介电常数过大，则电子元件上的响应时间就会变长，从而影响计算机的运算速度。因此，用氧化铝作基片材料，还存在着许多值得改进之处。总之，对材料的使用，主要是使用其某一方面的性能。在选用材料时先考察主要性能满足与否，再考察其他性能。材料性能的研究，有助于研究材料的内部结构。材料性能就是内部结构的体现，对结构敏感性能更是如此。同样，材料的性能，也反映了材料的内部结构。例如，根据布拉格方程 $n\lambda = 2d\sin\theta$，利用晶体对 X 射线的衍射图像，就可以推知晶体中晶面间距 d，进而就可以分析晶体的结构。

1.4　材料生产工艺

任何一种新材料从发现到应用于实际，必须经过适宜的制备工艺才能成为工程材料。高温超导材料自 1986 年发现到 20 世纪末，已有 15 年的历史，但仍不能普遍应用，主要是因为没有找到价廉而稳定的生产线材的工艺。C_{60} 也是如此，尽管在发现之初认为它的用途十分广泛，但到 20 世纪末仍处于科研阶段。传统材料也需要不断改进生产工艺或流程，以提高产品质量、降低成本和减少污染，从而提高竞争能力。分子束外延技术的出现，可以控制薄膜的生长精确到几个原子的厚度，从而实现了"原子工程"或"能带工程"，为原子、分子设计提供了有效手段；快冷技术（即每秒冷却速度达 $10^4 \sim 10^8$ K）的采用，为金属材料的发展开辟了一条新途径。首先是金属玻璃的形成，提高了金属强度、耐磨耐蚀性能和磁学性能。其次通过快冷可得到超细晶粒，成为改进性能的有效方法。之后通过快冷发现了准晶，由此改变了晶体学的传统观念。所以材料制备方法的研究与开发成为材料科学技术的重点。材料的广泛应用是材料科学技术发展的主要动力，实验研究出来的具有优异性能的材料不等于具有实用价值，必须通过大量应用研究，才能发挥其应有的作用。材料的应用要考虑以下几个因素：一是材料的使用性能；二是使用寿命及可靠性；三是环境适应性，包括生产过程与使用时间；四是价格。当然，不同材料及使用的对象不同，考虑的重点就不一样，有些量大面广的材料，价格低廉是主要的，因而生产要低成本，检验不十分复杂，如建材与包装材料；相反，有些关键技术所用关键材料，如航空航天及医用生物材料，一旦发生意外，则损失严重，因而必须高质量、安全可靠、加强检验，否则后果不堪设想，所以有时检验费用比材料本身花费还高。以航空发动机所用高温合金为例，作为涡轮叶片及涡轮盘材料，一旦在飞行过程中出现断裂，很可能造成机毁人亡，因而在要求长寿命（几万小时）的同时，对可靠性的要求特别严格。为了保证材料的质量，采用三次熔炼：真空感应炉熔炼，以保证严格控制成分（去气-去有机杂质），再用电渣重熔，以去除非金属夹杂物 最后真空自耗电弧重熔，可以得到无宏观缺陷的合金锭，如此保证材料质量的均一性和完整性，再经锻造，或重熔铸造加工成零件，最后经过高灵敏度的检验合格后，可装机使用。对医用生物材料来说，质量保证更为严格，因为一旦因质量事故而产生不良后果，则后患无穷。

　　人类开发利用材料是从其性能入手的，根据对材料性能上的要求，来探索合适的工艺路线。在整个开发过程中又不断地研究了材料的结构与性能的关系，为开发新的材料奠定基础。因此，材料性能在近代材料科学中占有重要地位。

习　题

1. 简述材料性能的定义及其研究目的。

2 材料电学性能

【本章提要与学习重点】

本章基于周期势场中电子的运动状态，推导出能带理论的主要结果；通过介绍固体电子的能量结构与状态，给出了金属、半导体、绝缘体的导电基础。从固体材料的电子理论、电子运动模型、金属电导理论及导电性能等几个方面对材料电学性能由微观到宏观进行全面论述。通过本章学习，使学生了解材料物理性能与材料的晶体结构、电子能量状态以及原子间键合方式之间的联系，并熟悉电性能的测量及应用领域，加深学生对材料物理性能的整体理解。

【导入案例】

在材料的许多应用中，电学性能十分重要。导电材料、电阻材料、电热材料、超导材料和半导体材料等都是以材料的电学性能为基础。例如，半导体材料具有介于导体和绝缘体之间的电导率，被广泛应用于电子器件、光电器件、太阳能电池等领域。硅是最常见的半导体材料之一，具有良好的电学性能和化学稳定性，它被广泛应用于集成电路、太阳能电池等领域。碳化硅是一种新型的半导体材料，具有高温、高压、高频等特殊性能，它被广泛应用于电力电子、汽车电子等领域。氮化镓是一种宽禁带半导体材料，具有高电子迁移率和高饱和漂移速度。它被广泛应用于 LED、激光器等领域。磷化镓是一种窄禁带半导体材料，具有良好的光电性能，它被广泛应用于光电器件、太阳能电池等领域。

2.1 固体材料的电子理论

材料物理性能与材料的晶体结构、电子能量状态以及原子间的键合方式有密切的关系。由于固体中原子、分子、离子的排列方式不同，因此固体材料的电子结构和能量状态呈现不同的运动状态，这也就对材料的电学、光学和磁学性质产生很大影响。固体材料的电子理论从微观上探讨了原子和电子的结构与宏观物理性质之间的关系及其相应机制，能够更深入地理解各种材料物理性质的起因。例如，金属、半导体、绝缘体的电阻率相差 10^{28}（$10^{-6} \sim 10^{22}$）$\Omega \cdot cm$，为什么会有如此大的差别呢？主要是由于晶体中的电子分布在各个能带上，而能带和能带之间存在着带隙。

2.1.1 能带理论的一般性介绍

能带理论是关于材料中电子运动规律的一种量子力学理论。它是在量子力学研究金属导电理论的基础上发展起来的，它的成功之处在于定性地阐明了晶体中的电子运动的规律。

在固体中存在着大量的电子，它们的运动都是互相关联的，每个电子运动都要受到其他电子运动的牵连，因此要想严格求解多电子系统几乎不可能。所以能带理论是一个近似理论，它采用单电子近似的方法来处理复杂的多电子问题。

所谓单电子近似就是把每个电子的运动看成是独立地在一个等效势场中运动。等效势场是指在原子结合成固体的过程中，变化最大的是价电子，而内层电子的变化较小，所以可以把原子核和内层电子看成是一个离子实（Ion Core）与价电子（Valence Electron）构成的等效势场。金属自由电子理论中忽略了离子的作用，认为电子是在金属内部的均匀势场中运动。事实上，固体中电子是在由离子组成的非均匀势场中运动。

我们知道，晶体中原子排列具有周期性，那么晶体中的势场也具有周期性，称为周期性势场。在周期性势场中运动的电子的能量状态受到周期性势场的影响，将产生一系列变化。

周期性势场具有以下特点：

（1）能带理论的出发点是固体中的电子不再束缚于个别的原子，而是在整个固体内运动，称为共有化电子。

（2）在讨论共有化电子的运动状态时，假定原子实处在平衡位置，而把原子实偏离平衡位置的影响看成微扰。

根据不同的处理方法，能带理论主要有三种近似理论，它们分别是：近自由电子近似；赝势法；紧束缚近似法。本章只介绍近自由电子近似模型。因为这个模型给出了固体中电子运动行为的几乎所有定性问题的答案，而且，近自由电子理论能满意地解释绝大多数金属、半导体的导电特性，但不能正确解释绝缘体。

2.1.2 晶体中电子的运动

对于理想晶体，原子规则排列成晶格，晶格具有周期性，使得晶体中产生周期性场势，因而它的等效势场 $V(r)$ 也具有周期性。晶体中的电子就是在一个具有周期性的等效势场中运动，其波动方程可用薛定谔方程表示：

$$\left[-\frac{\hbar^2}{2m} \nabla^2 + V(r) \right] \psi = E\psi(r) \tag{2-1}$$

由于势场具有周期性，势能：

$$V(r) = V(r + R_n) \tag{2-2}$$

式中，R_n 为任意晶格矢量，反映晶体的平移对称性。波矢 k 和相差任意倒易晶格矢量 G_n。有：

$$k' = k + G_n \tag{2-3}$$

由薛定谔方程可知，相应的本征方程和本征值，均描写同一状态，即：

$$\psi(r) = \psi(k + G_n) \tag{2-4}$$

$$E(r) = E(k + G_n) \tag{2-5}$$

上式说明，能量 $E(k)$ 是波矢 k 的周期函数，只能在一定范围变化，有能量的上、下限，从而构成能带。$E(k)$ 的总体称为晶体的电子能带结构。

为了求出电子在周期性势场中的运动状态，采用量子力学的微扰理论。按照微扰理论，晶体中的电子和自由电子的区别就在于有无周期势场。由于它是一个很弱的势，所以可以把它作为自由电子恒定势场的一般微扰来处理，从而推导出自由电子近似下的电子能带结构。

2.1.3　近自由电子近似的一维模型

　　首先对最简单的一维周期性势场中电子运动的状态进行讨论，然后推广到三维周期性势场，从而得到三维的近自由电子近似的能带理论。考察 N 个间距 a 的正离子周期性排列所形成的一维晶体点阵，其势能如图2-1所示。从图2-1中可以看到晶体点阵具有相同的周期性。对于弱的周期性势场，把它看成微扰，因此可以采用量子力学的微扰方法来处理。

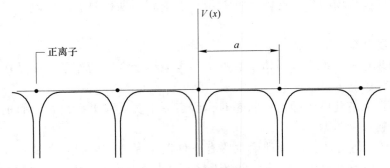

图 2-1　一维周期势场

　　晶体势场 $V(x)$ 具有周期性，那么它的平面波也具有周期性。在一维势场的势能 $V(x)$ 的展开式中，波矢：

$$k = 2\pi n/a \tag{2-6}$$

　　则晶体周期势场电子的势能 $V(x)$ 是周期函数，用傅里叶级数展开，写成：

$$V(x) = \sum_n V_n e^{i\frac{2\pi}{a}nx} = V_0 + \sum_n{}' V_n e^{i\frac{2\pi}{a}nx} \tag{2-7}$$

式中，V_0 为势能的平均值，求和号后带"′"表示求和不包括 $n=0$ 项。

　　选取能量平衡零点，使 $V_0 = 0$，则：

$$V_n = \frac{1}{L} \int_0^L V(x) e^{-i\frac{2\pi}{a}nx} dx \tag{2-8}$$

　　对于弱周期势场，可以用微扰理论处理，单电子哈密顿算符为：

$$\hat{H} = \hat{H}_0 + \hat{H}' \tag{2-9}$$

　　其中：

$$\hat{H}_0 = -\frac{\hbar^2}{2m}\frac{d^2}{dx^2} \tag{2-10}$$

　　微扰项：

$$\hat{H}' = V(x) = \sum_n V_n e^{i\frac{2\pi}{a}nx} \tag{2-11}$$

　　则：

$$\hat{H} = -\frac{\hbar^2}{2m}\frac{d^2}{dx^2} + V(x) = -\frac{\hbar^2}{2m}\frac{d^2}{dx^2} + \sum_n V_n e^{i\frac{2\pi}{a}nx} \tag{2-12}$$

　　对于一维点阵的薛定谔方程，在零级近似下：

$$\left[-\frac{\hbar^2}{2m}\frac{\mathrm{d}^2}{\mathrm{d}x^2} + V(x) \right]\psi_k^{(0)} = \xi\psi^{(0)} \tag{2-13}$$

可以求出薛定谔方程的本征值（能量）：

$$\xi^{(0)}(k) = \frac{\hbar^2 k^2}{2m} \tag{2-14}$$

相应的本征函数（归一化波函数）：

$$\psi^{(0)}(x) = \frac{1}{\sqrt{L}}e^{ikx} \tag{2-15}$$

式中，L 为一维点阵的长度，$L = Na$；$k = 2\Pi h/Na$。

由式（2-14）和式（2-15），能量在无周期性势场影响时，$E_0(k)$ 与 k 的函数关系为完整的抛物线。图 2-2 为零级近似时，自由电子气的抛物线能带曲线。

2.1.4 周期势场中自由电子的运动

考虑了周期势场的影响后，自由电子的运动模型就需要用量子力学的微扰来计算。量子力学的微扰理论的思路是：对自由电子的波函数和能量状态 E 进行逐级修正，得到最终的在周期势场中自由电子的运动形式：

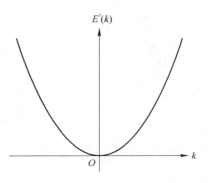

图 2-2　自由电子的能带曲线

$$\psi = \psi^{(0)} + \psi^{(1)} + \psi^{(2)} + \cdots \tag{2-16}$$

$$E = E^{(0)} + E^{(1)} + E^{(2)} + \cdots \tag{2-17}$$

由式（2-14）、式（2-15）可知，零级微扰后的波函数和能量状态分别为：

$$\psi^{(0)}(x) = \frac{1}{\sqrt{L}}e^{ikx} \tag{2-18}$$

$$E^{(0)}(k) = \frac{\hbar^2 k^2}{2m} \tag{2-19}$$

一级微扰后的能量为：

$$\begin{aligned}
E^{(1)} &= H'_{kk'} = \int_0^L \psi_k^{(0)*}(x)\Delta V\psi_k^{(0)}\,\mathrm{d}x \\
&= \int_0^L \psi_k^{(0)*}(x)[V(x) - \overline{V}]\psi_k^{(0)}\,\mathrm{d}x \\
&= \int_0^L \psi_k^{(0)*}(x)V(x)\psi_k^{(0)}\,\mathrm{d}x - \overline{V} \\
&= \overline{V} - \overline{V} = 0
\end{aligned} \tag{2-20}$$

由式（2-20）可见一级微扰后的能量为零，需要对其进行二级微扰。

能量的二级微扰：

$$E^{(2)}(k) = \sum_n \frac{|H'_{kk'}|^2}{E^{(0)}(k) - E^{(0)}(k)'} = \sum_n \frac{2m|V_n|^2}{\hbar^2 k^2 - \hbar^2\left(k - \frac{2\pi}{a}n\right)^2} \tag{2-21}$$

微扰后经二级修正的电子总能量：

$$E(k) = \frac{\hbar^2 k^2}{2m} + \sum_n \frac{2m |V_n|^2}{\hbar^2 k^2 - \hbar^2 \left(k - \frac{2\pi}{a}n\right)^2} \tag{2-22}$$

计入微扰后电子的波函数：

$$\psi(k) = \psi_k^{(0)}(x) \sum_{k'} \frac{H'_{kk'}}{E^{(0)}(k) - E^{(0)}(k')} \psi_{k'}^{(0)}(x)$$

$$= \frac{1}{\sqrt{L}} e^{ikx} \left[1 + \sum_n \frac{2mV_n e^{-i\frac{2\pi}{a}nx}}{\hbar^2 k^2 - \hbar^2 \left(k - \frac{2\pi}{a}n\right)^2} \right] \tag{2-23}$$

其中：

$$1 + \sum_n \frac{2mV_n e^{-i\frac{2\pi}{a}nx}}{\hbar^2 k^2 - k^2 \left(k - \frac{2\pi}{a}n\right)^2} = \mu_k(x) \tag{2-24}$$

式中，$\mu_k(x)$ 称为周期性函数。由布洛赫定理知，$\mu_k(x)$ 是晶格的周期函数，有：

$$\mu_k(x) = \mu_k(x + n_a) \tag{2-25}$$

因此微扰后得到的波函数由两部分叠加而成。第一部分，波矢为 k 的平面波 $\frac{1}{\sqrt{L}} e^{ikx}$，第二部分，该平面波受到周期势场作用产生的散射波，其散射因子为 $\frac{2mV_n e^{-i\frac{2\pi}{a}nx}}{\hbar^2 k^2 - \hbar^2 \left(k - \frac{2\pi}{a}n\right)^2}$。

散射因子代表散射波的振幅，在一般情况下，各原子所产生的散射波的相位之间没有什么关系，彼此互相抵消，周期势场对前进的平面波影响不大，散射波中各成分的振幅较小，这是适合微扰论的情况。但是，如果相邻原子的散射波相位相同，情况将大不相同。若前进的平面波的波长 $\lambda = 2\Pi/k$ 正好满足条件 $2a = n\lambda$ 时，两个相邻原子的反射波就会有相同的相位，它们相互加强，使平面波受到很大干涉。此时周期势场不适合用微扰论处理。

当 $k = n\pi/a$ ，

$$E^{(1)}(k) = E^{(0)}(k) - E^{(0)}(k - 2n\pi/a) \tag{2-26}$$

散射波的振幅变成无限大，即 $E_k \rightarrow +\infty$ 结果没有意义。说明上述微扰方法在 $k = n\pi/a$ 时是发散的。原因是当 $k = n\pi/a$ 时，还有另一状态 $k' = k = -n\pi/a$ ，相差 $k' - k = (2\pi)n/a$。说明 $\Psi(k)$ 能量越接近，$E_k(0) - E_n(0)$ 越小，态差距越大，产生级数发散不能用。因此需要用简并微扰法对电子在周期势场中运动的波函数 Ψ 和能量状态进行线性组合，使简并的能级产生变化。

2.1.5 能带及其一般性质

由上面的推导和讨论，可以得出以下几点能带的一般性质。

（1）在零级近似（无周期势场的作用时），能谱 $E(k) - k$ 是一个连续的抛物线：

$$E_k = \frac{\hbar^2 k^2}{2m} \qquad (2\text{-}27)$$

（2）考虑晶体的弱周期势场微扰（近自由电子能谱），在布里渊区边界（$k = \pm \Pi/a$，$\pm 2\Pi/a$，…）处发生跳变，产生带隙（禁带），它的宽度为 $2|V_1|$，$2|V_2|$，…

（3）在接近布里渊区边界，E_+、E_- 随 Δ 变化，产生向上和向下的弯曲变化。

（4）在远离布里渊区边界，近自由电子能谱与在零级近似抛物线相同。

（5）每个波矢 k 有一个量子态，可以画出所有量子态的能级，当 N 很大时，k 的取值非常密集，有时称为准连续的带之间间隙对应于 $k = n\pi/a$，k 的取值范围是一个倒易点阵原胞的长度。

（6）周期势场变化越激烈，各傅里叶系数越大，禁带越宽。禁带宽度 $E_g = 2|V_n|$，因此禁带宽度为：

$$2|V_n| = \left| \frac{2}{a} \int_0^a e^{-i 2\pi \frac{n}{a} \zeta} V(\zeta)\, d\zeta \right| \qquad (2\text{-}28)$$

在理想晶体中，禁带内不存在能级。周期场中运动的电子的能量状态形成一系列被禁带隔开的能带，这是能带理论中最重要的结论，它提供了导体和非导体的理论说明。

2.2 三维周期场中电子运动模型

三维周期场中电子运动的近自由电子近似，处理方法与一维相似。三维周期场中电子运动的微扰问题的数学处理比较复杂，但处理方法与一维相似。这里只介绍它的思路和重要结果。

2.2.1 三维周期场中电子运动

首先，由周期场的薛定谔方程 $\left(-\frac{\hbar^2}{2m} \nabla^2 + V(r) \right) \psi(r) = E\psi(r)$ 即波动方程求出零级近似解，其波函数和相应的能量本征值为：

$$\psi^0(x) = \frac{1}{\sqrt{V}} e^{ik \cdot r} \qquad (2\text{-}29)$$

$$E^0(k) = \frac{\hbar^2 k^2}{2m} \qquad (2\text{-}30)$$

其次，根据周期性边界条件，k 的允许值为：

$$k = \frac{l_1}{N_1} b_1 + \frac{l_2}{N_2} b_2 + \frac{l_3}{N_3} b_3 \qquad (2\text{-}31)$$

式中，k 为空间中均匀分布的点，密度为 $V/(2\Pi)^3$。

最后，与一维类似，用简并微扰对 Ψ 和 E 进行修正，微扰计算的结果由 k 和 k' 态的线性组合被波函数代入薛定谔方程。在：

$$G_n \cdot \left(k + \frac{1}{2} G_n \right) = 0 \qquad (2\text{-}32)$$

的条件下，同样得到：

$$E_x = E_k^0 \pm |V_n| \tag{2-33}$$

式中，V_n 为三维周期场的傅里叶分量。

式（2-32）和式（2-33）表明，能量的本征值在 $k^2 = (k + G)^2$ 布里渊区边界上发生能量跳变，可能出现禁带，禁带的宽度 $E_g = 2|V_n|$。

2.2.2 三维周期场中电子运动的特殊性质

与一维晶体不同的是，三维晶体的能带具有一些特殊的性质。

（1）三维晶体的能带也具有周期性和反对称性。

$$E_n(k) = E_n(k + G_n) \tag{2-34}$$

$$E_n(k) = E_n(-k) \tag{2-35}$$

由于 $E_n(k)$ 在 k 空间的对称性，使能带结构的计算可以限制在一个原胞内。

（2）三维晶体能带与一维晶体能带的重要区别：一维晶体在布里渊区边界上发生能量跳变，必然出现禁带；而三维晶体则在布里渊区边界上发生能量跳变，却不一定出现禁带。究其原因，主要是由于在三维晶体中，不同能带在能量上不一定分隔开，可能会产生能带之间的交叠。以二维晶体为例，图 2-3 为二维简单立方布里渊区边界，图 2-4 为二维简单立方能带的交叠图。三维晶体的能带交叠更多也更复杂。

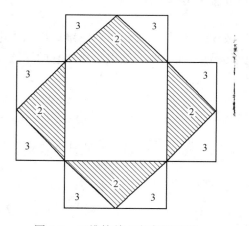

图 2-3　二维简单立方布里渊区

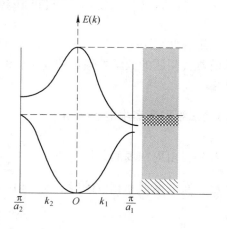

图 2-4　二维简单立方能带的交叠

以上为根据近自由电子近似模型推导出的固体中电子运动的能带理论。除此之外，能带理论还有其他理论模型的处理方法，比较常用的有赝势法和紧束缚近似法（原子轨道线性组合法）。由于篇幅所限，这里不作介绍。

2.3　固体材料电子论基础

固体是由许多原子组成的复杂体系。按照能带理论的近似，把固体中的原子分为离子核和价电子两部分。实际上，在固体中的电子运动是相互关联的多体问题。特鲁特等通过对其物理本质的研究，提出了金属的自由电子气体模型。特鲁特模型指出：金属中的价电子如同气体分子那样，组成电子气体，它们可以和离子碰撞，在一定温度下达到热平衡，因此电子气体可以用具有确定的平均速度和平均自由时间的电子来表示。它成功地说明了欧姆定律、热导、电导和其他现象。

2.3.1　电子气的能量状态-金属中自由电子的能级

1928 年索末菲（Sommerfeld）发展了量子的金属自由电子气体模型，克服了经典模型的不足。索末菲提出：金属中的价电子好比理想气体的分子，彼此之间没有相互作用，各自独立地在势能等于平均势能的场中运动。要使金属中的自由电子逸出体外，就必须对它做足够的功，因此每个自由电子的运动状态就是在一定深度的三维势阱中运动的粒子所具有的能态。

为了计算方便，设：（1）金属中自由电子的平均势能为零；（2）势阱的深度是无限的；（3）金属体是边长为三的立方体。这样，金属中自由电子的势能函数可以表示为：

$$\begin{cases} V(x, y, z) = 0 & (0 < x, y, z < L) \\ V(x, y, z) = \infty & (x, y, z \leq 0, \text{且} x, y, z \geq L) \end{cases} \tag{2-36}$$

在势阱内粒子的能量 E 和表示粒子运动状态的波函数 $\Psi(x, y, z)$ 由薛定谔方程确定：

$$-\frac{\hbar^2}{2m} \nabla^2 \psi(x, y, z) = E\psi(x, y, z) \tag{2-37}$$

用分离变量法解式（2-37），令：

$$\psi(x, y, z) = \varphi_1(x)\varphi_2(y)\varphi_3(z) \tag{2-38}$$

再令 k 是自由电子波矢的模，k_x、k_y、k_z 是波矢的三个分量，则有：

$$E = \frac{\hbar^2 k^2}{2m} = \frac{\hbar^2}{2m}(k_x^2 + k_y^2 + k_z^2) \tag{2-39}$$

把式（2-38）和式（2-39）代入式（2-37），得到下面三个方程式：

$$\begin{cases} \dfrac{d^2\varphi_1(x)}{dx^2} + k_x^2\varphi_1(x) = 0 \\[2mm] \dfrac{d^2\varphi_2(y)}{dy^2} + k_y^2\varphi_2(y) = 0 \\[2mm] \dfrac{d^2\varphi_3(z)}{dz^2} + k_z^2\varphi_3(z) = 0 \end{cases} \tag{2-40}$$

式（2-40）的解为：

$$\begin{cases} \varphi_1(x) = A_x e^{ik_x x} + B_x e^{-ik_x x} \\ \varphi_2(y) = A_y e^{ik_y y} + B_y e^{-ik_y y} \\ \varphi_3(z) = A_z e^{ik_z z} + B_z e^{-ik_z z} \end{cases} \tag{2-41}$$

其中 A_x、B_x、A_y、B_y、A_z、B_z 等 6 个系数是任意常数，它们可以由所选择的边界条件来确定。

如果采用周期性边界条件：假设在三维空间有无限多个三维限度都是 L 的势阱相连接，在各个势阱的相应位置上，电子波函数相等，即总的边界条件为：

$$\begin{cases} 在 x = nL 处（n 为零，或正负整数），\varphi_1(x) = 0 \\ 在 y = nL 处（n 为零，或正负整数），\varphi_2(y) = 0 \\ 在 z = nL 处（n 为零，或正负整数），\varphi_3(z) = 0 \end{cases} \tag{2-42}$$

以及：

$$\begin{cases} \varphi_1(x + L) = \varphi_1(x) \\ \varphi_2(y + L) = \varphi_2(y) \\ \varphi_3(z + L) = \varphi_3(z) \end{cases} \tag{2-43}$$

那么，将该周期性边界条件代入式（2-41），同时采用式（2-38），可以得到电子波函数具有行波解的形式：

$$\psi = Ae^{ik \cdot r} = Ae^{i(k_x x + k_y y + k_z z)} \tag{2-44}$$

式中，$A = 1/L^{3/2}$ 是归一化常数。波矢 k 的分量为：

$$\begin{cases} k_x^* = \dfrac{2\pi n_x}{L} \\[2mm] k_y^* = \dfrac{2\pi n_y}{L} \\[2mm] k_z^* = \dfrac{2\pi n_z}{L} \end{cases} \tag{2-45}$$

式中，n_x、n_y、$n_z = 0$，± 1，± 2，…，但是 n_x、n_y、n_z 不能同时为零。

式（2-45）说明，在周期性边界条件下（即理想晶体的情况），具有平面波运动状态的自由电子的波矢 k，可由一组量子数（n_x，n_y，n_z）确定。自由电子的每个许可的状态可以用以 k_x、k_y、k_z 为坐标轴的空间（称为波矢空间）中的一个点来代表，由式（2-45）可知，沿 k_x 轴、k_y 轴、k_z 轴：轴相邻的两个代表点间的间距均为 $2\Pi/L$（图 2-5），因而在波矢空间每个状态的代表点占有的体积为 $\dfrac{2\pi}{L} \times \dfrac{2\pi}{L} \times \dfrac{2\pi}{L} = \left(\dfrac{2\pi}{L}\right)^3$。

由于在波矢空间中，状态的代表点是均匀分布的，因此波矢空间单位体积中含有的代表点数目应等于（$L/2\Pi$）^{3}。

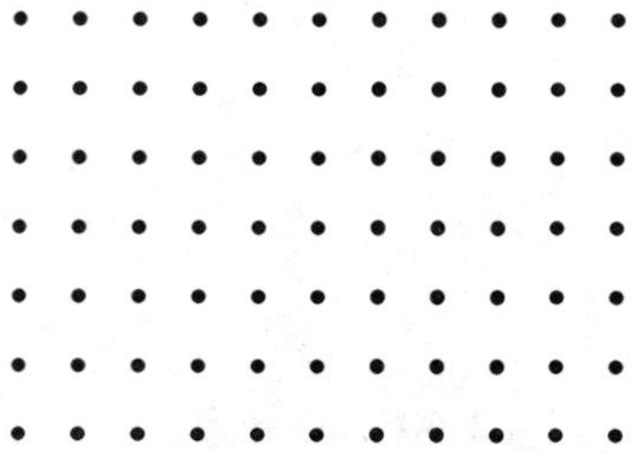

在 K 到 $K + dK$ 置的体积元 $dK = dk_x dk_y dk_z$ 中，含有的状态数目是（$L/2\Pi$）$^3 dK$。每个波矢状态可容纳自旋相反的两个电子，则在体积元 dK 之中可容纳的电子数：

$$dZ = 2 \times \left(\frac{L}{2\pi}\right)^3 dK = \frac{V_c}{4\pi^3} dK \tag{2-46}$$

图 2-5　在 k_x-k_y 空间中状态代表点的分布

式中，V_c 为晶体的体积，$V_c = L^3$。所以在波矢空间（也称为 K 空间）中的状态（量子态）密度：

$$D(K) = \frac{dZ}{dK} = \frac{V_c}{4\pi^3} = 常数 \tag{2-47}$$

在能量 $E \sim (E + dE)$ 之间的区域是 K 空间中半径为 K 和 $K + dK$ 的两个等能球面之间的球壳，其体积为 $2\Pi K^2 dK$。

在该球壳中的状态数：

$$dZ(K) = \frac{V_c}{4\pi^3} \cdot 4\pi K^2 dK \qquad (2-48)$$

利用量子力学的关系式：

$$K^2 = \frac{2mE}{\hbar^2}, \quad dK = \frac{\sqrt{2m}}{2\hbar} \cdot E^{-\frac{1}{2}} dE \qquad (2-49)$$

代入式（2-48），得：

$$dZ(E) = \frac{V_c}{2\pi^2} \left(\frac{2m}{\hbar^2}\right)^{\frac{3}{2}} \cdot E^{\frac{1}{2}} dE \qquad (2-50)$$

因此单位能量间隔的状态数，即能级密度：

$$D(E) = \frac{dZ(E)}{dE} = \frac{V_c}{2\pi^2} \left(\frac{2m}{\hbar^2}\right)^{\frac{3}{2}} \cdot E^{\frac{1}{2}} = C \cdot E^{\frac{1}{2}}$$

$$(2-51)$$

其中，$C = 4\pi V_c \cdot \left(\frac{2m}{\hbar^2}\right)^{\frac{3}{2}}$。

式（2-51）说明，在三维金属中，自由电子气的能级密度 $D(E)$ 随着能量层呈抛物线性变化，如图 2-6 所示。

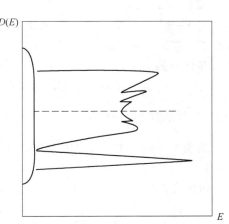

图 2-6　三维晶体中自由电子气的能级密度和能量的关系

2.3.2　电子气的费米能量及有关参量

2.3.2.1　费米统计分布函数

费米-狄拉克统计法是在量子理论的基础上建立起来的适用于描述光子和电子分布规律的量子统计法。

费米分布函数表述了在温度 T 时，能量为 E 的量子态被电子占据的概率：

$$f_F(E) = \frac{1}{\exp[(E - E_F)/k_B T] - 1} \qquad (2-52)$$

式中，E_F 为系统中自由电子的化学势，它是温度和电子数的函数，即 $E_F = E_F(T, N)$（体积不变）。它的物理意义是在体积和温度不变的热平衡条件下，系统增加一个电子引起的系统自由能的改变。在固体电子论中，称 E_F 为费米能。

2.3.2.2　费米分布函数的特点

费米分布函数具有如图 2-7 所示的形式。

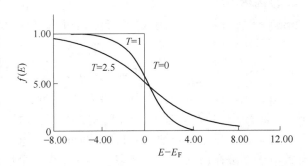

图 2-7　不同温度的费米分布函数

（1）当 $T \neq 0K$ 时：

如果 $E = E_F$，那么，$f(E) = 1/2$；

如果 $\exp[(E - E_F)/(k_g T)] \gg 1$，那么，$f(E) \approx 0$，表明这样的本征态基本上是空的；

如果 $\exp[(E - E_F)/(k_g T)] \ll 1$，那么，$f(E) \approx 1$，表明这样的本征态被电子填满。$E - E_F$ 在 $(-nk_B T, nk_B T)$ 的取值范围内（n 为决定于温度 T 的正数），$f(E)$ 由 1 下降为接近于 0。

（2）当 $T \to 0K$ 时：

当 $E - E_F \to 0$ 时，$f(E)$ 由 1 降为 0，或由 0 升为 1。也就是说 $f(E)$ 在 E_F 上下由 1 降为接近于 0 的转变区域将无限地变窄，所有 $E < E_F$ 的本征态将完全被电子填满，所有更高的状态都是空的。

可以理解为，在 0K 的极限状态下，E_F 就是电子填充的最高能级。

2.3.3　费米能 E_F 的确定

系统中能量在 E 和 $E+dE$ 之间的电子数可以表示为：

$$dN = f(E)D(E)dE \tag{2-53}$$

讨论在绝对零度时的情况。由于：

$$\begin{cases} f(E) = 1 & (E < E_F) \\ f(E) = 0 & (E > E_F) \end{cases}$$

因此根据式（2-53），对于自由电子的情况，在 $E < E_F$ 时有：

$$dN = D(E)dE = C\sqrt{E}dE \tag{2-54}$$

于是系统的总电子数可以表示为：

$$N = \int_0^{E_F^0} \sqrt{E}dE = \frac{2}{3}C\left(E_F^0\right)^{\frac{3}{2}} \tag{2-55}$$

由于 $C = 4\pi V_c \left(\dfrac{2m}{h^2}\right)^{\frac{3}{2}}$，并且令系统的电子浓度 $n = N/V_c$，代入式（2-46）可以得到：

$$E_F^0 = \frac{h^2}{2m}\left(\frac{3n}{8\pi}\right)^{\frac{2}{3}} = \frac{\hbar^2}{2m}\left(3n\pi^2\right)^{\frac{2}{3}} \tag{2-56}$$

设固体中的自由电子浓度 $n = 10^{28}$ 个$/m^3$，由于电子的质量 $m = 9 \times 10^{-31}$ kg，则代入式（2-56）可以计算出 E_F^0 的数量级是几个电子伏。那么系统中每个电子的平均动能：

$$E_{kin}^0 = \frac{\int E dE}{B} = \frac{C}{N}\int_0^{E_F^0} E^{\frac{3}{2}}dE = \frac{3}{5}E_F^0 \tag{2-57}$$

由式（2-57）可知，即使是在绝对零度，电子仍有相当大的平均能量（即平均动能），而依照经典统计理论，此平均能量应等于零。这是由于电子必须满足泡利不相容原理，每个状态只许可容纳两个自旋方向相反的电子，因此即使在绝对零度下，也不可能所有的电子都填在最低的能量状态。这一结果也是量子理论的一个成就。

现讨论温度 $T \neq 0K$，但 $k_a T \ll E_F$ 的情况。

这时能量 E 大于 E_F 的能级可能有电子，而能量 E 小于 E_F 的某些能级也可能是空的，这时系统总的电子数应表示为：

$$N = \int_0^\infty f(E) D(E) \, \mathrm{d}E \qquad (2\text{-}58)$$

对于自由电子的情况，式（2-58）可以写成：

$$N = \int_0^\infty C f(E) E^{\frac{1}{2}} \, \mathrm{d}E \qquad (2\text{-}59)$$

将式（2-59）经过适当的数学处理可以得出下面的关系式：

$$N = \frac{2}{3} C E_F^{\frac{3}{2}} \left[1 + \frac{\pi^2}{8} \left(\frac{k_B T}{E_F} \right)^2 \right] \qquad (2\text{-}60)$$

将式（2-56）代入式（2-40）得到下面的关系式：

$$(E_F^0)^{\frac{3}{2}} = E_F^{\frac{3}{2}} \left[1 + \frac{\pi^2}{8} \left(\frac{k_B T}{E_F} \right)^2 \right]$$

$$E_F = E_F^0 \left[1 + \frac{\pi^2}{8} \left(\frac{k_B T}{E_F} \right)^2 \right]^{-\frac{2}{3}} \qquad (2\text{-}61)$$

在式（2-61）中，将 $\left[1 + \dfrac{\pi^2}{8} \left(\dfrac{k_B T}{E_F} \right)^2 \right]^{-\frac{2}{3}}$ 项以 $\left(\dfrac{k_B T}{E_F} \right)^2$ 为自变量进行级数展开，考虑到 $k_B T \ll E_F$，而且在一般的温度条件下 $k_B T \ll E_F^0$ 的条件总是成立的。因此在级数展开式中，以 E_F^0 替代 E_F 并且在展开式中保留到 $\left(\dfrac{k_B T}{E_F^0} \right)^2$ 项，那么所得到的关系式具有足够高的近似程度，则：

$$E_F \approx E_F^0 \left[1 - \frac{\pi^2}{12} \left(\frac{k_B T}{E_F^0} \right)^2 \right] \qquad (2\text{-}62)$$

由上式可以看出，当绝对温度不等于零时，E_F 不等于 E_F^0，但是它们的数值非常接近。在有些情况下，E_F 随温度的微小变化往往可以有重要的影响。

2.3.4 费米参量

从上面的讨论可以知道，固体中自由电子的费米能 E_F^0 就是按照泡利不相容原理填充电子的最高能级。对于自由电子的情况，由于有 $k^2 = \dfrac{2mE}{\hbar^2}$，因此在 K 空间，等能面是球面。能量等于费米能 E_F 的球面称为费米面，是指在 K 空间中占有电子与不占有电子区域的分界面。它所对应的球为费米球，它在 K 空间对应的球面半径 K 称为费米半径。

对于自由电子来说，在绝对零度时，费米球的半径为 $K_F^0 \left(K_F^0 = \dfrac{2mE_F^0}{\hbar} \right)$，这时费米面以内的状态都被电子占据，球面外没有电子。当 $T \neq 0\mathrm{K}$ 时，由于 $E_F < E_F^0$，因此 $K_F < K_F^0$，此时在费米面以内能量离费米能 E_F 约 $k_B T$ 范围的能级上的电子被激发到 E_F 之上约 $k_B T$ 范围的能级中。

费米面上电子的速度称为费米速度，其大小为 $v_\mathrm{F} = \dfrac{\hbar K_\mathrm{F}}{m}$。

费米面上电子的动量称为费米动量，其大小为 $P_\mathrm{F} = \hbar K_\mathrm{F}$。

费米温度 $T_\mathrm{F} = \dfrac{E_\mathrm{F}}{K_\mathrm{B}}$。

2.4 电子热容量

知道电子的能量分布，可以直接写出电子的总能量：

$$U = \int_0^\infty Ef(E)N(E)\,\mathrm{d}E \tag{2-63}$$

引入：

$$R(E) = \int_0^E EN(E)\,\mathrm{d}E \tag{2-64}$$

这个函数表示 E 以下的量子态被电子填满时的总能量，这时 $f(E) = 1$。

利用式（2-63）和式（2-64），经过适当的数学推导，可以得到电子总能量简化的近似表达式为：

$$U = R(E_\mathrm{F}^0) + \frac{\pi^2}{6}N(E_\mathrm{F}^0)(k_\mathrm{B}T)^2 \tag{2-65}$$

根据 $R(E)$ 的定义，$R(E^0)$ 等于 0K 时电子的总能量。因此式（2-61）的第二项 $\dfrac{\pi^2}{6}N(E_\mathrm{F}^0)(k_\mathrm{B}T)^2$ 表示热激发能。

上式对温度 T 求导，就可以得到电子热容量：

$$C_V^\mathrm{e} = \left[\frac{3\pi^2}{2}N(E_\mathrm{F}^0)(k_\mathrm{B}T)\right]k_\mathrm{B} \tag{2-66}$$

这是一个量子统计的结果。与经典值 $\dfrac{3N\pi}{2}$ 相比，它是十分微小的。

对于近自由电子的情况，能态密度函数公式为：

$$N(E) = 4\pi V\left(\frac{2m}{h}\right)^{\frac{3}{2}}E^{\frac{1}{2}} \tag{2-67}$$

由于 $E_\mathrm{F}^0 = \dfrac{h^2}{2m}\left(\dfrac{3n}{8\pi}\right)^{\frac{2}{3}}$，因此得到：

$$N(E_\mathrm{F}^0) = \frac{3N}{2E_\mathrm{F}^0} \tag{2-68}$$

式中，N 为系统的总电子数。

将式（2-68）代入式（2-64）得：

$$C_V^\mathrm{e} = N \cdot \frac{\pi^2}{2} \cdot \left(\frac{k_\mathrm{B}T}{E_\mathrm{F}^0}\right)k_\mathrm{B} \tag{2-69}$$

为了同实验结果比较，这里计算金属中每个摩尔原子中自由电子对热容量的贡献。若每个原子中有 Z 个自由电子（也就是有 Z 个价电子），N_0 是每个摩尔中的原子数，显然

有 $N_0 k_B = R$（R 是气体普适常数，$R = 8.314\ \text{J}/(\text{mol}\cdot\text{K})$）。于是电子气的摩尔热容量为：

$$C_F^e = N\cdot\frac{\pi^2}{2}\cdot\left(\frac{k_B T}{E_F^0}\right)\cdot k_B$$

$$= ZN_0\cdot\frac{\pi^2}{2}\cdot\left(\frac{k_B T}{E_F^0}\right)\cdot k_B \quad (N = 2N_0) \tag{2-70}$$

$$= Z\cdot R\cdot\frac{\pi^2}{2}\cdot\left(\frac{k_B T}{E_F^0}\right) \quad (R = N_0 k_B)$$

$$= \gamma T$$

而：

$$\gamma = Z\cdot R\cdot\frac{\pi^2}{2}\cdot\frac{k_B}{E_F^0} = \frac{ZR\pi^2}{2T_F^0} \tag{2-71}$$

式中，T_F^0 为费米温度，$T_F^0 = \dfrac{E_F^0}{k_B}$；$\gamma$ 为金属的电子比热常数，其数量级为几个 $\text{mJ}/(\text{mol}/\text{K}^2)$。

但是在低温范围内（即 $T < \dfrac{1}{30}\Theta_D$），晶格振动的比热贡献随着温度的变化规律为：

$$C_V^a = \frac{12}{5}R\pi^4\left(\frac{T}{\Theta_D}\right)^3 = bT^3 \tag{2-72}$$

电子气和晶格振动对摩尔热容量贡献之比为：

$$\frac{C_V^e}{C_V^a} = \frac{5Z}{24\pi^2}\cdot\frac{k_B T}{E_F^0}\cdot\left(\frac{\Theta_D}{T}\right)^3 \tag{2-73}$$

在温度非常低的时候，金属的摩尔热容量是上述两部分的贡献之和，即：

$$C_V = C_V^a + C_V^e = \gamma T + bT^3 \tag{2-74}$$

所以有：

$$\frac{C_V}{T} = \gamma + bT^2 \tag{2-75}$$

如果用实验数据作图，那么 C_V/T 对 T^2 的关系是一条直线，如图 2-8 所示。该直线在纵坐标轴上的截距就是 γ，直线的斜率就是 b。这样，就可以通过实验具体测定电子的热容量 γT（许多参考书都给出了许多金属的电子比热系数 γ 的实验值）。在很低温度时，定容摩尔热容量 C_V 和定压摩尔热容量 C_p 近似相等。

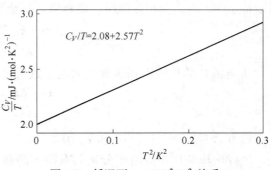

图 2-8 低温下 $C_V/T\text{-}T^2/\text{K}^2$ 关系

2.5   功函数和接触电势

2.5.1   热电子发射和功函数

以下介绍热电子发射现象。

图 2-9 是费米能为 E_F 的固体中的电子处在深度为 E_0 的势阱中的示意图。由图 2-9 可以看到,电子离开金属至少需要从外界得到能量。

$$W = E_0 - E_F \qquad (2\text{-}76)$$

式中,W 为脱出功(或称为功函数)。

当金属丝被加热到很高温度时,有一部分电子获得的能量大于 W,它们就可以逸出金属,产生热发射电子流,其电流密度的大小可以表示为:

$$j = AT^2 \exp\left(-\frac{W}{k_B T}\right) \qquad (2\text{-}77)$$

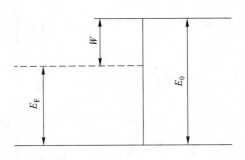

图 2-9   金属中电子气的势阱和脱出功

式中,A 为常数。该式被称为"里查孙-杜师曼"公式。

根据实验数据作 $\ln\left(\dfrac{j}{T^2}\right) - \dfrac{1}{T}$ 图,则可以得到一条直线,通过计算直线的斜率即可确定金属的脱出功。

依据近自由电子模型,可以推导出"里查孙-杜师曼"公式的具体形式为:

$$\begin{cases} j = -\dfrac{4\pi m (k_B T)^2 e}{h^3}\exp\left(-\dfrac{E_0 - E_F}{k_B T}\right) = AT^2\exp\left(-\dfrac{W}{k_B T}\right) \\ W = E - E_F \end{cases} \qquad (2\text{-}78)$$

2.5.2   不同金属中电子的平衡和接触电势

接触电势的定义:两块不同的金属导体 A 和 B 相接触,或者以导线相连接,两块金属就会彼此带电,并且产生不同的电势 V_A 和 V_B,这种电势称为接触电势。设两块金属的温度都是 T,当它们相接触时,每秒钟内从金属 A 的单位面积所逸出的电子数为:

$$\Delta N_A = \frac{4\pi m (k_B T)^2}{h^3}\exp\left(-\frac{W_A}{k_B T}\right) \qquad (2\text{-}79)$$

从金属 B 的单位面积所逸出的电子数为:

$$\Delta N_B = \frac{4\pi m (k_B T)^2}{h^3}\exp\left(\frac{W_B}{k_B T}\right) \qquad (2\text{-}80)$$

若 $W_A > W_B$,则有 $V_A > 0$ 和 $V_B < 0$。

这样两块金属中的电子分别具有附加的静电势能为 $-eV_A < 0$ 和 $-eV_B > 0$,它们发射的电子数分别变成:

$$\Delta N'_{\mathrm{A}} = \frac{4\pi m (k_{\mathrm{B}} T)^2}{h^3} \exp\left(-\frac{W_{\mathrm{A}} + e V_{\mathrm{A}}}{k_{\mathrm{B}} T}\right) \tag{2-81}$$

和

$$\Delta N'_{\mathrm{B}} = \frac{4\pi m (k_{\mathrm{B}} T)^2}{h^3} \exp\left(-\frac{W_{\mathrm{B}} + e V_{\mathrm{B}}}{k_{\mathrm{B}} T}\right) \tag{2-82}$$

当平衡时有 $\Delta N'_{\mathrm{A}} = \Delta N'_{\mathrm{B}}$，由此得到 $W_{\mathrm{A}} + e V_{\mathrm{A}} = W_{\mathrm{B}} + e V_{\mathrm{B}}$，所以接触电势差为：

$$V_{\mathrm{A}} - V_{\mathrm{B}} = \frac{1}{e}(W_{\mathrm{B}} - W_{\mathrm{A}}) \tag{2-83}$$

2.6　金属的电导理论

费米函数表述的是在统计平衡状态下，固体中的电子的分布规律。如果以波矢 k 标志电子的运动状态，那么根据关系式（2-46），在波矢空间的体积元 dk 内状态数目为 $2V_{\mathrm{c}} \dfrac{dk}{(2\pi)^3}$。如果用 $f_0[E(k)，T]$ 表示费米函数（T 表示温度），那么在体积元 dk 内的电子数：

$$dN = f_0[E(k)，T] \cdot \frac{2V_{\mathrm{c}}}{(2\pi)^3} dk \tag{2-84}$$

式中，N 为电子数。如果考虑单位体积内的电子数，即设单位体积内的电子数 $n = N/V_{\mathrm{c}}$，那么由式（2-84）可以得到：

$$dn = \frac{2f_0[E(k)，T]}{(2\pi)^3} dk$$
$$\frac{dn}{dk} = \frac{2f_0[E(k)，T]}{(2\pi)^3} \tag{2-85}$$

这种分布可以形象地表示为在 K 空间的密度分布，即表示在一定温度下，K 空间某处电子密度的大小。

在平衡状态分布时，由于 $E(k) = E(-k) = \dfrac{\hbar^2 k^2}{2m}$，因此分布密度 $\dfrac{2f_0[E(k)，T]}{(2\pi)^3}$ 对于 K、$-K$ 是对称的，而此时由于 $v(k) = -v(-k)$，因此电流 $-ev(k)$ 与 $-ev(-k)$ 大小相等方向相反，相互抵消后，电流为零。

当在上述的平衡系统上外加一个恒定外场 E 时，很快会形成一个稳定电流密度 j，并且服从欧姆定律：

$$j = \sigma E \tag{2-86}$$

式中，σ 为电导率。

这个稳定电流实际上反映了在稳定外场作用下，电子达到了一个新的定态统计分布状态。这种定态分布也可以用一个与平衡时相似的分布函数 $f(k)$ 来描述，即单位体积内在 dk 中的电子数：

$$dn^* = \frac{2f(k)}{(2\pi)^3} dk \tag{2-87}$$

由于电子的速度为 $v(k)$，因此它们对于电流密度的贡献可以写为：

$$\mathrm{d}j = -ev(k)\mathrm{d}n^* = \frac{-2ef(k)v(k)}{(2\pi)^3}\mathrm{d}k \tag{2-88}$$

积分上式可得到总的电流密度：

$$j = -2e\int\frac{f(k)v(k)}{(2\pi)^3}\mathrm{d}k \tag{2-89}$$

式（2-89）说明只要确定了分布函数 $f(k)$，就可以直接计算电流密度。

通过这种非平衡情况下的分布函数来研究电子输运过程的方法，就是分布函数法。

这里应注意的是，要准确地区别"平衡统计分布"与"定态统计分布"。平衡统计分布是指宏观上电子处于相对静止状态，各处的状态密度相同；定态统计分布是指宏观上电子做定向运动，各处状态密度不变。

2.7 导 电 性 能

2.7.1 电导的基本概念

当在材料两端施加电压 V 时，材料中有电流 I 通过，这种现象称为导电现象。其中电流 I 与电压 V 之间的关系可由欧姆定律得出：

$$I = \frac{V}{R} \tag{2-90}$$

式中，R 为材料的电阻。

材料的电阻不仅与材料的性能有关，而且还与材料的尺寸有关，即：

$$R = \rho \cdot \frac{L}{S} \tag{2-91}$$

式中，L 为材料的长度；S 为材料的截面积；ρ 为电阻率。

电阻率只与材料的本性有关，而与其几何尺寸无关，它表征了材料导电性能的好坏。电阻率的倒数称为电导率 σ，即：

$$\sigma = \frac{1}{\rho} \tag{2-92}$$

根据导电性能的好坏，常把材料分为导体、半导体、绝缘体，其中 $\rho < 10^{-5}\,\Omega\cdot\mathrm{m}$ 的为导体；ρ 值在 $10^{-5}\sim10^{9}\,\Omega\cdot\mathrm{m}$ 的为半导体；$\rho > 10^{9}\,\Omega\cdot\mathrm{m}$ 的为绝缘体。

根据欧姆定律，我们可以得到其微分形式：

$$J = \sigma E \tag{2-93}$$

式中，J 为电流密度；E 为电场强度。

2.7.2 能带结构

不同物质的导电能力存在着较大差别，这与物质的能带结构及其被电子填充的性质有关。

如图 2-10 所示，金属导体的能带分布通常有两种情况：一是价带和导带重叠，而无禁带；二是价带未被价电子填满，所以这种价带本身就是导带。这两种情况下，价电子本身就是自由电子，所以金属具有很强的导电能力。

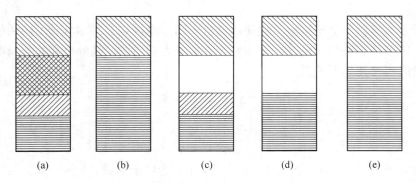

图 2-10　金属导体、半导体、与绝缘体的能带结构
(a), (b), (c) 金属；(d) 绝缘体；(e) 半导体

　　而对于半导体与绝缘体，导带与价带之间存在着一个禁带，只是禁带的宽度有所不同。半导体禁带宽度较窄，电子跃迁比较容易，其可从价带跃迁到导带成为自由电子，同时在价带中形成空穴，这样就使半导体具有一定的导电能力。对于绝缘体，禁带宽度较宽，在室温下几乎没有价电子跃迁到导带中去，因而通常基本无自由电子和空穴，所以其几乎无导电能力。

2.7.3　导电的微观机理

　　世界上不存在绝对不导电的物质，即使是绝缘程度较高的电介质，在电场作用下也会发生漏导。无论什么材料，有电流通过就意味着有带电质点的定向移动，这些带电质点携带电荷进行定向输送，从而形成电流，所以称这些携带电荷的自由粒子为载流子。

　　金属中电导的载流子是自由电子，无机固体介质中的载流子可以是电子、电子空穴或离子晶体中的离子（正、负离子、空位）。载流子为离子的电导（或离子空位）称为离子电导，载流子为电子或空穴的电导称为电子电导。

　　假设某一材料单位体积内的载流子数（载流子浓度）为 n，每一载流子的电荷量为 q。载流子在外电场作用下的迁移速度为 v，定义载流子在单位电场下的迁移速度 $\mu = v/E$ 为载流子的迁移率，则可得出电导率：

$$\sigma = nq\mu \tag{2-94}$$

　　如材料中载流子不止一种，则电导率的一般表达式为：

$$\sigma = \sum_t \sigma_t = \sum_t n_t q_t \mu_t \tag{2-95}$$

2.7.3.1　金属的自由电子论

　　经典电子理论认为，金属中的自由电子在无外加电场时，均匀地分布在整个点阵中，就像气体分子充满整个容器一样，因此称为"电子气"。它们的运动遵循经典力学气体分子的运动规律，沿各个方向运动的概率相同，因此不产生电流。当有外加电场时，自由电子沿电场方向做加速运动从而形成电流。在自由电子定向运动的过程中，由于和声子、杂质、缺陷发生碰撞而散射，使电子受阻，从而产生一定的电阻。设电子每两次碰撞之间的平均自由运动时间为 τ，载流子浓度为 n。则电导率为：

$$\sigma = \frac{ne^2}{m}\tau \qquad (2\text{-}96)$$

根据量子力学，价电子按量子化规律具有不同的能量状态，即具有不同的能级，这一理论认为，电子具有波粒二象性，运动着的电子作为物质波，其频率和波长与电子的运动速度或动量之间存在如下关系：

$$\lambda = \frac{h}{mv} = \frac{h}{p} \qquad (2\text{-}97)$$

$$\frac{2\pi}{\lambda} = \frac{2\pi mv}{h} = \frac{2\pi p}{h} = K \qquad (2\text{-}98)$$

式中，m 为电子质量；v 为电子速度；λ 为波长；p 为电子动量；h 为普朗克常数；K 为波数频率。

在一价金属中，电子的动能 $E = \dfrac{1}{2}mv^2 = \dfrac{h^2}{8\pi^2 m}K^2$，$E$ 表征了金属中自由电子可能具有的能量状态。

上式表明 $E\text{-}K$ 关系曲线为抛物线，如图 2-11（a）所示，图中"+""−"表示自由电子运动的方向，曲线表明金属中的价电子具有不同的能量状态，有的处于低能态，有的处于高能态并且沿正、反方向运动的电子数量相同，无电流产生。

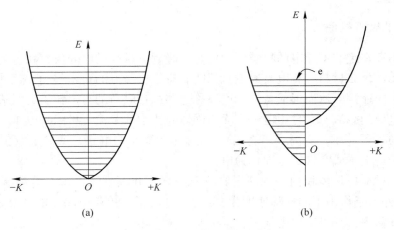

图 2-11 自由电子的 $E\text{-}K$ 曲线
（a）无外加电场；（b）有外加电场

在外加电场作用下，向着其正向运动的电子能量降低，反向运动的电子能量升高，如图 2-11（b）所示。这样使得部分能量较高的电子转向电场正向运动的能级，正、反向运动的电子数不再相等，产生电流。也就是说不是所有的自由电子都参与了导电，而是只有处于较高能态的自由电子参与导电，而电阻形成的原因是电子波在传播过程中被离子点阵散射，然后相互干涉而形成电阻，从而电导率为：

$$\sigma = \frac{n_{\text{ef}}e^2}{m}\tau \qquad (2\text{-}99)$$

式中，n_{ef} 为单位体积内实际参与导电的电子数。

2.7.3.2 电子电导

A 本征电子电导

半导体的价带和导带隔着一个禁带 E_g，在绝对零度和无外界能量的条件下，价带中的电子不可能跃迁到导带中去。但当温度升高或受光照射时，则价带中的电子获得能量可能跃迁到导带中去。这样，不仅在导带中出现了导电电子，而且在价带中出现了这个电子留下的空位，称为空穴，如图 2-12 所示。

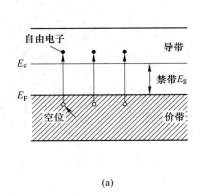

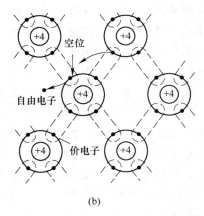

(a)　　　　　　　　　　　　　　(b)

图 2-12　本征激发的过程

在外电场作用下，价带中低能级的电子可以逆电场方向运动到这些空位上来，而本身又留下新的空位。换句话说，空位顺电场方向运动，所以称此种导电为空穴导电。

空穴好像一个带正电的电荷，因此空穴导电也属于电子电导的一种形式。上面这种导带中的电子导电和价带中的空穴导电同时存在，并且成对出现，称其为本征电导。本征电子电导的载流子是导带中的电子和价带中的空穴，并且它们的浓度是相等的。本征电导的载流子只由半导体晶格本身提供，并且是由热激发产生的，其浓度与温度呈指数关系，即：

$$n_e = n_h = NT^{3/2}\exp\left(-\frac{E_g}{2kT}\right) \tag{2-100}$$

式中，n_e 为自由电子的浓度；N_h 为空穴的浓度；$N = 4.82\times10^{15}\,\mathrm{K}^{-3/2}$；$T$ 为绝对温度；k 为玻耳兹曼常数。

B 杂质电子电导

本征电子电导的载流子浓度与温度和禁带宽度 E_g 有关，但在室温条件下，其载流子的数目是很少的，故其导电能力很微弱。如果在本征半导体中掺杂一定的杂质原子，可使其导电能力大大增强。例如，在硅单晶体掺入十万分之一的硼原子，可使硅的导电能力增加一千倍。

杂质半导体可分为 N 型半导体和 P 型半导体。如果在四价的半导体硅中掺入五价元素（如砷、锑），由于砷原子外层有五个价电子，当一个砷原子在硅晶体中取代了一个硅原子时，其中的四个价电子与相邻的四个硅原子以共价多余电子成 N 型半导体的结构键结合后，还多余一个电子，如图 2-12 所示。理论计算和实验结果表明，这个"多余"的电子能级岛离导带很近，约为硅禁带宽度的 5%，所以在常温下，它比满带中的电子容易激发得多。这种"多余"电子的杂质能级称为施主能级，相应地称这种掺入施主杂质的半导体为 N 型半导体。

在 N 型半导体中，由于自由电子的浓度大，故自由电子称为多数载流子，而本征激发产生的空穴反而比本征半导体的空穴浓度小，故把 N 型半导体中的空穴称为少子。在电场作用下，N 型半导体的电导主要由多数载流子-自由电子产生，也就是说它以电子电导为主，故 N 型半导体又称为电子型半导体。

若在半导体硅中掺入三价元素（如硼、镓），则可以使半导体中的空穴浓度大大增加。由于三价元素的原子只有三个价电子，这样当它和硅形成共价键时，就少了一个电子，或者说出现了一个空位，如图 2-13 所示。理论计算和实验结果表明，这个空穴的能级距价带很近，价带中的电子激发到空穴能级比越过整个禁带到导带要容易得多。也就是说这个空穴能级可容纳由价带激发上来的电子，所以称这种杂质能级为受主能级，掺入受主杂质的半导体称为 P 型半导体或空穴型半导体，其载流子为空穴。

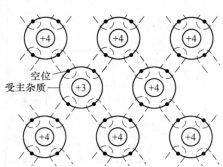

图 2-13 P 型半导体的结构

2.7.3.3 离子电导

离子晶体中的电导主要为离子电导。离子电导可以分为两类：第一类源于晶体点阵基本离子的运动，称为固有离子电导（或本征电导）；第二类是由固定较弱的离子的运动造成的，主要为杂质离子，因而称为杂质电导。离子导电是带电荷的离子载流子在电场的作用下的定向运动，参与电导的载流子为离子和杂质。它们的导电可分为两类，即本征电导和杂质电导。

本征电导源于晶体点阵的基本离子的热运动。离子自身随着热振动离开晶格，形成热缺陷。这些热缺陷（离子、空位）在电场的作用下成为导电载流子，这种导电称为本征电导，在高温下本征电导起主要作用。

杂质电导参与电导的载流子主要是杂质。由于杂质离子与晶格联系较弱，故在较低温度下杂质电导是作为离子电导的主要贡献者。

A 离子载流子的浓度

本征电导中，载流子由晶体本身的热缺陷提供。晶体的热缺陷主要有两类，即弗朗克尔缺陷和肖特基缺陷。通常情况下，弗朗克尔缺陷中填隙离子和空位的浓度是相等的。弗朗克尔缺陷载流子的浓度：

$$n_F = n\exp\left(-\frac{E_F}{2k_BT}\right) \tag{2-101}$$

式中，E_F 为形成弗朗克尔缺陷所需能量；n 为缺陷载流子的总浓度。

肖特基缺陷中载流子的浓度：

$$n_S = n\exp\left(-\frac{E_S}{2k_BT}\right) \tag{2-102}$$

式中，E_S 为离解一个阳离子和一个阴离子到达表面所需能量。

在低温下，$k_B T < E$，故 n_S 与 N_F 都较低。只有在高温下，热缺陷的浓度才明显增大。因此，本征电导在高温下才会显著地增大。由于形式缺陷所需能量与晶体结构有关，通常 $E_S < E_F$，因此只有在结构很疏松、离子半径很小的情况下，才容易形成弗朗克尔缺陷。

杂质离子载流子的浓度决定于杂质的数量和种类。杂质离子的存在，不仅增加了载流子数目，而且使点阵发生畸变。杂质离子解离能一般较小，故低温下，离子晶体的电导主要由杂质载流子浓度决定。

B　离子电导机制

离子导电的机制是离子类载流子在电场的作用下的定向扩散运动。由于离子的尺寸和质量比电子要大得多，当间隙离子处于间隙位置时，受周围离子的作用，处于一定的平衡位置。如果要从一个间隙位置跃迁到相邻间隙位置，需克服高度为 U_0 的势垒完成一次跃迁，达到新的平衡位置。这种跃迁过程就形成了离子的宏观迁移。间隙离子的势垒如图 2-14 所示。

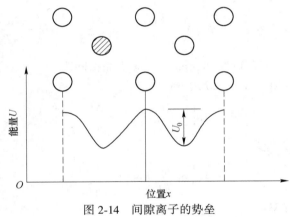

图 2-14　间隙离子的势垒

离子导电是离子类载流子的扩散迁移过程。离子晶体中有正、负两种电荷相反的离子。无外加电场时，正负离子运动方向相反，迁移的次数相同，互相抵消，宏观上无电荷的定向运动。当加上外电场时，由于电场力的作用，使得晶体中间隙离子的势垒不再对称。正离子沿电场方向迁移容易，反电场方向迁移困难。因此，产生了离子的定向漂移运动。离子晶体的势垒变化如图 2-15 所示。

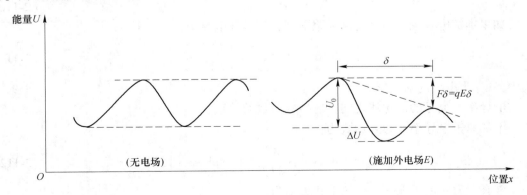

图 2-15　离子晶体的势垒变化

考虑离子沿正方向的迁移概率为 P^+，沿负方向的迁移概率为 P^-，在电场力的作用下，沿电场方向势能将降低 ΔU，反电场方向势能将升高 ΔU，因此有：

$$P^+ = \frac{1}{2}a\frac{kT}{h}\exp\left(-\frac{U_0 - \Delta U}{kT}\right) \tag{2-103}$$

$$P^- = \frac{1}{2}a\frac{kT}{h}\exp\left(-\frac{U_0 + \Delta U}{kT}\right) \tag{2-104}$$

式中，a 为不可逆跳跃的适应系数；kT/h 为离子在势阱中的振动频率；U_0 为无外电场时间隙离子的位垒。

定向迁移次数为：

$$\Delta P = P^+ - P^- = \frac{1}{2}a\frac{kT}{h}\exp\left(-\frac{U_0}{kT}\right)\left[\exp\left(\frac{\Delta U}{kT}\right) - \exp\left(-\frac{\Delta U}{kT}\right)\right] \tag{2-105}$$

载流子沿电场方向的迁移速度（平均漂移速度）：

$$\overline{v} = \Delta P\delta = \frac{1}{2}a\frac{kT}{h}\delta\exp\left(-\frac{U_0}{kT}\right)\left[\exp\left(\frac{\Delta U}{kT}\right) - \exp\left(-\frac{\Delta U}{kT}\right)\right] \tag{2-106}$$

式中，δ 为相邻半稳定位置间的距离，cm。它等于晶格间距。

当电场强度不太大时，$\Delta U \ll kT$，则：

$$\exp\left(-\frac{\Delta U}{kT}\right) \approx 1 - \frac{\Delta U}{kT} \tag{2-107}$$

离子载流子的迁移速度：

$$\overline{v} = \frac{1}{2}a\delta\frac{q\delta}{kT}E\exp\left(-\frac{U_0}{kT}\right) \tag{2-108}$$

离子载流子的迁移率：

$$\mu = \frac{\overline{v}}{E} = \frac{v_0\delta}{2}\frac{q\delta}{kT}\exp\left(-\frac{U_0}{kT}\right) = \mu_0\left(-\frac{U_0}{kT}\right) \tag{2-109}$$

式中，v_0 为间隙离子的振动频率，s^{-1}；q 为电荷数，C；$k = 0.86\times10^{-4}$ eV/K。

C 离子电导

离子电导率的一般表达方式为：

$$\sigma = nq\mu \tag{2-110}$$

如果本征电导主要由肖特基缺陷引起，其本征电导率：

$$\sigma_S = A_S\exp\left(-\frac{W_S}{kT}\right) \tag{2-111}$$

式中，W_S 为电导的活化能。

电导率与电导的活化能之间具有指数函数的关系。

本征离子电导率一般表达式为：

$$\sigma = A_1\exp\left(-\frac{W}{kT}\right) = A_1\exp\left(-\frac{B_1}{T}\right) \tag{2-112}$$

含有杂质的离子电导也可按上式表示为：

$$\sigma = A_2 \exp\left(-\frac{B_2}{T}\right) \tag{2-113}$$

$$A_2 = \frac{N_2 \nu_0 q^2 \sigma^2}{6kT} \tag{2-114}$$

式中，N_2 为杂质离子的浓度。

一般情况下，$N_2 \ll N_1$，但 $B_2 < B_1$，故有 $\exp(-B_2) \gg \exp(-B_1)$。这说明杂质电导率要比本征电导率大得多。因此，只有一种载流电导率可表示为：

$$\sigma = \sigma_0 \exp\left(-\frac{B}{T}\right) \tag{2-115}$$

两边取对数得：

$$\ln\sigma = \ln\sigma_0 - \frac{B}{T} \tag{2-116}$$

绘出 $\ln\sigma$ 和 $1/T$ 的关系曲线为一直线，从直线斜率即可求出活化能 $W = Bk$。

当晶体中有两种载流子时，如碱卤晶体，总电导可表示为：

$$\sigma = A_1 \exp\left(-\frac{B_1}{T}\right) + A_2 \exp\left(-\frac{B_2}{T}\right) \tag{2-117}$$

有多种载流子时，总电导可表示为：

$$\sigma = \sum A_i \exp\left(-\frac{B_i}{T}\right) \tag{2-118}$$

D 影响离子电导的因素

a 温度

离子电导随温度升高，电导率迅速增大，并呈指数关系。随着温度由低温到高温，$\ln\sigma$ 和 $1/T$ 的曲线出现拐点 A，把曲线分为两部分，如图 2-16 所示。图中 1 代表低温区域是杂质导电，2 代表高温区域是本征导电。例如：NaCl 在低温下，是杂质离子电导，在高温下主要为离子电导，也会出现转折点。

b 离子性质和晶体结构

离子性质和晶体结构对离子电导的影响是通过改变导电活化能来实现的。活化能大小又取决于晶体间各粒子结合力。而晶体结合力受以下因素影响。

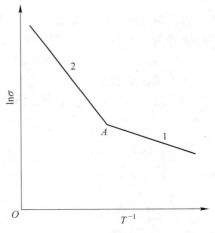

图 2-16 杂质离子电导与温度的关系

（1）熔点。熔点高的晶体，原子间的结合力大，相应的活化能也高。因此，熔点高的晶体离子载流子的迁移率低，电导率也就低。

（2）离子化合价。一价正离子的尺寸小，荷电小，相应活化能也小。因此，离子载流子的迁移率高，电导率也高。高价正离子的价键强，活化能高，电导率就低。

（3）晶体结构。晶体结构提供离子移动的通路。堆积越紧密，晶体的结合能越高，可供移动的离子数目就越少，而且移动也越困难。因此，晶体结构致密导致较低的电导率。例如，体心立方结构的晶体比面心立方结构的晶体电导率要高。

  c   晶体缺陷

在离子晶体中，点缺陷是由于热振动产生的。由于热的活化作用，使晶体产生肖特基缺陷和弗朗克尔缺陷。随着缺陷中空位的增加，电导率提高。因此，离子电导与金属电导相反，缺陷越多，电导率越高。

2.7.4 金属导电

金属的导电是靠自由电子的定向运动，因此金属导体中的载流子是自由电子。由能带理论可知，材料的导电性取决于能带的结构和电子填充情况。实际上，对金属的导电有贡献的仅仅是费米面附近的电子，只有它们可以在电场的作用下进入能量较高的能级；能量比费米能级 E_F 低得多的电子，其附近的状态已被电子占据，没有空的状态而不能从电场中获得能量来改变状态，这种电子不参与导电。因此，金属的电导与电子在费米面处的能态密度和弛豫时间有密切关系。

利用经典自由电子理论可推导出金属的电导率表达式为：

$$\sigma = \frac{ne^2\tau}{m_e^* \cdot v_F} \tag{2-119}$$

式中，n 为金属电子密度；τ 为电子的平均自由程；e 为电子电荷；v_F 为费米面附近电子的平均运动速度；m_e^* 为电子的有效质量。

根据导电实验，在常温条件下，$\sigma \propto \dfrac{1}{T}$，因此，温度的变化对电子运动产生影响。这是因为随温度的升高，晶格点阵的离子的热振动增强，而且金属晶体中的异类原子、位错和点缺陷等使得电子波受到散射，降低了金属的导电性。

2.7.4.1 电阻率和温度的关系

金属或合金的电阻率（或电导率）随温度而变化，通常金属的温度越高，电阻也越大。如果以 ρ_0 和 ρ_T，表示 0℃ 和温度 T 下金属的电阻率，则电阻率与温度的关系为：

$$\rho_T = \rho_0(1 + aT) \tag{2-120}$$

式（2-120）一般在高于室温下对大多数金属适用。由式（2-119）得电阻温度系数表达式：

$$\bar{a} = \frac{\rho_T - \rho_0}{\rho_0 T} \tag{2-121}$$

式中，$\bar{a}$ 为 0℃ 至 T 温度区间的平均电阻温度系数。

如果温度间隔趋于零，可以得到在温度 T 时的真电阻温度系数：

$$a_1 = \frac{d\rho}{dT} \frac{1}{\rho_1} \tag{2-122}$$

普通金属的电阻温度系数 $a \approx 4\times10^{-3}$，过渡族金属 a 值较高，在 6.0×10^{-3} 左右。理想金属在 0K 时电阻为零，当温度升高时，电阻率随温度升高而增加。实际上，在不同温度范围内，金属电阻率与温度的关系是不同的，如图 2-17 所示。许多纯金属的电阻率在一定的温度范围内变化，遵循布鲁赫-格林爱森公式：

$$\rho(T) = \frac{AT^5}{M\Theta_D^6} \int_0^{\Theta_D/T} \frac{x^5 dx}{(e^x - 1)(1 - e^{-x})}$$ （2-123）

式中，A 为金属的特性参数；M 为金属原子的质量；Θ_D 为德拜温度，$\Theta_D = h_w/k$。

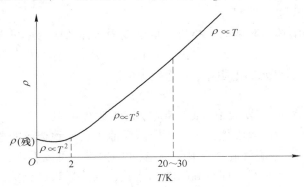

图 2-17　金属电阻率与温度的关系曲线

由电阻率与温度曲线可知，在不同温度范围，电阻率与温度的关系不同。

（1）当温度 $T > 2/3\Theta_D$ 时，$\rho(T) \approx \frac{A}{4} \frac{T}{M\Theta_D}$，即金属在高温下的电阻率正比于温度，即 $\rho \propto T$，或表示为 $\rho(T) = aT$。

（2）当温度 $T < 2/3\Theta_D$ 时，$\rho(T) \approx 124.4 \frac{AT^5}{M\Theta_D}$，即电阻率与温度呈 5 次方关系，即 $\rho \propto T^5$。这是由于在低温下，电子与晶格振动产生的声子相互作用，产生电子散射的结果。

（3）在极低温度（2K）时，电阻率与温度的二次方呈正比关系，即 $\rho \propto T^2$。

当金属的温度升至熔化点时，电阻会比常温下增高 1.5~2 倍。因为熔化时金属原子规则排列破坏，增强了电子散射的概率，所以使电阻增高。也有个别的如金属锑的电阻会反常降低，这是因为其熔化时原子结合由共价键变为金属键的缘故。

过渡族金属的电阻随温度的变化也经常出现反常，如铅、铂、钽随温度的升高电阻下降。莫特认为，可以用 s 带到 d 带的电子散射来解释。

对于铁磁性金属，随温度的升高电阻率反而下降，这主要是由于铁磁性金属 s 壳层和 d 壳层电子云相互作用的结果。此外，在居里点以下，电阻温度不满足线性关系。电阻率的改变与自发磁化强度 M_0 平方成正比，即：

$$\Delta\rho = aM_0^2$$ （2-124）

式中，$\Delta\rho$ 为电阻率的改变量；M_0 为自发磁化强度。

当温度高于居里点（$T > T_c$）时，电阻率与温度是一次方的关系。

2.7.4.2　固溶体与电阻率的关系

金属材料多为合金，而合金通常是固溶体，它是由以一种组元为溶剂，另一种较少组元为溶质构成的。电阻率与合金的成分和组织有密切关系。当形成固溶体时，合金导电性能降低，即使导电性好的金属溶剂中溶入导电性很高的溶质金属也是如此。这是因为当溶入第二相溶质时，溶质破坏了溶剂原有的晶体点阵，使晶格畸变，从而破坏了晶格势场的周期性，增加了电子散射概率，使电阻率增高。另外，固溶体组元之间的相互作用，使其能带及电子云分布等发生改变。人们对合金的电阻做了大量的研究，总结出以下几方面的规律。

A　低浓度固溶体的电阻率

马棣森根据对固溶体电阻的研究指出，低浓度固溶体的电阻率可以分为两部分，即：

$$\rho = \rho_0 + \rho' \tag{2-125}$$

式中，ρ_0 为固溶体溶剂组元的电阻率；ρ 为剩余电阻。

$$\rho' = C\Delta\rho \tag{2-126}$$

式中，C 为杂质原子含量；$\Delta\rho$ 为1%原子杂质引起的附加电阻。

对于同一溶剂的低浓度固溶体，掺入不同溶质原子会导致金属的电阻增高，通常情况下与温度无关。图2-18是铜及铜合金电阻率-温度的关系。可以看出，它们的电阻率-温度曲线的斜率相同，且相互平行，而且 $d\rho/dT$ 为常数，与溶质浓度无关。

诺伯利通过实验证明，除过渡族金属外，同一溶剂中溶入1%原子溶质金属引起的电阻率增加，与溶质和溶剂之间的原子价数差有关，价数差越大，电阻率增加越大。

诺伯利定则：

$$\Delta\rho = a + b\,(\Delta Z)^2 \tag{2-127}$$

式中，a、b 是随元素而异的常数；ΔZ 为溶剂和溶质间的价数差。

B　高浓度固溶体的电阻率

在连续固溶体中，电阻随合金成分连续变化而无突变。当组元 A 溶入组元 B 时，电阻率逐渐增大；二元合金最大电阻值在50%原子浓度处，它比纯组元高几倍。图2-19 和图2-20 分别为一种和几种合金的电阻率与成分的关系图。

合金电阻率与成分的关系合金的电阻率随成分而变化，其电阻率为：

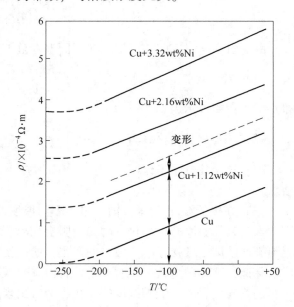

图2-18　铜及铜合金的电阻率-温度曲线

$$\begin{cases} \rho = \rho_0 + \rho(T) \\ \rho_0 \propto x(1-x) \end{cases} \tag{2-128}$$

式中，x 为某一元素组分，$x = \dfrac{N_A}{N_A + N_B}$，$N_A$、$N_B$ 分别是元素 A 与 B 的原子浓度。

在一定温度下，晶体结构、原子体积、有效电子浓度不变，则可以认为二元合金随成分变化的电阻率：

$$\rho_0 = 常数 \times x(1-x) \tag{2-129}$$

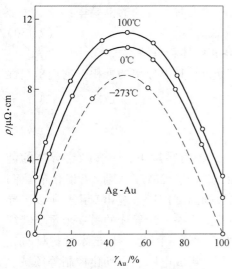

图 2-19 Ag-Au 合金电阻率与成分的关系

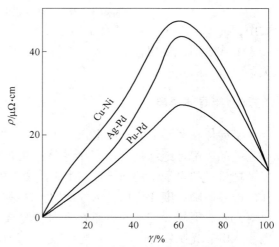

图 2-20 几种合金电阻与成分的关系

当固溶体有序化后，一方面，合金组元之间的化学作用加强，电子的结合比无序状态更强，使导电电子数减少，剩余电阻率增加；另一方面，晶体势场的有序化时对称性增加，使电子散射概率大大降低，使有序合金的剩余电阻减小；这两者相反的影响以后者占优势，所以当合金有序化时，电阻率降低。

C 化合物、中间相、多相合金的电阻率

化合物、中间相、多相合金的电阻率有如下规律。

（1）当两种金属形成化合物时，电阻率比纯组元高很多。原因是原子键合方式发生改变，绝大多数由金属键转变为离子键或共价键，使得电阻率增加。此外，晶体结构的变化也会产生电阻的变化，因此金属化合物多为半导体或绝缘体。

（2）中间相的导电性介于固溶体和化合物之间。电子化合物的电阻率比较高，随着温度的升高，电阻率增加。间隙相的导电性与金属相似，部分间隙相还是良导体。

（3）多相合金的电阻率是组成相电阻率的组合。但计算多相合金的电阻率很困难，因为它是组织敏感性的，晶粒度大小、夹杂物的大小和分布都会影响多相合金的电阻率。图 2-21 为合金电阻率与状态关系示意图。

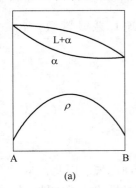
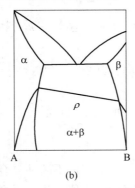
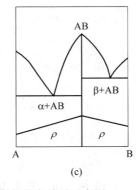
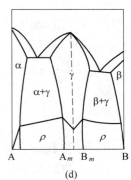

（a） （b） （c） （d）

图 2-21 合金电阻率与状态关系示意图
（a）连续固溶体；（b）多相合金；（c）化合物；（d）间隙相

如果合金是等轴晶粒的两相混合物，且电阻率比较接近时，合金的电导率：

$$\sigma_{\mathrm{c}} = \sigma_{\mathrm{a}}\varphi_{\mathrm{a}} + \sigma_{\mathrm{b}}(1 - \varphi_{\mathrm{b}}) \tag{2-130}$$

式中，σ_{c}、σ_{a}、σ_{b} 为多相合金的电导率；φ_{a}、φ_{b} 为各相的体积分数。

上式表明：多相合金的电导率是各相组元的体积分数与其电导率的乘积，它们呈线性关系。

2.7.5　半导体导电

半导体在室温下的电阻率介于 $10^{-2} \sim 10^{9}\Omega \cdot \mathrm{cm}$。在绝对零度下，大多数半导体的纯净完整晶体都是绝缘体，由于半导体的禁带的宽度很窄（$E_{\mathrm{g}} < 2\mathrm{eV}$），因此可以依靠热激发，把价带的电子激发到导带。由于热激发的电子数目随温度按指数规律变化，所以半导体的电导率随温度变化也是指数型的，这是半导体的特征之一。半导体的另一个重要特征是对光照、电场、磁场的敏感性和对自身成分结构的敏感性。因此，半导体材料具有光电、压电、光制发光、电子发光效应，广泛应用于计算机集成电路、自动化控制等领域。

2.7.5.1　半导体的本征导电

我们知道，半导体的能带类似于绝缘体，只是禁带的宽度很窄。因此，在室温下几乎不导电，随着温度的升高，部分电子产生带间跃迁跳到导带，在价带上留下等量的空穴。在电场的作用下，电子和空穴沿相反的方向运动，它们都能导电。电子和空穴称为本征载流子，它们的导电称为本征导电。

导电的前提是在外界能量的作用下，价带中的电子获得能量跃迁到导带中，形成载流子。因此，半导体的导电载流子是电子和空穴。由式（2-130）可知，半导体的本征电导率：

$$\sigma = \frac{1}{\rho} = \frac{ne^{2}\tau}{m} = ne\mu \tag{2-131}$$

式中，τ 为电子的平均自由程；e 为电子电量；μ 为电子的迁移率。

在半导体电导中，电子和空穴的浓度与迁移率是十分重要的量。本征载流子浓度表达式为：

$$n_{\mathrm{e}} = p_{0} = k_{\mathrm{B}}T^{3/2}\exp\left(-\frac{E_{\mathrm{g}}}{2k_{\mathrm{B}}T}\right) \tag{2-132}$$

式中，n_{e}、p_{0} 分别为电子和空穴的浓度；T 为绝对温度；k_{B} 为玻耳兹曼常数，$k = 4.82 \times 10^{15}$。

半导体中载流子是电子和空穴的本征电导率，其表达式为：

$$n_{\mathrm{i}} = p_{0} = k_{\mathrm{B}}T^{3/2}\exp\left(-\frac{E_{\mathrm{g}}}{2k_{\mathrm{B}}T}\right) \tag{2-133}$$

式中，n_{i} 为载流子的浓度。

由于热激发不断产生电子和空穴，同时电子和空穴也不断地复合而消失。因此，本征导电的载流子数目很少，电导率很低，基本没有使用价值。为了提高半导体的导电性，掺杂是最为有效的方法。表 2-1 列出了一些重要的半导体性质。

表 2-1 重要的半导体性质

半导体	禁带宽度 E_g/eV		迁移率 μ/m^2·(V·s)$^{-1}$		结构
	0K	300K	电子	空穴	
Ge	0.74	0.67	0.38	0.18	Ge
Si	1.16	1.11	0.145	0.05	Si
α-SiC	3.1	3	0.04	5×10^{-3}	Si
GaSb	0.81	0.67	0.4	0.14	GaAs
GaAs	1.53	1.35	0.85	0.04	GaAs
GaP	2.40	2.24	0.03	0.015	Si
InSb	0.24	0.17	8.0	0.045	GaAs
ZnO	3.44	3.2	0.018	—	GaAs
PbS	0.29	0.37	0.06	0.062	—

2.7.5.2 载流子浓度

在绝对零度时，半导体的价带是被填满的，导带是全空的，此时材料的电导率为零。随着温度的升高，价带中的部分电子跃迁到导带，并在价带中留下等量的空穴。导带中的电子和价带中的空穴具有相反的电荷，在电场的作用下沿着相反的方向运动，它们都是载流子。这种由本征热激发产生的载流子称为本征载流子。本征载流子一方面不断由热激发成对产生，另一方面却不断复合而成对消失，因此，本征半导体中的载流子浓度很低，本征电导率也很低。

由于本征电导中，导带中的电子导电和价带中的空穴导电同时存在，载流子电子和空穴的浓度是相等的。它们由半导体晶格本身提供，是由热激发产生的，其浓度与温度呈指数关系。图 2-22 为本征半导体的能带填充情况。

由费米统计理论，半导体中平衡时的电子浓度 n_e 可由下式计算：

$$n_e = \int_{E_c}^{\infty} G_c(E) F_e(E) \mathrm{d}E \tag{2-134}$$

式中，$G_c(E)$ 为导带底的电子状态密度，即导带底附近单位能量间隔的量子态数；$F_e(E)$ 为电子的统计分布函数，它给出了能量为 E 的电子态上电子占据的概率。

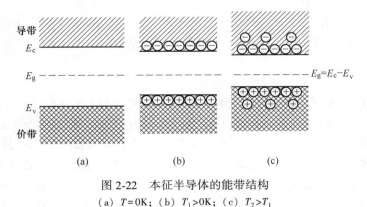

图 2-22 本征半导体的能带结构
(a) $T=0$K；(b) $T_1 > 0$K；(c) $T_2 > T_1$

一般情况下，当 $E - E_F \gg k_B T$ 时，$F_e(E)$ 费米分布函数为：

$$F_e(E) \approx \exp[-(E - E_F)/kT] \tag{2-135}$$

式中，E_F 为费米能。

电子状态密度为：

$$G_c(E) = \frac{1}{2\pi^2}\left(\frac{8\pi^2 m_e^*}{h^2}\right)^{3/2}(E - E_c)^{1/2} \tag{2-136}$$

式中，m_e^* 为电子有效质量；h 为普朗克常数；E_c 为导带底能量。

将式（2-135）和式（2-136）代入式（2-134），可得平衡时的电子浓度：

$$n_e = N_c \exp\left(-\frac{E_c - E_F}{k_B T}\right) \tag{2-137}$$

其中，N 为导带底的有效状态密度，可按下式计算：

$$N_c = \frac{2}{h^3}(2\pi m_e^* k_B T)^{3/2} \tag{2-138}$$

同理，平衡时的空穴浓度：

$$P_0 = \int_{-\infty}^{E_v}\left[1 - F_e(E)G_v(E)dE\right] \tag{2-139}$$

式中，E_v 为价带顶的能量；$G_v(E)$ 为价带顶附近的状态密度。同理可得：

$$P_0 = N_v \exp\left(-\frac{E_F - E_v}{k_B T}\right) \tag{2-140}$$

对于本征半导体，导带的电子数等于价带的空穴数，即：

$$n_e = p_0 = (N_c N_v)^{1/2}\exp\left(-\frac{E_g}{2k_B T}\right) \tag{2-141}$$

其中，$E_F = E_g \approx \dfrac{E_c + E_v}{2}$，室温下本征费米能级近似位于禁带的中间。

由此可见，本征半导体中的载流子浓度 n_e 和 p_0 随禁带宽度 E_g 的增加而下降。当禁带宽度大到一定程度，半导体就成为了绝缘体。此外，由式（2-141）还可以看到，半导体中本征载流子浓度随温度升高而呈指数上升，这便是半导体的热敏性。

2.7.5.3　掺杂半导体

掺杂对半导体的导电性能影响很大，以单晶硅为例，单晶硅中掺（10^{-5}）硼，导电能力将增大 1000 倍。掺杂半导体可分为 N 型（可提供电子）和 P 型（吸收电子，形成空穴）半导体。

A　N 型半导体——可提供电子的施主能级

在本征半导体中掺入 V 族元素（P、Sb、As 等），可以提供导电电子，称为施主杂质；而在本征半导体中掺入Ⅲ族元素（B、Al、Ga、In 等），可以提供价带空穴，这些杂质称为受主杂质。例如，在四价的 Si 单晶中掺入五价的元素磷。Si 原子最外层有 4 个电子，形成四面体型的共价键，一个磷原子外层有 5 个电子，取代一个 Si 原子后，4 个同相邻的 4 个 Si 原子形成共价键，还剩余 1 个电子，它离导带很近，只差 $E_1 = 0.05\text{eV}$，为硅禁带宽度的 5%，很容易激发到导带。这种"多余"电子的掺杂称为施主杂质。这种半导体称为 N 型半导体。显然掺杂施主杂质后，半导体中电子浓度增加。在 N 型半导体中，电子又称为多数载流子（简称多子）；而空穴则称为少数载流子（简称少子）。形成 N 型半导体的杂质主要为 V 族的 P、Sb、Bi、As 等。图 2-23 为 N 型半导体的掺杂与能带情况。

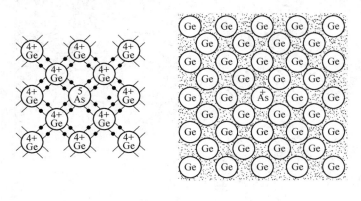

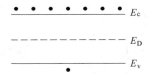

图 2-23　N 型半导体的掺杂与能带

通过理论计算可以得到 N 型半导体中的电子的浓度：

$$n_e = (N_c N_D)^{1/2} \exp\left(-\frac{E_c - E_D}{2kT}\right) \tag{2-142}$$

式中，E_c 为导带底能级；E_D 为施主（价电子）能级，非常靠近带底；N_c、N_D 分别为导带、价带能级密度；$E_c - E_D$ 为施主电离能。

B　P 型半导体——吸收电子形成空穴

若在 Si 中掺入第 III 族元素（如 B、Al、In、Ga 等），因其外层只有三个价电子，这样它和硅形成共价键就少了 1 个电子，从而出现了一个空穴能级，这个能级距价带很近，只差 $E_1 = 0.045\text{eV}$，价带中的电子激发到此能级上比越过整个禁带容易（1.1eV）。这种杂质称为受主杂质，这种半导体称为 P 型半导体。图 2-24 为 P 型半导体的掺杂与能带情况。

在 P 型半导体中空穴的浓度为：

$$P_0 = (N_V N_A)1/2 \exp\left(-\frac{E_A - E_v}{2kT}\right)$$

$$= (N_V N_A)1/2 \exp\left(-\frac{E_i}{2kT}\right) \tag{2-143}$$

式中，E_v 为价带顶能级；N_V 为价带有效能级密度；N_A 为受主能级；E_A 为受主有效能级密度。

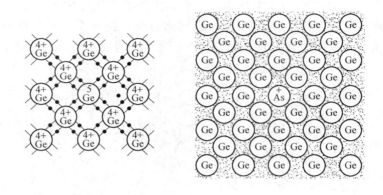

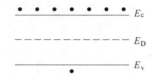

图 2-24　P 型半导体的掺杂与能带

2.7.5.4　半导体的导电性与温度的关系

由于半导体的特征之一是其导电性随温度指数变化，因此本征半导体、高温时的杂质半导体的电导率与温度的关系为：

$$\sigma = \sigma_0 \exp\left(-\frac{E_g}{2kT}\right) \tag{2-144}$$

$$\rho = \rho_0 \exp\left(-\frac{E_g}{2kT}\right) \tag{2-145}$$

由以上两式可知，电导率的对数 $\ln\sigma$ 与 $1/T$ 呈直线关系；$\ln\rho$ 与 $1/T$ 也呈直线关系。N 型半导体的电导率：

$$\sigma = N\exp\left(-\frac{E_g}{2kT}\right)(\mu_e + \mu_n)e + (N_c N_D)^{1/2}\exp\left(-\frac{E_i}{2kT}\right)\mu_e e \tag{2-146}$$

式中，第一项与杂质无关，第二项是由杂质引起的电导率。低温时，$E_g > E_i$，杂质电导起主要作用；高温时，杂质已全部离解，本征电导起作用。

P 型半导体电导率为：

$$\sigma = N\exp\left(-\frac{E_g}{2kT}\right)(\mu_e + \mu_n)e + (N_v N_A)^{1/2}\exp\left(-\frac{E_i}{2kT}\right)\mu_e e \tag{2-147}$$

实际晶体的导电机构比较复杂，不同温度区间，不同的杂质含量呈现不同的电导-温度特性。图 2-25 说明了温度、杂质对电导率的影响。

2.7.6　超导电性

1911 年卡茂林·翁内斯（Kamerlingh Onnes）在实验中发现水银的电阻在温度为 4.2K 附近突然下降到无法测量的程度，或者说电阻为零。在这之后人们又发现了许多金

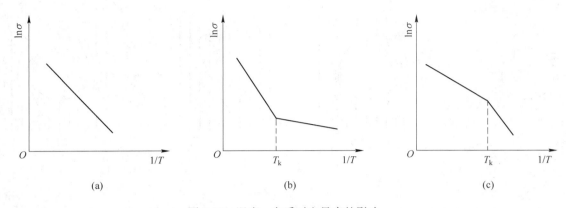

图 2-25 温度、杂质对电导率的影响

（a）表示在该温度区间具有始终如一的电子跃迁机构；（b）表示在低温区以杂质电导为主，
高温区以本征电导为主；（c）表示在同一晶体中同时存在两种杂质时的电导特性

属和合金，当试样冷却到足够低的温度（往往在液氦温区）时电阻率突然降为零。这种在一定的低温条件下，材料突然失去电阻的现象称为超导电性。材料由正常状态（存在电阻的状态）转变为超导态的温度称为临界温度，用 T_c 表示。超导体内有电流而没有电阻，说明超导体是等电位的，即超导体内没有电场。

超导电性发现在元素周期表内许多金属元素中，也出现在合金、金属间化合物、半导体以及氧化物陶瓷中。1973 年人们得到转变温度最高的材料是 Nb_3Ge，其 T_c 为 23.2K。但是，1986 年贝诺兹（Bednorz）和穆勒（Muller）发现 Ba-La-Cu-O 系的转变温度高达 35K，打破了超导研究领域十几年来沉闷的局面，在全世界刮起了一股突破超导材料技术的旋风。之后，日、美等国和我国学者接连报道获得临界温度更高的超导材料：Y-Ba-Cu-O 系（90K）、Ba-Sr-Cu-O 系（110K）、Ti-Ba-Ca-Cu-O 系（120K）等，使超导技术从液氢温区步入液氮温区，以至接近常温。如果在常温下实现超导，那么电力储存装置、无损耗直流送电、强大的电磁铁、超导发电机等理想将成为现实，则将引起电子元件和能源领域的一场革命。有人认为，就人类历史而言，超导的成就可以与铁器的发明相媲美。

迈斯纳（Meissner）效应。1933 年迈斯纳（Meissner）和奥克森弗尔德（R. Ochsenfeld）发现不仅是外加磁场不能进入超导体的内部，而且是原来处于磁场中的正常态样品，当温度下降到临界温度以下使其变为超导体时，也会把原来试样内的磁场完全排出去，这种完全抗磁性通常称为迈斯纳效应，如图 2-26 所示。这说明超导体是一个完全抗磁体，即处于超导状态的材料，不管其经历如何，内部磁感应强度 B 始终为零。因此，超导体具有屏蔽磁场和排除磁通的性能。

自从发现超导现象以来，人们不停地对超导理论进行探索，提出了各种理论模型，其中以 1957 年 J. Bardeen、L. N. Copper 和 J. R. Schrieffer 根据大量电子的相互作用形成的"库柏电子对"理论最为著名，即 BCS 理论。该理论认为：超导现象是来源于电子-声子相互作用所产生的电子对。在很低的温度下，由于电子和声子的强相互作用使得电子能够成"对"地运动，在这些"电子对"之间存在着相互吸引的能量。这些成对的电子在材料中规则运动时，如果碰到物理缺陷、化学缺陷和热缺陷时，而这些缺陷所给予电子的能量变化又不足以使"电子对"破坏，则此"电子对"将不损耗能量，即在缺陷处电子不发生散射而

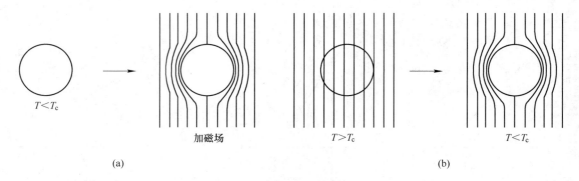

图 2-26　迈斯纳效应

（a）超导电材料先冷至超导态然后加磁场；（b）超导电材料先加磁场后冷却至超导态

无阻碍地通过，这时电子运动的非对称分布状态将继续下去。这一理论揭示了超导体中可以产生永久电流的原因。应当指出，超导体中的"电子对"的结合在空间上隔着相当大的距离，这种结合只是在温度相当低时才发生。因为在较高温度下，由于热驱动将使"电子对"破坏，超导态转变为正常态，这也是超导体中存在临界温度 T_c 的原因。

2.7.7　介质的极化

2.7.7.1　极化的基本概念

电介质最重要的性能是在外电场作用下能够极化。在一真空平行板电容器的电极板间嵌入一块电介质，并在电极之间加以外电场时，则可发现在介质表面上感应出了电荷，即正极板附近的介质表面感应出负电荷，负极板附近的介质表面感应出正电荷，如图 2-27 所示。这种表面电荷称为感应电荷，它们不会跑到对面极板上形成电流（漏导电流），因此也称为束缚电荷。介质在电场作用下产生感应电荷的现象称为电介质的极化，而在电场作用下能建立极化的一切物质都可称为电介质。

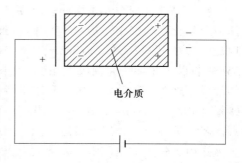

图 2-27　电介质极化示意图

组成电介质的粒子（原子、分子或离子）可分为极性与非极性两类。非极性介质粒子在没有外电场作用时，其正负电荷中心是重合的，对外不显示极性。当有外电场作用时，粒子的正电荷将沿着电场方向移动，负电荷逆着电场方向移动，形成电偶极子，如图 2-28 所示。设正电荷与负电荷的位移矢量为 l，电荷量为 q，则可定义此偶极子的电偶极矩 $\mu=ql$，并规定其方向从负电荷指向正电荷，即电偶极矩的方向与外电场正方向一致，因此，在电介质表面上出现正负束缚电荷。当外电场取消后，粒子的正负电荷中心又重合，束缚电荷也随之消失。

2.7.7.2　极化的量度

极化的程度可用极化率、极化强度以及极化系数来表示。单位电场强度下，介质粒子电偶极矩的大小称为粒子的极化率 α，即：

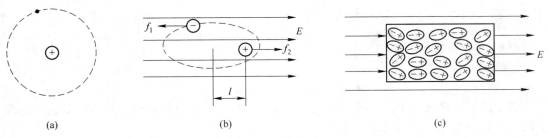

图 2-28 非极性分子的极化

$$\alpha = \frac{\mu}{E_{\text{loc}}} \qquad (2-148)$$

式中，E_{loc} 为作用在微观粒子上的局部电场，它与宏观电场并不相同；α 为极化率，F·m²，表征材料的极化能力，只与材料的性质有关。

电介质在电场作用下的极化程度用极化强度矢量 P 表示，它是介质单位体积内电偶极矩的总和，单位为 C/m²，即：

$$P = \frac{\sum \mu}{V} \qquad (2-149)$$

如果介质单位体积极化粒子数为 n，由于每一个偶极子的电偶极矩具有同一方向（电场方向），而偶极子的平均电偶极矩为 μ，则：

$$P = n\bar{\mu} = n\alpha E_{\text{loc}} \qquad (2-150)$$

对一定材料来说，n 和 α 一定，则 P 与宏观平均电场 E 成正比，定义：

$$P = \xi_0 \chi E \qquad (2-151)$$

式中，χ 为介质的极化系数；ξ_0 为真空介电常数，$\xi_0 = 8.85 \times 10^{-12}$ F/m；E 为宏观电场。

上式将宏观电场 E 与介质极化程度的宏观物理量 P 联系起来。

2.7.7.3 极化的形式

介质的总极化一般包括三个部分：电子极化、离子极化和偶极子转向极化。这些极化的基本形式大致可以分为两种：第一种是位移式极化，这是一种弹性、瞬时完成的极化，极化过程不消耗能量，电子位移极化和离子位移极化属这种情况；第二种是松弛极化，这种极化与热运动有关，完成这种极化需要一定的时间，并且是非弹性的，极化过程需要消耗一定的能量，电子松弛极化和离子松弛极化属这种类型。

A 位移极化

经典理论认为，在外电场作用下，原子核外围的电子云相对于原子核发生位移，形成的极化称为电子位移极化。电子位移极化的性质具有一个弹性束缚电荷在强迫振动中所表现出来的特性。设想一个质量为 m，荷电量为 $-e$ 的粒子，被一带正电 $+e$ 的中心所束缚，在交变电场作用下，粒子的位移为 x，则弹性恢复力为 $-kx$，这里 k 是弹性恢复系数，根据弹性振动理论，可得该粒子的电子位移极化率：

$$a_e = \frac{e^2}{m} \frac{1}{\omega_0^2 - \omega^2} \qquad (2-152)$$

式中，ω_0 为弹性偶极子的固有振动频率，$\omega_0 = \sqrt{\dfrac{k}{m}}$。

当 $\omega \to 0$，可得静态极化率：

$$a_e = \frac{e^2}{m\omega_0^2} = \frac{e^2}{k} \qquad\qquad (2\text{-}153)$$

对于离子位移极化来说，离子在电场作用下偏移平衡位置的移动，相当于形成一个感生偶极矩，其简化模型如图 2-29 所示。

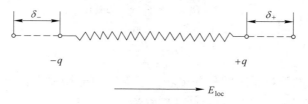

图 2-29 离子位移极化模型

与电子位移极化类似，在电场中离子的位移仍然受到弹性恢复力的限制（这里恢复力包括离子位移引起的电场变化），设正、负离子的位移分别为 δ_+ 与 δ_-，δ_+ 和 δ_- 符号相反。在交变电场作用下，可导出离子位移极化率：

$$\alpha_i = \frac{q^2}{M}\frac{1}{\omega_0^2 - \omega^2} \qquad\qquad (2\text{-}154)$$

式中，M 为相对运动约化质量，$M = \dfrac{M_+ M_-}{M_+ + M_-}$，其中 M_+、M_- 分别为正负离子的质量。

当 $\omega \to 0$，可得静态极化率：

$$\alpha_{io} = \frac{q^2}{M \cdot \omega_0^2} = \frac{q^2}{k} \qquad\qquad (2\text{-}155)$$

B 松弛极化

松弛极化虽然也是由于电场作用造成的，但它还与粒子的热运动有关。例如，当材料中存在着弱联系电子、离子和偶极子等松弛粒子时，热运动使这些松弛粒子分布混乱，而电场力图使这些粒子按电场规律分布，最后在一定温度内发生极化。松弛极化具有统计性质，也称为热松弛极化。松弛极化的带电粒子在热运动时移动的距离与分子大小相当或更大，并且粒子需要克服一定的势垒才能移动，因此与弹性位移极化不同，松弛极化建立的时间较长（可达 $10^{-2} \sim 10^{-9}$ s），并且需要吸收一定的能量，是一种不可逆的过程。

电子松弛极化是由弱束缚的电子引起的。晶格的热振动、晶格缺陷、杂质、化学组成的局部改变等因素都能使电子能态发生改变，出现位于禁带中的局部能级，形成弱束缚电子。如"F—心"就是由一个负离子空位捕获了一个电子所形成的。"F—心"的弱束缚电子为周围结点上的阳离子所共有。晶格热振动时，吸收一定的能量由较低的局部能级跃迁到较高的局部能级而处于激发态，连续地由一个阴离子结点转移到另一个阴离子结点。外加电场力图使这种弱束缚电子运动具有方向性，这就形成了极化状态。电子松弛极化的过程是不可逆的，伴随有能量的损耗，极化建立的时间约为 $10^{-2} \sim 10^{-9}$ s，当电场频率高于 10^9 Hz 时，这种极化形式就不存在了。

电子松弛极化和电子弹性位移极化不同，由于电子是弱束缚状态，所以极化作用强烈得多，即电子轨道变形厉害得多，而且因吸收一定能量，可作短距离迁移。但是弱束缚电子和自由电子也不同，不能自由运动，即不能远程迁移。因此电子松弛极化和电导不同，只有当弱束缚电子获得更高的能量时，受激发跃迁到导带成为自由电子，才能形成电导。由此可见，具有电子松弛极化的介质往往具有电子电导特性。

在玻璃态物质、结构松散的离子晶体中以及晶体的杂质和缺陷区域，离子本身能量较高，易被活化迁移，称为弱联系离子。弱联系离子的极化可从一个平衡位置到另一个平衡位置。当去掉外电场时，离子不能回到原来的平衡位置，因而是不可逆的迁移。这种迁移的行程可与晶格常数相比较，因而比弹性位移距离大。但离子松弛极化的迁移又和离子电导不同，离子电导是离子作远程迁移，而离子松弛极化离子仅作有限距离的迁移，它只能在结构松散区或缺陷区附近移动，并且需要克服一定的势垒。离子松弛极化随频率的变化在无线电频率就比较明显，极化建立的时间一般约为 $10^{-2} \sim 10^{-5}$ s。

C 转向极化

转向极化主要发生在极性分子介质中。无外加电场时极性分子的取向在各个方向的概率是相等的，因此就介质整体而言，偶极矩等于零。当有外电场作用时，偶极子发生转向，趋向于和外电场方向一致。但是，热运动抵抗这种趋势，所以体系最后建立一个新的平衡。在这种状态下，沿外电场方向取向的偶极子比和它反向的偶极子数目多，所以整个介质整体出现宏观偶极距。

根据经典统计，可求得极性分子的转向极化率：

$$\alpha_{\mathrm{cr}} = \frac{\mu_0^2}{3kT} \tag{2-156}$$

式中，μ_0 为固有偶极矩。

转向极化一般需要较长的时间，约为 $10^{-2} \sim 10^{-10}$ s。对于一个典型的偶极子，$\mu_0 = e \times 10^{-10}$ C·m，因此，$\alpha_{\mathrm{cr}} = 2 \times 10^{-38}$ F·m^2，比电子极化率（10^{-40} F·m^2）高得多。

D 克劳修斯-莫索蒂方程

除极化强度表示电介质极化程度外，综合反映电介质极化行为的一个主要宏观物理量是电介质的介电常数 e，其表示电容器两极板间存在电介质时的电容与在真空状态下的电容相比增长的倍数。从这个角度去看具有介电常数的任何物质都可以看作是电介质，至少在高频下是这样。

对于真空平行板电容器，其电容 C_0 为：

$$C_0 = \frac{A}{d} \xi_0 \tag{2-157}$$

式中，A 为极板面积；d 为极板间距；ξ_0 为真空介电常数。

如果在两极板间嵌入电介质，则：

$$C = C_0 \times \frac{\xi}{\xi_0} = C_0 \xi_{\mathrm{r}} \tag{2-158}$$

式中，ξ 为电介质的介电常数；ξ_{r} 为相对介电常数。

由以上两式可以推出：

$$\xi_r = \frac{\xi}{\xi_0} = \frac{C}{C_0} \tag{2-159}$$

事实上，ξ_r 就反映了电介质极化的能力。

以下推导 ξ_r 与 α 之间的关系。

根据静电场理论，当在平行板电容器的两极板上充以一定的自由电荷时，电容器极板上的自由电荷密度可用电位移 D 表示，其方向由正电荷指向负电荷，单位为 C/m^2，与极化强度一致。

在真空状态下，电位移与宏观电场 E 的关系为：

$$D = \xi_0 E + P = \xi E \tag{2-160}$$

式中，P 为极化强度。又由式 $P = \xi_0 \chi E$ 代入式（2-160），有：

$$D = \xi_0 E + \xi_0 \chi E$$
$$= (1 + \chi)\xi_0 E$$
$$= \xi E \tag{2-161}$$
$$1 + \chi = \xi/\xi_0 = \xi_r \tag{2-162}$$
$$P = \xi_0 \chi E = (\xi_r - 1)\xi_0 E$$

又由式（2-151）：

$$P = n\alpha E_{loc}$$
$$\xi_r = 1 + \frac{n\alpha E_{loc}}{\xi_0 E} \tag{2-163}$$

根据洛仑兹关系：

$$E_{loc} = E + \frac{1}{3\xi_0} P \tag{2-164}$$

则可推导出：

$$\frac{\xi_r - 1}{\xi_r + 2} = \frac{n\alpha}{3\xi_0} \tag{2-165}$$

此式称为克劳修斯-莫索蒂方程，它建立了宏观量 ξ_r 与微观量 α 之间的关系，此式适用于分子间作用很弱的气体，非极性液体和非极性固体，以及一些 NaCl 型离子晶体和具有适当对称的晶体。

对于具有两种以上极化粒子的介质，式（2-165）可变为：

$$\frac{\xi_r - 1}{\xi_r + 2} = \frac{1}{3\xi_0} \sum_i n_i \alpha_i \tag{2-166}$$

E　介电常数的温度系数

根据介电常数与温度的关系，电介质可以分为两大类：一类是介电常数与温度呈强烈非线性关系的电介质，属于这类介质的有铁电体和松弛极化十分明显的材料，对于这一类材料，很难用介电常数的温度系数来描述其温度特性；另一类是介电常数与温度呈线性关系的电介质，这类材料可用介电常数的温度系数 $T_{K\xi}$ 来描述介电常数与温度的关系。

介电常数的温度系数是指温度变化时，介电常数的相对变化率，即：

$$T_{K\xi} = \frac{1}{\xi} \frac{d\xi}{dT} \tag{2-167}$$

实际中常采用实验的方法来求 $T_{K\xi}$：

$$T_{K\xi} = \frac{\Delta\xi}{\xi_0 \Delta t} = \frac{\xi_t - \xi_0}{\xi_0(t - t_0)} \qquad (2\text{-}168)$$

式中，t_0 为初始温度，一般为室温；t 为改变后的温度；ξ_0 为介质在温度为 t_0 时的介电常数；ξ_t 为介质在温度为 t 时的介电常数。

2.8 电性能测量及其应用

电性能的测量主要是测量材料的电阻。测量材料电阻的方法很多，有高阻（$>10^6\Omega$）测量和低阻（$<10^{-2}\Omega$）测量。根据材料的电阻大小不同，采用的测量方法各异，包括惠斯通单电桥法、双电桥测量法、电位差计测量法和直流四探针法。它们主要测量材料的电阻率。本节重点介绍低电阻（$<10^6\Omega$）的测量方法。

2.8.1 惠斯通单电桥法

惠斯通（Wheatstone）单电桥测量原理如图 2-30 所示。图中 CD 之间串联一检流计 G，R_p 为调节桥路电流的滑线电阻器，当 C、D 两点同电位时，通过检流计 G 的电流为零。R_2、R_3、R_4 的电阻均已知，被测电阻 R_x 的计算为：

$$R_x = \frac{R_3}{R_4}R_2 \qquad (2\text{-}169)$$

在上面的测量中 R_x 实际并非真正的被测电阻，测出的电阻包括 A、B 两点的导线电阻和接触电阻。当测量低电阻时，由于结构和接触电阻无法消除，灵敏度不高、测量数值偏差较大，

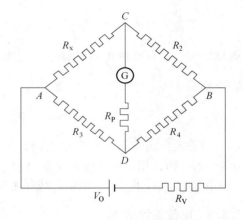

图 2-30 惠斯通单电桥测量原理图

只有当被测电阻相对于导线电阻和接触电阻相当大时，R_x 才接近于 $\frac{R_3}{R_4}R_2$。因此惠斯通单电桥的测量很少用于测量金属电阻，其测量电阻范围通常在 $10 \sim 10^6\Omega$。

2.8.2 双电桥法

双电桥法是目前测量金属室温电阻应用最广的方法，用于测量低电阻（$10^2 \sim 10^{-6}\Omega$）。双电桥测量原理如图 2-31 所示。

双电桥法测量时，待测电阻 R_x 和标准电阻 R_N 相互串联后，串入一有恒电流的回路中。将可调电阻 R_1、R_2、R_3、R_4 组成电桥四臂，并与 R_x、R_N 并联；在其间 B、D 点连接检流计 G，那么测量电阻 R_x 归结为调节 R_1、R_2、R_3、R_4 电阻使电桥达到平衡，则检流计为零（$G=0$），即 $V_{DB}=0$。

$$I_3 R_x + I_2 R_3 = I_1 R_1 \qquad (2\text{-}170)$$
$$I_3 R_N + I_2 R_4 = I_1 R_2 \qquad (2\text{-}171)$$
$$I_2(R_3 + R_4) = (I_3 - I_2)r \qquad (2\text{-}172)$$

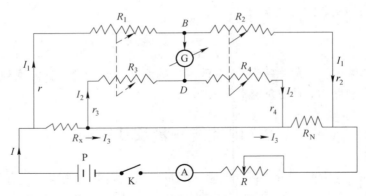

图 2-31　双电桥测量原理图

$$R_x = \frac{R_1}{R_2}R_N + \frac{R_4 r}{R_3 + R_4 + r}\left(\frac{R_1}{R_2} - \frac{R_3}{R_4}\right) \qquad (2\text{-}173)$$

为了使式（2-173）简化，在设计电桥时，使 $R_1 = R_3$，$R_2 = R_4$，并将它们的阻值设计得比较大，而导线的电阻足够小（选用短粗的导线），这样使 $\left(\frac{R_1}{R_2} - \frac{R_3}{R_4}\right)$ 趋向于零，则附加项趋近于零，式（2-173）近似为：

$$R_x = \frac{R_1}{R_2}R_N = \frac{R_3}{R_4}R_N \qquad (2\text{-}174)$$

当检流计为零时，从电桥上读出 R_1、R_2，而 R_N 为已知的标准电阻，用式（2-174）可求出 R_x 值。用双电桥测量电阻可测量 $100 \sim 10^{-6}\,\Omega$ 的电阻，测量精度为 0.2%。在测量中应注意：连接 R_x、R_N 的铜导线尽量粗而短，测量尽可能快。

2.8.3　电位差计法

电位差计法广泛应用于金属合金的电阻测量，可测量试样的高温和低温电阻，还可以测试电位差、电流和电阻，它的精度比双电桥法精度高。它还可以测量 10^{-7} 的微小电势。电位差计是以被测电位差与仪器电阻的已知电压降平衡的原理为基础。电位差计的工作原理如图 2-32 所示，电位差计测量原理如图 2-33 所示。

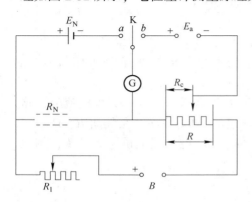

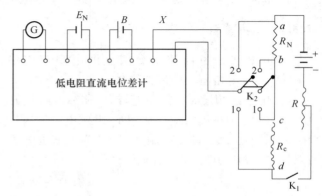

图 2-32　电位差计的工作原理图　　　　　图 2-33　电位差计测量原理图

电位差计测量电阻的原理：当一恒定电流通过试样和标准电阻时，测定试样和标准电阻两端的电压降 V_x、V_N 和 R_N 已知，通过式（2-175）计算出 R_x：

$$R_x = R_N \frac{V_x}{V_N} \qquad (2\text{-}175)$$

电位差计法优点：导线（引线）电阻不影响电位差计的电势 V_x、V_N 的测量，而双电桥法由于引线较长和接触电阻很难消除，所以在测金属电阻随温度变化，不够精确。

2.8.4　直流四探针法

直流四探针法主要用于半导体材料或超导体等的低电阻率的测量。它具有设备简单、操作方便，测量较精确等优点。常用于半导体单晶硅掺杂的电阻率测量。图 2-34 为四探针法的测量线路原理图及其接线探针排列。

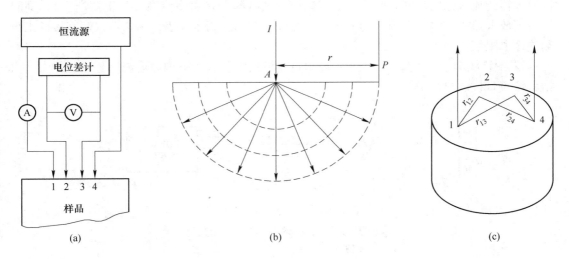

图 2-34　四探针法的测量线路原理图
（a）仪器接线；（b）点电流源；（c）四探针排列

图 2-34 中 1、2、3、4 四根金属探针彼此相距 1mm，排在一条直线上，要求四根探针与样品表面接触良好。由 1、4 探针通入小电流，当电流通过时，样品各点将有电位差，同时用高阻静电计、电子毫伏计测出 2、3 探针间的电位差 V_{23}，由式（2-176）可直接计算出样品的电阻率：

$$\rho = C \frac{V_{23}}{I} \qquad (2\text{-}176)$$

式中，C 为与被测样品的几何尺寸及探针间距有关的测量系数，称为探针系数，cm；I 为探针通入的电流。

当被测样品的几何尺寸相对于探针间距大得多时，即把样品看成半无限大，探针间距足够小时，则电阻率：

$$\rho \approx 2\pi S \frac{V}{I} \qquad (2\text{-}177)$$

式中，S 为等距离四探针两针间的间距。电流 I 的选择很重要，如果电流过大，会使样品发热，引起电阻率改变，使测量误差变大。测量时，四探针也可不排成一条直线，可以排成矩形或四方形。

2.8.5　高电阻率测量

　　测试一些超高值绝缘陶瓷片材料和高分子薄膜的电阻率，常采用超高值绝缘电阻测试仪（简称高阻仪）进行测量。它可以测定材料的体积电阻、表面电阻和绝缘电阻。实验仪器为高阻计 ZC36 型，高阻计是一种直流式的超高电阻计和微电流两用仪器。仪器的最高量限为 $10^{17}\Omega$ 电阻值和 10^{-14}A 微电流，适用于对绝缘材料、电工产品、电子设备以及元件的绝缘电阻的测量和高阻兆欧电阻的测量，也可用于微电流测量。

　　仪器作为高电阻测量时，其主要原理如图 2-35 所示。测试时，被测试样与高阻抗直流放大器的输入电阻串联并跨接于直流高压测试电源上（由直流高压发生器产生）。高阻抗直流放大器将其输入电阻上的分压信号经放大输出至指示仪表，由指示仪表直接读出被测绝缘电阻值。

　　仪器作为微电流测量时，仅利用高阻抗直流放大器，将被测微电流信号进行放大，由指示仪表直接读出。

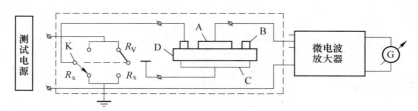

图 2-35　高电阻测量电路原理示意图
A—测量电极；B—环电极；C—高压电极；
D—试样；G—指示电表；K—转换开关

流过试样的电流：

$$I_R = \frac{U}{R_x + R_i} \approx \frac{U}{R_x} \qquad (2\text{-}178)$$

式中，U 为测试电源输出电压；R_x 为试样电阻；R_i 为微电流放大器的等效输入阻抗。

　　电路结构主要由五部分组成（图 2-36）。

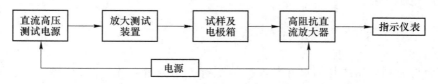

图 2-36　高电阻测量电路原理示意图

　　计算体积电阻率，公式如下：

$$\rho_V = R_V \frac{\pi r^2}{h} \qquad (2\text{-}179)$$

式中，r 为测量电极的半径；h 为陶瓷试样的厚度。

计算表面电阻率，公式如下：

$$\rho_\text{s} = R_\text{s} \frac{2\pi}{\ln \dfrac{D_2}{D_1}} \qquad (2\text{-}180)$$

式中，D_2 为保护电极的内径；D_1 为测量电极的直径。

习　题

1. 阐述导体、半导体、绝缘体导电性的差别及原因。
2. 设一维晶体的电子能带（a 为晶格常数）为：

$$E(k) = \frac{\hbar}{ma^2} \left[\frac{7}{8} - \cos(ka) + \frac{1}{8}\cos(2ka) \right]$$

试求：（1）能带宽度；

（2）电子在波矢 k 状态时的有效速度；

（3）能带底部和顶部电子的有效质量。

3. 阐述电子导电、离子导电、金属导电、半导体导电的区别。
4. 影响离子导电的因素有哪些？
5. 常用电阻率的测量方法有哪几种？请简述它们的测量范围和优缺点。
6. 请简述什么是本征半导体，什么是掺杂半导体，请简述其导电机理。
7. 请简述介质极化的基本概念与形式。
8. 请用能带理论阐述半导体材料的半导特性。

3 材料的磁学性能

【本章提要与学习重点】

本章主要针对材料的基本磁学性能及其微观本质、磁性能的测量手段、磁性材料的典型应用进行论述，全面揭示材料磁性能的基本特征。通过本章学习，使学生了解材料物理性能之间的区别与联系，材料结构与性能之间的关系及其指导生产实践的重要性，培养学生形成理论联系实际的思想。

【导入案例】

磁性不只是物质宏观的物理性质，而且与物质的微观结构密切相关。它不仅取决于物质的原子结构，还取决于原子间的相互作用——键合情况、晶体结构。随着现代科学技术和工业的发展，磁性材料的应用越来越广泛。永磁材料可用作马达，这个是利用永磁材料超强的磁力来增加动力的一个原理，能够减少能量的利用，并且不用润滑剂。磁性材料可应用于铁心材料，作为存储器使用的磁光盘。利用它特殊磁场来储存信息，方便便捷。软磁性材料由于其剩磁及矫顽磁力比较小，基本没什么影响，一般用于电感线圈、变压器、继电器等器件中。

3.1 基本磁学性能

为了解释各种各样的铁磁性物质的磁性起源，磁学研究者们提出了各种理论模型，如"分子场"理论模型、交换作用模型、局域电子模型和巡游电子模型、自旋涨落理论。对铁磁体的特性方面的研究，磁畴理论较为成熟。毕特（Bitter）最早用粉纹法，从实验上证实磁畴的存在。定量的铁磁畴理论，由朗道和里弗西兹（Landau & Lifshits）于 1935 年建立起来。他们从铁磁晶体的简单模型，推导出磁畴结构，给磁畴理论奠定了坚实基础。磁畴的存在，乃是自发磁化分布应满足平衡状态下自由能极小的必然结果：畴壁位移或磁畴旋转，能够对技术磁化过程作出原则性的解释。

3.1.1 基本磁学量

3.1.1.1 磁场强度 H

磁场强度 H 和磁感应强度 B 都是描述磁场的重要物理量。磁场强度 H 是由导体中的电流或由永磁体产生的，它是矢量，有大小，有方向。

磁场强度的单位是用稳定电流在空间产生的磁场的强度来规定的。在 SI 单位制中，一根载有直流电流为 I 的无限长直导线，在离导线为 r 的地方所产生的磁场强度：

$$H = \frac{I}{2\pi r} \tag{3-1}$$

实际应用中，常常由电流来产生磁场，并用稳定电流在空间产生的磁场的强度来规定磁场强度的单位。电流产生磁场最常见有以下几种形式。

（1）无限长载流直导线的磁场强度：

$$H = \frac{I}{2\pi r} \tag{3-2}$$

式中，I 为通过直导线的电流；r 为计算点至导线的距离；H 的方向是切于与导线垂直的且以导线为轴的圆周。

（2）载流环形线圈圆心上的磁场强度：

$$H = \frac{I}{2r} \tag{3-3}$$

式中，I 为流经环形线圈的电流；r 为环形线圈的半径；H 方向按右手螺旋法则确定。图 3-1 为载流环形线圈的磁场。

（3）无限长载流螺线管的磁场强度：

$$H = nI \tag{3-4}$$

式中，I 为流经环形线圈的电流；n 为螺线管上单位长度的线圈函数；H 的方向为沿螺线管的轴线方向。

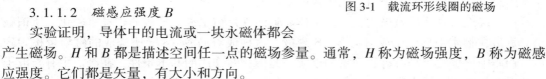

图 3-1　载流环形线圈的磁场

3.1.1.2　磁感应强度 B

实验证明，导体中的电流或一块永磁体都会产生磁场。H 和 B 都是描述空间任一点的磁场参量。通常，H 称为磁场强度，B 称为磁感应强度。它们都是矢量，有大小和方向。

依照静电学、静磁学定义，磁场强度 H 等于单位点磁荷在该处所受的磁场力 F 的大小，其方向与正磁荷在该处所受磁场力的方向一致。设试探磁极的电磁荷磁矩为 m，它在磁场中某处受力为 F，则该处的磁场强度矢量：

$$H = F/m \tag{3-5}$$

式（3-5）中的 F 由磁的库仑定律决定，即两个点磁荷之间的相互作用力 F，沿着它们之间的连线方向，与它们之间的距离 r 的平方成反比，与每个磁荷的数量（或磁极强度）m_1 和 m_2 成正比，用公式表示为：

$$F = k \frac{m_1 \times m_2}{r^3} \cdot r \tag{3-6}$$

这里，比例系数与磁荷周围的介质和式中各量的单位有关。设点磁荷处于真空中，在国际（SI）单位制中，F 的单位为 N，k 的选择如下：

$$k = \frac{I}{4\pi\mu_0} \tag{3-7}$$

式中，μ_0 为真空磁导率，其数值和单位由式（3-8）确定：

$$\mu_0 = 4\pi \times 10^{-7} (\text{H/m}) \tag{3-8}$$

磁感应强度的定义公式为：

$$B = \mu_{绝对} H \tag{3-9}$$

根据此定义公式，B 与 H 差一系数 $\mu_{\text{绝对}}$，此系数即为材料的磁导率。

3.1.1.3 磁化率和磁导率

如式（3-9）所示，将 B 与 H 的比值称为绝对磁导率 $\mu_{\text{绝对}}$，是反映材料磁特性的重要参数。一般情况下，常用材料的相对磁导率，即绝对磁导率与真空磁导率之比：

$$\mu = \mu_{\text{绝对}} / \mu_0 \tag{3-10}$$

则：

$$\mu = \frac{B}{\mu_0 H} \tag{3-11}$$

定义磁化率：

$$\chi = \mu - 1 \tag{3-12}$$

定义：

$$M = \chi H \tag{3-13}$$

M 为磁化强度，式（3-13）说明磁化率是单位磁场强度在磁体中所感生的磁化强度，反映了磁体磁化难易程度。μ 和 χ 只有当 B、H、M 三个矢量互相平行时才为标量，否则，它们为张量。

3.1.1.4 磁矩脚

将永磁体靠近铁钉、铁片等，达到一定距离时，后者即被吸起，而一般情况下铜片等则不能。另外，被用磁体吸引过的铁片，在靠近其他铁片时也会产生吸引作用，或产生排斥作用。显然，被永磁体吸引过的铁片的磁性发生了变化。

铁片接近永磁体的磁极时，与永磁体靠近的铁片被永磁体形成的磁场所磁化。所谓磁化，是指在物质中形成了成对的 N、S 磁极。这种成对的 N—S 极所构成的磁学量称为磁矩。物质中出现磁矩是所有磁现象的根源，是磁相互作用的基本条件。在磁矩中有与电子轨道运动相关联的轨道磁矩，有与电子自旋运动相关的自旋磁矩等。

由物理学可知，一环形电流周围的磁场，犹如一条形磁铁的磁场。环形电流在其运动中心处产生一个磁矩 m。

一个环形电流的磁矩定义为：

$$m = IS \tag{3-14}$$

式中，I 为环形电流的强度；S 为环形电流所包围的面积；m 的方向可用右手定则来确定，韦·米（Wb·m）。

3.1.1.5 磁通量 Φ

磁通量就是磁感应通量。通过磁场中某一微小面积 ΔS 的磁通量 Φ，等于该处磁感应强度在垂直面积 ΔS 的方向上的分量 B_n 和面积 ΔS 的乘积，即：

$$\Phi = B_n \cdot \Delta S = B \cdot \cos\alpha \cdot \Delta S \tag{3-15}$$

式中，α 为磁感应强度方向与面积 ΔS 的垂直方向的夹角。一般情况下，要求通过磁场中某一面积为 S 的曲面的磁通量，必须利用积分表达式：

$$\Phi = \int_S B \cdot \cos\alpha \cdot dS \tag{3-16}$$

只有在均匀磁场中当磁感应强度的方向垂直于截面 S 时，通过该截面 S 的磁通量才能简单地表示成：

$$\Phi = B \cdot S \tag{3-17}$$

磁通量的单位：韦（Wb）。

3.1.2 材料磁性分类

世间万物皆具有磁性，但磁性的大小及性质却相差很多。把物体按磁性的不同可归纳为以下五类。图 3-2 为物体的五类磁化曲线。

3.1.2.1 抗磁性

某些物体当它们受到外磁场 H 作用后，感生出与 H 方向相反的磁化强度。其磁化率 $\chi_d < 0$，这种磁性称为抗磁性。χ_d 不但小于零，而且绝对数值也很小，一般 χ_d 为 10^{-5} 的数量级。χ_d 的性质和磁场、温度均无关。抗磁性物体有惰性气体、许多有机化合物、若干金属（如 Bi、Zn、Ag 和 Mg 等）、非金属（如 Si、P 和 S 等）等。抗磁性物体的磁化曲线为一直线。

3.1.2.2 顺磁性

许多物体在受到外磁场作用后，感生出与磁化磁场同方向的磁化强度，其磁化率 $\chi_p > 0$，但数值很小，仅显示微弱磁性，这种磁性

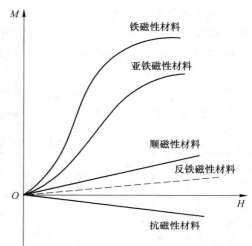

图 3-2　物体的磁化曲线

称为顺磁性。顺磁性物体有一个固有原子磁矩。但各原子磁矩的方向混乱，对外不显示宏观磁性。在磁场作用下，原子磁矩转向磁场方向，感生出与外磁场方向一致的磁化强度 M，所以，顺磁性磁化率 $\chi_p > 0$，但它的数值很小。室温下，χ_p 为 $10^{-6} \sim 10^{-3}$ 数量级。具有顺磁性的物体很多，典型的有稀土金属和铁族元素的盐类等。多数顺磁性物体的磁化率 χ 与温度 T 有密切关系，服从居里定律，即：

$$\chi_p = C/T \tag{3-18}$$

式中，C 为居里常数；T 为绝对温度。

然而，更多的顺磁性物体的 χ_p 与温度的关系，遵守居里-外斯定律，即：

$$\chi_p = C/(T - T_p) \tag{3-19}$$

式中，T_p 为临界温度，称为顺磁居里温度。

3.1.2.3 反铁磁性

另有一类物体，当温度达到某个临界值 N 以上，磁化率与温度的关系与正常顺磁性物体相似，服从居里-外斯定律。但是，表现出在式（3-19）中的 $T - T_p$ 常小于零。当 $T < T_N$ 时，磁化率不是继续增大，而是降低，并逐渐趋于定值。所以，这类物体的磁化率在温度等于 T_N 的地方存在极大值。显然 T_N 是个临界温度，它是奈耳发现的，被命名为奈耳温度。上述磁性称为反铁磁性。反铁磁性物体有过渡族元素的盐类及化合物，如 MnO、CrO、CoO 等。反铁磁性物体在奈耳温度以下时，其内部磁结构按次晶格自旋呈反平行排列，每一次晶格的磁矩大小相等、方向相反，故它的宏观磁性等于零，只有在很强的外磁场作用下，才能显示出微弱的磁性。

3.1.2.4 铁磁性

这种磁性物体和前述磁性物体大不相同。它们只要在很小的磁场作用下就能被磁化到饱和,不但磁化率 $\chi>0$,而且数值大到 $10^1 \sim 10^6$ 数量级,其磁化强度 M 与磁场强度 H 之间的关系是非线性的复杂函数关系。反复磁化时出现磁滞现象,物质内部的原子磁矩是按区域自发平行取向的。上述类型的磁性称为铁磁性。具有铁磁性的元素不多,但具有铁磁性的合金和化合物却各种各样。到目前为止,发现 9 个纯元素晶体具有铁磁性,它们是 3 个 3d 金属铁、钴、镍和 6 个 4f 金属钆、铽、镝、钬、铒和铥。当铁磁性物体的温度比临界温度高时,铁磁性将转变成顺磁性,并服从居里-外斯定律,即:

$$\chi = C/(T - T_c) \tag{3-20}$$

式中,C 为居里常数;T_c 为铁磁性物体的顺磁性居里温度。

几种典型铁磁性物体的 T_c 如表 3-1 所示。

表 3-1 几种典型铁磁性物体的 T_c

物质	Fe	Co	Ni	Cd	Tb	Dy	Ho	Er	Tm
T_c/K	1043	1396	631	293	219	89	20	20	32

3.1.2.5 亚铁磁性

除了上面四种磁性以外,还有一类物体,它们的宏观磁性与铁磁性相同,仅仅是磁化率的数量级稍低一些,为 $10^1 \sim 10^3$ 数量级。它们的内部磁结构却与反铁磁性的相同,但相反排列的磁矩不等量。所以,亚铁磁性是未抵消的反铁磁性结构的铁磁性。众所周知的铁氧体,就是典型的亚铁磁性物体。

综上所述,物质磁性可分为抗磁性、顺磁性、反铁磁性、铁磁性、亚铁磁性五种,前三种是弱磁性,后两种为强磁性。强磁性材料在技术上有很广泛的应用,这种材料通常叫作磁性材料。磁性材料按其被利用的基本性能,还可以分为软磁、硬磁、旋磁、矩磁、压磁五类。在磁性材料中,除以上五类外,还有许多特殊磁性材料,例如恒导磁率材料、磁性半导体材料、磁泡材料、磁光材料等。

3.2 物质铁磁性的微观本质

组成物质的最小单元是原子,原子又由电子和原子核组成。原子中的电子同时具有两种运动形式,即电子绕原子核的轨道运动和电子绕本身轴的旋转。前者叫作电子轨道运动,后者叫作电子自旋。处于旋转运动状态下的电子,相当于一个电流闭合回路,必然伴随有磁矩发生。所以,电子轨道运动产生电子轨道磁矩,电子自旋产生电子自旋磁矩。原子系统内,原子核也具有核磁矩,但是,核磁矩非常小,几乎对原子磁性不起作用。故原子的总磁矩是由电子轨道磁矩和电子自旋磁矩所构成,物质磁性起源于原子磁矩。现在,确定一下原子的磁矩,并考虑核外电子多于一个电子的情况。解决这个问题,首先要了解原子中电子的分布规律以及原子中电子的角动量是如何耦合的。

3.2.1 电子壳层与磁性

具有多电子的原子中,决定电子所处的状态的准则有两条。一是泡利(W. Pauli)不相容原理；二是能量最小原理，即体系能量最低时，体系最稳定。而原子中一个电子的状态，是由 n、l、m_1、m_s 四个量子数确定的。这四个量子数确定后，则这个电子的状态也就确定了。多电子原子中电子分布规律如下：

（1）由 n、l、m_1 和 m_s 四个量子数确定以后，电子所处的位置随之而定。这四个量子数都相同的电子不多于一个。

（2）由 n、l 和 m_1 三个量子数都相同的电子虽最多只能有两个，而它们的第四个量子数 m_s 不能相同，只能分别为 $1/2$ 和 $-1/2$。

（3）n、l 两个量子数相同的电子最多只有 $2(2l + 1)$ 个。因为对于同一个 l，m_1 可以取 $(2l+1)$ 个不同的值。对于每一个 m_1，m_s 可以取 $\pm 1/2$ 两个不同的值，因此，n、l 量子数相同的电子最多只能有 $2(2l + 1)$ 个。

（4）凡主量子数相同的电子最多只有 $2n$ 个。因为 n 确定后，可取 $l = 0$，± 1，± 2，$\cdots$，$\pm(n - 1)$，共 n 个可能值，而每一个 l，对应的 m_l 可取 $(2l + 1)$ 个不同值。又每一个 m_l 对应的 m_2 可取 $1/2$ 两个不同值。故一个 l 对应的最大可能状态数是 $2(2l + 1)$ 个。因此，主量子数 n，相同的电子数最多只能是：

$$\sum_{e=0}^{n-1} \left[2(2l + 1) \right] = 2n^2 \tag{3-21}$$

如按主量子数 n 和角量子数 z 把电子的可能状态分成壳层，则能量相同的电子可以视为分布于同一壳层上。将相应于 $n = 1$，2，3，4，$\cdots$ 的壳层，分别称为 K、L、M、N 壳层，在同一壳层中，可以有 0，1，2，$\cdots$，$(n - 1)$ 个角量子数 l；于是，每一个壳层就分成了若干次壳层，并分别用符号 s、p、d、f、g、k 等来代表 $l = 0$，1，2，3，4，5 等次壳层。

按照泡利不相容原理，原子中的每一个状态，只能容纳一个电子。因此，可以推算每一个壳层和次壳层中可容纳的最多电子数目。表 3-2 给出了电子壳层的划分及各壳层中可能存在的电子数目。表中"状态数或最多电子数"一栏内，即是各电子壳层中最大可能的电子数目；"↑、↓"记号代表电子自旋向上和向下取向。

当电子填满电子壳层时，各电子的轨道运动及自旋取向就占据了所有可能方向，形成一个球形对称集合，这样，电子本身具有的动量矩和磁矩必然互相抵消。因而，凡是满电子壳层的总动量矩和总磁矩都为零，只有未填满电子的壳层上才有未成对的电子磁矩对原子的总磁矩作出贡献。这种未满壳层，称为磁性电子壳层。

3.2.2 角动量耦合和原子总磁矩

原子中的角动量耦合方式有两种途径：（1）轨道-自旋（l-s）耦合；（2）角量子数-角量子数（j-j）耦合。l-s 耦合发生在原子序数较小的原子中。在这类原子中，由于各个电子轨道角动量之间耦合强，因而，首先合成原子轨道角动量 $P_L = L(L + 1)$ 和自旋角动量 $P_S = S(S + 1)h$，然后由 P_L 和 P_S 再合成原子的总角动量 P_J。在元素周期表中原子序数 $z < 32$ 的原子，都为 l-s 耦合。从 $z > 32$ 到 $z = 32$ 的原子，l-s 耦合逐步减弱，最后完全过渡到另一种耦合。j-j 耦合首先由各处电子的自旋量子数 s 和轨道量子数 l 合成角量子数 j，然后再由各电子的 j 合成原子的总角量子数 J。对于原子序数 $z > 82$ 的元素，电子本身的 s-l 耦合较强，这类原子的 J 都以 j-j 方式进行耦合。铁磁物质的角动量大都属于 l-s 耦合，其耦合方式图解如下：

表 3-2　电子壳层的划分及各壳层中可能存在的电子数目

主壳层 n	1	2		3			4			
主壳层符号	K	L		M			N			
l	0	0	1	0	1	2	0	1	2	3
次壳层符号	s	s	p	s	p	d	s	p	d	f
m_1	0	0	$-1,0,1$	0	$-1,0,1$	$-2,-1,0,1,2$	0	$-1,0,1$	$-2,-1,0,1,2$	$-3,-2,-1,0,1,2,3$
m_2	↑↓	↑↓	↑↓ ↑↓ ↑↓	↑↓	↑↓ ↑↓ ↑↓	↑↓ ↑↓ ↑↓ ↑↓ ↑↓	↑↓	↑↓ ↑↓ ↑↓	↑↓ ↑↓ ↑↓ ↑↓ ↑↓	↑↓ ↑↓ ↑↓ ↑↓ ↑↓ ↑↓ ↑↓
状态数或最多电子数	2	2	6	2	6	10	2	6	10	14
	2	8		18			32			

$$l_1, l_2, l_3, \cdots, l_i \xrightarrow{\Sigma_{l_i}(\text{电性})} L \left.\begin{array}{c} \\ \\ \end{array}\right\} \xrightarrow[(\text{磁性})]{L \to S} J$$

$$s_1, s_2, s_3, \cdots, s_i \xrightarrow{\Sigma_{s_i}(\text{电性})} S$$

原子的总动量 P_J 是轨道角动量 P_L 和自旋角动量 P_S 的矢量和，即：

$$P_J = P_L + P_S \tag{3-22}$$

其中：

$$P_L = \sqrt{L(L+1)}\,\hbar, \ P_S = \sqrt{S(S+1)}\,\hbar \tag{3-23}$$

P_J 的绝对值为：

$$P_J = \sqrt{J(J+1)}\,\hbar \tag{3-24}$$

角量子数为原子的总轨道角量子数 L 和总自旋角量子数 S 的矢量和，即：

$$J = L + S \tag{3-25}$$

J 可以取 $L+S$，$L+S-1$，$\cdots$，$L-S$ 个可能值。

(1) 当 $L > S$ 时，I, 可取从 $(L+S)$ 到 $(L-S)$ 共 $(2S+1)$ 个可能值；

(2) 当 $L < S$ 时，I, 可取从 $(S+L)$ 到 $(S-L)$ 共 $(2L+1)$ 个可能值。

由式（3-21）表示的合成，可以用矢量模型实现。从而获得原子的总角动量及总磁矩。如图 3-3 所示分别作矢量 P_L 和 P_S，它们的大小由 $P_L = \sqrt{L(L+1)}\,h$ 和 $P_S = \sqrt{S(S+1)}\,h$ 确定。

在 P_L 和 P_S 的反方向再分别作相对应的 u_L 和 u_S，它们的大小由 $M_L = \sqrt{L(L+1)}\,h$ 和 $M_S = \sqrt{S(S+1)}\,h$ 决定。其值 $\mu_B = e/2\,m_e$，$h = 9.273 \times 10^{-24}\text{A} \cdot \text{m}^2$，$e$、$h$ 和 m_e 分别为电子电量、Plank 常量和电子质量。

显然，比 μ_S 和 μ_L 的合成矢量 μ_{L-S} 不在 P_J 的轴线方向上。为了得到原子磁矩 μ_J 的值，应该将比 μ_{L-S} 投影到 P_J 的轴线上，即：

$$\mu_J = \mu_L \cos(P_L \wedge P_J) + \mu_S \cos(P_S \wedge P_J) \tag{3-26}$$

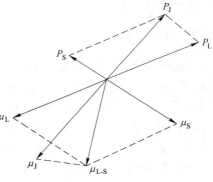

图 3-3 原子的 P_J 和 μ_J

于是得 μ_J 的大小：

$$\mu_J = \left[1 + \frac{J(J+1) + S(S+1) - L(L+1)}{2J(J+1)}\right]\sqrt{J(J+1)}\,\mu_B \tag{3-27}$$

令：

$$g_J = 1 + \frac{J(J+1) + S(S+1) - L(L+1)}{2J(J+1)} \tag{3-28}$$

故：

$$\mu_J = g_J \sqrt{J(J+1)}\,\mu_B \tag{3-29}$$

式（3-29）为原子磁矩大小的表达式，g_J 称为兰德（lande）因子，或简称为 g 因子。由于 P_L 和 P_S 是绕 P_J 旋进的，故 μ_S、μ_L、μ_{L-S} 都绕 P_J 的延长线旋进。虽然 μ_{L-S} 不是

一个有确定方向的量，然而它可分解为两个有确定方向的分量。一个沿 P_J 延长线，即式 (3-29) 中的 μ_J，这是一个有一定方向的恒量；另一个量垂直于 P_J，由于它是绕着 P_J 转动的，合磁矩为零。因此，μ_J 即为原子的总磁矩。

现在讨论两种特殊情况：

（1）当 $L = 0$ 时，$J = S$，由式（3-28）得 $g = 2$，代入式（3-29），就得式 $\mu_S = 2\sqrt{S(S+1)}\mu_B$，则原子总磁矩都是由自旋磁矩贡献的；

（2）当 $S = 0$ 时，$J = L$，由式（3-28）得 $g = 1$，代入式（3-29），就得式 $\mu_L = \sqrt{L(L+1)}\mu_B$，则原子总磁矩都是由轨道磁矩贡献的。

这两种特殊情况同以上讨论的结论是符合的。因此 g_J 的大小实际上反映了 μ_S、μ_L 对 μ_{L-S} 的贡献程度，是可以由实验精确测定的。如果测得的 g_J 在 1 和 2 之间，说明原子的总磁矩是由轨道磁矩和自旋磁矩共同贡献的。

原子的角动量和磁矩在外磁场中的取向也是量子化的。它们在 H 方向的投影分别：

$$(P_J)_H = M_J\hbar \tag{3-30}$$
$$(\mu_J)_H = g_J m_J \mu_B \tag{3-31}$$

式中，m_J 为原子的磁量子数，可以有 $m_J = -J$，J，-1，$\cdots$，$-J$ 共 $(2J+1)$ 个可能值。当 $m = J$ 时，μ_J 在磁场方向的分量有最大值：

$$(\mu_J)_{max} = g_J J \mu_B \tag{3-32}$$

综上所述，只要确定了 S 和 L 以及 J 即可计算出原子的磁矩 μ_J。原子基态的 S、L 和 J 由洪德规则确定。

3.2.3   洪德规则

要决定多电子原子基态的量子数 L、S、J 可按照洪德（Hund）规则。这个规则是洪德研究了光谱项的实验结果，并根据泡利原理总结出的一条法则。含有未满电子壳层的原子（离子）可以用这一法则来确定基态的电子组态和动量矩。其内容如下。

（1）在泡利不相容原理许可的条件下，总自旋量子数 s 取最大值。

（2）在满足（1）的条件下，总轨道量子数 L 取最大值。

（3）总角量子数的值由下面两种情况来决定：在未满壳层中电子数不够半满时，$J = L-S$；电子数正好半满或超过半满时，$J = L+S$。

第（1）条洪德规则反映了电子间的库仑排斥作用。按泡利不相容原理要求，每个轨道只能容纳两个自旋相反的电子，如果电子处于同一轨道，由于波函数交叠特别显著，将产生大的库仑力排斥势使体系能量增大，因此电子倾向于占据不同的轨道。由于库仑力相互作用，自旋同方向的电子能量较低。这意味着未满次壳层上的电子自旋在同一方向排列，直至达到最大多重性为止，然后，再在相反方向排列。

第（2）条洪德规则说明当 S 相同时，只有 L 选择最大值，能级最低。

第（3）条洪德规则是自旋-轨道耦合所导致的结果。对于单个电子，从相对论的观点来看，若取电子为参考系，则表现为带正电的核绕电子旋转，即电子处于核绕电子旋转而形成的磁场中，自然当自旋磁矩取向同这一磁场方向一致时，能量最低。由于电子和核所带的电荷符号不同，所以自旋和轨道磁矩倾向于相反的方向。当原子（离子）处于磁场中时，不同自旋取向和处于不同轨道的电子能量有所区别，电子将优先占据那些能量较低的状态。当然，洪德规则只适用于轨道-自旋耦合的情况。

3.3　铁磁性物质的基本特征

3.3.1　自发磁化及交换作用

3.3.1.1　自发磁化

铁磁性物质内存在按磁畴分布的自发磁化。图3-4为这一基本特征的示意图。铁磁性物质内的原子磁矩，通过某种作用，克服热运动的无序效应，都能有序地取向，按不同的小区域分布。这种通过物质内自身某种作用将磁矩排列为有序取向的现象，称为自发磁化。自发磁化小区域，称为磁畴。从图3-4看出，磁畴内的各原子磁矩取向是不一致的，即形成了自发磁化。宏观上，一个磁畴内自发磁化强度的平均值以 M_s 来代表。

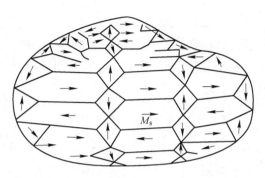

图 3-4　自发磁化按磁畴分布示意图

各磁畴之间的 M_s 方向不是一致的。整个宏观铁磁体，在无外磁场作用下是不表现出磁化强度的。所谓某种作用，即交换作用。

3.3.1.2　交换作用

1928 年，弗伦克耳最先提出铁磁体内的自发磁化是起源于电子间的特殊相互作用，这种相互作用使电子自旋平行取向。与此同时，海森堡证明，分子场是量子力学交换相互作用的结果。这种交换相互作用不再是经典的，纯属量子效应。从此，人们认识到：铁磁性自发磁化起源于电子间的静电交换相互作用。

海森堡交换模型是在海特勒-伦敦关于氢分子理论基础上发展起来的。这里，先介绍用氢分子建立交换模型，然后给出狄拉克用矢量表达的交换能公式，并说明铁磁性自发磁化的物理本质。

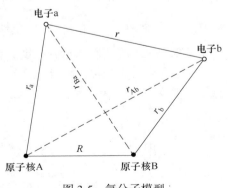

图 3-5　氢分子模型

交换相互作用的基本原理，可以通过分析氢分子中两个电子的相互作用来说明。图3-5 所示为氢分子体系，以记号 A 和 B 分别表示两个氢原子的核，它们各有一个电子分别用 a 和 b 代表。特令 $\Psi_A(a)$ 和 $\Psi_B(b)$ 分别表示电子 a 和电子 b 处于孤立原子状态时的波函数，整个氢分子系统的总波函数，可由两个原子的电子波函数之积构成，即：

$$\psi_0 = (x_a, y_a, z_a; x_b, y_b, z_b) = \psi_A(a)\psi_B(b)$$

$$(3-33)$$

在量子力学中，由于电子的全同性，哪个电子属于哪一原子系统是没有区别的。电子 a 和 b 相互交换位置后，仍不改变系统的状态。

因而，系统总的波函数也可以用如下波函数表示：

$$\psi_0 = (x_b,\ y_b,\ z_b;\ x_a,\ y_a,\ z_a) = \psi_A(b)\psi_B(a) \tag{3-34}$$

式（3-33）和式（3-34）中的 $(x_a,\ y_a,\ z_a)$ 与 $(x_b,\ y_b,\ z_b)$ 表示电子 a 和 b 的位置坐标。上面两个波函数既不是对称函数又不是反对称函数，因而都不满足全同粒子体系波函数的条件。符合对称性和反对称要求的波函数具有下面的形式：

$$\psi_A = \psi_A(a)\psi_B(b) + \psi_A(b)\psi_B(a) \tag{3-35}$$

$$\psi_A = \psi_A(a)\psi_B(b) - \psi_A(b)\psi_B(a) \tag{3-36}$$

式（3-35）是对称函数，与两个电子的反平行（$S=0$）自旋态相对应；式（3-36）是反对称函数，与两个电子的平行（$S=1$）自旋态相对应。

如果忽略电子自旋和轨道之间以及自旋与自旋之间的磁相互作用，则系统的哈密顿是：

$$H = -\frac{\hbar}{2m_e}(\nabla_a^2 + \nabla_b^2) + \frac{e^2}{4\pi\xi_0}\left(\frac{1}{r_a} + \frac{1}{r_b}\right) + \frac{e^2}{4\pi\xi_0}\left(\frac{1}{R} + \frac{1}{r} - \frac{1}{r_{Ab}} - \frac{1}{r_{Ba}}\right) \tag{3-37}$$

式中，r_a 为电子 a 至原子核 A 的距离；r_b 为电子 b 至原子核 A 的距离；R 为 A 原子核与 B 原子核间距；r 为 a 电子与 b 电子间距；r_{Ab} 为 b 电子至原子核 A 的距离；r_{Ba} 为 a 电子至原子核 B 的距离；∇a、∇b 分别为电子 a 和 b 的坐标的拉普拉斯算符；ε_0 为真空介电系数。式（3-37）右边的前两项为电子 a 和 b 的动能算符，后六项为电子与电子之间、原子核与原子核之间以及核与电子之间的静电相互作用的位能。经微扰计算，可以得到相应于对称和反对称态的能量本征值：

$$E_S = 2E_0 + \frac{K' + A'}{1 + \Delta^2},\ E_A = 2E_0 + \frac{K' - A'}{1 + \Delta^2} \tag{3-38}$$

式中，E_0 为氢原子能量；$\dfrac{K' \pm A'}{1 + \Delta^2}$ 是考虑微 $K' = \Delta$ 后而引起的能量修正项，其中：

$$K' = \iint \psi_A^*(a)\psi_B^*(b)\left(\frac{e^2}{r} + \frac{e^2}{R} - \frac{e^2}{r_{Ab}} - \frac{e^2}{r_{Ba}}\right)\psi_A(a)\psi_B(b)d\tau_1\tau_2 \tag{3-39}$$

$$A' = \iint \psi_A^*(a)\psi_B^*(b)\left(\frac{e^2}{r} + \frac{e^2}{R} - \frac{e^2}{r_a} - \frac{e^2}{r_b}\right)\psi_A(a)\psi_B(b)d\tau_1\tau_2 \tag{3-40}$$

$$\Delta^2 = \int \psi_A^*(a)\psi_B^* d\tau_1 \int \psi_B^*(b)\psi_A(b)d\tau_2 = |\psi_A^*\psi d\tau|^2 \tag{3-41}$$

Δ 为重叠积分，$\psi_A(a)$ 和 $\psi_B(b)$ 表示 A 原子的波函数与 B 原子的波函数重叠程度，如果重叠很少，应有 $\Delta \le 1$。为简化起见，设 ψ_A 和 ψ_B 为正交函数，即 $\Delta = 0$，则有：

$$E_S = 2E_0 + e^2/R + K + A,\ E_A = 2E_0 + e^2/R + K - A \tag{3-42}$$

其中：

$$K = \iint |\psi_A(a)|^2 |\psi_B(b)|^2 \left(\frac{e^2}{r} - \frac{e^2}{r_{Ba}} - \frac{e^2}{r_{Ab}}\right)d\tau_1 d\tau_2 \tag{3-43}$$

$$A = \iint \psi_A^*(a)\psi_B(a)\psi_B^*(b)\psi_A(b)\left(\frac{e^2}{r} - \frac{e^2}{r_a} - \frac{e^2}{r_b}\right)d\tau_1 d\tau_2 \tag{3-44}$$

式（3-43）是库仑静电能量，和库仑互作用对应。式（3-44）决定的 A 却无经典对应，完全是量子效应，它来源于全同粒子系统的特性，由电子 a 和电子 b 进行位置交换所产生的结果。所以，积分式 A 称为交换积分。代表电子-电子、电子-原子核的静电交换作用。把" $-e\psi_A(a)\psi_B(b)$ "看作是一种交换电子云密度，这种电子云只出现在 $\psi_A(a)$ 电子云和 $\psi_B(b)$ 电子云重叠的地方，因为只有在重叠的地方， $\psi_A(a)$ 和 $\psi_B(b)$ 才都不为零。

对氢分子计算证明，氢分子的 $A < 0$ 。因此有 $E_S < E_A$ ，即它的两个电子自旋反平行排列使系统的能量较低。

如果不是氢分子，在另外某些电子体系中，其电子间的交换积分 A 的值有可能大于零，因此，有可能出现自旋相互平行取向的基态，进而出现自发磁化。

以上讨论说明，静电的交换相互作用影响到自旋的排列。其结论是：当 $A>0$ 时，铁磁性排列能量低；而当 $A<0$ 时，反铁磁性排列能量低。

3.3.1.3　超交换作用

反铁磁性和亚铁磁性的晶体，都是离子晶体。例如 NiO、FeF_2、Fe_3O_4 等是一些磁性离子与非磁性离子相间而组成的化合物。MnO 是立方晶系晶体，晶格结构是 Mn^{2+} 和 O^{2-} 交叉排列，半径 r_{MN} 约为 0.9×10^{-10} m，两个 Mn^{2+} 之间，被一个半径 r_{O2-} 约为 1.32×10^{-10} 的非磁性氧离子隔开。金属离子之间的距离较大，故反铁磁性和亚铁磁性晶体内的自发磁化，不能用直接交换作用模型来解释。1934 年，克拉默斯首先提出了一种交换作用模型——超交换（又称间接）作用模型，用来解释反铁磁性自发磁化的起因。克拉默斯认为，反铁磁性物体内的磁性离子之间的交换作用是通过隔在中间的非磁性离子为媒介来实现的，故称为超交换作用。而后，奈耳、安德森等人对这个模型予以精确化，作了详细计算，比较成功地说明了反铁磁性的基本特性。所以，有时人们又称超交换作用模型为安德森交换作用模型。

下面介绍超交换作用的概念，以解释反铁磁性和亚铁磁性自发磁化的起因。

以 MnO 为例来讨论。由于 MnO 具有面心立方结构，Mn^{2+} 的最近邻为 6 个氧离子（ O^{2-} ），而氧离子的最近邻为 6 个锰离子（ Mn^{2+} ），这样，Mn^{2+}-O^{2-}-Mn^{2+} 的耦合，可以存在两种键角，即 180° 和 90° 的键角，如图 3-6 所示。

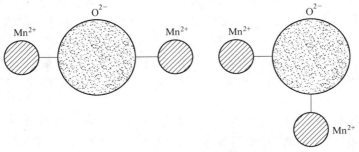

图 3-6　MnO 中的 Mn-O-Mn 耦合键角

为分析方便，取耦合键角为 180° 情况。基态时，Mn^{2+} 离子的未满电子壳层组态为 $3d^5$，5 个自旋彼此平行取向；O^{2-} 的最外层电子组态为 $2p^6$，其自旋角动量和轨道角动量都是彼此抵消的，无净自旋磁矩，它们的排列情况如图 3-7（a）所示。这种情况下，Mn^{2+} 和 O^{2-} 的电子波函数在呈 180° 键角方向时，可能有较大的叠交，只是 O^{2-} 离子无磁性，不能导致自发磁化。但是，由于有叠交，提供了 2p 电子迁移到 Mn^{2+} 的 3d 轨道内的机会，使体系完全有可能变成含有 Mn^{2+} 和 O^{2-} 的激发态，如图 3-7（b）所示。

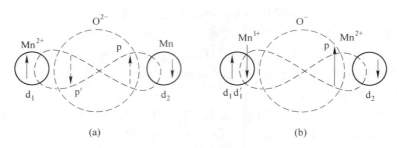

图 3-7   超交换作用原理

(a) 基态；(b) 激发态

当 MnO 系统处于激发态时，由于 O^{2-} 中具有自旋磁矩，这个未配对的电子，当然有可能与近邻的 Mn^{2+} 离子的 3d 电子发生交换作用。对这种交换作用的物理过程讨论如下。

设氧离子的 2p 电子受激后，有一个电子跑到 Mn^{2+} 离子 3d 轨道成为 d′ 电子，无论是自旋朝下朝上的 P 电子，还是向左或向右迁移，其概率应相等。先考虑向左边迁移成为 d′电子，那么 d_1 与 d_1' 的自旋是平行排列还是反平行排列？这就取决于变化后的状态是否对系统的稳定性有利。d_1 与 d_1' 平行时，能量用 $E_{\uparrow\uparrow}^{(3)}$ 表示，反平行时，能量用 $E_{\uparrow\downarrow}^{(1)}$（单态）表示。对于 Mn^{2+}，$E_{\uparrow\downarrow}^{(1)}<E_{\uparrow\uparrow}^{(3)}$，故 d_1 与 d_1' 就取反平行排列。考虑激发的哈密顿量无自旋相互作用，2p 电子激发到 3d 轨道的那个电子，只改变位置，不改变自旋方向。虽然两个 P 电子有同等被激发的概率，根据 $E_{\uparrow\downarrow}^{(1)}<E_{\uparrow\uparrow}^{(3)}$ 的要求，应该是自旋朝下的 P 电子跑到 3d 电子轨道变成 d_1' 电子。此时，O^- 离子就将和右边的 Mn^{2+} 离子产生直接交换作用了。一般估计，认为 O^- 离子和右边的 Mn^{2+} 离子的直接交换积分是负值，所以 P 和 d 的电子自旋取向必然为反平行排列。结果，导致 O^- 两侧呈 180° 键角耦合的两个 Mn^{2+} 的自旋必定为反平行排列，这就是超交换作用原理。用这个模型可以解释反铁磁性自发磁化的起因。

上述就是以 Mn^{2+} 离子进行分析获得的结果。一般情况，其他化合物的铁族金属离子的 d 层电子数可用 $3d_n$ 来表示，n 有可能大于 5 或小于 5；激发态的 O^- 离子与另一侧金属离子的交换作用，有可能为负也有可能为正，于是按照交换作用原理和洪德规则，得到如下结论。

（1）3d 电子数 $n \geqslant 5$，根据洪德规则由 2p 激发到 3d 的电子自旋与 3d 层原有自旋取方向相反。若 O^- 与另一金属磁性离子间的交换积分为负，导致反铁磁性；若交换积分为正，导致铁磁性。

（2）3d 电子数 $n<5$，由 2p 激发到 3d 区的电子自旋与 3d 原有电子自旋同方向。若 O^- 与另一金属磁性离子间的交换作用为负，导致铁磁性；若 O^- 与另一金属磁性离子的交换作用为正，导致反铁磁性。

3.3.2   磁化率和磁滞回线

铁磁性物质的磁化率 χ 很大，其值达 $10 \sim 10^4$ 量级，而需要的外加磁场却很小。例如，软磁材料的饱和磁化，外加磁场强度一般只要 $10 A \cdot m$ 的量级就足够了。如此小的外磁场即能使铁磁性物质磁化到饱和状态，这正是由于在铁磁性物质内部存在自发磁化的缘故。正如图 3-4 那样，由于原子磁矩在各个磁畴内形成自发磁化，各磁畴的 M_s 方向虽不一致，但只要受到外磁场的作用，即使外磁场很小，也能够起到调整磁畴 M_s 取向的作用。这是铁磁性物质易被磁化到饱和并且磁化率表现很大的物理根源。在磁场中，铁磁体的磁感应强度与磁场强度的关系可用曲线来表示。当磁化磁场作周期的变化时，铁磁体中的磁感应强度与磁场强度的关系是一条闭合线，这条闭合线叫作磁滞回线，如图 3-8 所示。图中 B 为饱和磁感应强度；B_r 为剩余磁感应强度；H_c 为矫顽磁场强度。从图中可以看出，铁磁体磁感应强度的变化后于磁化磁场的变化，当磁化磁场为零时，铁磁体内部存在着剩余磁感应强度。不同的材料磁感应强度不同，但它们的产生机理是一样的，都是由于自发磁化产生磁畴。在磁体被磁化的过程中，磁畴沿外磁场方向转向，当磁畴完全转向后，磁体的磁感应强度达饱和，继续增加外磁场强度，磁感应强度只是有微小增加，当外磁场减小时，磁畴的趋向力减小；当外磁场为零时，由于之间的相互牵制，使磁感应强度在原方向上有一定的趋向分量。这一剩余磁感应强度须在反方向磁化磁场的作用下，才得以消除。随着反方向磁场的继续增加，磁畴沿新的外力方向取向，遂形成磁回线。

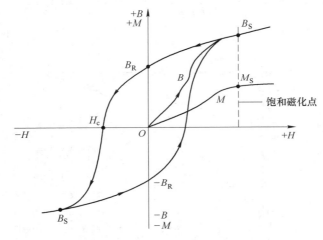

图 3-8　铁磁体的磁化曲线和磁滞曲线

3.4　磁各向异性与磁致伸缩

3.4.1　磁各向异性

实验表明，磁体被磁化时，沿磁体的某些方向容易饱和，而另一些方向较难饱和。例如，沿铁单晶 [100] 晶轴方向磁化，其磁化曲线很容易磁化饱和，而沿 [111] 晶轴就难以饱和对于非晶铁磁性薄膜，沿其膜面或膜法线磁化，其磁化曲线的形状很不相同。图 3-9 绘出三种典型铁磁物质，即铁、镍、钴单晶体沿不同晶轴磁化的磁化曲线。图 3-9 表明，这三种单晶体沿不同晶轴磁化到饱和的难易程度相差很大，有难易磁化之分，这说明铁磁单晶体在磁性上是各向异性的。为了表征这种各向异性特征，把最易磁化的方向称为易磁化方向，对应晶轴称为易磁化轴，沿易磁化轴施加磁场很容易使其磁化到饱和。从图3-9 还可以看出，三种铁磁单晶体的易磁化轴和难磁化轴都是很明显的。铁、镍、钴的易磁化轴分别为 [100]、 [111]、 [0001]；它们的难磁化轴分别为 [111]、 [100]、

[1010]。从能量角度看，铁磁体从退磁状态磁化到饱和状态，*M-H* 曲线与 *M* 轴之间所包围的面积等于磁化过程做的功，即：

$$W = \int_0^M H\mathrm{d}M \qquad\qquad (3\text{-}45)$$

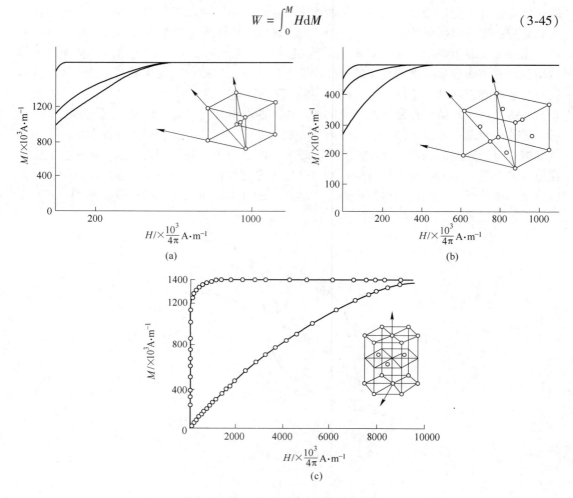

图 3-9 铁磁单晶体的磁化曲线

（a）铁；（b）钴；（c）镍

    磁各向异性能定义为饱和磁化强度矢量在铁磁体中取不同方向而改变的能量。磁晶各向异性能与磁化强度矢量在晶体中相对晶轴的取向有关。显然，在易磁化轴方向上，磁晶各向异性能最小，而在难磁化轴方向上，磁晶各向异性能最大。由上分析可知，铁磁体中的自发磁化矢量和磁畴的分布取向不会是任意的，而是取向于在磁晶各向异性能最小的各个易磁化轴的方向上，因为这样取向才能处于最稳定的状态。磁晶各向异性的大小，用磁晶各向异性常数 *K* 来衡量。对于立方晶体，磁晶各向异性常数可以这样来定义：单位体积的铁磁单晶体沿 [111] 轴与沿 [100] 轴饱和磁化所需要的能量差，即：

$$K = \frac{1}{V}\left(\int_{0[111]}^{M_s} H\mathrm{d}M - \int_{0[100]}^{M_s} H\mathrm{d}M\right) \qquad (3\text{-}46)$$

将图3-9与式（3-48）结合分析可知，铁单晶的 K 是正值。

图3-10表示出使单位铁磁体磁化到饱和所需要的能量。显然，沿铁磁体的难、易磁化轴磁化时，所需要的磁化能的大小是不同的。在易磁化方向需要的磁化能最小，而难磁化方向需要的磁化能最大。这种同磁化方向有关的能量称为磁各向异性能磁晶各向异性常数 K 是表示磁性单晶体各向异性强弱的一个量。如果磁体是非晶的，则称 K 为磁各向异性常数。一些典型铁磁体的磁各向异性常数在表3-3中列出。K_1 和 K_2 称为磁晶各向异性常数，它是材料磁特性的重要参数之 K 和 K 的数值大小表征材料沿不同晶轴方向磁化到饱和时的磁化功差异，一般可以通过实验测定。

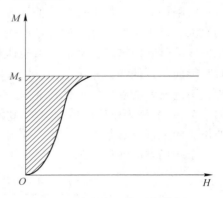

图 3-10 单位铁磁体磁化到饱和所需要的磁化能

表 3-3 部分铁磁体的室温磁各向异性常数

材 料	晶体结构	$K_1/\times 10^3 \text{J} \cdot \text{m}^{-1}$	$K_2/\times 10^3 \text{J} \cdot \text{m}^{-1}$
Fe	立方	47.2	0.75
Co	六角	461	—
Ni	立方	−5.7	−2.3
4%Ni-Fe	立方	32	
80%Ni-Fe	立方	−0.35	0.8
YCo_5	六角	5700	—
$SmCo_6$	六角	15500	—
Y_2Co_{17}	六角	−290	3
Sm_2Co_{17}	六角	3300	—
Gd_2Co_{17}	六角	−300	

3.4.2 磁致伸缩

铁磁性物质的形状在磁化过程中发生形变的现象，叫磁致伸缩或磁致伸缩效应。由磁致伸缩导致的形变一般比较小，其范围在 $10^{-6} \sim 10^{-5}$ 之间。虽然磁致伸缩引起的形变比较小，但它在控制畴结构和技术磁化过程中，仍是一个很重要的因素。磁致伸缩现象有三种表现沿着外磁场方向尺寸大小的相对变化称为纵向磁致伸缩；垂直于外磁场方向尺寸大小的相对变化称为横向磁致伸缩；铁磁体被磁化时其体积大小的相对变化称为体积磁致伸缩（$\Delta V/V$）。纵向或横向磁致伸缩又称为线磁致伸缩，它表现为铁磁体在磁化过程中具有线度的伸长或缩短（$\Delta L/L$）。磁致伸缩效应与磁化过程有一定的联系，图3-11给出铁的磁化曲线以及磁致伸缩与外磁场的关系曲线。从图3-11中可见，体积磁致伸缩只有在铁磁体技术磁化到饱和以后的顺磁过程中才能明显地表现出来，故磁致伸缩主要针对线磁致伸缩。除特别指明外，线磁致伸缩 $\lambda = \Delta L/L$ 也简称为磁致伸缩。磁致伸缩的逆效应是应变影响磁化，称为铁磁体的压磁性现象，它们表明铁磁体的形变与磁化有密切的关系。

　　铁磁体的磁致伸缩即磁致伸缩应变随外磁场的增加而变化（图3-12），产生这种行为的原因，是由于每个畴内的晶格沿磁畴的磁化强度方向自发地形变，且应变轴随着磁畴磁化强度的转动而转动，从而导致磁体整体上的形变（图3-13）。在外磁场达到饱和磁化场时，纵向磁致伸缩为一确定值，以λ_s表示，称为磁性材料的饱和磁致伸缩系数。实验证明，不同材料的磁致伸缩系数λ_s是不同的，有的小于零（$\lambda_s<0$），有的λ_s大于零（$\lambda_s>0$）。$\lambda_s>0$的称为正磁致伸缩；$\lambda_s<0$的称为负磁致伸缩。所谓正磁致伸缩是指沿磁场方向伸长，而垂直于磁场方向缩短，铁就是属于这一类。负磁致伸缩则是沿磁场方向缩短，而垂直于磁场方向伸长，镍属于这一类。

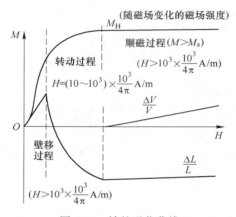

图3-11　铁的磁化曲线

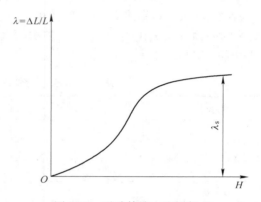

图3-12　磁致伸缩 λ 和磁场 H

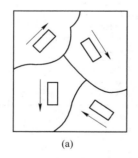 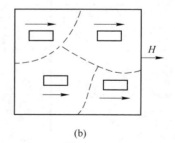

(a)　　　　　　　　　　　　(b)

图3-13　磁化过程中磁畴转动并伴随着自发形变轴的旋转

（a）$H=0$，$M_H=0$；（b）$H\neq0$，$M_H\neq0$

　　为了计算磁应变与磁化强度方面的依赖关系，考虑一铁磁性球。当处于非磁化状态时，是半径为1的精确球形，但当磁化到饱和后，沿磁化方向（即x轴）伸长了（图3-14）。假设沿与磁化强度方向成角的AB方向来测量半径OP的伸长量，则P点在x方向移动了$PP'=\lambda\cos\varphi$，因此，沿AB方向半径的伸长量：

$$PP'' = \lambda \cos^2\varphi \tag{3-47}$$

　　铁磁体的磁致伸缩同磁晶各向异性一样，是由于原子或离子的自旋与轨道的耦合作用而产生的。磁致伸缩的产生是由于要满足能量最小条件的必然结果。如果铁磁晶体的变形大小和性质能够导致其总能量等于极小值，则这种变形就会产生。

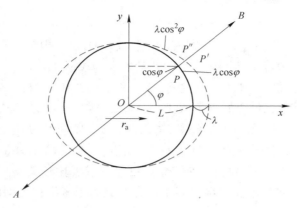

图 3-14　与自动应变轴成角的磁致伸缩示意图

3.5　铁　氧　体

3.5.1　亚铁磁性

铁氧体即为亚铁磁性材料。奈耳把反铁磁性次晶格模型用于铁氧体的研究中，他认为 A 位磁性离子与 B 位磁性离子间的相互作用是主要的，而且具有相当大的负值。绝对零度时，这个相互作用使磁矩按如下方式取向：A 位上所有磁性离子的磁矩相互平行排列，其磁矩为 M_A。B 位上所有磁性离子的磁矩相互平行排列，其磁矩为 M_B，M_A 与 M_B 取向相反，A 位和 B 位上具有的磁性离子数目不等，于是观察到依赖于负性相互作用的磁化强度，其值等于 $M_A - M_B$。这种由次晶格之间反铁磁性耦合，宏观呈现强磁性有序物质的磁性，与经典铁磁体的不同，称为亚铁磁性。

亚铁磁性物质具有以下独特性能：

（1）当温度低于铁磁居里温度时，亚铁磁性物质呈现出与铁磁性相似的宏观磁性，但其自发磁化强度较低。亚铁磁性实际上是未抵消的反铁磁性，所以它只能有较低的自发磁化强度。亚铁磁性物质的磁矩要由亚铁磁性理论建立的模型来计算。例如，磁铁矿（Fe_3O_4）是亚铁磁性材料，它的磁矩是 $4.1\mu_B$。若按构成晶体的磁性离子自旋平行排列总和来考虑，其磁矩似乎应为 $14\mu_B$ 的数值。当然，这是不正确的。因为 Fe_3O_4 的自旋排列是亚铁磁性的磁结构，而不是铁磁性的磁结构。实验表明，亚铁磁性物质的自发磁化强度 M_s 对温度 T 的关系曲线与铁磁性物质的不同。

（2）当温度高于铁磁居里温度时，同样呈现顺磁性，但其 χ-T 曲线在不太高的温度下不服从居里-外斯定律。

（3）亚铁磁性物质中的典型材料铁氧体的电阻率 ρ 很高，可达 $10^{10}\Omega \cdot m$。因此，铁氧体是高频电信工程技术中的优良铁磁材料。铁氧体是一种氧化物，含有氧化铁和其他铁族或稀土族氧化物等主要成分。常用的铁氧体，按晶格类型分为三种：尖晶石铁氧体、石榴石铁氧体、磁铅石铁氧体。

3.5.2   尖晶石铁氧体

凡是晶体结构与天然矿石——镁铝尖晶石（$MgAl_2O_4$）结构相似的磁性氧化物，均称为尖晶石铁氧体。尖晶石铁氧体的化学分子式的通式为 $Mn^{2+}Fe_2^{3+}O_4$。其中 Mn^{2+} 代表二价金属离子，通常是过渡族元素，常见的有 Co、Ni、Fe、Mn、Mg、Zn 等。分子式中的 Fe^{3+} 离子，也可以被其他三价金属离子取代，通常是 Al^{3+}、Cr^{3+} 或 Ga^+，也可以被 Fe^{2+} 或 Ti^{4+} 取代一部分。尖晶石铁氧体的晶格结构呈立方对称，空间群为 O_h^7。一个单位晶胞含有 8 个分子式，一个单胞的分子式为 $M_8^{2+}Fe_{16}^{3+}O_{32}^{2-}$。所以，一个铁氧体单胞内共有 56 个离子，其中 Mn^{2+} 离子 8 个，Fe^{3+} 离子 16 个，O^{2-} 离子 32 个。三者比较氧离子的尺寸最大，晶格结构组成必然以氧离子作密堆积，金属离子填充在氧离子密堆积的间隙内。图 3-15 给出尖晶石晶格结构的单胞。

在 32 个氧离子密堆积构成的面心立方晶格中，有两种间隙，即四面体间隙和八面体间隙。四面体间隙由 4 个氧离子中心连线构成的 4 个三角形平面包围而成。这样的四面体间隙共有 64 个。四面体间隙较小，只能填充尺寸小的金属离子。八面体间隙由 6 个氧离子中心连线构成的 8 个三角形平面包围而成。这样的八面体间隙共有 32 个。八面体间隙较大，可以填充尺寸较大金属离子。以后的叙述中，四面体间隙简称 A 位，用 A 代表；八面体间隙简称 B 位，用 B 代表。一个尖晶石单胞，实际上只有 8 个 A 位和 16 个 B 位被金属离子填充。填充 A 位的金属离子构成的晶格，称为 A 次晶格，同理，有 B 次晶格。实用上，把 Mn^{2+} 离子填充 A 位、Fe^{3+} 离子填充 B 位的分布，定义为"正型"尖晶石铁氧体，即

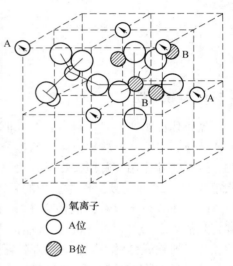

○ 氧离子
◯ A 位
◮ B 位

图 3-15   尖晶石晶格结构单胞

$(M^{2+})[Fe^{3+}]O_4$。结构式中括号（ ）和 [   ] 分别代表被金属离子占有的 A 位和 B 位。如果 M^{2+} 离子不是填充 A 位，而是同 B 位中 8 个 Fe^{3+} 离子对调位置，这样形成的结构定义为"反型"尖晶石铁氧体，即 $(Fe^{3+})[M^{2+}Fe^{3+}]O_4$。大多数铁氧体以反型结构出现。正型结构的铁氧体只有 ZnFeO 和 CdFeO。此外，还有介于正型和反型之间的混合分布结构，即 $(M_\delta^{2+}Fe_{1-\delta}^{3+})M_{(1-\delta)}^{2+}Fe_{(1-\delta)}^{3+}O_4$。脚标 δ 为 M^{2+} 离子占有 A 位的分数。当 $\delta=1$ 时，变成正型结构；当 $\delta=0$ 时，变成反型结构；一般是 $0<\delta<1$。金属离子分布规律一般与离子半径、电子层结构、离子价键平衡和离子有序化等因素有关。此外，还依赖于铁氧体热处理。一般情况下，金属离子占 A 位和 B 位的倾向是：

A 位————————————————————→B 位

Zn^{2+}、Cd^{2+}、Ga^{3+}、In^{3+}、Ge^{4+}、Mn^{2+}、Fe^{3+}、V^{3+}、Cu^+、Fe^{2+}、Mg^{2+}、Li^+、Al^{3+}、Cu^{2+}、Co^{2+}、Mn^{3+}、Ti^{4+}、Sn^{4+}、Ni^{2+}、Cr^{3+}

亚铁磁性是未被抵消的反铁磁性，所以，尖晶石铁氧体的分子磁矩为 A、B 两次晶格

中离子的自旋反平行耦合的净磁矩。由于 B 次晶格的离子数目两倍于 A 次晶格的数目，则净磁矩 M 有：

$$|M| = |M_B + M_A| = M_B - M_A \tag{3-48}$$

式中，M_B 为 B 次晶格磁性离子具有的磁矩；M_A 为 A 次晶格磁性离子具有的磁矩。对于只有两个次晶格的简单情况，式（3-48）中的 M 的方向即为 M_B 的方向。正型尖晶石铁氧体，根据铁氧体分子结构式，它的分子磁矩可有：

$$M = 2M_{Fe^{3+}} - M_{M^{2+}} \tag{3-49}$$

上式看起来似乎合理，但实际并不成立。这是由于具有完全正型分布的尖晶石铁氧体很少，即使有，例如锌铁氧体——ZnFeO 不能满足亚铁磁性的条件。这种条件是，每个次晶格中必须有足够浓度的磁性离子，以便另一次晶格的自旋保持平行排列。因为 Zn^{2+} 的自旋磁矩等于零，故不能实现正型分布所期望的自旋排列，而是在 B 次晶格中的两个 Fe^{3+} 离子的自旋呈反平行排列，即有：

$$M_{正型} = M_{Fe^{3+}} - M_{Fe^{2+}} = 0 \tag{3-50}$$

对于反型尖晶石铁氧体，有：

$$M_A = M_{Fe^{3+}}, \quad M_B = M_{Fe^{3+}} + M_{M^{2+}} \tag{3-51}$$

故：

$$M_{反型} = M_{Fe^{3+}} + M_{M^{2+}} - M_{Fe^{3+}} = M_{M^{2+}}\mu_B \tag{3-52}$$

对于一般混合型分布铁氧体，有：

$$M_A = (1 - 2\delta)M_{M^{2+}} + 10\delta\mu_B \tag{3-53}$$

这就从理论上说明，可以通过调节值来改变磁化强度，此外还可以通过选择二价 M^{2+} 离子来实现。对有些铁氧体可以通过热处理手段来改变的数值，但并非普遍可行，且不方便和不精确。因此，为了在给定的 M^{2+} 系统中实现磁化强度的控制，通常是采用离子取代，特别是非磁性离子取代。一些典型的尖晶石单一铁氧体的基本参量在表 3-4 中列出。

表 3-4 尖晶石单一铁氧体基本参量

| 铁氧体 | 离子分布 | | 磁 矩 | | 饱和磁化强度 $M_a/\times 10^5 A \cdot m^{-1}$ | | $T_m/℃$ |
	A 位	B 位	理论	实验	$-273℃$	$20℃$	
$MnFe_2O_4$	$Fe_{0.2}^{3+} + Mn_{0.8}^{2+}$	$Mg_{0.2}^{2+} + Fe_{1.8}^{3+}$	5	4.6~5	5.60	4.00	300
Fe_3O_4	Fe^{3+}	$Fe^{2+} + Fe^{3+}$	4	4.1	5.10	4.80	590
$CoFe_2O_4$	Fe^{3+}	$Co^{2+} + Fe^{3+}$	3	3.7	4.75	4.25	520
$NiFe_2O_4$	Fe^{3+}	$Ni^{2+} + Fe^{3+}$	2	2.3	3.00	2.7	590
$CuFe_2O_4$	Fe^{3+}	$Cu^{2+} + Fe^{3+}$	1	1.3	1.60	1.35	455
$MgFe_2O_4$	$Mg_{0.1}^{2+} + Fe_{0.9}^{3+}$	$Mg_{0.9}^{2+} + Fe_{1.1}^{3+}$	1	1.1	1.40	1.20	440
$Li_{0.6}Fe_{2.5}O_4$	Fe^{3+}	$Li_{0.9} + Fe_{1.6}^{3+}$	2.5	2.5~2.6	3.30	3.10	670

表 3-4 的数据说明，磁矩的理论值都比实验值小，其原因是理论计算中忽略了轨道磁矩的贡献，或者是假定的离子分布和实际铁氧体中离子分布有差异以及变价离子的出现。

3.5.3 石榴石铁氧体

石榴石铁氧体的通式是 $R_3^{3+}Fe_5^{3+}O_{12}^{2-}$，式中，R 代表稀土或钇离子，常见的有 Y、Sm、Eu、Gd、Tb、Dy、Ho、Er、Tm、Yb 或 Lu 等。分子式类似于天然石榴石（FeMn）$_3$Al$_2$（SiO$_4$）$_3$，晶体结构属于立方晶系，空间群为 O_h^{10}（la3d）。研究最多的石榴石铁氧体有 Y$_3$Fe$_5$O$_{12}$（缩写 YIG）以及其他元素置换的石榴石铁氧体，例如"$Y_{3-x}R_x^{3+}Fe_{2-y}A_y^{3+}O_{12}$"，式中 R^{3+} 为离子半径与 Y^{3+} 相接近的稀土元素，A^{3+} 为离子半径与 Fe^{3+} 相接近的元素。此外，还有用非三价离子置换的石榴石。例如"BiCaV"石榴石——$\{Bi_{3-x},Ca_x\}[Fe_2^{3+}]$（$Fe_{3-y}^{3+}$，$V_y$）O$_{12}$ 都是很有价值的磁性材料。如图 3-16 所示，一个单胞石榴石含有 8 个分子，金属离子填充在氧离子密堆积之间的间隙里。氧离子之间的间隙除了四面体间隙和八面体间隙之外，还有十二面体间隙。十二面体间隙由 8 个近邻氧离子中心连线构成的 12 个三角形平面所包围。在这里用 d 表示四面体中心位置，称 d 位；八面体中心用 a 表示，称 a 位；十二面体中心用 c 表示，称 c 位。单胞中 8 个 $R_3^{3+}Fe_5^{3+}O_{12}^{2-}$ 分子的金属离子中 40 个 Fe^+ 离子全部填充到四面体间隙和八面体间隙。其中 24 个占四面体间隙，即 24d；16 个占八面体间隙，即，16a；Y^{3+} 或其他三价稀土元素离子，位于十二面体间隙，即 24c。虽然，石榴石比尖晶石复杂，但有其优点，每一个金属离子都独占一种格位，其分子结构式是 $\{R_3\}[Fe_2]$（Fe$_3$）O$_{12}$，式中，括号 $\{\ \}$-24C，$[\ ]$-16a，（ ）-24d。图 3-16 表示出这三种离子的位置特征。

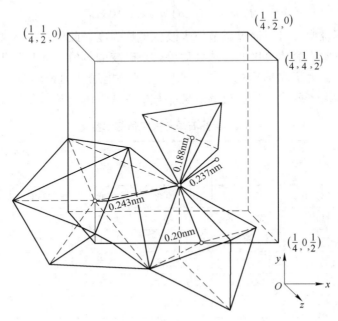

图 3-16　$Y_3Fe_5O_{12}$ 的结构示意图

如果稀土元素取代 24c 位中 Y^{3+} 的一部分，另有某些三价元素取代 16d 位的 Fe^{2+} 或 24d 位的 Fe^{3+}，那么，石榴石的通式可以写成 $\{Y_{3-a}R_a\}[Fe_{2-x}M_Z^A]$（Fe$_{3-x}M_x^D$）的形式，式中 M 表示取 16a 位的三价元素，M^D 表示取代 24d 位的三价元素。有时候三价元素（例如

Al^{3+}）不只是取代某一格位的离子，而是按分布系数 f 分布于 16a 和 24d 之间。设三价元素的总取代基为 y，那么 f 是 y 的函数。例如：$Y_3Fe_{5-y}Al_yO_{12} \rightarrow \{Y_3\}[Fe_{2-y(1-f)}](Fe^{3-}_{fy}Al_{fy})O_{12}$。由上述能够看出，不同的取代方式可以得出许多不同的分子式。如果适当地选择取代的数量和方式，可以调节基本石榴石的特性，从而获得所需要的某一综合性能。石榴石铁氧体分子饱和磁矩的计算与尖晶石铁氧体相似，只是石榴石铁氧体的离子布拉格位不会发生反型。在纯 YIG 中 24c 位仅为非磁性的 Y^+ 占有，因此，总磁化强度只为 16a 和 24d 两种次晶格的磁矩的合成。因纯 YIG 的 24c 位无磁性离子，则 16a 和 24d 位的自旋必须反平行耦合，即有

$$M = M_d - M_a = 3M_{Fe^{3+}} = 5\mu_B \qquad (3-54)$$

如 24c 位引入磁性稀土离子，24c 与 24d 位之间的磁矩保持反平行耦合，总磁化强度

$$M = |3M_c + M_a - M_d| = |3M_c - 5\mu_B| \qquad (3-55)$$

当 24c 位的 M，确定以后，即可由式（3-55）求出石榴石铁氧体分子磁矩 M 值。取代石榴石铁氧体，例如，$\{Y_{3-a}R_a\}[Fe_{2-x}M^A_Z](Fe_{3-x}M^D_x)$ 形式的分子饱和磁矩的计算，原则上仍按式（3-49）进行。一般用来取代 16a 和 24d 位的离子大多为非磁性的，即 $M=0$，于是，式（3-55）变成以下形式：

$$M = |M_d - M_a - M_c| = |(3-x)M_{Fe^{3+}} - (2-z)M_{Fe^{3+}} - aM_{R^{3+}}| \qquad (3-56)$$

式中，z 为在 16a 次晶格的取代量，当各次晶格之间的耦合效应是 24d 次晶格占优势时增加，将增大总磁化强度，若 16a 占优势，则减少总磁化强度；x 代表 24d 次晶格的取代量，它与式中 z 的效应相反。表 3-5 列出各种单一石榴石铁氧体的参量。

表 3-5 单一石榴石铁氧体的参数

石榴石	参 量				
	分子磁矩 $\dfrac{\sigma_a}{\mu_a}/g^{-1}$ （0K）	饱和磁化强 $M_a/\times 10^5 A \cdot m^{-1}$ （20℃）	居里点 T_d/K	抵消点 T_d/K	密度 $d/\times 10^4 kg \cdot m^{-3}$
$Y_3Fe_5O_{12}$	5.01	1.34	560	无	5.17
$Sm_3Fe_5O_{12}$	5.43	1.27	560	无	6.23
$Eu_3Fe_5O_{12}$	2.78	0.88	566	无	5.31
$Gd_3Fe_5O_{12}$	16.00	0.04	564	286	6.46
$Tb_3Fe_5O_{12}$	18.20	0.15	568	246	6.55
$Dy_3Fe_5O_{12}$	16.90	0.32	563	236	6.61
$Ho_3Fe_5O_{12}$	15.20	0.68	567	128（7）	6.77
$Er_3Fe_5O_{12}$	10.20	0.62	556	83	6.87
$Tm_3Fe_5O_{12}$	1.20	0.88	549	无	6.94
$Yb_3Fe_5O_{12}$	0	1.19	548	≈0	7.06
$Lu_3Fe_5O_{12}$	10.07	1.19	539	无	7.14

3.5.4 磁铅石铁氧体

磁铅石铁氧体的晶体结构和天然矿物磁铅石 $Pb(Fe_{7.5}Mn_{2.5}Al_{0.5}Ti_{0.5})O_{19}$ 的结构相似，属于六角晶系，空间群为 D_{6h}^1（C6/mm）。其化学式是：$M^{2+}B_{12}^{3+}O_3^{2+}$ 或 $M^{2+}O \cdot 6B_2^{3+}O_3^{2+}$，式中，$M^{2+}$ 是二价阳离子，常见的有 Ba、Sr 或 Pb；B^{3+} 是三价阳离子，常见的有 Fe 及其取代元素 Al、Ga 和 Cr。最为熟悉的例子便是钡铁氧体 BaFerO 和铅铁氧体 PbFerOg，又称为 M 型钡铁氧体。M 型结构是由 Ba^{2+}、Pb^{2+} 或 Sr^+ 参加氧离子的堆积和 Fe^{3+} 填充到氧离子间隙里组成。氧离子组成的间隙有四面体、八面体和六面体三种。因为 Ba^{2+}、Pb^{2+}、Sr^{2+} 的半径分别是 1.43×10^{-10} m、1.27×10^{-10} m、1.32×10^{-10} m，接近 O^{2-} 的半径，所以，它们不能进入氧离子组成的间隙中，而是占据氧离子的晶位。由 X 射线结构分析知道，一个 M 型晶胞分为 10 个氧离子层，在 c 轴方向（六角晶轴方向），这 10 个氧离子层又可按含有 Ba^{2+} 层和相当于尖晶石的"尖晶石块"来划分。图 3-17 示出晶胞中钡离子层和尖晶石块的位置。

从图 3-17 看出，一个晶胞中包含了两个钡离子层和两个尖晶石块。Ba^{2+} 层是每隔 4 个氧离子层出现一次，它含有 1 个 Ba^{2+}、3 个 O^{2-} 和 3 个 Fe^{3+}。其中有 2 个 Fe^{3+} 占据 B 位，1 个 Fe^{3+} 占据由 5 个氧离子构成的六面体间隙（称 E 位）。它的图形示于图 3-18 中。将把含 Ba 层用 B_1 代表，尖晶石块出现于 2 个 Ba 离子层之间，用 S 来表示尖晶石块，它包括 4 个氧离子层，每一层含有 4 个氧离子。1 个尖晶石块里有 9 个 Fe^{3+} 填充在 O^{2-} 组成的间隙中，其中 2 个占据 A 位，7 个占据 B 位。所以，每个 M 型晶胞中共有 38 个氧离子，2 个钡离子，24 个铁离子。铁离子分别分布在 4 个 A 位、18 个 B 位、2 个 E 位上，而钡离子参与氧离子共同密堆积。

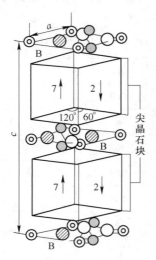

图 3-17　$BaFe_{12}O_{19}$ 晶体结构的 Ba^{2+}
离子层和尖晶石块的位置

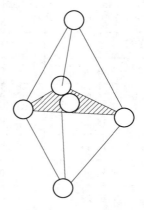

图 3-18　尖晶石物质的结构

除了 M 型结构以外，磁铅石铁氧体还有一个相类似的六方结构范围，通常称为 W、Y、Z、X 和 U 型等化合物。这类化合物是以 Me^{2+} 部分地置换 $BaFe_{12}O_{19}$ 中的 Ba^{2+}，组成

BaO-MeO-Fe$_2$O$_3$ 三元系列的磁铅石型复合铁氧体。其中 Me 代表 Mg、Mn、Fe、Co、Ni、Zn、Cu 等二价金属离子和 Li$^+$、Fe^{3+} 的组合。关于 M、W、X、Y、Z 和 U 型化合物的相互关系，可以用图 3-19 来描写。

图 3-19 中的 M 点，代表单组分的磁铅石铁氧体 BaFe$_{12}$O$_{19}$，S 点代表单组分尖晶石铁氧体 Me$_2$Fe$_4$O$_8$，B 点表示非磁性的钡-铁氧化物 BaFe$_2$O$_4$。X、W、Y、Z 和 U 等化合物，都是通过 M、S 和 B 按一定的比例配合组成。表 3-6 列出上述化合物的结构式和相关的参数。

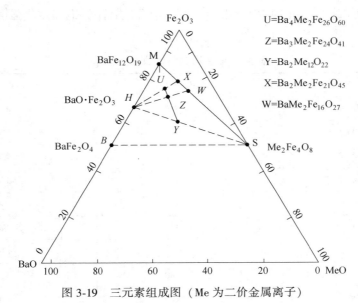

图 3-19　三元素组成图（Me 为二价金属离子）

表 3-6　磁铅石复合铁氧体的结构式、化学分子式和参数

型号	结构式	化学分子式	简写	每晶胞 O^{2-} 层数	晶格常数		密度 $d \times 10^3$ /kg·m^{-3}
					$a/10^{-10}$ m	$c/10^{-10}$ m	
M	$(B_1S_4)_2$	BaFe$_{12}$O$_{19}$	M	5×2	5.88	23.2	5.28
W	$(B_1S_3)_2$	BaMe$_2$Fe$_{16}$O$_{27}$	Me$_2$W	7×2	5.88	32.8	5.31
X	$(B_1S_4B_1S_8)_2$	Ba$_2$Me$_2$Fe$_{21}$O$_{45}$	Me$_2$X	12×3	5.88	84.1	5.29
Y	$(B_2S_4)_3$	Ba$_2$Me$_{12}$O$_{22}$	MeY	6×3	5.88	43.5	5.39
Z	$(B_2S_1B_1S_4)_2$	Ba$_3$Me$_2$Fe$_{24}$O$_{41}$	Me$_2$Z	11×2	5.88	52.3	5.33
U	$(B_1S_4B_1S_1B_1S_1)_2$	Ba$_4$Me$_2$Fe$_{26}$O$_{60}$	Me$_4$U	16	5.88	38.1	5.31

磁铅石铁氧体的主要特点是自发磁化从优取向六角晶轴（c 轴）或垂直于 c 轴取向。其中，M、Me$_2$W 型的自发磁化从优 c 轴取向；Me$_2$Y、Me$_2$Z 型的自发磁化从优垂直于 c 轴方向，这种垂直于 c 轴取向的铁氧体称为平面型铁氧体。磁铅石铁氧体的分子磁矩，根据磁性离子的分布可以推算出来。例如，M 型 Ba 铁氧体，它的结构式是 $(B_2S_4)_2$。每一尖晶石块 S$_4$ 内的 9 个 Fe^{3+} 离子有 7 个在 B 位，2 个在 A 位；含 Ba 离子层内的 3 个 Fe^{3+} 有 2 个在 A 位，1 个在 B 位。

晶胞结构	$(B_1$	$S_4)_2$
离子分布	$(Ba^{2+}Fe^{3+}[Fe^{3+}]O_{12}^{2-}$	$Fe_2^{3+}[Fe_7^{3+}]O_{12}^{2-})_2$
自选取向	$\downarrow\downarrow\uparrow$	$\downarrow\downarrow\quad\uparrow$
磁矩	$-10\mu_B+5\mu_B$	$-10\mu_B+35\mu_B$
分子磁矩	$M_分=(-10+5-10+35)$	$\mu_B=20\mu_B$

这个理论值与实验值（19.7B）很接近。磁铅石铁氧体的饱和磁化强度和居里温度列于表3-7。

表 3-7　磁铅石铁氧体的 M_s 和 T_c

名　　称	$M_s/A \cdot m^{-1}$	$T_c/℃$
Mn_2W	310	415
$NiFeW$	270	520
$ZnFeW$	380	430
$Ni_{0.5}Zn_{0.5}Fe^{2+}W$	260	450
Ni_2Y	130	390
Mn_2Y	170	290
Zn_2Y	230	130
Co_2Y	180	340
Mg_2Y	120	280
Co_2Y	267	410
Cu_2Y	247	440
Zn_2Y	310	360

3.6　磁性材料的典型应用

3.6.1　信息存储功能磁性材料

随着科学技术不断地发展，信息的记录、处理、存储和传递愈发显得重要。尤其当今处于信息时代，光、电、化学、机械等均可作为存储方式，于是磁记录、磁存储发展得特别快。它已广泛地运用于各个科学技术领域中，不但普遍地用于广播、电视，更大量地应用于地球物理探测空间技术、计算机技术和遥测等，而且对国民经济、国防建设及人民生活都有着重要的意义。磁记录用的磁性材料是世界上产量大、产值高、使用面广的材料之一，是人们十分重视和研究的对象，因此，新技术、新品种不断出现。

3.6.1.1　磁记录材料

磁记录是以磁记录介质受到外磁场磁化，去掉外磁场后仍能长期保持其剩余磁化状态的基本性质为基础的。磁带或磁盘记录信号是永久性的，同时也是可以改变的，这一操作许多人都在录音机、录像机及计算机上实现过。

在磁记录过程中，来自麦克风、摄录像机的电信号，或计算机的数据，通过电子线路调制整理后，在经过记录磁头的绕阻时，在磁头的铁芯里产生磁通，磁头缝隙磁场通过铁芯附近的空气而闭合。当磁记录介质紧贴磁头的表面匀速通过时，就会被磁头缝隙处的磁场所磁化；当它离开磁头的磁场以后，仍保留有剩余磁化强度，如图 3-20 所示。

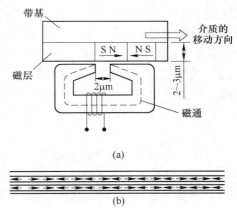

图 3-20 磁记录方式和磁迹分布
（a）磁记录方式；（b）磁迹分布

由于磁头缝隙处的磁场是随记录电流的方向和振幅的大小变化的，所以磁记录介质剩余磁化强度的变化记录了信号随时间的变化。记录信号的电流在一个变化周期内，使记录磁头的磁场方向改变一次，并在介质上产生方向相反的两个剩余磁化区。这两个区域之间还会出现磁化过渡区。这两个磁化方向相反的区域和磁化过渡区一起被称作一个记录周期或记录波长。磁介质上记录的磁性图形的变化波长与记录信号的频率和磁头（介质）的相对速度之间的关系为：

$$\lambda = \nu/f \qquad (3-57)$$

用于磁记录的材料为软磁性的金属及铁氧体，典型材料如表 3-8 所示。

表 3-8 几种磁记录材料的特性

类 型	材料名称	状态	$B_r/\times10^{-4}T$	$H/\times79.6A \cdot m^{-1}$	$T_c/℃$
氧化物	γ-Fe_2O_3	粉末	1400	300~400	385
	$Co+\gamma$-Fe_2O_3	粉末	1600	500~600	520
	CrO_2	粉末	1450	300~700	120
金属	Fe-Co-Ni	粉末	1600~2400	200~1000	770~1120
	Co-Ni-P	粉末	~10000	200~1000	
	Fe-Co-Ni	薄膜	1600~2400	1000	770~1120
	Co-Ni-P	薄膜	~10000	1000	

高性能的磁记录介质材料的特点如下：

（1）大的剩余磁感应强度 B_r；

（2）磁微粒尺寸小且均匀（小于 1）；

（3）各微粒间 H_c 值分布窄；

（4）矫顽力 H_c 的值适当；

（5）对于受热、加压，磁化强度稳定；

（6）剩磁比 B_r/B_m 大，取向度高；

（7）对磁头的磨损小，对基板（带）的附着力大；

（8）磁粉材料在介质中分散性好。

3.6.1.2　磁光存储

磁光记录是利用热磁效应，实现在磁性材料上进行信息的存入和擦洗，借助于法拉第或克尔效应来实现信息的读出。它兼有磁记录和光记录两者的优点。磁光盘之所以能够在计算机存储系统中取得一定地位，是由于它与磁记录比较具有如下几个方面优点。

（1）高的记录密度。磁光盘利用激光进行信息记录、再生，位径可以缩小到 1mm。其密度是现有介质固定磁盘的 10 多倍，是介质可换磁盘和磁带的 100 倍以上。在通常情况下，记录密度超过 10^8 bit/cm。

（2）高可靠性。磁光盘记录是非接触记录，介质和透镜之间的距离可以做到 1mm 以上，不存在磨损问题，而且磁光盘的介质面上可以加保护膜，它的数据寿命可达 10 年以上，比磁盘和磁带都长。

（3）可并列处理、随机存取。因为光的传输是在空间进行的，所以，可以并行处理多元信息。

与光记录技术相比，磁光记录又有可以反复读写的优点，磁光盘的可擦除重写次数达百万次以上。虽然磁光记录具有许多优点，但它毕竟还是一门新兴的技术，还有许多问题尚待解决。

磁光记录过程如图 3-21（a）所示。磁光记录薄膜材料是垂直磁化膜，其易磁化方向垂直于膜面，磁矩垂直于膜面向上或向下排列。记录信息时，对磁光薄膜材料外加一个小于其矫顽力的记录磁场，同时加上一个表示信息的脉冲激光。受到脉冲激光照射的材料区域由于吸收光能而温度上升，此区域的矫顽力也随之下降，如图 3-21（b）所示。如果其矫顽力下降到小于外加的记录磁场时，该材料区域的磁矩就会翻转为沿外加记录磁场方向排列。

假设磁矩排列方向为垂直膜面向下、与记录磁场方向相反时，对应着记录信号"0"；当磁矩翻转为沿记录磁场方向排列，即垂直膜面向上时，则对应于记录信号"1"。这样，可以将光的强弱信号转变为不同方向排列的磁矩记录下来。那些没有受到激光照射的区域虽然也受到外加记录磁场的影响，但是因为室温下材料的矫顽力大于记录磁场，这些区域的磁矩不会翻转为沿外加记录磁场方向排列。只有那些受到激光照射的局部区域，因为温度升高而使矫顽力减少到低于外加记录磁场，其磁矩方向才会翻转为沿记录磁场方向排列。

记录信息的密度与垂直磁化膜中可以稳定存在的最小磁畴直径和激光光束的直径成反比，而磁畴直径又与磁畴壁能 E_m 成正比，与记录材料的饱和磁化强度 M_s 和矫顽力 H_c 的乘积（$M_s H_c$）成反比，所以大的 $M_s H_c$ 有利于提高记录信息的密度。另外，最小的激光光斑直径 d 为 $1.22 \lambda/N_A$，这里 N_A 是和聚光用的物镜半径、焦距、波长有关的开口因数。对于目前主要使用的光学记录系统，开口系数 N_A 为 0.5，如果波长 λ 为 780 nm，则最小光斑直径为 1.9 μm 左右。

此外，要在已有信息的感光盘上重新记录新的信息时可以用连续光照射整个磁光盘。同时外加一个与记录磁场强度相同，但方向相反的磁场，使磁光盘的磁矩全部沿外加磁场方向排列（如图 3-21（c）中的朝下排列），以抹去信息，然后再进行新记录操作。这种重写记录的方式需要进行两次操作，所以信息存储速度较慢。

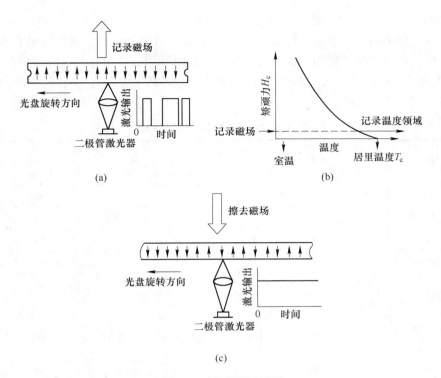

(a)

(b)

(c)

图 3-21　磁光记录原理
（a）信息记录过程；（b）矫顽力和温度的关系；（c）消除信息状态

在磁光技术中，读取信息的原理是法拉第（Faraday）磁光效应和克尔（Kerr）磁光效应。如图 3-22 所示，当线偏振光沿着铁磁薄膜磁化方向传播时，透射光的偏振面相对入射光的偏振面旋转了一个角度，单位膜厚旋转的角度称为法拉第角（θ_F），这种效应称为法拉第效应。线偏振光可以看成是由左右圆偏振光合成。由于铁磁薄膜中的磁矩与光的相互作用，使组成线偏振光的左右圆偏振光在铁磁薄膜中有不同的折射率，所以左右圆偏振光透射后合成的透射光的偏振面相对入射光的偏振面旋转了一个法拉第角。利用法拉第效应可以选取透射率高的磁性薄膜中保存的信息。另外，线性偏振光照射到铁磁性薄膜表面被反射时，所得到的反射光是一

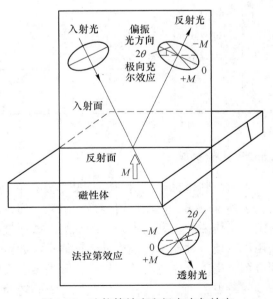

图 3-22　法拉第效应和极向克尔效应

个椭圆偏振光，它的偏振面相对入射光的偏振面也旋转了一个角度，这个角度称为克尔角（θ_K）。根据入射光的传播方向相对磁性薄膜中磁化强度的方向不同，有三种克尔效应：

（1）极向克尔效应，此时磁化方向垂直于反射面；（2）纵向克尔效应，此时磁化方向与反射面、入射面平行；（3）横向克尔效应，此时磁化方向处在反射面内且垂直于入射面。对于那些反射率较大的不透明磁光薄膜，读取信息时利用其极向克尔效应。极向克尔效应如图 3-22 所示。目前，读取 TbFeCo 非晶磁光薄膜中是利用极向克尔效应，几种激光材料的性能特点如表 3-9 所示。

表 3-9　几种激光材料的性能特点

材　　料		记录方式	T_c/℃	法拉第效应		克尔旋转角		制备方法
				$2Q_{c/a}$/(°)	λ/nm	θ_K/(°)	λ/nm	
多晶	MnBi	T_c	360	3.6	633	0.7	633	蒸镀
	MnCuBi	T_c	180	1.8	575	0.2	633	
	MnAlGe	T_c	245	0.2	550	—	633	溅射或蒸镀
	MnCaGe	T_c	185	0.1	850	—	633	
	PtCo	T_c	390	3.3～5.0	633	—	633	
单晶	GdIC	T_{ecmp}	—	2.3	633		633	液相外延
非晶态	GdCo	T_{ecmp}	400	0.45	450～820	0.33	633	溅射或蒸镀
	GdFe	T_{ecmp}						
	TbFe	T_c	480	0.40	633	0.25～0.58	633	
	GdTbFe	T_c	135	—	—	0.25～0.48	633	
	TbdyFe	T_{ecmp}	150～165	—	—	0.27～0.52	633	
	GdFeCo	T_{ecmp}	75	—	—	—	633	
	GdTbCo	T_c					633	
	TbFeCo	T_c	—	—	—	0.30～0.52	633	
	GdTbFe		180～200	—	—		820	
	Ge		155	—	—		820	

注：T_c—居里点写入；T_{ecmp}—抵消点写入。

3.6.2　永磁材料

永磁材料也称硬磁材料，是最早发现和使用的磁性材料。将永磁材料在磁场中充磁后，去掉外磁场，仍能保留很强的磁性，而且不易被退磁，从而可在一定的空间提供一个恒定的工作磁场。利用永磁体的磁场，或通过磁场和载流导体、带电粒子、涡流等的相互作用可以使一种能量转换成另一种能量，如磁与电、磁与机械等的能量转换，而得到广泛的应用。由于永磁材料的用途广、种类多、人们利用它没有铜损，而且在一定空间能建立磁场的特点，可制造各种产生线性力矩和转动力矩的元件和设备。特别是近年来，人们利用磁体斥力做成磁性轴承等各种悬浮系统，大大地减少了运动系统的摩擦力。因此，它成为磁学和磁性材料中研究甚为活跃的领域。它更新换代很快，由古老的各种永磁合金到铁氧体，由永磁铁氧体材料到稀土钴永磁材料，最近几年来永磁体又在飞跃发展。目前发展有两大趋势，即低磁能积、低价格的铁氧体和高磁能积、高价格的高级材料。

作为磁场应用的永磁体，希望剩余磁感应强度 B_r 和矫顽力 H_e 大，才能使永磁体在各种环境下具有相对的性能稳定性。只有 B_r 和 H_e 参数，还不能衡量永磁材料的好坏程度。永磁材料是处在退磁状态下工作，它可以用内部存储的能量（磁能积 $(BH)_{max}$）来衡量性能，材料的 $(BH)_{max}$ 越大，其磁体性能越好。其退磁曲线分别可以用磁化强度退磁曲线（M-H）和磁感应退磁曲线（B-H）表示。退磁曲线是指强磁材料的磁滞回线的第二和第四象限的部分，理想的 M-H 退磁曲线为矩形，B-H 退磁曲线为直线。

磁能积与单位体积材料所储备的能量成正比。B、H 的乘积可从图 3-23 中磁滞回线的第二象限退磁曲线上求出，退磁曲线如图 3-24 所示。从图 3-24 可看出，B 是将材料磁化到饱和后去掉磁场时的磁感应强度，叫作剩余磁感应强度，简称剩磁；而 H_c 和 MH_c 则是使磁感应强度 B 和磁化强度 M 为零时所需的反向磁场值，称为矫顽力。当 $B = B_w$，且 H 值最大时，B 表示单位体积的永磁材料能够产生的最大磁能积，用 $(BH)_{max}$ 表示。但是，实际永磁材料的退磁曲线不能如图所示那样，即磁化强度 M 不能等到反磁化场为 MH_c 时才全部反转，而在反磁化过程中 M 就逐渐减少，表现在 B-H 退磁曲线中的虚线所示，于是便形成了退磁曲线的凸出形状。其凸出程度和磁能积大小有密切的联系。如果两种不同的材料，虽然 B 和 H_c 值都相同，但由于它们的退磁曲线形状不同，它们的最大磁能积也不同。退磁曲线凸出程度越大，则磁能积就越大。退磁曲线的凸出程度可用凸出系数表示，表达式为：

$$\gamma = (BH)_{max}/B_r \cdot H_c \qquad (3\text{-}58)$$

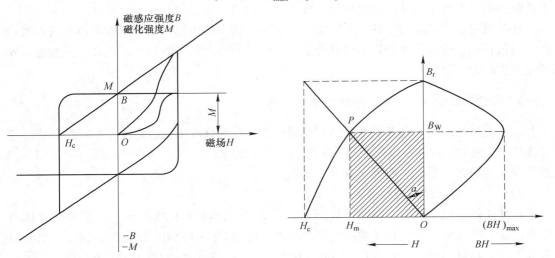

图 3-23　B-H 和 M-H 磁滞回线　　　　图 3-24　永磁材料的磁滞曲线和磁能积曲线

总之，评价永磁材料特性的主要参数有剩磁、矫顽力、最大磁能积和退磁曲线的凸出系数等，除此之外，还必须考虑永磁材料的稳定性。永磁材料的稳定性就是充磁后长期使用过程中材料的磁通密度或间隙磁通的变化，即老化影响稳定性的因素包括内部因素和外部因素，内部因素有组织变化和磁后效，磁性材料的组织结构随时间的变化会引起磁性能变化，但对组织结构稳定的材料来说该变化很小。磁后效是由于磁体内部磁化状态的不稳定部分向稳定状态的变化而产生的，此变化极小，且磁体尺寸比越小变化越大。为稳定磁后效引起的变化，可在充磁后预先强制部分退磁。

外部因素有温度、外磁场、机械应力等。一般随温度上升，永磁体的磁化强度降低，超过居里点时为 0，这是可逆的变化，并且在未靠近居里点的温度区域剩余磁通密度大体呈直线变化。可以用温度系数 $a(B_d)$ 表示上述变化，其表达式为：

$$a(B_d) = \frac{B'_d(T_1) - B_d(T_2)}{B'_d(T_1)(T_2 - T_1)} \times 100\% \tag{3-59}$$

式中，$B_d(T_2)$ 为温度稳定时的磁感应强度；$B'_d(T_1)$ 为温度升为 T_1 时的磁感应强度。

永磁体的 a 值取决于材料的居里温度和温度差，居里温度高的 a 值小。除此之外，还依赖于磁体的尺寸比 L/d（L 为长度，d 为直径）。

将永磁体加热到高温再冷却到室温时，其剩余磁通密度与最初室温的值不同。该变化率叫作不可逆损失 L'_1，表达式为：

$$L'_1 = \frac{B'_d(T_1) - B_d(T_1)}{B_d(T_1)} \times 100\% \tag{3-60}$$

不可逆损失产生的原因是整个永磁体并非均匀一致，在温度作用下，或发生组织变化，或是磁畴的不稳定部分向稳定方向重新排列。一般不可逆损失依赖于磁体的尺寸比。材料的矫顽力小时，L/d 小则受到更大的自身退磁场，反向畴区域扩大，不可逆损失增加。若将永磁体预先加热到要求温度以上，在以后的使用中不可逆损失的影响就不大了。上述特性可衍生出永磁体的最高使用温度。这些都属于永磁材料的温度特性。

外磁场对永磁材料稳定性的影响是通过矫顽力的大小而起作用的。矫顽力小的永磁体在使用过程中，受到较大外磁场时就会退磁。而矫顽力大的永磁材料，则有较强的抵御外磁场干扰的能力。

3.6.3　磁性微粒子功能材料——磁性流体材料

磁性流体指的是吸附有表面活性剂的磁性微粒在基载液中高度弥散分布而形成的稳定胶体体系。磁性流体不仅有强磁性，还具有液体的流动性。它在重力和电磁力的作用下能够长期保持稳定，不会出现沉淀或分层现象。

3.6.3.1　磁性流体的组成

磁性流体由磁性微粒、表面活性剂和基载液组成，如图 3-25 所示。用作磁性流体的磁性微粒有铁氧体、金属和铁的氮化物等粉末。磁性流体中使用的磁性微粒很小，只有纳米级大小，具有单磁畴结构。由于 Fe、Co 等金属粉的磁化强度高于铁氧体的磁化强度，所以采用金属粉末的磁性流体的饱和磁化强度较高。

磁性流体中的磁性微粒表面吸附了一层称为表面活性剂的长链分子。这些长链分子的一端吸附在磁性微粒的表面，另一端自由地在磁性流体中作热摆动，如图 3-25（b）所示。表面活性剂的主要作用是防止磁性微粒因团聚而沉淀。常用的表面活性剂有油酸、亚油酸氟醚酯、硅烷偶联剂和苯氧基十一烷酸等。选择表面活性剂时，一方面要考虑是否能使相应的磁性微粒稳定地分散在基载液之中，另一方面还要考虑表面活性剂与基载液的适应性，即是否有较强的亲水性（水性基载液）或亲油性（油性基载液）。

磁性流体中体积分量最大的是基载液。基载液是否导电等性能直接决定着磁性流体的应用。水是最普通的基载液，它常用于铁氧体磁性流体。另外，酯、二酯、硅酸盐酯、碳氢化合物、氟碳化合物、聚苯基醚也是常用的基载液。这些基载液都是不导电的，所以相应的磁性流体也不导电。当需要导电的磁性流体时，可用水银等作基载液。磁性流体因用途不同，选择的基载液及相适应的表面活性剂也不同。

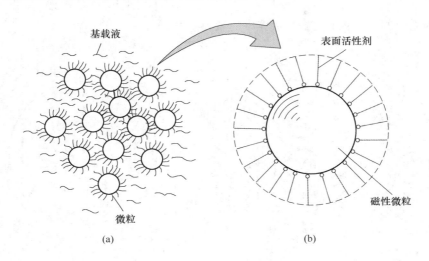

图 3-25　磁性流体的组成
（a）磁性流体；（b）吸附表面活性剂的磁性颗粒

3.6.3.2　磁特性

磁性流体中的磁性微粒，尤其是金属微粒的尺寸一般在 10nm 左右，这是由于体积效应，微粒具有超顺磁性。当微粒体积小到一定程度时，微粒就呈单畴状态，整个微粒沿一个易磁化方向自发磁化到饱和状态。但是，由于微粒的磁各向异性能正比于微粒体积，当微粒的体积进一步减小时，其磁各向异性能也随之进一步减小。如果微粒体积减小到其磁各向异性能与布朗旋转热振动能相当时，磁矩就再也不能固定地沿着易磁化方向排列。它的方向会由于热振动而自由改变，这时微粒就处于超顺磁性状态，如图 3-26 所示。这种状态与原子磁矩杂乱排列的顺磁性有点相似，不过超顺磁状态是指微粒的磁矩杂乱排列，而在一个微粒中的所有原子磁矩还是沿同一方向排列。在顺磁体中，所有的原子磁矩都是杂乱无章的。用最大磁各向异性能 VK_a 对热振动能 T 的比值，可以估算获得超顺磁性时的材料临界尺寸。在室温下，如果 $K_a = 10^5 \mathrm{J/m^3}$，体积为 V 的球体微粒具有各向异性能 VK_a 可以得到出现超顺磁状态的微粒临界尺寸为 4nm 左右。

处于超顺磁状态的微粒和处于顺磁态的原子相似，如果忽略微粒之间的相互作用（稀薄磁性流体假设），磁性流体的磁化强度可以利用描述顺磁性磁化强度的布里渊函数来表示。但要用微粒的物理量来代换其中描写原子的物理量，也就是将原子的磁矩用微粒的磁矩来代换。由于微粒的磁矩远远大于原子的磁矩，可令微粒的角动量量子数 $J \to \infty$。这时布里渊函数 $B(x)$ 变为朗之万函数 $L(x)$。含有 N 个磁性微粒的单位体积磁性流体的磁化强度 M 可用下式表示：

$$M = \phi NmL(x) \tag{3-61}$$

$$
\begin{cases}
L(x) = \coth x - \dfrac{1}{x} \\[2mm]
x = \dfrac{\mu_0 mH}{kT}
\end{cases}
\tag{3-62}
$$

式中，m 为微粒的磁矩；N 为磁性流体中的微粒浓度。

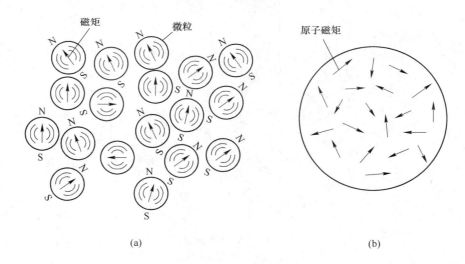

图 3-26　微粒的超顺磁性

（a）超顺磁性微粒的磁矩排列；（b）顺磁体的原子磁矩排列

　　从式（3-61）可知，磁性流体的磁化曲线呈 S 形状，矫顽力和剩磁都为零，即使在高磁场下也难以达到饱和。另外，在磁性流体中磁性微粒的浓度大约为 10%，所以磁性流体的磁化强度比微粒的磁化强度大约低一个数量级。

　　在外加强磁场使磁性流体磁化后，除去外加磁场，因为微粒的布朗旋转热振动，磁性流体的磁化强度 M 将逐渐减小并趋近于零。M 减小到 Me^{-*} 时所需的时间称为弛豫时间 t。磁性流体的磁化强度弛豫机理有两种：一种是由于基载液分子的热运动导致微粒的旋转，称为 Brownian 弛豫；另一种是微粒本身的布朗旋转热运动导致微粒的旋转，称为聂尔（Neel）弛豫。当微粒尺寸很小时，发生聂尔弛豫的可能性要大一些，而微粒尺寸较大时，发生 Brown-ian 弛豫的可能性要大一些。弛豫时间实际上表示了磁性流体对外加磁场的反应。直径为 10mm 的微粒在水的基载液中的 Brownian 弛豫时间是 4×10^{-7} s；如果 $K = 1.4 \times 10^{4}$ J/m^{3}，则 10nm 微粒的铁氧体的聂尔弛豫时间是 10^{-9} s。

3.7　材料磁性能的测量

　　静态磁性能是指铁磁材料在直流磁场下表现的磁特性。它包括材料的磁化曲线、磁滞回线以及与之相关的一些常用参数，如直流磁化下软磁材料的初始磁导率、最大磁导率 K_{m}、饱和磁感应强度 B、硬磁材料的剩余磁感应强度 B、矫顽力 H_{c}、最大磁能积 $(BH)_{max}$ 等。

3.7.1 冲击法测量软磁环形试样的磁性

3.7.1.1 磁化曲线的测量

磁化曲线分基本磁化曲线和起始磁化曲线。基本磁化曲线是指在不同磁场 H 下，所得到的一簇对称磁滞回线顶点的连线。基本磁化曲线上每一点都是一个稳定的磁化状态。因此，测量基本磁化曲线时，对每一个磁化电流都要来回换向几次（即反复磁化若干次），使试样在给定的磁场下达到稳定的磁化状态。在磁测量中，将这种反复磁化的过程称为磁煅炼。

而起始磁化曲线的测量则是在退磁后（即试样处在 $B=0$，$H=0$ 状态），磁场单调增加，同时在不同 H 下分别测得 H 和 B，然后连接各点（H，B）即得起始磁化曲线。测量起始磁化曲线时，每点只能测一次，无法重复验证，且后一点的 B 值又与前一点的 B 有关，使测量误差每次累加。因此这种方法应用不广，一般书上如没有特别说明时，所指的磁化曲线都是指基本磁化曲线。

图 3-27 为测量软磁环形试样直流磁化曲线和迟滞回线的原理线路图。该线路为国家标准局在《软磁合金直流磁性能测量方法》（GB/T 3657—1983）中推荐的。它既适合铁-镍、铁-钴-钒、铁-铝系等软磁合金的测量，也适合软磁铁氧体材料直流磁性能的测量。

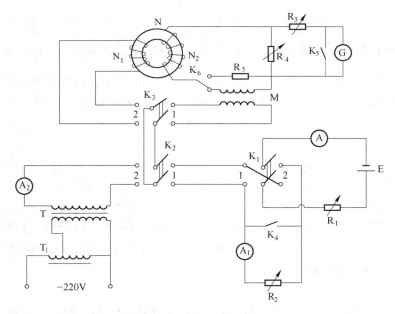

图 3-27　测量原理路线图

K_1，K_2，K_3—双刀双向开关；K_4，K_5，K_6—单刀单向开关；R_1，R_2—可变电阻器；R_3，R_4—电阻箱；
R_5—互感次级线圈等效电阻；A_1，A—直流电流表；A_2—交流电流表；G—冲击检流计；E—直流电源；
M—标准互感；T—退磁变压器；T_1—自耦变压器；N_1—磁化线圈；N_2—测量线圈；N—试样

测量磁化曲线的步骤如下：

（1）首先应用感应法对试样退磁。如图 3-27 所示，将 K_1 置于 2 位置，试样接入退磁回路。调节自耦变压器 T，使试样磁化到饱和。然后将退磁变压器 T 的次级绕阻慢慢从退磁变压器初级绕组中抽出到距试样 1m 远的距离，再将它转 90°角，断开交流电源，退磁完毕。

（2）将 K_2、K_3 置于 1 位置，置于 2，K_4 闭合，K_5 接通电阻 R，以减小互感次级线圈电感对测量的影响。调节电阻 R，给定一小磁化电流 I，用 K_6 磁锻炼后，使电流换向，同时测出冲击电流计的最大偏转 α，用下式计算磁场强度 H 和磁感应强度 B：

$$\begin{cases} H_1 = \dfrac{N_1 I_1}{\pi(R_1 + R_2)} \\ B_1 = \dfrac{C_\phi a_1}{2N_2 S} \end{cases} \tag{3-63}$$

减小电阻 R，增大磁化电流到 I_2，重复上面的测量步骤，利用式（3-63），算得 H、B。不断增大电流 I，直至试样磁化饱和，可测得一组 H 和 B，从而画出直流磁化曲线。

（3）测量冲击常数 C_ϕ。将 K_3 置于 1，K_6 接通互感次级线圈，调节电阻 R_1，使标准互感 M 的初级线圈通一适当大小电流 I。当 K 换向时，设冲击检流计光点偏转为 α_{max}，则冲击常数：

$$C_\phi = \frac{2MI}{\alpha_{max}} \tag{3-64}$$

不仅与检流计的结构及阻尼因子有关，而且与检流计由于冲击检流计的磁通灵敏度 $S_\phi = \dfrac{1}{C_\phi}$ 流计回路的总电阻 R 有关，因此在测量磁感应强度 B 和冲击常数 C 时，图 3-27 中检流计回路电阻 R_3、R_4 应保持不变。一旦改变了测量灵敏度，就要重新校准冲击常数。

（4）由磁化曲线可以求出不同 H 下的磁导率 μ（即相对磁导率）为：

$$\mu = \frac{\mu_{绝对}}{\mu_0} = \frac{B}{4\pi H} \times 10^7 \tag{3-65}$$

求出不同 H 下的一组 μ，就可绘出 μ-H 曲线。根据曲线可得到最大磁导率 μ_m 和初始磁导率 μ_i。实际上，软磁材料的初始磁导率是由直接测量求得的。由于初始磁导率 μ_i 的值与测量时磁场强度的值密切相关，因此对不同的软磁材料，都规定测量之时的磁场数值。在该磁场下测得的 B 与 $\mu_0 H$ 之比即为材料的初始磁导率。由于测量初始磁导率时磁场一般很低（$10^{-1} \sim 10^{-3}$ Oe），比地磁场还低。因此测量时，除试样必须完全退磁外，还要消除地磁场对测量的影响。

3.7.1.2　磁滞回线测量

磁滞回线是软磁材料的重要磁特性曲线由回线可测定材料的剩磁 B_r 矫顽力 H_c 等重要参数。由于实际上测量的回线都是指饱和磁滞回线，而软磁材料的 H 比 B 小得多，饱和后 B 基本不变，因此可利用这一点确定试样是否到达饱和。测量时可利用图 3-27 的线路。磁滞回线的测量步骤如下。

（1）测量饱和磁感应强度 B_m 和剩磁 B。

合上 K_1，K_2 置于 1，K_3 置于 2，K_6 合向 R_5。调节 R_1 使样品饱和磁化。用 K_1 磁煅炼后换向，测出冲击检流计的偏转 α_m，利用 $i_m = v\sqrt{\dfrac{C}{L}}$ 计算 B_m 和 H_m。

如果 K 磁煅炼以后断开，则磁化电流从 $I_m \to 0$，磁状态从 $B_m \to B_t$ 若冲击检流计偏转为 α_r，则：

$$B_r = B_m - \frac{C_\phi}{N_2 S} \alpha_r \tag{3-66}$$

（2）测定第一象限的点。

拉开 K_1，K 置于 2，调节 R_2 使磁化回路电流（由 A 指示）为 I_1，$I_1 < I_m$。合上 K_4，把 K_1 在饱和磁场下磁煅炼后置于 2，拉开 K_4 磁化电流从 I_m 到 I_1，磁状态从 B_m 到 B_1 读出这时冲击检流计的偏转 α_1，由下式计算 B_1 则有：

$$B_1 = B_m \frac{C_\phi \alpha_1}{N_2 S} \tag{3-67}$$

不断减小电流，重复上面的步骤，可测出第一象限下降支的其余各点。根据磁化电流 I_1 利用螺绕环磁场计算公式，可求出相应 B 下的 H，如图 3-28 中第一象限部分。

（3）测定第二和第三象限各点。

拉开 K_4，K_1 置于 2，调节 R_2，使磁化回路有一较小电流 I_2。合上 K_4，利用 K_1 在饱和磁场下磁煅炼后将 K_1 置于 1，然后拉开 K_4，将 K_1 从 1 合向 2，这时磁状态从 B_m 变化到第二象限 B_2，如图 3-28 所示。

若冲击检流计偏转为 α_2，则：

$$B_2 = B_m - \frac{C_\phi \alpha_2}{N_2 S} \tag{3-68}$$

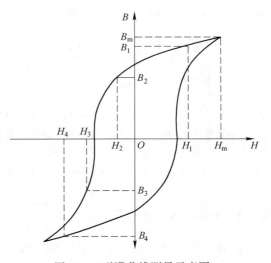

逐渐增大反向电流，重复上面的测量步骤，可以测出第二象限的其余各点。一旦反向电流增加到一定值，冲击检流计的偏转 α_2 等于 α_m（测 B_m 时的偏移）的一半时，材料的磁状态显然已到达 $B = 0$（即 $H = B_{H_c}$）点。若继续增大反向电流，就可测得第三象限的相应点。根据磁滞回线的反对称性，可画出整条回线，并求出 B_{H_c}。所有各点的 H 可由公式算得。测量回线时，如能在 B_{H_c} 附近多测一些点，用作图的方法，则能较准确地得到矫顽力值。

图 3-28　磁滞曲线测量示意图

3.7.2　冲击法测量硬磁材料的磁性

因软磁材料的饱和磁场较低一般都做成环形试样，直接绕以线圈使其磁化。但对于 B_{H_c} 较高的硬磁材料，如铁氧体、铝镍钴磁钢、稀土永磁等材料就必须采用能产生强磁场的磁导计、电磁铁等磁化装置，而将样品做成条状或圆柱状，使试样和磁化装置构成闭合磁路，用冲击法测量。

3.7.3　硬磁材料退磁曲线的测量

冲击法测量硬磁材料磁性的原理如图 3-29 所示。磁化装置推荐使用磁导仪，也可用电磁铁，但电磁铁的剩磁一般都比磁导仪大，这一点要注意。根据图 3-29，试样夹在磁导仪中，线圈（N_B）紧密地绕在试样中部，且为均匀的单层。引出线在一起。H 线圈（N）紧靠 B 线圈，彼此互相绝缘。确定试样真实 B_r 值的一种方法是，当磁化电流从饱和跃变到零时，测出这时的剩余磁场强度 H_r（需注意正、负），并用 B 线圈测出相应的磁感应强度 B_r' 继而测出退磁曲线，通过（H_r，B_r'）点的退磁曲线与 B 轴的交点即为真实的 B_r 值。另一种方法是先将磁场从饱和值跃变到零，再使其从 $H=0$ 变到 $H=-H_m$ 测出磁感应强度的变化，然后利用公式直接计算真实的 B_r 值。这时只要在磁化装置剩磁的相反方向加一小磁场，使材料内的磁场为零（这一点可用抛挪 H 线圈来检查。当抛挪 H 线圈时，冲击检流计无偏转），则用 B 线圈测得的磁感应强度即为 B_r。

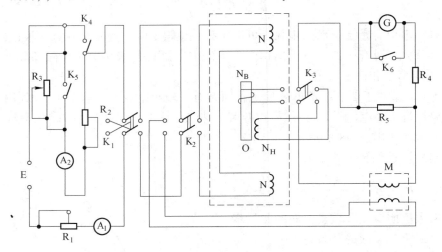

图 3-29　永磁材料测量原理线路图

G—冲击检流计；E—直流电源；N_B—磁感应强度测量线圈；N—磁化绕组；R_1，R_2，R_3—磁化回路可变电阻；

N_H—磁场强度测量线圈；M—标准互感；A_1，A_2—多量值直流电流表；K_1—转向开关；

R_4，R_5—电阻箱；K_4，K_5，K_6—单刀单向开关；K_2，K_3—双刀双向开关；O—试样

3.7.4　交流磁性自动测量

随着无线电技术的发展，交流磁性的自动测量和直流磁性测量一样，有了很大发展。而电子仪器、磁性材料、磁记录技术的发展，又对磁性测量提出新的要求，并使自动化测量得以实现。目前我国已研制出多种交流磁性自动记录仪，不仅能自动记录交流磁滞回线、磁化曲线，还能自动记录磁导率和 H 的关系曲线、铁损曲线以及交直流叠加磁化曲线，这里仅从原理上作些简单介绍。

3.7.4.1　铁磁仪法测交流磁滞回线

前一节已经讲述，交流磁滞回线的测量可归结为 B 和 H 瞬时值的测量，而 B 和 H 在时刻 t 的瞬时值为 $B(t)$ 和 $H(t)$。试样次级感应电压在 $t \rightarrow t+T/2$ 时间内的平均值 $E_2(t)$ 和初级回路中互感次级感应电压在 $t \rightarrow t+T/2$ 时间内的平均值 $E_M(t)$ 成正比。利用移相器和机械式磁控开关，可以实现在一周内对磁滞回线上各点瞬时值 $B(t)$ 和 $H(t)$ 的测量，进而得到交流磁滞回线。但机械式磁控开关不能在较高频率下使用。

可以采用电子技术，用 4 个二极管组成一个电子门，对试样次级感应电压和互感次级感应电压 E_M 实现半周导通、半周断开的相敏整流，用 X-Y 记录仪代替读取数据的平均值伏特计。当移相器移相一周时，就能自动记录交流磁滞回线。图 3-30 示出了国产 CL-2 型交流磁滞回线自动记录仪的结构方框图。图中方波发生器产生的方波信号用来控制相敏检波器半周导通、半周断开，方波发生器的输入信号可以被移相 360°。

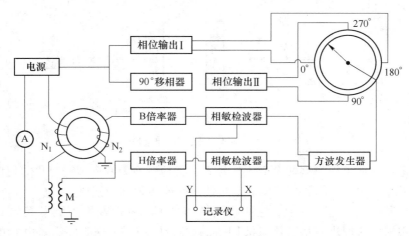

图 3-30　CL-2 交流磁性自动记录仪原理图

3.7.4.2　峰值整流法测量交流磁化曲线

采用峰值整流方法可自动绘出磁化曲线。所谓峰值整流，即利用电容对交流信号进行峰值保持，使整流后的直流电压与输入整流器的半波电压峰值成正比。图 3-31 为峰值整流法测量磁化曲线的原理图。测量时将试样次级电压 E 经倍率器 A 放大后进行积分，再经峰值整流，得到与磁感应强度幅值 B 成正比的电压信号，经加法器后加到 X-Y 记录仪的 Y 轴输入；另外，将磁化电流在取样电阻 R 上的电压降经倍率器 A 放大后进行峰值整流，得到与磁场强度幅值 H 成正比的电压信号，经加法器后加到 X-Y 记录仪的 X 轴输入，当音频电源输出从零逐渐增加时，就可自动绘出交流磁化曲线。如两组峰值整流器能检出磁感应强度和磁场强度的正负峰值，则利用图中的加法器可描绘出交直流叠加磁化曲线。国产 CL-4、CL-8 和 CL-9 音频磁化曲线测试仪都是采用这种原理进行测量的。

如果将经过峰值整流后与 B_m 和 H_m 成正比的电压信号加入除法器，就可得到磁导率 $\mu = \dfrac{B_m}{\mu_0 H_m}$，将该信号加到 X-Y 记录仪的 Y 轴输入，而将原来与 H 成正比的信号输入 X 轴，可自动记录磁导率曲线。除法器由霍尔元件和直流放大器组成，CL-4 和 CL-8 软磁音频磁特性测量装置具有这一功能。

3.7.4.3　采样法测量交流磁回线

如前所述，被测试样次级线圈输出电压正比于 dB/dt，经积分放大运算后，可得到与磁感应强度 $B(t)$ 成正比的电压信号，而初级磁化回路中串接的取样电阻上的电压正比于磁场强度 $H(t)$，将这两个信号同时加到示波器的 Y 轴和 X 轴输入，可以很方便地在示波器上观察到试样的磁滞回线。但将这两个信号直接加到 X-Y 记录仪上时，由于信号电压的频率太高，变化太快，记录仪的记录速度将无法跟上信号电压频率的变化，因此不能直

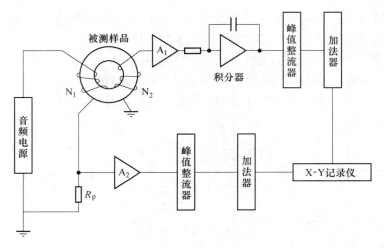

图 3-31　磁化曲线测量原理图

接实现自动记录。如果能将这两个交流信号无失真地变换为两个缓慢变化的超低频电压信号（周期约几十秒），然后输入到 X-Y 记录仪，就能实现自动记录。

采样变换器能实现这一变换，它能将高频信号不失真地变换为缓慢变化的超低频信号。因此利用采样法原理测量交流磁滞回线的原理线路如图 3-32 所示。由此可知，音频电源供给被测样品磁化的功率，样品次级感应电压经运算放大器放大后送积分器，其输出与磁感应强度 B 成正比，然后输入采样器 Ⅰ；而初级磁化电流在取样电阻 R_p 上的电压与磁场强度 H 成正比，直接送采样变换器 Ⅱ。两路采样变换器的输出信号分别加入 X-Y 记录仪的 Y 轴和 X 轴，由于这两路信号是 B 和 H 的超低频变化信号，因此当初级磁化电流变化一周时，就能在记录仪上自动描绘样品的磁滞回线。

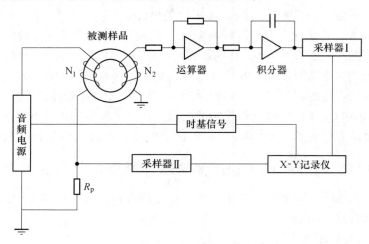

图 3-32　磁滞回线测量原理图

习　题

1. 在一小磁铁的垂直方向 R 处，测得它的磁场强度为 H_i，试求该磁铁的磁偶极矩和磁矩 m。

2. 垂直板面方向磁化的大薄片磁性材料在去掉磁化场后，它的磁极化强度是 $1Wb/m^2$，试计算板中心的退磁场 H_1。

3. 退磁因子 N_d 与哪些因素有关？试证处于均匀磁化的铁磁球形体的退磁因子 $N_d = 1/3$。设该球形铁磁体的磁化强度 M 在球表面面积元 dS 上可产生磁矩 dm，在球心有一单位磁矩 m，它与 dm 的作用服从磁的库仑定律。

4. 设铁磁体为开有小缺口 l 的圆环，其圆环轴线周长为 2，当沿圆环周均匀磁化时，该铁磁体的磁化强度为 M，试证在缺口处产生的退磁场 $H_i = -l_1/l_1 + l_2 M$。

5. 试计算自由原子 Fe、Co、Ni、Gd、Dy 等的基态具有的原子磁矩 μ_J 各为多少？

6. 为什么铁族元素的有效玻耳磁子数 n_f 的实验值与理论公式 $n_f = g_J[J(J+1)]^{1/2}$ 不符合，而与公式 $n_f = 2[S(S+1)]^{1/2}$ 较为一致？

7. 推导居里-外斯定律 $\chi = \dfrac{c}{T - T_F}$。

8. 铁（金属）原子的玻耳磁子数为 2.22，铁原子量为 55.9，密度为 $7.86 \times 10 kg/m^3$，求出在 0K 下的饱和磁化强度。

9. 铁氧体的 N 型 $M_a(T)$ 曲线有什么特点？试比较抵消点温度 T_i 和居里温度 T_c 的异同。

10. 计算下列铁氧体的分子磁矩：Fe_3O_4、$CuFe_2O_4$、$ZnFe_2O_4$、$CoFe_2O_4$、$NiFe_2O_4$、$BaFe_{12}O_{19}$ 和 $Gd_3Fe_5O_{12}$。

11. 自发磁化的物理本质是什么？物质具有铁磁性的充要条件有哪些？

4 材料的功能转换性能

【本章提要与学习重点】

　　本章主要介绍电介质的介电性能，包括介电常数、介电损耗、介电强度及其随环境（温度、湿度、辐射等）的变化规律。通过比较真空平板电容器和填充电介质的平板电容器的电容变化，引入介电常数和极化的概念，介绍与极化相关的物理量，分析极化的微观机制。分别介绍了电介质的压电性、铁电性、热电性能、光电性能和热释电性能等。通过本章学习，使学生清楚材料的各种性能的特点，了解电介质的各方面性能。

【导入案例】

　　介电材料和绝缘材料是电子和电气工程中不可或缺的功能材料，主要应用材料的介电性能，这一类材料称电介质。它在电学领域中有着广泛的应用。固体电介质是一种在固态下具有良好绝缘性能的电介质。它广泛应用于电力系统中，如变压器、电缆、电机等。其中变压器中的绕组和铁芯之间的绝缘层就是采用固体电介质制成的。此外，固体电介质还可以用于制造电容器、绝缘材料等。液体电介质是一种在液态下具有良好绝缘性能的电介质。它主要应用于高压电力设备中，如变压器、开关设备等。液体电介质的优点是具有较高的介电强度和热稳定性，能够承受较高的电压和温度，同时液体电介质还可以用于制造电容器、绝缘材料等。

4.1 介 电 性 能

4.1.1 介质损耗的形式

　　引起介质损耗的原因是多方面的，介质损耗的形式也是多种多样的。

4.1.1.1 漏导损耗

　　对于理想的电介质来说，应该不存在电导，也就不存在漏导损耗。但是，实际的电介质，总是存在有一些缺陷，或多或少存在一些弱联系的带电粒子（或空位）。在外电场作用下，这些带电粒子会发生迁移引起漏导电流，从而产生漏导损耗。因此，介质不论是在直流电场下或交变电场作用下，都会发生漏导损耗。

4.1.1.2 极化损耗

　　由介质的极化我们知道，位移极化从建立极化到其稳定状态所需的时间很短（约为 $10^{-16} \sim 10^{-12}$ s），这在无线电频率（5×10^{12} Hz 以下）范围均可认为是极短的，因此这类极化几乎不产生能量损耗。其他缓慢极化（松弛极化、偶极子转向极化）在外电场作用下，需要经过相当长的时间（10^{-19} s 或更长）才能达到稳定状态，因此会引起能量的损耗。

　　在电介质上加上交变电压时，如果外加电压频率较低，介质中所有的极化都完全能跟上外电场变化，则电极化引起的极板电荷正比于外加电压的瞬时值，即电压达到最大值时，极板的电荷也达到最大值，电压降为零时，极板电荷也变为零。电压反向时，极板电荷也跟着反向。因此，外加电压变化一周时，极板电荷为零，完全恢复原来的状态，不产生极化损耗。

当外加电压频率较高时（松弛极化建立的时间大于外加电压变化周期的四分之一），极化跟不上电场变化，即电压达到最大值时，极化尚未完全建立，由极化引起的极板电荷也未达到最大值。外加电压开始减小时，极化仍然继续增大至最大值后才减小。极板电荷也是这样，当电压降至零时，极化尚未完全消除，极板电荷不能降至为零，仍然遗留有部分电荷。当外电场反向时，极板上遗留的部分电荷中和了外电场对极板充电的部分电荷，并以热的形式发出，于是产生了能量损耗。

4.1.1.3 电离损耗

电离损耗主要发生在含有气孔的材料中，含有气孔的固体介质在外加电场强度超过了气孔内气体电离所需要的电场强度时，由于气体的电离而吸收能量造成损耗，这种损耗称为电离损耗。

固体电介质内气孔引起的电离损耗，可能导致整个介质的热破坏和化学破坏，造成老化，因此，必须尽量减少介质中的气孔。

4.1.1.4 结构损耗

在高频低温下，有一类与介质内部结构的紧密程度密切相关的介质损耗称为结构损耗。结构损耗与温度的关系不大，损耗功率随频率升高而增大，但 $\tan\xi$ 则与频率无关。实验表明：结构紧密的晶体或玻璃体的结构损耗都很小，但是当某些原因（如杂质的掺入、试样经淬火急冷的热处理等）使它的内部结构变松散了，会使结构损耗大大提高。

4.1.2 介电强度

介质的特性，如绝缘、介电能力，都是指在一定的电场强度范围内材料的特性。当施加于电介质上的电场强度或电压增大到一定程度时，电介质就由介电状态变为导电状态，这一突变现象称为介电击穿（Dielectric Breakdown），简称击穿。此时所加电压称为击穿电压，用 U_b 表示，发生击穿时的电场强度称为击穿电场强度，用 E_b 表示，又称介电强度（Dielectric Breakdown Strength）。在均匀电场下有：

$$E_b = U_b/d \tag{4-1}$$

各种电介质都有一定的介电强度，即不允许外电场无限加大。在电极板之间填充电介质的目的就是要使极板间可承受的电位差比空气介质承受的更高。表4-1列出了一些普通电介质材料的介电强度。

表4-1　一些电介质的介电强度

材　　料	温度/℃	厚度/cm	介电强度/×10^{-6}V·cm^{-1}
聚氯乙烯（非晶态）	室温	—	0.4（ac）
橡胶	室温	—	0.2（ac）
聚乙烯	室温	—	0.2（ac）
石英晶体	20	0.005	5（dc）

材　　料	温度/℃	厚度/cm	介电强度/×10^{-6}V·cm^{-1}
$BaTiO_3$	25	0.02	0.117（dc）
云母	20	0.002	10.1（dc）
$PbZrO_3$（多晶）	20	0.016	0.079（dc）

4.1.3　介质在电场中的破坏

介质的特性，如绝缘、介电能力，都是指在一定电场强度范围内材料的特性，即介质只能在一定的电场强度以内保持这些性质；而当所承受的电压超过某一临界值时，介质便由介电状态变为导电状态，这种现象称为介质的击穿，相应的临界电场强度称为介电强度或抗电强度。

4.1.4　介质击穿的形式

介质击穿的形式可分为：热击穿、电击穿和化学击穿三种。对于任何一种材料，这三种击穿形式都可能发生，主要取决于试样的缺陷情况和电场的特性以及器件的工作条件。

4.1.4.1　热击穿

处于电场中的介质，由于各种形式的介质损耗，部分电能转变成热能而发热。当外加电压足够高时，将出现介质内部产生的热量大于散发出去的热量，由散热与发热的热平衡状态变为不平衡状态，这样热量就在介质内部积聚，介质温度越来越高。升温的结果又进一步增大介质损耗，从而使发热量进一步增多，这样恶性循环的结果使介质温度越来越高。当温度超过一定限度时，介质会出现烧裂、熔融等现象而完全丧失绝缘能力，出现永久性破坏，这就是热击穿。

4.1.4.2　电击穿

在强电场作用下原来处于热运动状态的少数“自由电子”将沿反电场方向定向运动。在其运动过程中不断撞击介质内的离子，同时将部分能量传给这些离子。当外加电压足够大时，自由电子定向运动的速度超过一定临界值（即获得一定电场能），可使介质内的离子电离出一些新的电子——次级电子。无论是失去部分能量的电子，还是刚电离出的次级电子都会从电场中吸取能量而加速，有了一定的速度又撞击出第三级电子，这样连锁反应将造成大量自由电子形成“电子潮”，这个现象也叫“雪崩”。它使贯穿介质的电流迅速增长，导致介质的击穿，这个过程大概只需要 $10^{-8} \sim 10^{-7}$s 的时间，因此，电击穿往往是瞬息完成的。

4.1.4.3　化学击穿

长期运行在高温、潮湿、高电压或腐蚀性气体环境下的介质往往会发生化学击穿。化学击穿和材料内部的电解、腐蚀、氧化还原、气孔中气体电离等一系列不可逆变化有很大关系，并且需要相当长时间。材料被老化，逐渐丧失绝缘能力，最后导致被击穿而破坏。

化学击穿主要有两种机理。一种是在直流和低频交变电压下，由于离子式电导引起电解过程，材料中发生电还原过程，使材料电导损耗急剧上升，最后由于强烈发热成为热化学击穿；另一种化学击穿是当材料中存在着封闭气孔时，由于气体的电离放出的热量使介质温度迅速上升，导致最终击穿。

4.2 铁 电 性 能

4.2.1 自发极化与铁电效应

通常的电介质极化过程是在承受外加电场时产生的。对于某些电介质材料，在适当的温度范围内，虽然没有外加电场的作用，但是晶胞中的正负电荷中心并不重合，每一个晶胞都具有一个固有的偶极矩，这种极化形式称之为自发极化。这类材料的极化强度可随外电场方向的改变而反向。当外加电场变化一周时，出现与铁磁回线类似的滞后结果，并具有与铁磁体相似的某些物理特性。人们将这种回线称之为"电滞回线"，将这种介质称之为铁电体，具有此自发极化特性称之为铁电效应。

铁电效应首先是由法国药剂师薛格涅特对酒石酸钾钠的研究时发现的，它也被称为罗息盐，并且成为铁电材料研究的起点。1935~1938年间，苏黎世的科学家们制造了第一个铁电晶体系列，即现在我们所知道的磷酸盐和砷酸盐。在1945年开始报道了$BaTiO_3$的铁电特性。

出现自发极化的必要条件是晶体不具有对称中心。我们知道，晶体可以划分为32类晶型，即32个点群，其中有21个不具有对称中心，但只有10种为极性晶体，有自发极化现象。由此可知，并非所有不存在对称中心的晶体都有自发极化。铁电体是在一定温度范围内含有能自发极化，并且自发极化方向可随外电场作可逆转动的晶体。很明显，铁电晶体一定是极性晶体，但是并非所有的极性晶体都具有这种自发极化可随外电场转动的性质。只有某些特殊的晶体结构，在自发极化改变方向时，晶体构造不发生大的畸变，才能产生以上的反向转动。铁电体就具有这种特殊的晶体结构。

铁电晶体可以分为两类：即有序-无序型铁电体和位移型铁电体。前者的自发极化同个别离子的有序化相联系，后者同一类离子的亚点阵相对于另一类亚点阵的整体位移相联系。典型的有序-无序型铁电体是含有氢键的晶体。这类晶体中质子的有序运动与铁电性相联系，例如磷酸二氢钾（KDP），分子式为KH_2PO_4。

4.2.2 铁电畴

在铁电材料中，由于晶胞内离子的位移变化形成电偶极子，通过其间的彼此传递、耦合乃至相互制约，最终形成自发极化方向一致的若干个小区域，称之为"铁电畴"。不同极化方向的相邻电畴交界处成为"畴壁"。铁电体虽然具有自发式极化和电畴结构，但是各个电畴的极化方向是随机的，特别对于多晶体而言，晶粒本身的取向都是任意的，在没有外加电场作用下，晶体内的总电矩为零。如果相邻电畴的极化方向相差90°，则称为90°畴，其间的畴壁称为90°畴壁。如果相邻电畴的极化方向相差180°，则称为180°畴，其畴壁为180°畴壁。畴壁的厚度很薄，仅有几个晶胞尺寸。

4.2.3 铁电体的本质特征

铁电体最本质的特征是具有自发极化，并且自发极化有两个或多个可能的取向，在外电场作用下，其取向可以随之改变。对于铁电体，其极化强度随外加电场的改变而发生变化，但并不是线性，而是呈现一个回线的滞后，称之为"电滞回线"。

（1）电滞回线铁电体的自发极化反转行为，在实验上表现为电滞回线，如图 4-1 所示。假设某一铁电单晶体，其极化强度的取向只有两种可能（即沿某轴的正向或负向）。当外电场 E 为零时，晶体中相邻电畴的极化方向相反，使得晶体的总电矩为零。但是，当外电场逐渐增加时，自发极化方向与外电场方向相反的那些电畴的体积随着电畴的反转而逐渐减小，与外电场方向相同的那些电畴则不断扩大，总的效果是使晶体在外电场方向的极化强度 P 随电场的增加而增加，如图 4-1 中的 OA 段曲线所示。当外电场 E 增大到足以使晶体中所有负方向电畴均反转到与外电场方向一致时，晶体的极化图 4-1 铁电体的 $P\text{-}E$ 电滞回线曲线则达到饱和，此时晶体变为单畴体。此后电场继续增加，极化强度将线性增加，并达到一最大值 P_{max} 将线性部分外推到电场 $E=0$ 处，在纵轴上所得到的截距称为饱和极化强度 P。与上述过程相反，当电场开始减小时，极化强度也逐渐下降。但是，当电场减小为零时，极化强度并不为零，而是下降到某一数值 P_t，P_t 称为铁电体的剩余极化强度。若电场改变方向，自发极化继续下降，直到电场等于某一负值 E_c 时，极化强度下降至零，E_c 称为矫顽电场强度。反向电场继续增加，极化强度反向并增加到负方向的饱和值 $-P_t$。当电场在正负饱和值之间循环一周时，极化和电场表现出电滞回线关系。

（2）居里点。研究发现，铁电体的自发极化只有在某一温度范围内方才存在，当温度超过某一极限值以后，自发极化消失。这一物理过程的临界温度 T_c 被称为"居里温度"（居里点）。在温度高于居里点时，自发极化为零，晶体不具有铁电性，称为顺电相。在居里点以下，由于存在自发极化，晶体呈现铁电性。通常将存在自发式极化的晶体结构称之为"铁电相"，显然这一转变伴随着晶体的相变过程。如果晶体出现不止一次相变，存在不止一种铁电相，则将温度最高、介

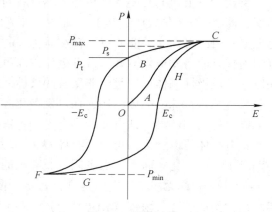

图 4-1 电滞回线

电常数跃迁最剧烈的温度称为"居里点"，其他相变温度称之为"转变点"。在铁电相变温度 T_c，介电常数出现反常现象。在顺电相（$T>T_c$），介电常数遵从居里-外斯关系（Curie-Weiss Law）：

$$\varepsilon = \frac{C}{T - T_0} \tag{4-2}$$

式中，ε 为低频相对介电常数；C 为材料的居里常数；T_0 为居里-外斯温度。

对于极化连续变化的二级相变铁电体，$T_0 = T_c$；对于一级相变铁电体（极化不连续变化），$T_0 < T_c$。这种介电反常使大多数铁电体具有极高的介电常数。

（3）高介电性。对于铁电体来说，在电场作用下的极化机理除了普通电介质材料具有的电子位移极化、离子位移极化、偶极子转向极化、空间电荷极化等线性极化之外，还存在非线性的自发极化，这就造成铁电体的高介电性。特别是在居里点附近，介电常数出

现极大值，这一介电反常现象正是铁电体的重要标志之一。

4.3 压电性能

4.3.1 压电效应

电介质在电场作用下，可以使它的带电粒子发生相对位移而产生极化。某些电介质晶体也可以通过纯粹的机械作用而发生极化，并导致介质两端表面出现符号相反的束缚电荷，其电荷密度同外力成比例。机械应力引起晶体表面带电的效应称之为压电效应，材料的这种性质称之为压电性。1880 年，法国科学家居里兄弟首先在石英晶体中发现压电效应。当在某一方向对晶体施加应力时，晶体就会发生由于形变而导致正、负电荷中心不重合，在与应力垂直方向两端表面出现数量相等、符号相反的束缚电荷，这一现象被称为"正压电效应"。当一块具有压电效应的晶体置于外加电场时，由于晶体的电极化造成的正负电荷中心位移，导致晶体发生形变，形变量与电场强度成正比，这便是"逆压电效应"。这类具有压电效应的物体被称之为压电体。

晶体的压电效应的本质是因为机械作用（应力与应变）引起了晶体介质的极化，从而导致介质两端表面出现符号相反的束缚电荷，其机理可用图 4-2 加以解释。图 4-2（a）表示压电晶体中质点在某方向上的投影，此时晶体不受外力作用，正电荷重心与负电荷重心重合，整个晶体总电矩为 0（这是简化了的假定），因而晶体表面不带电。但是当沿某一方向对晶体施加机械力时，晶体由于形变导致正、负电荷重心不重合，即电矩发生变化，从而引起晶体表面荷电；图 4-2（b）为晶体在压缩时荷电的情况；图 4-2（c）是拉伸时的荷电情况。在后两种情况下，晶体表面电荷符号相反。如果将一块压电晶体置于外电场中，由于电场作用，晶体内部正、负电荷重心产生位移。这一位移又导致晶体发生形变，这个效应即为逆压电效应。

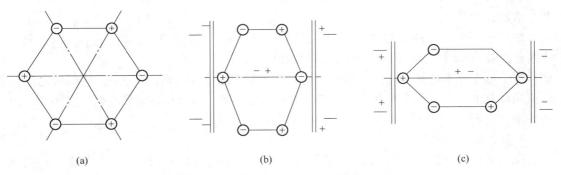

图 4-2 压电效应产生的机理示意图
（a）不带电；（b）压缩荷电；（c）拉伸荷电

在正压电效应中，电荷与应力是成比例的，用介质电位移 D（单位面积的电荷）和应力 T 表达如下：

$$D = dT \tag{4-3}$$

式中，D 的单位是 C/m^2；T 的单位是 N/m^2；d 为压电常数，C/N。对于逆压电效应，其

应变 S 与电场强度 $E(\text{V/m})$ 的关系为：

$$S = dE \tag{4-4}$$

对于正、逆压电效应，比例常数 d 在数值上是相同的。实际在以上表示式中，D、E 为矢量，T、S 为张量（二阶对称）。完整地表示压电晶体的压电效应中其力学量 (T, S) 和电学量 (D, E) 关系的方程式叫压电方程。介绍压电方程推导的专业书籍较多，这里就不再过多地论述。

4.3.2 压电振子及其参数

压电振子是最基本的压电元件，它是被覆激励电极的压电体。样品的几何形状不同，可以形成各种不同的振动模式。表征压电效应的主要参数，除以前讨论的介电常数、弹性常数和压电常数等压电材料的常数外，还有表征压电元件的参数，这里重点讨论谐振频率与反谐振频率、频率常数和机电耦合系数。

4.3.2.1 谐振频率与反谐振频率

若压电振子是具有固有振动频率 f_r 的弹性体，当施加于压电振子上的激励信号频率等于时 f_τ，压电振子由于逆压电效应产生机械谐振，这种机械谐振又借助于正压电效应而输出电信号。

压电振子谐振时，输出电流达最大值，此时的频率为最小阻抗频率 f_m。当信号频率继续增大到 f_r，输出电流达最小值，f_n 叫最大阻抗频率。如果继续提高输入信号的频率，还将规律地出现一系列次最大值和次最小值，其相应的频率组合为 f_{n1}、f_{m1}、f_{n2}、f_{m2}、$\cdots$，如图 4-3 所示，其中 f_m 和 f_n 称为基音频率，f_{m1} 和 f_{n1}、f_{m2} 和 f_{n2} 则分别称为一次泛音频率和二次泛音频率。

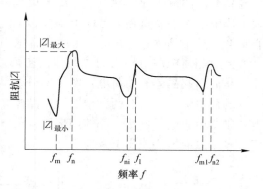

图 4-3　压电振子的阻抗特性曲线示意图

根据谐振理论，压电振子在最小阻抗频率附近，存在一个使信号电压与电流同位相的频率，这个频率就是压电振子的谐振频率 f_τ，同样在 f_n 附近存在另一个使信号电压与电流同位相的频率，这个频率叫压电振子的反谐振频率。只有压电振子在机械损耗为零的条件下，$f_m = f_\tau$，$f_n = f_a$。

4.3.2.2 频率常数

压电元件的谐振频率与沿振动方向的长度 (l) 的乘积为一常数，称为频率常数 N（$\text{kHz} \cdot \text{m}$）。例如，陶瓷薄长片沿长度方向伸缩振动的频率常数 N_l 为：

$$N_l = f_r l \tag{4-5}$$

$$f_r = \frac{1}{2l}\sqrt{\frac{Y}{\rho}} \tag{4-6}$$

式中，Y 为杨氏模量；ρ 为材料的密度。

由此可见，频率常数 N 只与材料的性质有关。若知道材料的频率常数即可根据所要求的频率来设计元件的外形尺寸。

4.3.2.3 机电耦合系数

机电耦合系数 k 是综合反映压电材料性能的参数。它表示压电材料的机械能与电能的耦合效应，定义为：

$$k^2 = \frac{压电效应转化的电能}{输入的总机械能}$$

或

$$k^2 = \frac{由电能转化的机械能}{输入的总电能}$$

由于压电元件的机械能与它的形状和振动方式有关，因此不同形状和不同振动方式所对应的机电耦合系数也不相同。由定义可推证存在如下关系：

$$k = d\sqrt{\frac{1}{\varepsilon^T S^E}} \tag{4-7}$$

式中，ε 为介电常数；d 为压电常数；S 为应变；E 为电场强度；T 为温度。

4.3.3 典型压电材料及应用

压电效应的发现及压电体基础研究虽然开展很早，但自从 1880 年发现压电效应以来，压电材料只局限于晶体材料，压电材料的工程化应用则自 20 世纪 40 年代中期才实现。压电材料包括压电单晶、压电陶瓷、压电薄膜和压电高分子材料等。从晶体结构角度来看，主要有钙钛矿型、钨青铜矿型、焦绿石型及铋层状结构等。目前应用最广、研究最深入的是钙钛矿和钨青铜结构。从化合物成分角度划分则有：一元系统，如 $BaTiO$ 系和 $PbTiO$ 系；二元系统，如 $PbTiO_3$-$PbZrO_3$ 系；三元系统，如 $PbTiO_3$-$PbZrO_3$-$Pb(Mg_{1/3}Nb_{2/3})O_3$ 等，以及相应的掺杂体系。

下面仅介绍典型的压电陶瓷材料及其应用。

（1）钛酸钡。钛酸钡是首先发展起来的压电陶瓷，至今仍然得到广泛的应用。由于钛酸钡的机电耦合系数较高，化学性质稳定，有较大的工作温度范围，因而应用广泛。早在 20 世纪 40 年代末已在拾声器、换能器、滤波器等方面得到应用，后来的大量试验工作是掺杂改性，以改变其居里点，提高温度稳定性。

（2）钛酸铅。钛酸铅的结构与钛酸钡相类似，其居里温度为 495℃，居里温度以下为四方晶系。其压电性能较低，钛酸铅陶瓷很难烧结，当冷却通过居里点时，就会碎裂成为粉末，因此目前测量只能用不纯的样品，少量添加物可抑制开裂。

（3）锆钛酸铅（PZT）。20 世纪 60 年代以来，人们对复合钙钛矿型化合物进行了系统的研究，这对压电材料的发展起了积极作用。PZT 为二元系压电陶瓷，$Pb(Zr,Ti)O_3$ 压电陶瓷在四方晶相（富钛区）和菱形晶相（富锆区）的相界附近，其机电耦合系数和介电常数是最高的。这是因为在相界附近，极化时电畴更容易重新取向。相界大约在 $Pb(Zr_{0.53}Ti_{0.47})O_3$ 的地方，其组成的机电耦合系数 k_{33} 可以达到 0.6，d_{33} 可达到 200×10^{-12} C/N。

为了满足不同的使用要求，在 PZT 中添加某些元素，可达到改性的目的。例如添加 La、Nd、Bi、Nb 等，属"软性"添加物，它们可使陶瓷弹性柔顺常数增高，矫顽场降低，k_p 增大；添加 Fe、Co、Mn、Ni 等，属"硬性"添加物，它们可使陶瓷性能向"硬"的方面变化，即矫顽场增大，k_p 下降，同时介质损耗降低。为了进一步改性，在 PZT 陶瓷中掺入铌镁酸铅制成三元系压电陶瓷（$PbTiO_3$-$PbZrO_3$-$Pb(Mg_{1/3}Nb_{2/3})O_3$）。该三元系陶瓷具有可以广泛调节压电性能的特点。

但是，对于陶瓷等多晶材料，晶粒无序排列而呈各向同性状态。只有当压电陶瓷体在较高电压的直流电场中进行"预极化"处理后才呈现压电效应。所谓预极化，就是在压电陶瓷上加一个强直流电场，使陶瓷中的电畴沿电场方向取向排列。只有经过极化预处理的陶瓷才能显示压电效应。

近年来，压电陶瓷得到了广泛的应用。例如，用于电声器件中的扬声器、送话器、拾声器等；用于水下通信和探测的水声换能器和鱼群探测器等；用于雷达中的陶瓷声表面波器件；用于导航中的压电加速度计和压电陀螺等；用于通信设备中的陶瓷滤波器、陶瓷鉴频器等；用于精密测量中的陶瓷压力计、压电流量计、压电厚度计等；用于红外技术中的陶瓷红外热电探测器；用于超声探伤、超声清洗、超声显像中的陶瓷超声换能器；用于高压电源的陶瓷变压器等。这些压电陶瓷器件除了选择合适的瓷料以外，还要有先进的结构设计。

必须指出，不同应用领域对压电参数也有不同的要求。例如高频器件要求材料介电常数和高频损耗小；滤波器材料要求谐振频率稳定性好，k_p 值则取决于滤波器的带宽；电声材料要求 k_p 高，介电常数高等。

4.3.4　压电体、热释电体、铁电体的关系

由以上讨论可以看出，压电效应反映了晶体电能与机械能之间的关系，机械力可以引起晶体中正、负电荷中心的相对位移。但是对于不具有中心对称的压电晶体而言，这种相对位移在不同方向并不相等，但可以引起晶体总电荷变化而产生压电效应。与机械力不同，热释电晶体中电荷的变化是由温度改变引起的，而温度变化引起的晶体胀缩被认为是无方向性的。因此，对于一般压电晶体而言，即使某一方向上电矩有变化，也不至于产生热释电效应，仅当晶体结构上存在极化轴时才会出现热释电效应。压电体、热释电体和铁电体之间的关系可以由图 4-4 表示。

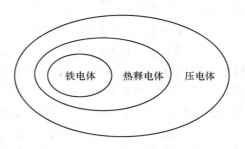

图 4-4　压电体、热释电体和铁电体的关系

4.4　热 电 性 能

在材料中存在电位差时会产生电流，存在温度差时会产生热流。从电子论的观点来看，在金属和半导体中不论是电流还是热流都与电子的运动有关，故电位差、温度差，电流、热流之间存在着交叉联系，这就构成了热电效应。材料的这种性质称为热电性，它可以概括为三个基本的热电效应。

4.4.1　赛贝克效应

1821 年德国的赛贝克发现，在锑与铜两种材料组成的闭合回路中，当两个接触点存

在温度差时，回路中就有电流通过，产生这种电流的电动势称为热电势，这种现象称为赛贝克效应，如图4-5所示。热电势不仅与两个接触点的温度有关，还与两种材料的性质有关。对于两种确定的材料，热电势在一定温度范围内仅与两个接触点的温度有关，并与温差成正比，即：

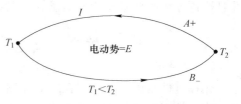

图4-5　两种金属形成闭合回路时的情形

$$E_{AB} = \alpha \Delta T \qquad (4-8)$$

式中，E_{AB} 为热电势；ΔT 为两接触点的温差，$\Delta T = T_2 - T_1$；α 为与材料性质有关的参数。

半导体中的赛贝克效应比金属导体中显著得多，而半导体的赛贝克效应则应用于温差发生。

4.4.2　帕尔帖效应

不同金属中，自由电子具有不同的能量状态。1834年帕尔帖发现当两种不同的金属接触并有电流通过时，将会使接点吸热或放热。如图4-6所示，如果电流从一个方向流过接点使接点吸热，那么相反的电流则会使接点放热，这种现象称为帕尔帖效应，吸收或放出的热量称为帕尔帖热。单位时间内接点吸收或放出的热量 Q 与流过接点的电流 I 成正比，即：

$$Q = \Pi_{AB} I \qquad (4-9)$$

式中，Π_{AB} 为帕尔帖系数，取决于温度及两种材料的性质。

帕尔帖热可用实验来确定。通常帕尔帖热总是和焦耳热叠加在一起，而不能以单独形式得到。由于焦耳热与电流方向无关，而帕尔帖热与电流方向有关，故可采用正反通电分别测出产生的热量 $Q_1 + Q_P$ 及 $Q_1 - Q_P$，其中 Q_1、Q_P 分别表示焦耳热与帕尔帖热，相约去 Q_1 便可得到帕尔帖热 Q_P。

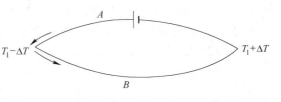

图4-6　帕尔帖效应

4.4.3　汤姆逊效应

当一金属导体两端存在温度差，若通以电流则在导体中除产生焦耳热外，还要产生额外的吸热放热现象，称其为汤姆逊效应，是汤姆逊于1854年发现的。当电流方向与导体中温度梯度产生的热流方向一致时，产生放热效应；反之，若电流方向与热流方向不一致时产生吸热效应，并且单位时间导体所吸收或放出的热量 Q 与通过的电流及温度梯度成正比，即：

$$Q = \tau I \frac{dT}{dx} \qquad (4-10)$$

式中，τ 为汤姆逊系数，与材料性质有关。

汤姆逊热也可通过正反通电法测出。

综上所述，一个由两种导体组成的回路，若两接触点温度不同，三种热电效应会同时产生。赛贝克效应产生热电势和热电流，而热电流通过接触点时要吸收或放出帕尔帖热，并且通过导体时要吸收或放出汤姆逊热。

4.5　热释电性能

热释电性是由于晶体中存在着自发极化所引起的。当晶体的温度发生变化时，引起晶体结构上的正负电荷中心相对位移，从而使得晶体的自发极化强度矢量发生变化。通常，自发极化所产生的表面束缚电荷被来自空气、附集在晶体外表面上的自由电荷以及晶体内部的自由电荷所屏蔽，电矩不能显示出来。只有当晶体受热或受冷，即温度发生变化时，所产生的电矩变化不能被补偿的情况下，晶体两端产生的电荷才能表现出来，从而产生热释电效应，材料的这种性质即为热释电性，具有热释电效应的物质称为热电体。

热释电效应最早在电气石晶体中发现，该晶体属于三方晶系，具有唯一的三重旋转轴。热释电晶体可以分为两大类。一类具有自发极化，但自发极化不会受外加电场的作用而转向。另一类具有可随外加电场转向的自发极化，即铁电体。实际上，在通常的压强和温度下，这种晶体就有自发极化性质。但是，这种效应被附着于晶体表面上的自由电荷所屏蔽和掩盖，只有当晶体加热时才会表现出来，故称之为"热释电效应"。

4.6　光 电 性 能

某些物质受到光照后引起物质电性发生变化这种光致电变的现象称为光电效应（Photoelectric Effect）。光电效应乃是光子与电子相互作用的结果。两者之间作用后各有所变，对于光子，它或被吸收或改变频率和方向；对于电子，必发生能量和状态的变化，从束缚于局域的状态转变到比较自由的状态，因而导致物质电性的变化。

习　　题

1. 简述介质消耗的形式及原因。

2. 一种新型多晶陶瓷，在 $10^2\,Hz$、$10^{11}\,Hz$ 和 $10^{16}\,Hz$ 下介电常数的测量结果分别为 6.5、5.5 和 4.5。请说明这种变化的合理性。

3. 介电强度是一个本征性质还是非本征性质？相对介电常数和极化强度又如何？对于同样的样品，什么因素会导致样品的介电强度降低？

4. 一个电容器是由 0.1mm 厚的多晶体氧化铝制成的，要使其极化强度达到 $10^{-7}\,C/m^2$，需要施加多高的电压？电介质能否承受这个电压？

5. 将铜置于强电场中，测得其极化强度为 $8\times10^{-8}\,C/m^2$，请计算电荷中心的平均偏移距离。

6. 请简述压电体，热释电体、铁电体的关系。

7. 一块 1cm ×4cm ×0.5cm 的陶瓷介质，其电容为 $2.4\times10^{-6}\,\mu F$，$tan\delta$ 为 0.02。试求该材料的相对介电常数和在 11kHz 下的电导率。

5 材料的热学性能

【本章提要与学习重点】

  本章主要介绍了材料的各类热学性能，包括热容、热膨胀、热传导、热稳定性等的物理概念。通过本章学习，使学生清楚热学性能的本征机制及其影响因素，了解其在材料研究中的作用。

【导入案例】

  材料的热学性能在实际使用中经常起到关键作用。例如，航天飞机重返大气时要承受高达 1500℃的高温，所以轨道器表面带有隔热保护层，再入期间受隔热系统保护。过去的美国航天器基本采用烧蚀隔热罩，为重复使用设计的轨道器需要配备能多次使用的隔热罩。航天飞机必须要用具有良好绝热性能的材料加以保护。这些材料应当具有以下性能：热传导率低，减慢热量的传输过程；热容量高，使其温度升高需要大量的热量；密度高，能够在相对较少的体积中存储大量的热量。在温度变化时，其膨胀或者收缩量也不能过大。如果它们的几何尺寸变化过于明显，就会产生很高的热应力，并会因此产生裂纹，即它们必须具有低的热膨胀系数。

5.1　热学性能的物理基础

  材料的各种热学性能均与晶格热振动有关。所谓晶格热振动是指晶体点阵中的质点（原子或离子）总是围绕着平衡位置做微小振动。晶格热振动是三维的，可以根据空间力系将其分解成三个方向的线性振动。

  以 x_n、x_{n+1}、x_{n-1} 表示某个质点及其相邻质点在 x 方向的位移，如果只考虑第 $(n-1)$、第 $(n+1)$ 个质点对它的作用，而略去更远的质点的影响，则根据牛顿第二定律，该质点的运动方程为：

$$m\frac{\mathrm{d}^2 x_n}{\mathrm{d}t^2} = \beta(x_{n+1} + x_{n-1} - 2x_n) \tag{5-1}$$

式中，m 为质点的质量；β 为微观弹性模量，是和质点间作用力性质有关的常数。质点间作用力愈大，β 值愈大，相应的振动频率愈高。对于每一个质点，β 不同，即每个质点在热振动时都有一定的频率。材料内有 N 个质点，就有 N 个频率的振动组合在一起。式（5-1）称为简谐振动方程。

  由于材料中质点间有着很强的相互作用力，因此，一个质点的振动会使邻近质点随着振动，而使相邻质点间的振动存在着一定的位相差，使得晶格振动以弹性波的形式在整个材料内传播，这种存在于晶格中的波叫作格波。格波是多频率振动的组合波。

  实验测得弹性波在固体中的传播速度为 $v = 3\times10^3\,\mathrm{m/s}$，晶体的晶格常数 a_0 约为 $10^{-10}\,\mathrm{m}$

数量级，而声频振动的最小周期为 $2a_0$，故它的最大振动频率为：

$$\nu_{\max} = \frac{v}{2a_0} = 1.5 \times 10^{13}\,\text{Hz} \qquad (5\text{-}2)$$

如果振动着的质点中包含频率很低的格波，质点彼此间的位相差不大，则格波类似于弹性体中的应变波，称为声频支振动（Acoustic Branch Vibration）。格波中频率甚高的振动波，质点间的位相差很大，邻近质点的运动几乎相反时，频率往往在红外光区，称为光频支振动（Optical Branch Vibration）。

如果晶胞中包含了两种不同的原子，各有独立的振动频率，即使它们的频率与晶胞振动的频率相同，由于两种原子的质量不同，振幅也不同，所以两原子间会有相对运动。声频支可以看成是相邻原子具有相同的振动方向，如图 5-1（a）所示。光频支可以看成是相邻原子振动方向相反，形成一个范围很小、频率很高的振动，如图 5-1（b）所示。如果是离子型晶体，就是正、负离子间的相对振动，当异号离子间有反向位移时，便构成了一个偶极子，在振动过程中此偶极子的偶极矩是周期性变化的。由电动力学可知，它会发射电磁波，其强度由振幅大小决定。在室温下所发射的该电磁波很微弱，但如果从外界辐射入相应频率的红外光，则立即被晶体强烈吸收，激发总体振动。

光频支是不同原子相对振动引起的。若晶格中有 N 个分子，每个分子中有 n 个不同的原子，则该晶体中有 $N(n-1)$ 个光频波。

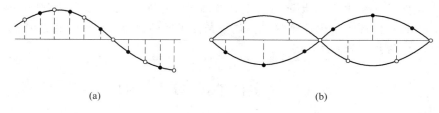

(a)   (b)

图 5-1   一维双原子点阵中的格波
（a）声频支；（b）光频支

5.2   材料的热容

5.2.1   热容的基本概念

在不发生相变和化学反应时，材料温度升高 1K 时所需要的热量（Q），称为材料的热容（Heat/Thermal Capacity）。在温度 T K 时材料的热容的数学表达式为：

$$C = \left(\frac{\partial Q}{\partial T}\right)_T \qquad (5\text{-}3)$$

不同温度下材料的热容不同。工程上所用的平均热容是指材料从 T_1 温度到 T_2 温度所吸收的热量的平均值，表达式为：

$$C_a = \frac{Q}{T_2 - T_1} \qquad (5\text{-}4)$$

平均热容比较粗略，且温度范围越宽，精确性越差。在应用平均热容时，需要特别注意温度适用范围。

热容与材料的量有关。单位质量的热容叫比热容（Capacity），单位为 J/（K·kg）。1mol 材料的热容叫摩尔热容（Molar Heat Capacity），单位为 J/（K·mol）。

热容是一个过程量，与热过程有关，分比定压热容 c_p（heat capacity at constant pressure）和比定容热容 c_V（heat capacity at constant volume）。其表达式分别为：

$$c_p = \left(\frac{\partial Q}{\partial T}\right)_p = \left(\frac{\partial H}{\partial T}\right)_p \tag{5-5}$$

$$c_V = \left(\frac{\partial Q}{\partial T}\right)_V = \left(\frac{\partial H}{\partial T}\right)_V \tag{5-6}$$

式中，H 为焓；Q 为内能。

一般有 $c_p > c_V$，因为恒压加热过程，除升高温度外，还对外做功。它们间的关系为

$$c_p - c_V = \alpha^2 V_m T/\beta \tag{5-7}$$

式中，α 为体积膨胀系数，$\alpha = \frac{dV}{VdT}$；β 为压缩系数 $\beta = -\frac{dV}{Vdp}$；V_m 为摩尔体积。

对于处于凝聚态的材料，二者差异可以忽略，即 $c_p \approx c_V$。但在高温时，二者相差较大，如图 5-2 所示。

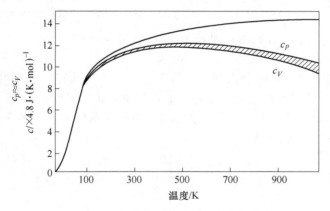

图 5-2　NaCl 的摩尔热容随温度变化曲线

5.2.2　晶态固体热容的有关定律

5.2.2.1　经验定律与经典理论

有关晶态固体材料的热容，已发现了两个经验定律，即：杜隆-珀替（Dulong-Peoit）定律——元素的热容定律和柯普（Kopp）定律——化合物的热容定律。

A　杜隆-珀替定律——元素的热容定律

此热容不取决于振子的微观弹性模量 β 与质量 m，也与温度无关，这就是杜隆-珀替定律。对于双原子的固态化合物，1mol 中的原子数为 $2N$，则摩尔热容为 $c_V = 2×25J/（K·mol）$，即固态化合物的摩尔热容为 25nJ/（K·mol）（n 为 1mol 固态化合物中元素原子的摩尔数）。恒压下元素的原子的摩尔热容为 25J/（K·mol）（即 $3R$）。

事实上，除了一些轻元素的热容比上述值要小些外，大部分元素的原子热容都接近该

值，尤其是在高温的情况下更是如此。一些轻元素的热容值如表 5-1 所示。

表 5-1　部分轻元素的摩尔热容值 $c_{p,m}$ (J/(K·mol))

元素	H	B	C	O	F	Si	P	S	Cl
$c_{p,m}$	9.6	11.3	7.5	16.7	20.9	15.9	22.5	22.5	20.4

B　柯普定律——化合物的热容定律

化合物的摩尔热容等于构成此化合物各元素原子热容之和。

上述经验定律符合经典的热容理论，解释如下。

如前所述，晶态固体中质点的晶格热振动可用简谐振动方程来表示，故可以用谐振子代表固体中每个原子在一个自由度的振动。按照经典理论，能量按自由度均分，每一振动自由度的平均动能和平均位能都为 $(1/2)kT$，一个原子有三个振动自由度，平均动能和位能的总和等于 $3kT$。故此固体的总热能为 $3nkT$（n 为原子数目）或 $3N$ kJ/mol（N 为每摩尔的原子数目），则根据热容定义，摩尔热容为：$c_V = 3Nk = 3R \approx 25 \text{J/(K·mol)}$。

实验结果表明，只有在温度高于某一数值时，材料的热容才趋于定值，即 25nJ/（K·mol)，也即是在高温时，杜隆-珀替定律与实验结果符合；而在低温时，热容并非为一恒量，而是随温度降低而减小，在接近 0K 时，热容按 T^3 的规律趋于零（图 5-2）。

经典的热容理论无法解释低温下热容减小的现象，需用量子理论来解释。

5.2.2.2　晶态固体热容的量子理论与德拜（Debye）T^3 定律

A　量子理论的回顾

普朗特提出振子振动的量子化理论，认为尽管由于各质点的振动频率不尽相同（即使在同一温度下），使得各质点所具有的能量随时间变化，但无论如何，各质点的能量变化是不连续的，不能取任意值，它们都是以 $h\upsilon$ 为最小单位的，是量子化的。通常用 $\hbar\omega$ 来表示 $h\upsilon$；$\omega = 2\pi\upsilon$，为角频率。

$$h\upsilon = h\frac{\omega}{2\pi} = \hbar\omega \tag{5-8}$$

式中，h 与 $\hbar$ 均为普朗克常数。

即某一质点的能量为：$E = nh\upsilon = n\hbar\omega$（$n$ 为量子数）。

频率为 ω 的谐振子的能量也具有统计性。根据玻耳兹曼能量分布，在温度为 T 时，它所具有的能量为 $n\hbar\omega$ 值的概率与 $e^{-n\hbar\omega/kT}$ 成正比，可推导出一个振子的平均能量为：

$$\overline{E} = \frac{\sum\limits_{n=0}^{\infty} n\hbar\omega e^{-\frac{n\hbar\omega}{kT}}}{\sum\limits_{n=0}^{\infty} e^{-\frac{n\hbar\omega}{kT}}} = \frac{\hbar\omega}{e^{\frac{\hbar\omega}{kT}} - 1} \tag{5-9}$$

若 1mol 晶态固体有 N 个原子，每个原子有三个自由度，则晶态固体振动的平均能量为：

$$\overline{E} = \sum_{i=1}^{3N} \overline{E}_{\omega_i} = \sum_{i=1}^{3N} \frac{\hbar\omega_i}{\left(e^{\frac{\hbar\omega_i}{kT}} - 1\right)^2} \tag{5-10}$$

由热容定义得固体的摩尔热容为：

$$c_V = \sum_{i=1}^{3N} k \left(\frac{\hbar\omega_i}{kT}\right)^2 \frac{\mathrm{e}^{\frac{\hbar\omega_i}{kT}}}{\left(\mathrm{e}^{\frac{\hbar\omega_i}{kT}} - 1\right)^2} \tag{5-11}$$

式（5-11）即为按量子理论求得的摩尔热容的表达式。但由此式计算摩尔热容，必须要确定每个谐振子的频率，这显然是十分困难的，故需采取简化模型去近似。

B 爱因斯坦模型近似

该模型提出的假设是，每个原子都是独立的振子，原子之间彼此无关，每个振子振动的角频率相同。故有：

$$c_V = 3Nkf_{\mathrm{e}}\left(\frac{\hbar\omega}{kT}\right) \tag{5-12}$$

$f_{\mathrm{e}} = \left(\dfrac{\hbar\omega}{k}\right)$ 称为爱因斯坦比热容函数。选取适当的 ω，可使理论上的 c_V 与实验值吻合。

令 $\theta_{\mathrm{E}} = \dfrac{\hbar\omega}{k}$，$\theta_{\mathrm{E}}$ 称为爱因斯坦温度。

（1）当温度很高时，$T \gg \theta_{\mathrm{E}}$，此时 $\mathrm{e}^{\frac{\hbar\omega}{kT}} = \mathrm{e}^{\frac{\theta_{\mathrm{E}}}{T}} \approx 1 + \dfrac{\theta_{\mathrm{E}}}{T}$，于是有：

$$c_V = 3NT \left(\frac{\theta_{\mathrm{E}}}{T}\right)^2 \frac{\mathrm{e}^{\frac{\theta_{\mathrm{E}}}{T}}}{\left(\dfrac{\theta_{\mathrm{E}}}{T}\right)^2} \approx 3Nk \tag{5-13}$$

这就是经典的杜隆-珀替定律。这表明，量子理论所导出的热容值如果按爱因斯坦简化模型计算，在高温时与经典公式一致。

（2）当温度很低时，即 $T \ll \theta_{\mathrm{E}}$，此时 $\mathrm{e}^{\frac{\theta_{\mathrm{E}}}{T}} \gg 1$，于是有：

$$c_V = 3Nk \left(\frac{\theta_{\mathrm{E}}}{T}\right)^2 \mathrm{e}^{-\frac{\theta_{\mathrm{E}}}{T}} \tag{5-14}$$

这时热容按指数规律随温度变化，而并不是如实验所得的按 T^3 规律变化。发生偏差的主要原因是爱因斯坦模型忽略了各原子振动之间频率的差别以及原子振动间的耦合作用，这种作用在低温时特别显著。

C 德拜模型近似

德拜模型考虑了晶体中原子的相互作用，认为晶体对热容的贡献主要是弹性波的振动，即波长较长的声频支在低温下的振动。由于声频支的波长远大于晶格常数，故可将晶体当成是连续介质，声频支也是连续的，频率具有 $0 \sim \omega_{\max}$，高于 $\omega_{\max}$ 的频率在光频支范围，对热容贡献很小，可忽略。由此，导出热容的表达式为：

$$c_V = 3Nkf_{\mathrm{D}}\left(\frac{\theta_{\mathrm{D}}}{T}\right) \tag{5-15}$$

式中，$\theta_{\mathrm{D}} = \dfrac{\hbar\omega_{\max}}{k} \approx 0.76 \times 10^{-11} \omega_{\max}$，称为德拜温度，其大小取决于键的强度、材料的弹

性模量 E、熔点 T_{M} 等；$f_{\mathrm{D}}\left(\dfrac{\theta_{\mathrm{D}}}{T}\right) = 3\left(\dfrac{T}{\theta_{\mathrm{D}}}\right)^3 \displaystyle\int_0^{\frac{\theta_{\mathrm{D}}}{T}} \frac{\mathrm{e}^x x^4}{(\mathrm{e}^x - 1)^2}\mathrm{d}x$，称为德拜比热容函数，$x = \dfrac{\hbar\omega}{kT}$。

（1）当温度较高时，即 $T \gg \theta_D$，则 $x \ll 1$，$f_D\left(\dfrac{\theta_D}{T}\right) \approx 1$，$c_V \approx 3Nk$。此即杜隆-珀替定律。

（2）当温度很低时，即 $T \ll \theta_D$，取 $\dfrac{\theta_D}{T} \to \infty$，则 $\displaystyle\int_0^\infty \dfrac{\mathrm{e}^x x^4}{(\mathrm{e}^x - 1)^2}\mathrm{d}x = \dfrac{4\pi^4}{15}$，将其代入式 (5-15)，得：

$$c_V = \frac{12\pi^4 Nk}{5}\left(\frac{T}{\theta_D}\right)^3 \tag{5-16}$$

式 (5-16) 表明，低温时，热容与温度的三次方成正比，也即是当 $T \to 0$ 时，c_V 以与 T^3 规律而趋于零（$c_V \propto T^3 \to 0$），这就是著名的德拜 T^3 定律。

实际上，德拜理论在低温下也不完全符合事实。主要原因是德拜模型把晶体看成是连续介质，这对于原子振动频率较高部分不适用；而对于金属材料，在温度很低时，自由电子对热容的贡献也不可忽略。

以上有关热容的定律及理论，对于原子晶体和一部分较简单的离子晶体，如 Al、Ag、C、KCl、Al_2O_3，在较宽的温度范围内都与实验结果相符合，但对于其他复杂的化合物并不完全适用。其原因是较复杂的分子结构往往会有各种高频振动耦合，而多晶、多相的固体材料以及杂质的存在，情况就更加复杂。

5.2.3   材料的热容及其影响因素

5.2.3.1   金属和合金的热容

A   金属的热容

金属内部有大量的自由电子，在温度很低时自由电子对热容的贡献不可忽略。由量子自由电子理论，得到自由电子摩尔定容热容为：

$$c_{V,m}^e = \frac{\pi^2}{2}R \cdot Z\frac{k}{E_f^0}T \tag{5-17}$$

式中，R 为气体常数；Z 为金属原子个数；k 为玻耳兹曼常数；E_f^0 为 0K 时金属的费米能级。

实验已经证明，在温度低于 5K 以下，热容以电子贡献为主，即热容与温度的关系为直线关系（$c_{V,m} \propto T$）。

实际上，当温度很低时，即 $T \ll \theta_D$ 和 $T \ll T_F$（$T_F = \dfrac{E_f^0}{k}$ 称为费米温度）时，金属热容需同时考虑晶格振动和自由电子两部分对热容的贡献，即金属热容与温度的关系表达式为：

$$c_{V,m} = AT^3 + BT \tag{5-18}$$

式中，A、B 为材料的标识特征常数。

过渡金属中电子热容尤为突出，它除了 s 层电子热容，还有 d 层或 f 层电子热容。如温度在 5K 以下时，镍的摩尔热容近似为 $0.0073T$ J/(K·mol)，基本上由电子激发所决定。

正是由于金属中存在的大量的自由电子，使得金属的热容随温度变化的曲线不同于其他键合晶体材料，特别是在高温和低温的情况下。

图 5-3 为铜的热容随温度变化的曲线，可以看出，曲线可分成四个区间。

第 I 区（I 区已被放大），温度范围为 $0\sim5K$，$c_{V,m}\propto T$。

第 II 区，温度区间很大，$c_{V,m}\propto T$。

第 III 区，温度在德拜温度 θ_D 附近，比热容趋于一常数，即 $3R$ J/(K·mol)。

第 IV 区，当温度远高于德拜温度 θ_D 时，热容曲线呈平缓上升趋势，其增加部分主要是金属中自由电子热容的贡献。

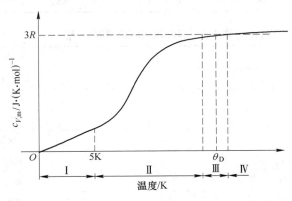

图 5-3　金属铜的摩尔定容热容随温度变化曲线

表 5-2、表 5-3 列出了部分金属材料的实测摩尔定压热容和比热容；表 5-4 为部分物质的德拜温度 θ_D。

表 5-2　部分金属材料的摩尔定压热容 $c_{p,m}$　　　　　(J/(K·mol))

温度/K	W	Ta	Mo	Nb	Pt
1000					30.03
1300		28.14	30.66	27.68	31.67
1600	29.32	28.98	32.59	29.23	34.06
1900	30.95	29.85	35.11	30.91	37.93
2200	32.59	30.87	39.69	33.43	
2500	34.57	32.08	48.3	37.08	
2800	37.84	34.06			
3100	43.26				
3400	53.13				
3600	63				

表 5-3　部分钢的比热容 $c\times10^{-3}$　　　　　(J/(K·kg))

钢　号	温度/℃										
	100	200	300	400	500	600	700	800	900	1000	1100
20	0.51	0.52	0.54	0.57	0.63	0.74		0.70	0.61	0.62	0.63

钢　号	温度/℃										
	100	200	300	400	500	600	700	800	900	1000	1100
35	0.48	0.51	0.56	0.61	0.66	0.71	1.26	0.83	0.66	0.62	0.62
40Cr	0.49	0.52	0.55	0.59	0.65	0.75		0.61	0.62	0.62	0.63
9Cr2SiMo	0.46	0.50	0.56	0.62	0.68	0.74		0.83	0.70	0.71	0.72
30CrNi3Mo2V	0.48	0.53	0.55	0.59	0.66	0.75	0.92	0.66	0.66	0.67	0.67
3Cr13	0.43	0.48	0.55	0.63	0.70	0.78	0.93	0.74	0.69	0.70	0.72

表 5-4　部分物质的德拜温度 θ_D

名　　称	θ_D/K
Hg	71.9
K	91
Rb	56
Cs	38
Be	1440
Mg	400
Ti	420
Zr	291
Hf	252
V	380
Nb	275
Ta	240
Ru	600
Os	500
Co	445
Rh	480
Is	420
Ni	450
Cd	209
Al	428
Ga	320
In	108
Tl	78.5
C	2230

B　合金热容

前面所讲金属热容的一般概念适用于金属或多相合金。合金及固溶体等的热容由各组成原子热容按比例相加而得，其数学表达式为：

$$c_{p,\mathrm{m}} = \sum n_i c_{p,\mathrm{m},i} \tag{5-19}$$

式中，n_i 为合金中各组成的原子百分数；$c_{p,\mathrm{m},i}$ 为各组成的原子摩尔定压热容。

由式（5-19）计算的热容值与实验值相差不大于 4%，但该式不适用于低温条件或铁磁性合金。

5.2.3.2 陶瓷材料的摩尔热容及其影响因素

对于简单的由离子键和共价键组成的陶瓷材料，室温下几乎无自由电子，因此，其热容与温度的关系更符合德拜模型。但不同的材料德拜温度 θ_D 不同，如石墨的 θ_D 为 1973K、BeO 的 θ_D 为 1173K、Al_2O_3 的 θ_D 为 923K 等，这些材料的德拜温度约为其熔点的 0.2~0.5 倍，即 $\theta_D \approx (0.2 \sim 0.5)T_M$。这些材料的摩尔热容在低温时随温度升高而增加，在接近德拜温度 θ_D 时趋近 25nJ/（K·mol），此后，温度增加摩尔热容几乎保持不变。实际上，绝大多数的氧化物、碳化物的摩尔热容，在温度增加到 1273K 左右时，趋近于 25nJ/（K·mol）。

材料的摩尔热容是结构不敏感性能，与材料结构的关系不大，具有加和性。但当有相变发生时，摩尔热容会发生突变。如图 5-4 所示，CaO 和 SiO_2（石英）的摩尔比为 1:1 的混合物的摩尔热容随温度变化的曲线几乎与 $CaSiO_3$ 的摩尔热容随温度变化的曲线重合；但在接近 846K 时 CaO 和 SiO_2 的混合物的摩尔热容偏离 $CaSiO_3$ 的摩尔热容较大，发生突变，这是由于在这一温度下，发生 α 石英和 β 石英的晶型转变所致。陶瓷材料在发生一级相变时（如晶体的熔化、升华；液体的凝固、汽化；气体的凝聚以及晶体中大多数晶型转变等），由于具有相变潜热，摩尔热容会发生不连续突变；而在发生二级相变（如合金的有序-无序转变、铁磁性-顺磁性转变、超导态转变等）中摩尔热容随温度的变化在相变温度 T_0 时趋于无穷大。

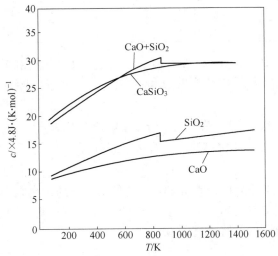

图 5-4 CaO 和 SiO_2 的混合物（摩尔比为 1:1）$CaSiO_3$、CaO、SiO_2 的摩尔热容曲线

材料的摩尔热容与比热容不是结构敏感的，但是单位体积的热容却与气孔率有关。多孔材料因为质量轻，所以单位体积热容小，因此，提高轻质隔热砖的温度所需要的热量远低于致密的耐火砖。因此，周期加热的窑炉，应尽可能选用多孔的硅藻土砖、泡沫刚玉砖

等，以减少热量损耗，加快升温速度。

将实验测得的数据进行整理，得到材料的摩尔定压热容与温度的关系的经验公式：

$$c_{p,m} = a + bT + cT^{-2} + \cdots \tag{5-20}$$

式中，$c_{p,m}$ 的单位为 J/(K·mol)。表 5-5 列出了某些固体材料的 a、b、c 系数及它们的应用温度范围。

表 5-5　某些材料的摩尔热容-温度关系经验公式系数

名　称	a	$b \times 10^3$	$c \times 10^{-5}$	温度范围/K
氮化铝（AlN）	22.87	32.60		293~900
刚玉（α-Al₂O₃）	114.66	12.79	−35.41	298~1800
莫来石（3Al₂O₃·2SiO₂）	365.96	62.53	−111.52	298~1100
碳化硼（B₄C）	96.10	22.57	−44.81	298~1373
氧化铍（BeO）	35.32	16.72	−13.25	298~1200
氧化铋（Bi₂O₃）	103.41	33.44		298~800
氮化硼（α-BN）	7.61	15.13		273~1173
硅灰石（CaSiO₃）	111.36	15.05	−27.25	298~1450
氧化铬（Cr₂O₃）	119.26	9.20	−15.63	298~1800
锂长石（K₂O·Al₂O₃·6SiO₂）	266.81	53.92	−71.27	298~1400
碳化硅（SiC）	37.33	12.92	−12.83	298~1700
α-石英（SiO₂）	46.82	34.28	−11.29	298~848
β-石英（SiO₂）	60.23	8.11		298~2000
石英玻璃（TiO₂）	55.93	15.38	−14.96	298~2000
碳化钛（TiC）	49.45	3.34	−14.96	298~1800
金红石（TiO₂）	75.11	1.17	−18.18	298~1800
氧化镁（MgO）	42.55	7.27	−6.19	298~2100

实验还证明，在较高温度下（573K 以上），大多数氧化物和硅酸盐化合物摩尔热容等于构成该化合物各元素原子的热容的总和，即：

$$c_{p,m} = \sum n_i C_i \tag{5-21}$$

式中，n_i 为化合物中元素 i 的原子数；C_i 为元素的摩尔热容。

对于多相合金和多相复合材料的比热容按下式计算：

$$c = \sum g_i c_i \tag{5-22}$$

式中，g_i 为材料中第 i 组分的质量百分数；c_i 为第 i 组分的比热容。

实验室用高温炉作隔热材料，如用质量小的钼片、碳毡等，可使质量降低，吸热少，便于炉体迅速升、降温，同时降低热量损耗。

5.3　材料的热膨胀

5.3.1　热膨胀的概念及其表示方法

物体的体积或长度随温度的升高而增大的现象称为热膨胀（Thermal Expansion）。用线膨胀系数（Linear Coefficient of Thermal Expansion）、体膨胀系数来表示。

线（体）膨胀系数指温度升高 1K 时，物体的长度（体积）的相对增加。表达式为：

线膨胀系数：

$$\alpha_L = \frac{dL}{LdT} \tag{5-23}$$

体膨胀系数：

$$\alpha_V = \frac{dV}{VdT} \tag{5-24}$$

式中，L、V 分别为材料在 T 温度时的长度和体积。

常用平均膨胀系数表示，即：

平均线膨胀系数：

$$\overline{\alpha_L} = \frac{\Delta L}{L_0 \Delta T} = \frac{L_T - L_0}{L_0(T - T_0)} \tag{5-25}$$

平均体膨胀系数：

$$\overline{\alpha_V} = \frac{\Delta V}{V_0 \Delta T} = \frac{V_T - V_0}{V_0(T - T_0)} \tag{5-26}$$

式中，L_0、V_0、L_T、V_T 分别为材料在 T_0、T 温度时的长度和体积。

这样，材料在 T 温度时的长度和体积为：

$$L_T = L_0(1 + \overline{\alpha_L} \Delta T) \tag{5-27}$$

$$V_T = V_0(1 + \overline{\alpha_V} \Delta T) \tag{5-28}$$

在使用平均膨胀系数时，要特别注意使用温度范围。

无机非金属材料的线膨胀系数一般较小，约为 $10^{-5} \sim 10^{-6} K^{-1}$。

各种金属和合金在 $0 \sim 100℃$ 的线膨胀系数也为 $10^{-5} \sim 10^{-6} K^{-1}$，钢的线膨胀系数多在 $(10 \sim 20) \times 10^{-6} K^{-1}$ 范围。

一般隔热用耐火材料的线膨胀系数，常指 $20 \sim 1000℃$ 范围内的平均数。

实际上，固体材料的热膨胀系数值并不是一个常数，而是随温度变化而变化，通常随温度升高而加大，如图 5-5 所示。

热膨胀系数是固体材料重要的性能参数。在多晶、多相固体材料以及复合材料中，由于各相及各个方向的 α_L 值不同所引起的热应力问题已成为选材、用材的突出矛盾。材料的热膨胀系数大小直接与热稳定性有关。

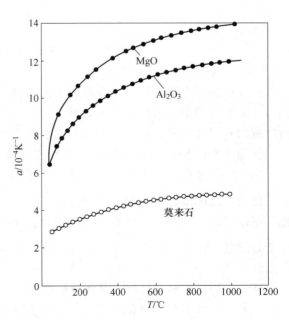

图 5-5 某些无机材料的热膨胀系数随温度变化曲线

5.3.2 固体材料的热膨胀机理

（1）固体材料的热膨胀本质，归结为：点阵结构中质点间平均距离随温度升高而增大。

在晶格振动中，曾近似地认为质点的热振动是简谐振动。对于简谐振动，升高温度只能增大振幅，并不会改变平衡位置，因此质点间平均距离不会因温度升高而改变。热量变化不能改变晶体的大小和形状，也就不会有热膨胀。这显然是不符合实际的。实际上，在晶格振动中相邻质点间的作用力是非线性的，即作用力并不简单地与位移成正比。图 5-6 为晶体中质点间作用力和位能曲线。

从图 5-6 可以看到，质点在平衡位置两侧时，受力并不对称。在质点平衡位置 r_0 的两侧，合力曲线的斜率是不等的。

当 $r < r_0$ 时，斥力随位移增大得很快；$r > r_0$ 时，引力随位移增大得慢些。

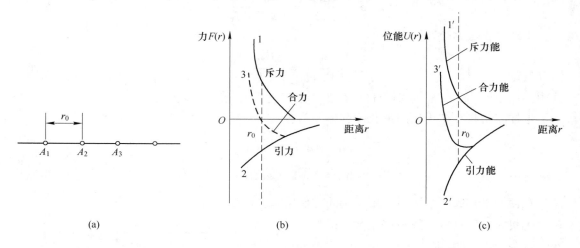

图 5-6   晶体中质点间作用力与位能曲线

在这样的受力情况下，质点振动时的平衡位置就不在 r_0 处，而要向右移。因此，相邻质点间的平均距离增加。温度越高，振幅越大。质点在 r_0 受力不对称情况越显著，平衡位置向右移动越多，相邻质点间平均距离就增加得越多，从而导致晶体膨胀。

从图 5-7 晶体中质点振动的点阵能曲线的非对称性同样可以得到较具体的解释。

图 5-7 横轴的平行线 E_1、E_2、$\cdots$ 则它们与横轴间距离分别代表了温度 T_1、T_2、$\cdots$ 时质点振动的总能量。当温度为 T_1 时，振动位置为 r_a 与 r_b 间相应的位能是按弧线 $a\overbrace{A}B$ 变化。在位置 A，即 $r=r_0$ 时，位能最小，动能最大；而在 $r=r_a$ 与 $r=r_b$ 时，动能为 0，位能等于总能量；弧 $\overset{\frown}{aA}$ 和 $\overset{\frown}{Ab}$ 的非对称性，使得平均位置不在 r_0 处而在 r_1 处。同理，当温度升高到 T_2 时，平均位置移到了 r_2，结果平均位置随温度的升高沿 AB 曲线变化。所以温度越高，平均位置移得越远，晶体就越膨胀。

（2）晶体中各种热缺陷的形成造成局部点阵的畸变和膨胀。随着温度升高，热缺陷浓度成指数规律增加，这方面影响较为重要。

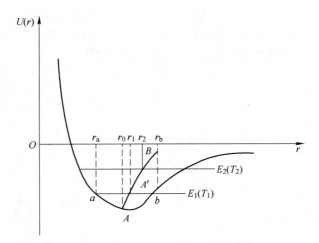

图 5-7　晶体中质点振动点阵能曲线非对称的示意图

5.3.3　热膨胀和其他性能的关系

5.3.3.1　热膨胀与温度、热容的关系
由点阵能曲线（图 5-7）得到平衡位置随温度的变化曲线如图 5-8 所示。

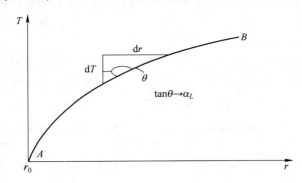

图 5-8　平衡位置随温度的变化

设曲线中各点处的斜率为 m，则曲线上各点的斜率 $m = \tan\theta = \dfrac{\mathrm{d}T}{\mathrm{d}r}$，又由线膨胀系数公式可得线膨胀系数 α_L 为：

$$\alpha_L = \frac{\mathrm{d}L}{L\mathrm{d}T} = \frac{1}{r_0}\frac{1}{\dfrac{\mathrm{d}T}{\mathrm{d}r}} = \frac{1}{r_0}\frac{1}{m} \qquad (5\text{-}29)$$

从图 5-8 中可看出，温度 T 升高，曲线的斜率 m 减小，则由式（5-29）可知 α_L 增大，即线膨胀系数随温度升高而增大。

热膨胀是固体材料受热以后晶格振动加剧而引起的容积膨胀，而晶格振动的激化就是热运动能量的增大。升高单位温度时能量的增量也就是热容的定义。所以热膨胀系数显然与热容密切相关，并与热容有着相似的规律。即在低温时，膨胀系数也像热容一样按 T^3

规律变化，0K 时，α、c 趋于零；高温时，因有显著的热缺陷等原因，使 α 仍有一个连续的增加。图 5-9 为 Al_2O_3 的热膨胀系数和热容随温度变化的关系曲线，从图中可看出，在宽广的温度范围内，这两条曲线近似平行，变化趋势相同。

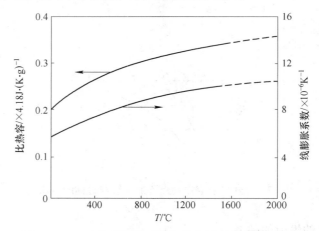

图 5-9 Al_2O_3 的热膨胀系数、热容随温度变化的曲线

5.3.3.2   热膨胀与结合能、熔点的关系

如前所述，固体材料的热膨胀与点阵中质点的位能有关，而质点的位能是由质点间的结合力特性所决定的。质点间的作用力越强，质点所处的势阱越深，升高同样温度，质点振幅增加得越少，相应的热膨胀系数越小。

当晶体结构类型相同时，结合能大的材料的熔点也高，也就是说熔点高的材料膨胀系数较小。对于单质晶体，熔点与原子半径之间有一定的关系，如表 5-6 中，某些单质晶体的原子半径越小，结合能越大，熔点越高，热膨胀系数越小。

表 5-6   某些单质晶体的原子半径与结合能、熔点及膨胀系数的关系

单质材料	r_0 /$\times 10^{10}$ m	结合能/kJ · mol^{-1}	熔点/℃	α_L/ $\times 10^{-6}K^{-1}$
金刚石	1.54	712.3	3500	2.5
硅	2.35	364.5	1415	3.5
锡	5.3	301.7	232	5.3

5.3.3.3   热膨胀结构的关系

A   结构致密程度

组成相同、结构不同的物质，膨胀系数不相同。通常情况下，结构紧密的晶体，膨胀系数较大；而类似于无定形的玻璃，往往有较小的膨胀系数。结构紧密的多晶二元化合物都具有比玻璃大的膨胀系数。原因是玻璃的结构较疏松，内部空隙多，当温度升高时，原子振幅加大，原子间距离增加时，部分地被结构内部的空隙所容纳，而整个物体宏观的膨胀量就少些。

B   相变

材料发生相变时，其热膨胀系数也要变化，如纯金属同素异构转变时，点阵结构重排伴随着金属比热容突变，导致线膨胀系数发生不连续变化，如图 5-10 所示。有序-无序转

变时无体积突变，膨胀系数在相变温区仅出现拐折，如图 5-11 所示。再如 ZrO_2 在温度高于 1000℃由单斜晶型转变成四方晶型，体积收缩 4%，这种现象严重地影响其应用，为改变此现象，常加入 MgO、CaO、Y_2O_3 等外加剂，使其在高温下形成立方晶型的固溶体，在温度小于 2000℃时，不发生晶型转变，如图 5-12 所示。高温下，晶格热振动有使晶体更加对称的趋势。四方晶系中，c/a 会下降，a_c/a_α 下降，逐渐接近 1。有时，因材料的各向异性，会使整体的 α_V 值为负值。

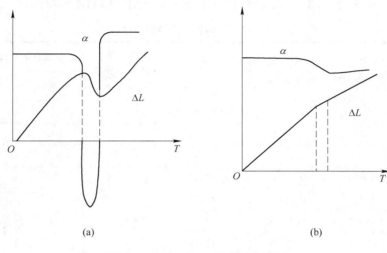

(a)　　　　　　　　　　　　(b)

图 5-10　相变时 α、ΔL 与 T 的关系

（a）一级相变；（b）二级相变

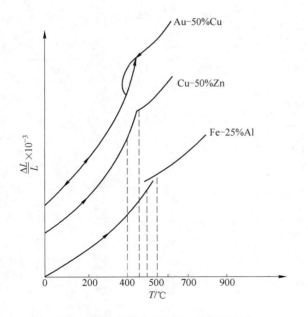

图 5-11　有序-无序转变的热膨胀曲线

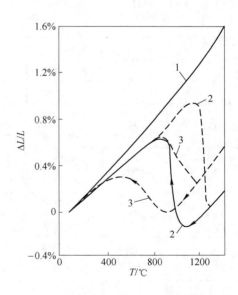

图 5-12　加热和冷却膨胀曲线

1—完全稳定化 ZrO_2；2—纯 ZrO_2；

3—掺杂 8%（摩尔分数）CaO 的部分稳定 ZrO_2

5.3.4　多晶体和复合材料的热膨胀

5.3.4.1　钢的热膨胀特性

钢的密度与热处理所得到的显微组织有关。马氏体、铁素体+Fe$_3$C（构成珠光体、索氏体、贝氏体）奥氏体，其密度依次增大。这是因为比容是密度的倒数。当淬火获得马氏体时，钢的体积将增大。这样，按比容从大到小顺序排列应是马氏体（随含碳量而变化）、渗碳体、铁素体、珠光体、奥氏体。表5-7为碳钢各相的体积特性。

表 5-7　碳钢各相的体积特性

含碳量/%	单位晶胞中平均原子数	点阵常数 /×10⁻⁹ m	比容 /cm³·g⁻¹	每1%碳原子体积的增加量 /m³·10³⁰	膨胀的平均系数/K⁻¹	
					$\alpha_L \times 10^6$	$\alpha_V \times 10^6$
铁 素 体						
	2.000	0.2861	0.12708		14.5	43.5
奥 氏 体						
0	4.000	0.35586	0.12270			
0.2	4.037	0.35650	0.12270			
0.4	4.089	0.35714	0.12313	0.096	23.0	70.0
0.6	4.156	0.35778	0.12356			
0.8	4.224	0.35642	0.12399			
1.0	4.291	0.35906	0.12442	0.096	23.0	70.0
1.4	4.427	0.36034	0.12527			
马 氏 体						
0	2.000	$a=c=0.2861$	0.12708	0.7777	11.5	350
0.2	2.018	$a=0.2858$ $c=0.2885$	0.12761			
0.4	2.036	$a=0.2855$ $c=0.2908$	0.12812			
0.6	2.056	$a=0.2852$ $c=0.2932$	0.12863			
0.8	2.075	$a=0.2849$ $c=0.2955$	0.12915			
1.0	2.094	$a=0.2846$ $c=0.2979$	0.12965			
1.4	2.132	$a=0.2840$ $c=0.3026$	0.13061			

续表 5-7

含碳量/%	单位晶胞中平均原子数	点阵常数/×10⁻⁹m	比容/cm³·g⁻¹	每1%碳原子体积的增加量/m³·10³⁰	膨胀的平均系数/K⁻¹	
					$\alpha_L \times 10^6$	$\alpha_V \times 10^6$
渗 碳 体						
6.67	Fe-12 C-4	$a=0.4514$ $b=0.5677$ $c=0.6730$			12.5	37.5

当淬火钢回火时，随钢中所进行的组织转变而发生体积变化。马氏体回火时，钢的体积将收缩，过冷奥氏体转变为马氏体将伴随钢的体积膨胀，而马氏体分解成屈氏体时，钢的体积显著收缩。图 5-13 表示淬火马氏体比容与含碳量的关系。在 300℃，40h 回火，马氏体分解为铁素体和渗碳体，体积效应 ΔV 随含碳量增加线性增加。

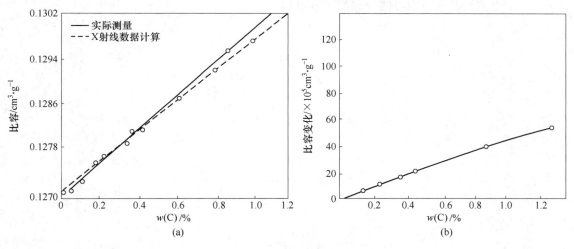

图 5-13　淬火马氏体比容与含碳量的关系
(a) 淬火马氏体比容与含碳量的关系；(b) 回火体积效应与含碳量的关系

从钢的热膨胀特性可见，当碳钢加热或冷却过程中发生一级相变时，钢的体积会发生突变。过冷奥氏体转变为铁素体、珠光体或马氏体时，钢的体积将膨胀；反之，钢的体积将收缩。钢的这种膨胀特性有效地应用于钢的相变研究中。图 5-14 为碳钢缓慢加热、缓慢冷却过程的膨胀曲线。现以一般的亚共析钢的加热膨胀曲线为例予以说明。亚共析钢常温下的平衡组织为铁素体和珠光体。当缓慢加热到 727℃（A_{c1}）时发生共析转变，钢中珠光体转变为奥氏体，体积收缩（膨胀曲线开始向下弯，形成拐点 A_{c1}），温度继续升高，钢中铁素体转变为奥氏体，体积继续收缩，直到铁素体全部转变为奥氏体，钢又以奥氏体纯膨胀特性伸长，此拐点即为 A_{c3}。冷却过程恰好相反。

最新研究碳钢膨胀曲线时发现，含碳量为 0.025%～0.35% 的低碳钢在以 7.5～200℃/min 的加热速率加热时，珠光体和铁素体向奥氏体的转变并不连续进行，中间出现非转变区间，即 A_{c1K} 转变终止点和 A_{c3H} 转变开始点分开，温度间隔可达 80℃，其典型膨胀曲线

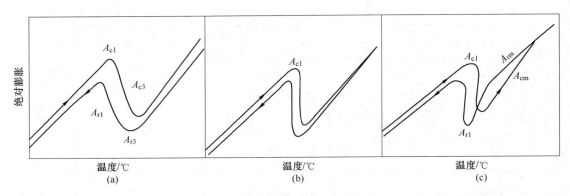

图 5-14　碳钢的膨胀曲线

（a）亚共析钢；（b）共析钢；（c）过共析钢

如图 5-15 所示。含碳量大于 0.35% 时，其膨胀曲线和图 5-14 中的亚共析钢膨胀曲线一样。产生上述情况的原因可能与碳的扩散过程有关。

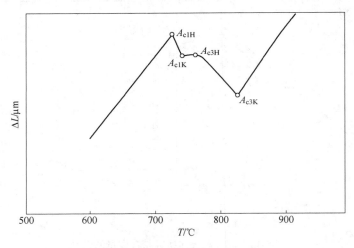

图 5-15　低碳钢的膨胀曲线

（$w(C) = 0.19\%$，加热速率 100℃/min）

由于钢在相变时，体积效应比较明显，故目前多采用膨胀法测定钢的相变点。

5.3.4.2　多相及复合材料的热膨胀系数

属于机械混合物的多相合金，热膨胀系数介于这些相热膨胀系数之间，近似符合直线规律，故可根据各相所占的体积分数 φ 按相加方法粗略地计算多相合金的热膨胀系数。

例如，合金具有两相组织，当其弹性模量比较接近时，其合金的热膨胀系数 α 为：

$$\alpha = \alpha_1 \varphi_1 + \alpha_2 \varphi_2 \tag{5-30}$$

式中，α_1、α_2 分别为两相的热膨胀系数；φ_1、φ_2 分别为各相所占的体积分数，且 $\varphi_1 + \varphi_2 = 100\%$。

若合金两相弹性模量相差较大，则计算式为：

$$\alpha = \frac{\alpha_1 \varphi_1 E_1 + \alpha_2 \varphi_2 E_2}{\varphi_1 E_1 + \varphi_2 E_2} \tag{5-31}$$

式中，E_1、E_2 分别为各相的弹性模量。

陶瓷材料都是一些多晶体或由几种晶体加上玻璃相组成的复合体。

假如晶体是各向异性的，或复合材料中各相的热膨胀系数不相同，则它们在烧成后的冷却过程中产生的应力导致了热膨胀。

设有一复合材料，所有组成都是各向同性的，且均匀分布，但由于各组成的热膨胀系数不同，各组分分别存在着内应力，其大小为：

$$\sigma_i = K_i(\overline{\alpha_V} - \alpha_i)\Delta T \tag{5-32}$$

式中，σ_i 为第 i 部分的应力；$\overline{\alpha_V}$ 为复合体的平均体积膨胀系数；α_i 为第 i 部分组成的体积膨胀系数；ΔT 为从应力松弛状态算起的温度变化；K_i 为第 i 组分的体积模量（Bulk Modulus），且 $K_i = \dfrac{E_i}{3(1 - 2\mu_i)}$。

由于材料处于平衡状态，所以整体内应力之和为零，即 $\sum \sigma_i V_i = 0$，即：

$$\sum = K_i(\overline{\alpha_V} - \alpha_i)\Delta T = 0 \tag{5-33}$$

$$V_i = \frac{G_i}{\rho_i} = \frac{GW_i}{\rho_i} \tag{5-34}$$

式中，G_i 为第 i 组分的质量；ρ_i 为第 i 组分的密度；W_i 为组分的质量分数 G_i/G。

将式（5-33）代入式（5-32）得：

$$\overline{\alpha_V} = \frac{\sum \dfrac{\alpha_i K_i W_i}{\rho_i}}{\sum \dfrac{K_i W_i}{\rho_i}} \tag{5-35}$$

由于 $\alpha_V = 3\alpha_L$，故得到线膨胀系数公式：

$$\overline{\alpha_L} = \frac{\sum \dfrac{\alpha_i K_i W_i}{\rho_i}}{3 \sum \dfrac{K_i W_i}{\rho_i}} \tag{5-36}$$

上式是将内应力看成是纯拉应力和压应力，对交界上的剪应力略而不计。若要计入剪应力的影响，情况则复杂得多。对于仅为两相的材料，有如下近似公式：

$$\overline{\alpha_V} = \alpha_1 + V_2(\alpha_2 - \alpha_1) \times \frac{K_1(3K_2 + 4G_1)^2 + (K_2 - K_1)(16G_1^2 + 12G_1 K_2)}{(3K_2 + 4G_1)[4V_2 G_1(K_2 - K_1) + 3K_1 K_2 + 4G_1 K_1]}$$

$$\tag{5-37}$$

式中，$G_i(i = 1, 2)$ 为第 i 相的剪切模量。

图 5-16 为分别按式（5-36）和式（5-37）绘出的曲线，分别称为特纳曲线和克尔纳曲线。在很多情况下，式（5-36）和式（5-37）计算结果与实验结果是比较符合的。

分析多相陶瓷材料或复合材料的热膨胀系数时应注意两点：

一是组成相中可能发生的多晶转变，因多晶转变的体积不均匀变化，引起热膨胀系数的异常变化。图 5-17 是含方石英的坯体 A 和含石英的坯体 B 的热膨胀曲线。可以看出 A

在200℃附近由于方石英的晶型转变（β-方石英 $\xleftrightarrow{268℃}$ α-方石英）使得膨胀系数出现不均匀变化；而 B 由于在 573℃存在石英的晶型转变（β-石英 $\xleftrightarrow{573℃}$ α-石英）使得膨胀系数在 500~600℃范围内变化很大。

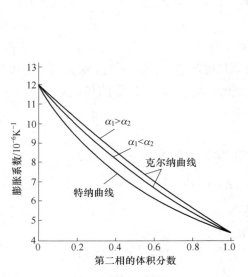 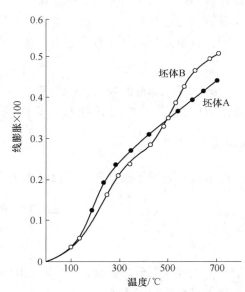

图 5-16　两相材料热膨胀系数计算值　　　图 5-17　两种含不同石英晶型的瓷坯的热膨胀曲线

　　二是复合体内的微观裂纹引起热膨胀系数的滞后现象，特别是对大晶粒样品更应注意。如某些含 TiO_2 的复合体或多晶 TiO_2，因在烧成后的冷却过程中，由于不同相或晶粒的不同方向上膨胀系数差别很大，而产生较大的内应力，使坯体内产生微裂纹，这样，再加热时，这些裂纹趋于愈合。所以在不太高的温度时，可观察到反常低的膨胀系数。只有到达高温时（1273K 以上），由于微裂纹基本闭合，膨胀系数与单晶的数值又一致了。晶体内的微裂纹最常见的是发生在晶界上，晶界上应力的发展与晶粒大小有关，因而晶界微裂纹和热膨胀系数滞后主要发生在大晶粒样品中。

5.3.5　陶瓷制品表面釉层的热膨胀系数

　　陶瓷材料与其他材料复合使用时，必须考虑组分的膨胀系数。例如，在电子管生产中，与金属材料封接，为了封接严密除了要考虑与焊料的结合性能外，还要考虑陶瓷和金属的膨胀系数尽可能接近。但是对于一般的陶瓷制品，考虑表面釉层的膨胀系数并不一定按上述原则。实践证明，当选择釉的膨胀系数适当地小于坯体的膨胀系数，制品的力学强度得以提高。原因是釉层的膨胀系数比坯体的膨胀系数小，烧成后的制品在冷却过程中表面釉层的收缩比坯体小，使釉层中存在压应力，均匀分布的预压应力明显地提高脆性材料的力学强度。同时，这一压应力也抑制微裂纹的发生，并阻碍其发展，因而使强度提高。反之，当釉层的膨胀系数大于坯体的膨胀系数时，釉层中形成张应力，对强度不利，同时张应力过大时会导致釉层龟裂。同样，若釉层的膨胀系数比坯体的膨胀系数小太多时，会使釉层剥落，造成缺陷。

对于无限大的上釉陶瓷平板样品，从应力松弛状态温度 T_0（在釉的软化温度范围内）逐渐降温，釉层和坯体的应力计算式为：

$$\sigma_{\text{釉}} = E(T_0 - T)(\alpha_{\text{釉}} - \alpha_{\text{坯}})(1 - 3j + 6j^2) \tag{5-38}$$

$$\sigma_{\text{坯}} = E(T_0 - T)(\alpha_{\text{坯}} - \alpha_{\text{釉}})(1 - 3j + 6j^2)j \tag{5-39}$$

式中，j 为釉层对坯体的厚度比。上式对于一般陶瓷材料都可得到较好的结果。

对于圆柱体薄釉样品，釉层和坯体的应力按下式计算：

$$\sigma_{\text{釉}} = \frac{E}{1 - \mu}(T_0 - T)(\alpha_{\text{釉}} - \alpha_{\text{坯}})\frac{A_{\text{坯}}}{A} \tag{5-40}$$

$$\sigma_{\text{坯}} = \frac{E}{1 - \mu}(T_0 - T)(\alpha_{\text{坯}} - \alpha_{\text{釉}})\frac{A_{\text{釉}}}{A} \tag{5-41}$$

式中，A、$A_{\text{釉}}$、$A_{\text{坯}}$ 分别为圆柱体总横截面积、坯体的横截面积、釉层的横截面积。

陶瓷制品的坯体吸湿会导致体积膨胀而降低釉层中的压应力。某些不够致密的制品，时间长了还会使釉层的压应力转化为张应力，甚至造成釉层龟裂。这在某些精陶产品中最易见到。

5.3.6 高分子材料的热膨胀

材料的热膨胀依赖于原子间的作用力随温度的变化情况。共价键中原子间的作用力大，而次级键中原子间的作用力小。在晶体（比如石英）中，所有原子形成三维有序的晶格，热膨胀系数很低。在液体中只是分子间的作用力，热膨胀系数很高。在聚合物中，形成链的原子在一个方向是以共价键结合起来的，而在其他两个方向只是次级键，因此聚合物的热膨胀系数介于液体与石英或金属之间，表 5-6 列出了部分聚合物的热膨胀系数。另外，聚合物在玻璃化转变时膨胀系数发生很大的变化。

热膨胀是高分子材料用作建筑材料等工业材料时必需的数据，是与其在成形加工中的模具设计、黏结等有关的性能。由于高分子材料的热膨胀性和金属及陶瓷很不相同，这些材料间结合时会产生热应力；另外，膨胀系数的大小直接影响材料的尺寸稳定性，因此在材料的选择和加工中必须加以注意。

5.4 材料的热传导

当固体材料两端存在温度差时，热量自动地从热端传向冷端的现象称为热传导（Thermal Conduction）。不同的材料在导热性能上有很大的差别。有些材料是极为优良的绝热材料，有些又会是热的良导体。

5.4.1 固体材料热传导的宏观规律

5.4.1.1 傅里叶导热定律

对于各向同性的物质，当在 x 轴方向存在温度梯度 $\mathrm{d}T/\mathrm{d}x$，且各点温度不随时间变化（稳定传热）时，则在 Δt 时间内沿 x 轴方向穿过横截面积 A 的热量 Q，由傅里叶定律求得：

$$Q = -\lambda \frac{\mathrm{d}T}{\mathrm{d}x} A \Delta t \tag{5-42}$$

式中，负号表示热流逆着温度梯度方向；λ 为热导率或导热系数（Thermal Conductivity），单位为 $W/(m \cdot K)$ 或 $J/(m \cdot K \cdot s)$，其物理意义为：单位温度梯度下，单位时间内通过单位横截面的热量。λ 反映了材料的导热能力。

不同材料的导热能力有很大的差异，如金属的 λ 为 $2.3 \sim 417.6 W/(m \cdot K)$，通常将 $\lambda < 0.22 W/(m \cdot K)$ 的材料称为隔热材料。

需要注意的是，傅里叶定律适用条件为稳定传热过程即物体内温度分布不随时间改变。

5.4.1.2　热扩散率（导温系数）（Thermal Diffusivity）

假如不是稳定传热过程，即物体内各处温度分布随时间而变化。例如，一个与外界无热交换，本身存在温度梯度的物体，随着时间的推移，就存在着热端温度不断降低和冷端温度不断升高，最终达到一致的平衡温度，即是一个 $\mathrm{d}T/\mathrm{d}x \to 0$ 的过程。该物体内单位面积上温度随时间变化率：

$$\frac{\partial T}{\partial t} = \frac{\lambda}{\rho c_p} \cdot \frac{\partial^2 T}{\partial x^2} \tag{5-43}$$

式中，ρ 为密度；c_p 为比定压热容。

定义：

$$a = \frac{\lambda}{\rho c_p} \tag{5-44}$$

式中，a 为导温系数或热扩散率，m^2/s，表征材料在温度变化时，材料内部温度趋于均匀的能力。在相同加热或冷却条件下，a 越大，物体各处温差越小，越有利于热稳定性。

5.4.2　固体材料热传导的微观机理

不同材料的导热机构不同。气体传递热能方式是依靠质点间的直接碰撞来传递热量。

固体中的导热主要是由晶格振动的格波和自由电子的运动来实现的。金属有大量自由电子且质量轻，能迅速实现热量传递，因而主要靠自由电子传热，晶格振动是次要的，$\lambda_{金属}$ 较大，$2.3 \sim 417.6 W/(m \cdot K)$；非金属晶体，如一般离子晶体晶格中，自由电子是很少的，因此，晶格振动是它们的主要导热机构。

5.4.2.1　金属的热传导

对于纯金属，导热主要靠自由电子，而合金导热就要同时考虑声子导热的贡献（声子导热机制在无机非金属材料的热传导中讨论）。由自由电子论知，金属中大量的自由电子可视为自由电子气，那么，借用理想气体的热导率公式来描述自由电子热导率，是一种合理的近似。理想气体热导率的表达式为：

$$\lambda = \frac{1}{3} c_V \overline{v} l \tag{5-45}$$

式中，c_V 为单位体积气体热容；$\overline{v}$ 为分子平均运动速度；l 为分子运动平均自由程将自由电子气的相关数据代入式（5-45），即可求得自由电子的导热系数 λ_e。

设单位体积内自由电子数为 n，那么单位体积电子热容为 $c_V = \frac{\pi^2}{2} k \cdot n \frac{kT}{E_F^0}$；由于 E_F^0 随

温度变化不大，则用 E_F 代替 E_F^0；自由电子运动速度为 v_F，代入式（5-45）得：

$$\lambda_e = \frac{1}{3}\left(\frac{\pi^2}{2}nk^2 \cdot \frac{T}{E_F}\right)v_F l_F \tag{5-46}$$

考虑到 $E_F = \frac{1}{2}mv_F^2$，$\frac{l_F}{v_F} = \tau_F$（自由电子弛豫时间），则有：

$$\lambda_e = \frac{\pi^2 nk^2 T}{3m}\tau_F \tag{5-47}$$

5.4.2.2　无机非金属材料的热传导

当非金属晶体材料中存在温度梯度时，处于温度较高处的质点热振动较强、振幅较大，由于其和处于温度较低处振动弱的质点具有相互作用，带动振动弱的相邻质点，使相邻质点振动加剧，热运动能量增加。这样，热量就能转移和传递，使整个晶体中热量从高温处传向低温处，产生热传导现象。若系统对环境是绝热的，振动较强的质点受到邻近较弱质点的牵制，振动减弱下来，使整个晶体最终趋于平衡状态。可见对于非金属晶体，热量是由晶格振动的格波来传递的。而格波可分为声频支和光频支两类。因光频支格波的能量在温度不太高时很微弱，因而这时的导热过程，主要是声频支格波有贡献。在讨论声频波的影响时，引入"声子"的概念。

A　声子和声子传导

据量子理论，一个谐振子的能量是不连续的，能量的变化不能取任意值，而只能是最小能量单元（量子）的整数倍，一个量子的能量为 $h\nu$。因晶格热振动近似为简谐振动，晶格振动的能量同样也应该是量子化的。声频支格波被看成是一种弹性波，类似于在固体中传播的声波，因此把声频波的量子称为声子（Phonon）。它所具有的能量仍应是 $h\nu$，通常用 $\hbar\nu$ 来表示 $h\nu$，$\omega = 2\pi\nu$，为格波的角频率。

这样，格波在晶体中传播时遇到的散射可看作是声子和质点的碰撞；理想晶体中的热阻可归结为声子与声子的碰撞。因此，可用气体中热传导概念来处理声子热传导问题。气体热传导是气体分子碰撞的结果；声子热传导是声子碰撞的结果。则热导率具有相似的数学表达式：

$$\lambda = \frac{1}{3}c_V \overline{v} l \tag{5-48}$$

式中，c_V 为声子的体积热容，是声子振动频率 υ 的函数 $c_V = f(\upsilon)$；$\overline{v}$ 为声子的平均速度，与晶体密度、弹性力学性质有关，与角频率 ω 无关；l 为声子的平均自由程也是声子振动频率 υ 的函数 $l = f(\upsilon)$。

故非金属晶体的声子热导率的普遍式为：

$$\lambda = \frac{1}{3}\int c_V(\upsilon)\overline{v} l(\upsilon)\,\mathrm{d}\upsilon \tag{5-49}$$

声子的平均自由程 l 受到如下几个因素的影响，从而影响声子的热导率。

（1）晶体中热量传递速度很迟缓，因为晶格热振动并非线性的，格波间有着一定的耦合作用，声子间会产生碰撞，使声子的平均自由程减小。格波间相互作用愈强，也即声子间碰撞概率越大，相应的平均自由程越小，热导率也就越低。因此，声子间碰撞引起的散射是晶体中热阻的主要来源。

（2）晶体中的各种缺陷、杂质以及晶界都会引起格波的散射，等效于声子平均自由程的减小，从而降低 λ。

（3）平均自由程还与声子的振动频率 v 有关。振动频率 v 不同，波长不同。波长长的格波易绕过缺陷，使自由程加大，散射小，因此热导率 λ 大。

（4）平均自由程 l 还与温度 T 有关。温度升高，振动能量加大，振动频率加快，声子间的碰撞增多，故平均自由程 l 减小。但其减小有一定的限度，在高温下，最小的平均自由程等于几个晶格间距；反之，在低温时，最长的平均自由程长达晶粒的尺度。

　　B　光子传导

在高温时，光频支格波对热传导的影响很明显。因而在高温阶段，除了声子的热传导外，还有光子（Photon）的热传导。

固体材料中质点的振动、转动等运动状态的改变，会辐射出频率较高的电磁波。这类电磁波中具有较强热效应的是波长在 $0.4\sim40\mu m$ 之间的可见光部分与部分近红外光的区域，这部分辐射线就称为热射线。热射线的传递过程称为热辐射。由于热射线在光频范围内，其传播过程类似于光在介质中传播现象。故可把它们的导热过程看作是光子在介质中传热的导热过程。

在温度不太高时，固体中电磁辐射能很微弱，但在高温时就明显了。因其辐射能 E_T 与温度的四次方成正比，即：

$$E_T = 4\sigma n^3 T^4 / c \tag{5-50}$$

式中，σ 为斯蒂芬-玻耳兹曼常数，$\sigma = 5.67\times10^{-8}\,W/(m^2\cdot K^4)$；$n$ 为折射率；c 为光速，$c = 3\times10^8\,m/s$。

由于辐射传热中，比定容热容相当于提高辐射温度所需的能量，故：

$$c_V = \frac{\partial E}{\partial T} = \frac{16\sigma n^3 T^3}{c} \tag{5-51}$$

将辐射线在介质中的速度 $\overline{v_r} = \dfrac{c}{n}$，代入式（5-51）及热导率的一般表达式（5-48）中，得到辐射线（光子）的热导率 λ_r 为：

$$\lambda_r = \frac{16}{3}\sigma n^2 T^3 l_r \tag{5-52}$$

式中，l_r 为辐射线光子平均自由程。

对于介质中辐射传热过程作定性解释为：任何温度下的物体既能辐射出一定频率的射线，同样也能吸收类似的射线。在热稳定状态，介质中任一体积元平均辐射的能量与平均吸收的能量相等。当介质中存在温度梯度时，相邻体积间温度高的体积元辐射的能量大，吸收的能量小；温度较低的体积元正好相反，因此，产生了能量的转移，整个介质中热量从高温处向低温处传递。热导率 λ_r 是描述介质中这种辐射能的传递能力。

光子的热导率 λ_r 大小极关键地取决于光子的平均自由程 l_r。对于辐射线是透明的介质，热阻很小，l_r 很大；对于辐射线是不透明的介质，热阻较大，l_r 很小；对于辐射线是完全不透明的介质，$l_r = 0$，辐射传热忽略。

一般来说，单晶、玻璃对于辐射线是比较透明的，在 773~1273K 辐射传热已很明显。

而大多数烧结陶瓷材料是半透明或透明度很差的，其 l_r 要比单品玻璃的小得多，因此，一些耐火氧化物材料在 1773K 高温下辐射传热才明显。

光子的平均自由程 l_r 还与材料对光子的吸收和散射有关。吸收系数小的透明材料，当温度为几百摄氏度时，光辐射是主要的；吸收系数大的不透明材料，即使在高温下光子的传导也不重要。在陶瓷材料中，主要是光子散射问题，使得 l_r 比玻璃和单晶都小，只是在 1773K 以上，光子传导才是主要的，因为高温下的陶瓷呈半透明的亮红色。

5.4.3 影响热导率的因素

5.4.3.1 影响金属热导率的因素

纯金属的热导率主要与以下几个因素有关。

（1）温度的影响。图 5-18 为实测的铜的热导率随温度的变化曲线，图 5-19 为几种金属在稍高温度下热导率随温度变化的曲线。从图 5-18 和图 5-19 可以看出，在低温时，热导率随温度升高而不断增大，并达到最大值；随后，热导率在一小段温度范围内基本保持不变；升高到某一温度后，热导率随温度升高急剧下降；温度升高到一定值后，热导率随温度升高而缓慢下降（基本趋于定值），并在熔点处达到最低值。

（2）晶粒大小的影响，一般情况是晶粒粗大，热导率高；晶粒越小，热导率越低。

（3）立方晶系的热导率与晶向无关；非立方晶系晶体热导率表现出各向异性。

（4）杂质将强烈影响热导率。

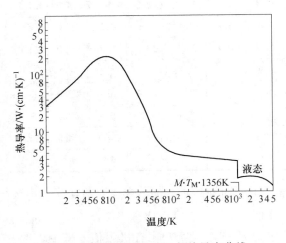

图 5-18 纯铜（99.999%）的热导率曲线

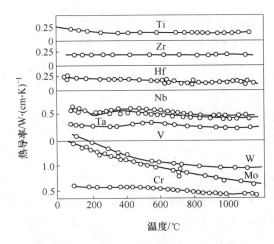

图 5-19 几种金属在稍高温度下的热导曲线

两种金属构成连续无序固溶体时，热导率随溶质组元浓度增加而降低，热导率最小值靠近组分浓度 50% 处。图 5-20 为 Ag-Au 合金在 0℃ 和 100℃ 温度下的热导率。但当组元为铁及过渡族金属时，热导率最小值偏离组分浓度 50% 处较大；当两种金属构成有序固溶体时，热导率提高，最大值对应于有序固溶体化学组分。钢中的合金元素、杂质及组织状态都影响其热导率。钢中各组织的热导率从低到高排列顺序为：奥氏体、淬火马氏体、回火马氏体、珠光体（索氏体、屈氏体）。表 5-8 为一些钢的热导率 λ 和导温系数 a。

5.4.3.2　影响无机非金属材料热导率的因素

影响金属材料热导率的因素对无机非金属材料同样适用，但由于陶瓷材料相结构复杂，其热传导机构和过程较金属复杂得多，影响其热导率的因素也就不像影响金属那样单一，下面就影响因素进行定性分析。

A　温度的影响

温度不太高的范围内，主要是声子传导，$\lambda = \dfrac{1}{3}c_V \overline{v} l$。其中，平均速度 $\overline{v}$ 通常可看作常数，仅在温度较高时，由于介质的

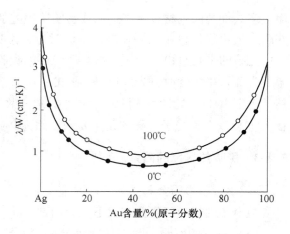

图 5-20　Ag-Au 合金热导率

表 5-8　一些钢的热导率和导温系数 $\left(\dfrac{\lambda/\mathrm{W} \cdot (\mathrm{m} \cdot \mathrm{K})^{-1}}{a/ \times 10^6 \mathrm{m}^2 \cdot \mathrm{s}^{-1}} \right)$

钢　种	温度 $T/℃$										
	100	200	300	400	500	600	700	800	900	1000	1100
20	49.0	47.2	43.8	40.4	37.3	33.8	30.2	28.0	27.0	29.0	30.0
	12.3	11.9	10.5	9.2	7.8	6.0		5.2	5.8	6.2	6.4
35	48.5	48.0	45.2	42.5	39.4	35.9	31.9	28.2	25.5	24.9	27.2
	13.0	12.2	10.6	9.2	7.9	6.7	3.4	4.6	5.2	5.4	5.6
40Cr	43.7	43.7	42.8	37.8	34.7	31.8	29.1	26.0	27.0	29.0	31.0
	11.6	10.7	9.6	8.3	6.9	5.5		5.7	5.8	6.2	6.5
9Cr2Si2Mo	23.9	26.8	28.0	28.6	28.5	27.9	26.8	26.4	26.6	27.5	27.9
	6.8	6.9	6.5	6.1	5.6	5.0	3.9	4.2	5.6	5.2	5.2
30CrNi3Mo2V	29.6	29.4	29.3	28.9	28.4	27.9	27.3	24.2	24.5	24.8	25.2
	7.9	7.1	6.9	6.4	5.6	4.9	3.9	4.7	4.9	4.9	5.0

结构松弛而蠕变，使材料的弹性模量迅速下降，平均速度减小，如一些多晶氧化物在温度高于 $973 \sim 1273\mathrm{K}$ 时就出现这一效应。热容 c_V 在低温时与 T^3 成正比，当 $T \geqslant \theta_D$ 时，c_V 趋于恒定值。自由程 l 随温度升高而下降，但实验证明其随温度变化有极限值。即低温时，平均自由程 l 的上限为晶粒线度；高温时，平均自由程 l 的下限为几个晶格间距。图 5-21 为几种氧化物晶体的 $\dfrac{1}{l}$ 随温度 T 而变化的关系曲线。

图 5-22 为 Al_2O_3 单晶的热导率随温度变化的关系曲线，可以看出其变化趋势与金属纯铜基本相同，分为四个区间即低温时迅速上升区、极大值区、迅速下降区、缓慢下降区。对于 Al_2O_3 单晶在高温时热导率缓慢下降后不是趋于定值，而是到 1600K 以后热导率又有上升趋势。对图 5-22 中 Al_2O_3 单晶的热导率随温度变化的情况解释如下。

在温度很低时，声子的平均自由程基本上无多大变化，处于上限值，为晶粒尺寸。这时主要是热容 c_V 对热导率 λ 的贡献，c_V 与 T^3 成正比，因而 λ 也近似地随 T^3 而变化。随温度升高，热导率迅速增大，然而温度继续升高，平均自由程 l 要减小，热容 c_V 也不再是随 T^3 关系增加，而是随温度 T 升高而缓慢增大，并在德拜温度 θ_D 左右趋于一定值，这时平均自由程 l 成了影响热容的主要因素，因而，热导率 λ 随温度 T 升高而迅速减小。这样在某个低温处（约为 40K），热导率 λ 出现极大值。在更高的温度，由于热容 c_V 已基本无变化，而平均自由程 l 也逐渐趋于下限值，所以随温度 T 变化热导率 λ 变得缓和了。在温度高达 1600K 后由于光子热导的贡献使热导率又有回升。

气体热导率 λ 随温度 T 升高而增大，这是由于温度升高，气体的平均速率 $\bar{v}$ 大大加大，而 l 略有减小，即气体的热导率主要是平均速率 $\bar{v}$ 起影响作用。

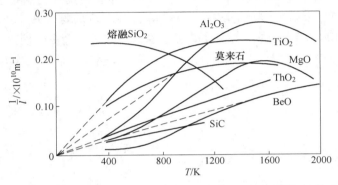

图 5-21 几种晶态氧化物及玻璃的平均自由程 $1/l$ 随温度变化的关系曲线

耐火氧化物多晶材料，在实用的温度范围内，随温度升高，热导率 λ 下降。不密实的耐火材料，随温度升高，略有增大（因气孔导热占一定分量）。非晶体材料的 λ-T 曲线，则呈另外一种性质，单独放在后面讲述。

B 化学组成的影响

不同组成的晶体，热导率往往有很大的差异。这是因为构成晶体的质点的大小、性质不同，它们的晶格振动状态不同，传导热量的能力也就不同。金属材料高温热导率下降，但从图 5-19 可知，温度相同时，W、Mo 热导率较高，而 Ti、Zr、Hf 较低。同样对于无机非金属材料来说，构成材料质点的相对原子质量越小、密度越小，杨氏模量越大，德拜温度越高，热导率越大。因此，轻元素的固体和结合能大的固体热导率较大。如金刚石的热导率为 1.7×10^{-2} W/(m·K)，比较重的硅、锗的热导率大（硅、锗的热导率分别为 1.0×10^{-2} W/(m·K) 和 0.5×10^2 W/(m·K)），但无

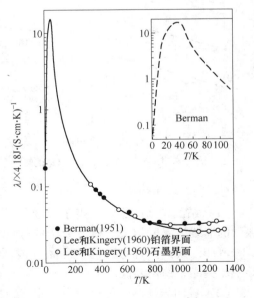

图 5-22 Al_2O_3 单晶的热导率随温度变化曲线

金属固体的热导率高，这是由于导热机构不同。

固溶体的情况与金属固体的类似，即固溶体的形成降低热导率，且取代元素的质量和大小与基质元素相差越大，取代后结合力改变越大，对热导率的影响越大。这种影响在低温时随温度升高而加剧。当 $T \geqslant \theta_D / 2$ 时，与温度无关。这是因为温度较低时，声子传导的平均波长远大于线缺陷的线度，所以并不引起散射。随着温度升高，平均波长减小，在接近点缺陷线度后散射达到最大值，此后温度升高，散射效应也不变化，从而与温度无关。图 5-23 为 MgO-NiO 固溶体和 Cr_2O_3-Al_2O_3 固溶体在不同温度下，热阻率（$1/\lambda$）随组分浓度的变化情况。可以看出，在取代元素浓度较低时，热阻率随取代元素的体积百分数增加而线性增加，表明浓度低时，杂质对热导率的影响较显著；不同温度下的直线是平行的，表明在较高温度下，杂质效应与温度无关。图 5-24 为 MgO-NiO 固溶体的热导率与组成的关系曲线，可看出在靠近纯组成点处，杂质含量稍有增加，热导率迅速下降；当杂质含量稍高时，热导率随杂质含量增加而下降的趋势逐渐减弱。另外，还可看出，200℃时的杂质效应比 1000℃时的强，若温度低于室温，杂质效应会更强烈。

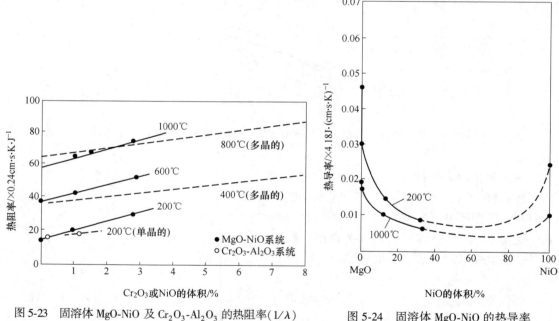

图 5-23 固溶体 MgO-NiO 及 Cr_2O_3-Al_2O_3 的热阻率($1/\lambda$)   图 5-24 固溶体 MgO-NiO 的热导率

C 显微结构的影响

（1）结晶构造的影响。声子传导与晶格振动的非线性有关。晶体结构越复杂，晶格振动的非线性程度越大，格波受到的散射越大，声子的平均自由程就越小，热导率就较低。例如，镁铝尖石的热导率比 MgO 或 Al_2O_3 的热导率低；莫来石的结构更复杂，其热导率比尖晶石的还要低。

（2）各向异性晶体的热导率。非等轴晶系的晶体热导率呈各向异性。石英、金红石、石墨等都是在膨胀系数低的方向热导率最大。温度升高时，不同方向的热导率差异减小。这是因为温度升高，晶体的结构总是趋于更好地对称。

（3）多晶体与单晶体的热导率。图 5-25 为几种物质单晶和多晶体的热导率随温度而变化的曲线，可以看出，同一种物质，多晶体的热导率总是比单晶体的小。这是因为多晶体中晶粒尺寸小、晶界多、缺陷多，晶界处杂质也多，声子更易受到散射，因而它的平均自由程小得多，所以热导率小。还可以看出，低温时二者平均热导率一致，随着温度升高，差异迅速变大。这主要是因为在较高温度下，晶界、缺陷等对声子传导有更大的阻碍作用，同时，也是单晶比多晶在温度升高后在光子传导方面有更明显的效应。

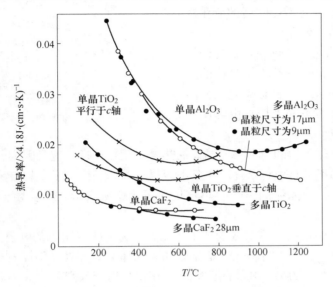

图 5-25　几种物质单晶和多晶体的 λ-T 曲线

（4）非晶体的热导率。以玻璃作为实例来分析非晶体材料的导热机理和规律。

玻璃具有近程有序、远程无序的结构。在讨论它的导热机理时，近似地把它看作由直径为几个晶格间距的极细晶粒组成的"晶体"。这样就可用声子导热机构来描述玻璃的导热行为和规律。

晶体中声子的平均自由程由低温下的晶粒直径大小变化到高温下的几个晶格间距的大小。因此，对于晶粒极细的玻璃来说，它的声子平均自由程在不同温度下将基本上是常数，其值近似等于几个晶格间距这样，玻璃的热导率在较高温度下主要由热容 c_V 与温度 T 的关系决定，高温下则需考虑光子导热的贡献。图 5-26 是一般非晶体热导率随温度变化曲线。可以看出，非晶体热导率随温度的变化规律基本上可分为三个阶段。

（1）图中 OF 段，相当于 $400 \sim 600$K 中低温温度范围。这一阶段，光子导热的贡献可忽略，热导由声子导热贡献，温度升高，热容增大，声子的热导率相应上升。

（2）图中 Fg' 段，相当于 $600 \sim 900$K 这一中低温到较高温度区间。这一阶段，随着温度的不断升高，热容不再增大，逐渐为一常数，声子热导率也不再随温度升高而增大，但此时光子导热开始增大，因而玻璃的 λ-T 曲线开始上扬。若无机材料不透明，则仍是一条与横坐标接近平行的直线 Fg 段。

（3）图中 $g'h'$ 段，温度高于 900K。这一阶段，温度升高，声子的热导率变化仍不大，但由于光子的平均自由程明显增大，由式 $\lambda_r = \dfrac{16}{3}\sigma n^2 T^3 l_r$，知光子的热导率随 T^3 增大，即光热导率随温度升高而急剧增加，因此曲线急剧上扬。若无机材料不透明，由于它的光子导热很小，则不会出现 $g'h'$ 这一段，曲线是 gh 段。

将晶体和非晶体热导率曲线进行比较，如图 5-27 所示，可看出二者的变化规律存在明显的差别，表现在：

（1）在不考虑光子导热的贡献的任何温度下，非晶体的热导率都小于晶体的热导率（$\lambda_{\text{非晶体}} < \lambda_{\text{晶体}}$）。其原因是在该温度范围内，非晶体声子的平均自由程比晶体的平均自由程小得多（$l_{\text{非晶体}} \ll l_{\text{晶体}}$）。

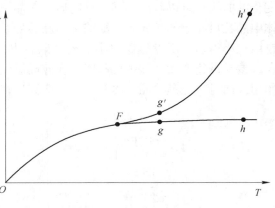

图 5-26　非晶体的热导率曲线

（2）高温时，非晶体的热导率与晶体的热导率比较接近。这是因为，当温度升到 c 点或 g 点时，晶体的平均自由程已经减小到下限值，像非晶体声子平均自由程那样，等于几个晶格间距的大小。而晶体的声子的热容也接近为常数 $3nR$。光子导热还没有明显的贡献，故二者较接近。

（3）两者的 $\lambda\text{-}T$ 曲线的重大区别在于非晶体的 $\lambda\text{-}T$ 曲线无 λ 的峰值点 m。

在无机材料中，有许多材料往往是晶体和非晶体同时存在。对于这种材料，$\lambda\text{-}T$ 变化规律，仍可用前面讨论的晶体和非晶体 $\lambda\text{-}T$ 变化规律进行预测和解释。

实验测得许多不同组分玻璃的热导率曲线都与图 5-27 所示理论曲线相同。图 5-28 为几种常用玻璃的热导率曲线。

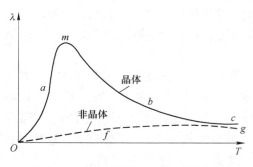

图 5-27　晶体和非晶体的热导率曲线

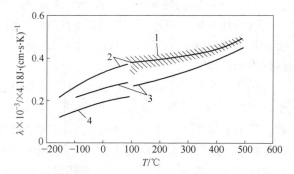

图 5-28　几种不同组分玻璃的热导率曲线
1—钠玻璃；2—熔融 SiO_2；3—耐热玻璃；4—铅玻璃

从图 5-28 中可以看出，虽然几种玻璃的成分差别很大，但热导率的差别却比较小。表明玻璃中组分对热导率的影响要比晶体中组分对热导率的影响小。这主要是由玻璃等非晶体材料的无序结构所决定的，在这种结构中，声子的平均自由程被限制在几个晶格间距的数量级。

还可看出，几种玻璃中，铅玻璃的热导率最小。实际上，玻璃组分中含有较多的重金属离子，将使玻璃的热导率降低。

在无机材料中，往往是晶体和非晶体同时存在。一般情况下，晶体和非晶体共存材料的热导率曲线，往往介于晶体和非晶体之间。可以出现以下三种情况：

（1）材料中所含有的晶相比非晶相多。在一般温度以上，材料的热导率将随温度升高而稍有下降；而在高温下，热导率基本上不随温度变化。

（2）材料中所含的非晶相比晶相多。这种材料的热导率通常随温度升高而增大。

（3）材料中所含有的晶相与非晶相含量为某一适当比例。这种材料的热导率可以在一个相当大的温度范围内保持常数。

D 复相陶瓷的热导率

常见的陶瓷材料典型微观结构是分散相均匀地分散在连续相，例如，晶相分散在连线的玻璃相中。此类陶瓷材料的热导率常由连续相决定。在无机材料中，一般玻璃相是连续相，因此，普通的瓷和黏土制品的热导率更接近其成分中玻璃的热导率。精确的热导率计算公式为：

$$\lambda = \lambda_c \times \frac{1 + 2V_d \times \left(1 - \frac{\lambda_c}{\lambda_d}\right) \Big/ \left(1 + \frac{2\lambda_c}{\lambda_d}\right)}{1 - V_d \times \left(1 - \frac{\lambda_c}{\lambda_d}\right) \Big/ \left(1 + \frac{2\lambda_c}{\lambda_d}\right)} \tag{5-53}$$

式中，λ_c、λ_d 分别为连续相和分散相的热导率；V_d 为分散相的体积分数。

图 5-29 是 MgO-Mg$_2$SiO$_4$ 两相系统的热导率随组分体积分数变化的曲线，其中粗实线为实测结果，细实线为按式（5-53）计算的结果。可以看出，在MgO 或 Mg$_2$SiO$_4$ 含量较高的两端处，实测结果与计算结果十分吻合，这时热导率曲线接近并平行于横轴，其大小等于MgO 或 Mg$_2$SiO$_4$ 的热导率；而远离 MgO或 Mg$_2$SiO$_4$ 端点处，计算值与实测值相差很大。这是由于当 MgO 含量高于80% 或 Mg$_2$SiO$_4$ 含量高于 60% 时，MgO或 Mg$_2$SiO$_4$ 为连续相，这时复相陶瓷的热导率主要取决于连续相的热导率；而在中间组成时，连续和分散相的区别不明显。这种结构上的过渡状态，使热导率变化曲线呈 S 形。

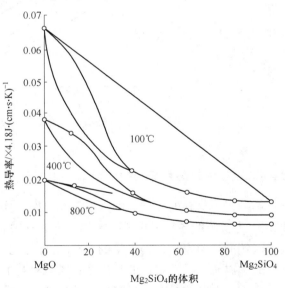

图 5-29 Mg-Mg$_2$SiO$_4$ 的热导率

E 气孔的影响

当温度不很高，气孔率不大，气孔尺寸很小又均匀地分散在陶瓷介质中时，这样的气孔可看作一分散相，但与固体相比，它的热导率很小，可近似看作零。

由于 $\lambda_d \approx 0$，则 $\frac{\lambda_c}{\lambda_d}$ 值很大，Eucken 根据式（5-53），得到：

$$\lambda = \lambda_s(1 - P) \tag{5-54}$$

式中，λ_s 为固体的热导率；P 为气孔率。

Loeb 在式（5-54）的基础上，考虑了气孔的辐射传热，导出了更为精准的计算公式：

$$\lambda = \lambda_{c}(1 - A_{p}) + \cfrac{A_{p}}{\cfrac{1}{\lambda_{c}}(1 - P_{L}) + \cfrac{P_{L}}{4G\varepsilon\sigma dT^{3}}} \qquad (5\text{-}55)$$

式中，A_{p} 为气孔的面积分数；P_{L} 为气孔的长度分数；ε 为辐射面的热发射率；d 为气孔的最大尺寸；G 为几何因子，对于顺向长条气孔，$G = 1$；横向圆柱形气孔，$G = \pi/4$；球形气孔，$G = 2/3$。式（5-55）是在热发射率 ε 较大或温度高于 500℃时使用，当热发射率 ε 较小或温度低于 500℃时，可直接使用式（5-54）。在不改变结构状态的情况下，气孔率的增大，总是使 λ 降低，如图 5-30 所示。这就是多孔、泡沫硅酸盐、纤维制品、粉末和空心球状轻质陶瓷制品的保温原理。从构造上看，最好是均匀分散的封闭孔，如是大尺寸的孔洞，且有一定贯穿性，则易发生对流传热，就不能用式（5-54）单纯计算。

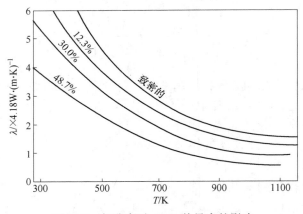

图 5-30　气孔率对 Al_2O_3 热导率的影响

5.4.4　某些无机材料实测的热导率

影响无机材料的热导率的因素多而复杂，实际材料的热导率一般还是要靠实验测定。图 5-31 为实测的各种无机材料的热导率。其中石墨和 BeO 具有最高的热导率，低温时接近金属铂的热导率；致密稳定的 ZrO_2 是良好的高温耐火材料，它的热导率相当低；气孔率大的保温砖，具有更低的热导率；粉状材料的热导率极低，具有最好的保温性能。

通常，低温时具有较高热导率的材料，随着温度升高，热导率降低；而具有低热导率的材料正好相反。下面是实验得出的几种材料热导率随温度变化的经验公式。

（1）石墨、结合 SiC、BeO、纯的致密的 MgO、Al_2O_3 等，其热导率 λ 与 T 成反消长关系，经验公式为：

$$\lambda = \frac{A}{T - 125} + 8.5 \times 10^{-36}T^{10} \qquad (5\text{-}56)$$

式中，T 为温度，K；A 为常数，对于 Al_2O_3、BeO、MgO 分别为 16.2、55.4、18.8；Al_2O_3 和 MgO 的适用温度范围是从室温到 2073K；而 BeO 的适用温度范围 1273～2073K。

（2）玻璃体的热导率随温度升高而缓慢增大，当温度高于 773K 时，辐射传热使热导

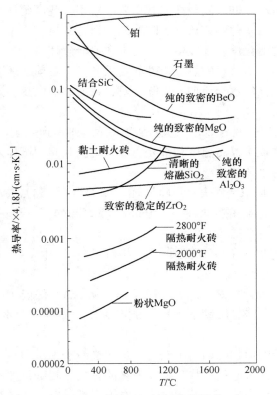

图 5-31　各种无机材料的热导率

率迅速上升，其经验公式为：

$$\lambda = cT + d \qquad (5\text{-}57)$$

式中，T 为温度，K；c、d 为常数。

（3）一些建筑材料、黏土质耐火砖以及保温材料等，其热导率随温度线性增大，其经验公式为：

$$\lambda = \lambda_0(1 + bT) \qquad (5\text{-}58)$$

式中，λ_0 为 0℃时材料的热导率；b 为常数；T 为摄氏温度，℃。

5.5　材料的热稳定性

5.5.1　热稳定性的表示方法

热稳定性（Thermal Stability）是指材料承受温度的急剧变化而不致破坏的能力，故又称为抗热震性（Thermal Shock Resistance）。热稳定性是无机非金属材料的一个重要的工程物理性能。

一般无机材料热稳定性较差。其热冲击损坏有两种类型：一种是材料发生瞬时断裂，抵抗这类破坏的性能称为抗热冲击断裂性；另一种是材料在热冲击循环作用下，材料表面开裂、剥落，并不断发展，最终碎裂或变质，抵抗这类破坏的性能称为抗热冲击损伤性。

对于脆性或低延性材料抗热冲击断裂性尤其重要。对于一些高延性材料，热疲劳是主要的问题，此时，虽然温度的变化不如热冲击时剧烈，但是其热应力水平也可能接近于材料的屈服强度，且这种温度变化反复地发生，最终导致疲劳破坏。

因应用场合的不同，对材料的热稳定性的要求各异。目前，还不能建立实际材料或器件在各种场合下热稳定性的数学模型，实际上对材料或制品的热稳定性评定，一般还是采用比较直观的测定方法。

（1）日用瓷热稳定性表示：以一定规格的试样，加热到一定温度，然后立即置于室温的流动水中急冷，并逐次提高温度和重复急冷，直至观测到试样发生龟裂，则以产生龟裂的前一次加热温度来表征其热稳定性。

（2）普通耐火材料热稳定性表示：将试样一端加热到850℃并保温40min，然后置于10~20℃的流动水中3min或在空气中5~10min。重复操作，直至试样失重20%为止，以这样操作的次数来表征材料的热稳定性。

（3）某些高温陶瓷材料是以加热到一定温度后，在水中急冷，然后测其抗折强度的损失率来评定它的热稳定性。

（4）用于红外窗口的热压ZnS，要求样品具有从165℃保温1h后立即取出投入19℃水中，保持10min在150倍显微镜下观察不能有裂纹，同时其红外透过率不应有变化的性能。

如果制品具有复杂的形状，如高压电瓷的悬式绝缘子等，则在可能的情况下，可直接用制品来进行测定，这样可避免形状和尺寸带来的影响。测试条件应参照使用条件并更严格一些，以保证使用过程中的可靠性。总之，对于无机材料尤其是制品的热稳定性，尚需提出些评定因子。因此，从理论上得到一些评定热稳定性的因子，显然是有意义的。

5.5.2　热应力

由于温度变化而引起的应力称为热应力（Thermal Stress）。热应力可能导致材料热冲击破坏或热疲劳破坏。对于光学材料将影响光学性能。因此，了解热应力的产生及性质，对于尽可能地防止和消除热应力的负面作用具有重要意义。

5.5.2.1　热应力产生

以下三个方面是产生热应力的主要原因。

（1）构件因热胀或冷缩受到限制时产生应力。假如有一长为 L 的各向同性的均质杆件，当它的温度升高（或冷却）后，若杆件可自由膨胀（或收缩），则杆件内不会因膨胀（或收缩）而产生内应力。若杆件的两端是完全刚性约束的，则膨胀（或收缩）不能实现，杆内就会产生很大的热应力（压应力或张应力）。杆件所受的压应力（或张应力），相当于把样品自由膨胀（或收缩）后的长度仍压缩（或拉长）为原长时所需的压应力（或张应力）。因此，杆件所承受的压应力（或张应力），正比于材料的弹性模量和相应的弹性应变。即，杆件的温度由 T_0 到 T' 时，杆件中的热应力（压应力或张应力）为：

$$\sigma = E\left(-\frac{\Delta L}{L}\right) = -E\alpha_L(T' - T_0) \tag{5-59}$$

式中，E 为材料的弹性模量；α_L 为线膨胀系数。

显然，冷却过程的热应力为张应力，当热应力大于材料的抗拉强度时材料将断裂。

（2）材料中因存在温度梯度而产生热应力。固体材料受热或冷却时，内部的温度分布与样品的大小和形状以及材料的热导率和温度变化速率有关。当物体中存在温度梯度时，就会产生热应力。因为物体在迅速加热或冷却时外表的温度变化比内部快。外表的尺寸变化比内部大，因而邻近体积单元的自由膨胀或自由压缩便受到限制，于是产生热应力。例如，一块玻璃平板从 373K 的沸水中掉入 273K 的冰水浴中，假设表面层在瞬间降到 273K，则表面层趋于 $\alpha\Delta T = 100\alpha$ 的收缩。然而，此时，内层还保留在 373K，并无收缩，这样，在表面层就产生了一个张应力，而内层有一相应的压应力。

（3）多相复合材料因各相膨胀系数不同而产生的热应力。具有不同膨胀系数的多相复合材料，可以由于结构中各相膨胀收缩的相互牵制而产生热应力。例如，上釉陶瓷制品由于坯体和釉层的热膨胀系数不同而在坯体和釉层间产生的热应力。

5.5.2.2　热应力的计算

实际材料受三向热应力，三个方向都会有胀缩，而且互相影响。下面以陶瓷薄板为例，说明热应力的计算，如图 5-32 所示。

此薄板 y 方向厚度较小，在材料突然冷却的瞬间，垂直于 y 轴的各平面上的温度是一致的，但在 x 轴和 z 轴方向上，瓷体的表面和内部的温度有差异。外表面温度低，中间温度高，它约束前后两个表面的收缩（ $\varepsilon_x = \varepsilon_z = 0$ ），因而产生内应力 $+\sigma_x$ 及 $-\sigma_z$。

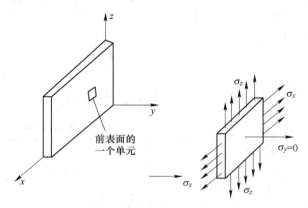

图 5-32　平面陶瓷薄板的热应力

y 方向由于可以自由膨胀，$\sigma_y = 0$。根据广义胡克定律有：

$$\varepsilon_x = \frac{\sigma_x}{E} - \mu\left(\frac{\sigma_y}{E} + \frac{\sigma_z}{E}\right) - \alpha_L\Delta T = 0 \qquad （不允许 x 方向膨胀） \tag{5-60}$$

$$\varepsilon_z = \frac{\sigma_z}{E} - \mu\left(\frac{\sigma_x}{E} + \frac{\sigma_y}{E}\right) - \alpha_L\Delta T = 0 \qquad （不允许 z 方向膨胀） \tag{5-61}$$

$$\varepsilon_y = \frac{\sigma_y}{E} - \mu\left(\frac{\sigma_x}{E} + \frac{\sigma_z}{E}\right) - \alpha_L\Delta T \tag{5-62}$$

解之得：

$$\sigma_x = \sigma_z = \frac{\alpha_L E}{1 - \mu}\Delta T \tag{5-63}$$

式中，μ 为泊松比。

在 $t = 0$ 的瞬间，$\sigma_x = \sigma_z = \sigma_{max}$，如果恰好达到材料的极限抗拉强度 σ_f，则前后两表面将开裂破坏，代入上式得材料所能承受的最大温度差为：

$$\Delta T_{max} = \frac{\sigma_f(1 - \mu)}{\alpha_L E} \tag{5-64}$$

对于其他非平面薄板状材料制品，则引入形状因子 S，则有：

$$\Delta T_{max} = S \times \frac{\sigma_f(1-\mu)}{\alpha_L E} \tag{5-65}$$

据此可限制骤冷时的最大温差。注意式（5-64）与式（5-65）中仅包含材料的几个本征性能参数，并不包括形状尺寸数据，因而可以推广用于一般形态的陶瓷材料及制品。

5.5.3　抗热冲击断裂性能

5.5.3.1　第一热应力断裂抵抗因子 R

根据上述的分析，只要材料中最大热应力值 σ_{max}（一般在表面或中心部位）不超过材料的强度极限 σ_f，材料就不会损坏。显然，ΔT_{max} 值愈大，说明材料能承受的温度表征越大，即热稳定性越好，所以定义表征材料热稳定性的第一热应力断裂抵抗因子或第一热应力因子为：

$$R = \frac{\sigma_f(1-\mu)}{\alpha_L E} \tag{5-66}$$

表 5-9 列出了一些材料的 R 的经验值。

表 5-9　某些材料的 R 的经验值

材　料	σ_f/MPa	μ	$\alpha_L/ \times 10^6 \ K^{-1}$	E/GPa	$R/\text{℃}$
Al_2O_3	325	0.22	7.4	379	96
SiC	414	0.17	3.8	400	226
RSSN[①]	310	0.24	2.5	172	547
HPSN[②]	690	0.27	3.2	310	500
LAS$_4$[③]	138	0.27	1.0	70	1460

①烧结 Si_3N_4；

②热压烧结 Si_3N_4；

③锂辉石（$LiOAl_2O_3 \cdot 4SiO_2$）。

5.5.3.2　第二热应力断裂抵抗因子 R'

实际上材料是否出现热应力断裂，除了与最大热应力 σ_{max} 密切相关外，还与材料中应力的分布情况、应力产生的速率、应力持续时间、材料的特性（如塑性、均匀性、弛豫性）以及原先存在的裂纹、缺陷等有关。因此第一热应力因子 R 虽然在一定程度上反映了材料抗热冲击性能的优劣，但并不能简单地认为就是材料允许承受的最大温度差，R 只是与 ΔT_{max} 有一定的关系。

热应力引起的材料断裂破坏，还涉及材料的散热问题，散热使热应力得以缓解。与此有关的因素包括：

（1）材料的热导率 λ。λ 越大，传热越快，热应力持续一定时间后很快缓解，所以对热稳定有利。

（2）传热的途径。这与材料或制品的厚薄程度有关，薄的制品传热通道短，很快使温度均匀。

（3）材料表面散热速率。如果材料表面向外散热快（如吹风），材料内、外温差变大，热应力也大。如窑内进风会使降温的制品炸裂。

以表面传热系数 h 来表征材料的表面散热能力。h 定义为：如果材料表面温度比周围环境温度高 1K，在单位表面积上，单位时间带走的热量，其量纲为 $J/m^2 \cdot (s \cdot K)$。

若令 r_m 为材料样品的一半厚，则令 $\beta = \dfrac{hr_m}{\lambda}$ 为毕奥（Biot）模数。显然 β 大对热稳定不利。

表 5-10 是实测的 h 值。

表 5-10 不同条件下的表面热传递系数 h

条 件		$h/J \cdot (cm^2 \cdot s \cdot K)^{-1}$
空气流过圆柱体	流率 287kg/(s·m²)	0.109
	流率 120kg/(s·m²)	0.050
	流率 12kg/(s·m²)	0.0113
	流率 0.12kg/(s·m²)	0.0011
从 1000 向 0 辐射		0.0147
从 500 向 0 辐射		0.00398
水淬		0.4~4.1
喷气涡轮机叶片		0.021~0.08

在材料的实际应用中，不会像理想骤冷那样，瞬时产生最大应力 σ_{max}，而是由于散热等因素，使 σ_{max} 滞后发生，且数值也折减。设折减后实测应力为 σ，令 $\sigma^* = \dfrac{\sigma}{\sigma_{max}}$ 为无因次表面应力，其随时间的变化规律如图 5-33 所示。从图中可以看出：最大应力 σ_{max} 的折减程度与 β 值有关，β 越小，折减越多，即可能达到的实际最大应力要小得多，且随 β 值的减小，实际最大应力的滞后也越严重。

对于通常在对流及辐射传热条件下观察到的比较低的表面传热系数，S. S. Manson 发现 $[\sigma^*]_{max} = 0.31\beta$，即：

$$[\sigma^*]_{max} = 0.31 \frac{hr_m}{\lambda} \qquad (5-67)$$

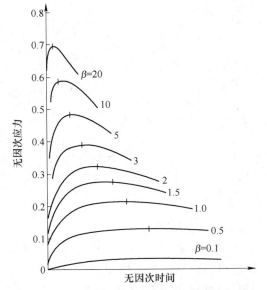

图 5-33 不同 β 的无限平板的无因次表面应力随时间变化规律

由图 5-33 还可看出，骤冷时的最大温差只适用于 $\beta \geq 20$ 的情况。例如，水淬玻璃的 $\lambda = 0.017 J/(cm \cdot s \cdot K)$，$h = 1.67 J/(cm^2 \cdot s \cdot K)$，则根据 $\beta \geq 20$，算得必须 $r_m \geq 0.2cm$，才能用式（5-62）。也就是说，玻璃厚度小于 4mm 时，最大热应力会下降。这也是薄玻璃杯不易因冲开水而炸裂的原因。

由 $[\sigma^*]_{\max} = \dfrac{\sigma_f}{\dfrac{\alpha_L E}{1 - \mu \Delta T_{\max}}} = 0.31 \dfrac{h r_m}{\lambda}$，得：

$$\Delta T_{\max} = \frac{\lambda \sigma_f (1 - \mu)}{\alpha_L E} \times \frac{1}{0.31 r_m h} \tag{5-68}$$

定义：

$$R' = \frac{\lambda \sigma_f (1 - \mu)}{\alpha_L E} \tag{5-69}$$

其中，R' 为第二热应力断裂抵抗因子，J/(m·s)。则：

$$\Delta T_{\max} = R'S \times \frac{1}{0.31 r_m h} \tag{5-70}$$

式中，S 为形状因子，对于无限平板 $S = 1$；其他形状的 S，参见参考文献 [10]。

图 5-34 表示了一些材料在 673 K 时 $\Delta T_{\max} \sim r_m h$ 的计算曲线。从图中可以看出，一般材料，在 $r_m h$ 值较小时，$T_{\max}$ 与 $r_m h$ 成比；当 $r_m h$ 值较大时，T 趋于恒值。但另外几种材料的曲线规律不同，如 BeO，当 $r_m h$ 值较小时，具有很大的 $\Delta T_{\max}$，即热稳定性很好，仅次于石英玻璃和 TiC 金属陶瓷，而在 $r_m h$ 值很大时（如大于 1），抗热震性很差，仅优于 MgO。因此，不能简单地排列出各种材料抗热冲击性能的顺序。

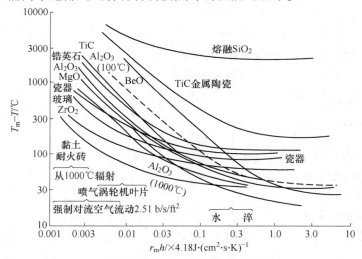

图 5-34　不同传热条件下，材料淬冷断裂的最大温差

可见，仅就材料而言，具有高热导率 λ、高的断裂强度 σ_f 且膨胀系数 α_L 和弹性模量 E 低的材料，则具有高热冲击断裂性能。如普通钠钙玻璃的 α_L 约为 9×10^{-6} K^{-1}，对热冲击特敏感而减少了 CaO 和 Na$_2$O 的含量并加入足够的 B$_2$O$_3$ 的硼磷酸玻璃，因 α_L 降到 3×10^{-6}K^{-1}，就能适合厨房烘箱内的加热和冷却条件。另外在陶瓷样品中加入大的孔和韧性好的第二相，也可能提高材料的抗热冲击能力。

5.5.3.3　第三热应力断裂抵抗因子 R''

在一些实际场合中往往关心材料所允许的最大冷却或加热速率 dT/dt。

对于厚度为 $2r_m$ 的无限平板，在降温过程中，内、外温度分布呈抛物线形，如图 5-35 所示。

由 $T_c - T = kx^2$，得：

$$-\frac{dT}{dx} = 2kx, \quad -\frac{d^2T}{dx^2} = 2k$$

$$(5-71)$$

在平板的表面，由 $T_c - T_s = kr_m^2 = T_0$ 得：

$$k = T_0 / r_m^2 \qquad (5-72)$$

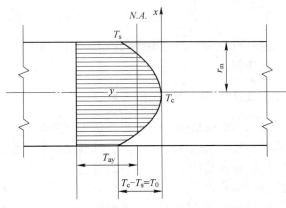

图 5-35 无限平板剖面上的温度分布图

则有：

$$-\frac{d^2T}{dx^2} = 2\frac{T_0}{r_m^2} \qquad (5-73)$$

将式（5-70）代入式 $\dfrac{\partial T}{\partial t} = \dfrac{\lambda}{\rho c_p} \times \dfrac{\partial^2 T}{\partial x^2}$ 得：

$$\frac{\partial T}{\partial t} = -\frac{2\lambda T_0}{\rho c_p r_m^2} \qquad (5-74)$$

$$T_0 = T_c - T_s = \frac{\dfrac{dT}{dt} r_m^2 \times 0.5}{\dfrac{\lambda}{\rho c_p}} = \frac{\dfrac{dT}{dt} r_m^2 \times 0.5}{a} \qquad (5-75)$$

式中，T_0 是指由于降温速率不同，导致无限平板上中心与表面的温差。其他形状的材料，只系数不是 0.5 而已。

表面温度 T_s 低于中心温度 T_c 引起表面张力，其大小正比于表面温度与平均温度 T_{av} 之差。由图 5-35 可看出：

$$T_{av} - T_s = \frac{2}{3}(T_c - T_s) = \frac{2}{3}T_0 \qquad (5-76)$$

在临界温差时：

$$T_{av} - T_s = \frac{\sigma_{f(1-\mu)}}{\alpha_L E} \qquad (5-77)$$

将式（5-76）和式（5-77）代入式（5-74），得到允许的最大冷却速率为：

$$-\left(\frac{dT}{dt}\right)_{max} = \frac{\lambda}{\rho c_p} \frac{\sigma_{f(1-\mu)}}{\alpha_L E} \cdot \frac{3}{r_m^2} \qquad (5-78)$$

前面已述及，$a = \dfrac{\lambda}{\rho c_p}$ 导温系数，表征材料在温度变化时，内部各部分温度趋于均匀的能力。a 越大越有利于热稳定性。故定义：

$$R'' = \frac{\sigma_{f(1-\mu)}}{\alpha_L E} \cdot \frac{\lambda}{\rho c_p} = \frac{\sigma_{f(1-\mu)}}{\alpha_L E} \cdot a = \frac{R'}{\rho c_p} = Ra \qquad (5-79)$$

为第三热应力因子。则有：

$$\left(\frac{\mathrm{d}T}{\mathrm{d}t}\right)_{\max} = R'' \cdot \frac{3}{r_{\mathrm{m}}^2} \qquad (5\text{-}80)$$

这是材料所能经受的最大降温速率。陶瓷在烧成冷却时，不得不超过此值，否则会出现制品炸裂。

5.5.4 抗热冲击损伤性能

上面讨论的抗热冲击断裂是从弹性力学的观点出发，以强度-应力为判据，认为材料中热应力达到抗张强度极限后，材料就产生开裂，一旦有裂纹成核就会导致材料的完全破坏。这样导出的结果对于一般的玻璃、陶瓷和电子陶瓷等都能适用。但是对于一些含有微孔的材料和非均质的金属陶瓷等却不适用。这些材料在热冲击下产生裂纹时，即使裂纹是从表面开始，在裂纹的瞬时扩张过程中，也可能被微孔、晶界或金属相所阻止，而不致引起材料的完全断裂。明显的例子是在一些筑炉用的耐火砖中，往往含有 10% ~ 20% 气孔率时反而具有最好的抗热冲击损伤性，而气孔的存在是会降低材料的强度和热导率的。因此 R、R' 值都要减小。这一现象按强度-应力理论就不能解释。实际上，凡是以热冲击损伤为主的热冲击破坏都是如此。因此，对抗热震性问题就发展了第二种处理方式，即从断裂力学观点出发以应变能-断裂能为判据的理论。

通常在实际材料中都存在一定大小，数量的微裂纹，在热冲击情况下，这些裂纹产生、扩展以及蔓延的程度与材料积存的弹性应变能和裂纹扩展的断裂表面能有关。当材料中可能积存的弹性应变能较小，则原先裂纹的扩展可能性就小；裂纹蔓延时断裂表面能需要大，则裂纹蔓延的程度小，材料热稳定性就好。因此，抗热应力损伤性正比于断裂表面能，反比于应变能释放率。这样就提出了两个抗热应力损伤因子 R''' 和 R''''，分别为：

$$R''' = \frac{E}{\sigma^2(1-\mu)} \qquad (5\text{-}81)$$

$$R'''' = 2\gamma_{\mathrm{eff}} \times \frac{E}{\sigma^2(1-\mu)} \qquad (5\text{-}82)$$

式中，σ 为材料的断裂强度；E 为材料的弹性模量；μ 为材料的泊松比；$2\gamma_{\mathrm{eff}}$ 为断裂表面能，$\mathrm{J/m^2}$（形成两个断裂表面）。

R''' 实际上是材料的弹性应变能释放率的倒数，用于比较具有相同断裂表面能的材料；而 R'''' 用于比较具有不同断裂表面能的材料。R''' 和 R'''' 值高，材料抗热应力损伤性好。根据 R''' 和 R''''，具有低 σ 和高 E 的材料的热稳定性好，这与 R 和 R' 的情况正好相反，原因就在于两者的判据不同。从抗热冲击损伤性出发，强度高的材料，原有裂纹在热应力作用下容易扩展蔓延，热稳定性不好。在一些晶粒较大的样品中经常会遇到这样的情况。

海塞曼（D. P. H. Hasselman）试图统一上述两种理论。他将第二断裂抵抗因子中的 σ 用弹性应变能释放率 G 来表示，得到：

$$R' = \frac{1}{\sqrt{\pi c}} \sqrt{\frac{G}{E}} \times \frac{\lambda}{a_L}(1-\mu) \qquad (5\text{-}83)$$

式中，$\sqrt{\dfrac{G}{E}} \times \dfrac{\lambda}{a_L}$ 表示裂纹抵抗破坏的能力。Hasselman 提出了热应力裂纹安定性因子 R_{st}，

定义为：

$$R_{st} = \left(\frac{\lambda^2 G}{\alpha_L^2 E_0} \right)^{\frac{1}{2}}$$ (5-84)

式中，E_0 为材料无裂纹时的弹性模量。R_{st} 大，裂纹不易扩展，热稳定性好。

5.5.5 提高抗热震性的措施

根据上述抗热冲击断裂因子所涉及的各个性能参数对热稳定性的影响，有如下提高材料抗热冲击断裂性能的措施：

（1）提高材料强度、减小弹性模量，使 σ/E 提高。

（2）提高材料的热导率，使 R' 提高。热导率大的材料，传递热量快，使材料内外温差较快地得到缓解、平衡，因而降低了短时期热应力的聚集。

（3）减小材料的热膨胀系数。热膨胀系数小的材料，在同样的温差下，产生的热应力小。

（4）减小表面热传递系数。为了降低材料的表面散热速率。周围环境的散热条件特别重要。

（5）减小产品厚度。

以上所列，是针对密实性陶瓷材料、玻璃等脆性材料，目的是提高抗热冲击断裂性能，但对多孔、粗粒、干压和部分烧结的制品，要从抗热冲击损伤性来考虑。如耐火砖的热稳定性不够，表现为层层剥落。这是表面裂纹、微裂纹扩展所致。根据 R''' 和 R''''，应减小 G，这就要求材料具有高的 E 及低的 σ_f，使材料在胀缩时，所储存的用以开裂的弹性应变能小；另外，则要选择断裂表面能 γ_{eff} 大的材料，裂纹一旦开裂就会吸收较多的能量使裂纹很快止裂。

这样，降低裂纹扩展的材料特性（高 E 和 γ_{eff} 低 σ_f），刚好与避免断裂发生的要求（R、R' 高）相反。因此，对于具有较多表面孔隙的耐火砖类材料，主要还是避免既有裂纹的长程扩展所引起的深度损伤。

近期的研究工作证实了显微组织对抗热震损伤的重要性。发现微裂纹，例如，晶粒间相互收缩引起的裂纹，对抵抗灾难性破坏有显著的作用。由表面撞击引起的比较尖锐的初始裂纹，在不太严重的热应力作用下就会导致破坏。Al_2O_3- TiO_2 陶瓷内晶粒间的收缩孔隙可使初始裂纹变钝，从而阻止裂纹扩展。利用各向异性热膨胀，有意引入裂纹，是避免灾难性热震破坏的有效途径。

5.6 热分析方法及应用

5.6.1 热分析的方法

热分析法是在程序控制温度下，测量物质的物理性质与温度关系的一种技术。物理性质包括温度、热量、质量、尺寸、力学特性、声学特性、光学特性、磁学特性及电学特性等。根据国际热分析协会（ICTA）的分类，热分析方法分为 9 类，共 17 种，如表 5-11 所示。

表 5-11 热分析方法的分类

物理性质	热分析技术名称	缩写
质量	热重法	TG
	等压质量变化测定	
	逸出气检测	EGD
	逸出气分析	EGA
	放射热分析	
	热微粒分析	
温度	升温曲线测定	
	差热分析	DTA
热量	差示扫描量热法	DSC
尺寸	热膨胀法	
力学特性	热机械法	TMA
	动态热机械法	DMA
声学特性	热发声法	
	热传声法	
光学特性	热光学法	
电学特性	热电学法	
磁学特性	热磁学法	

常用的热分析方法主要有普通热分析法、示差分析及微分热分析。

普通热分析方法就是简单地测定试样加热或冷却过程中温度变化和时间的关系曲线，可确定材料的结晶、熔化的温度或温度区间，该法适合于研究热效应较大的物质转变等问题。由于固态相变中的热效应小，需采用灵敏度更高的示差热分析、差动分析、热重分析、热膨胀分析等。

5.6.1.1 差热分析

差热分析（Differential Therml Analysis，DTA）是在程序控制温度下，将被测材料与参比物在相同条件下加热或冷却，测量试样与参比物之间温差 ΔT 随温度 T 或时间 t 的变化关系。差热分析的工作原理如图 5-36 所示，图中 1 和 2 分别为试样和参比物。在 DTA 试验中所采用的参比物应为热惰性物质，即在整个测试的温差范围内它本身不发生分解、相变、破坏，也不与被测物质产生化学反应，同时参比物的比热容、热传导系数等应尽量与试样接近，如硅酸盐材料经常采用高温煅烧的 Al_2O_3、MgO 或高岭石作参比物，钢铁材料常用镍或铜作为参比物，处在加热炉中的试样和参比物在相同条件下加热或冷却，试样和参比物之间的温差由对接的两支热电偶进行测定。热电偶的两个接点分别与盛装试样和参比物的坩埚底部接触。这样测得的温差电势就可以把试样 T 和参比物 T_r 之间的温差 ΔT 记录下来。当升温或降温过程中没有相变时，$T_s = T_r$，$\Delta T = 0$。若试样发生吸热或放热反应，则可得到温差 ΔT 变化曲线，如图 5-37 所示。

图 5-38 为某高聚物的 DTA 曲线，其基线是水平线，直至发生组织转变时才产生拐折，在加热过程中依次发生玻璃化转变、结晶、熔融、热氧化裂解等转变，从该曲线上可

测得其对应的特征温度 T_g、T_c、T_m、T_{ox}、T_d等。

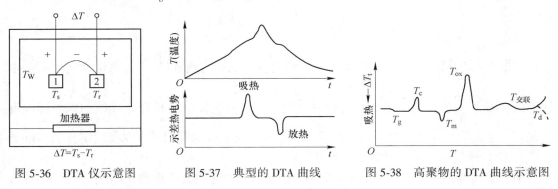

图 5-36　DTA 仪示意图　　　图 5-37　典型的 DTA 曲线　　　图 5-38　高聚物的 DTA 曲线示意图

5.6.1.2　差示扫描量热法

DTA 技术具有方便快速、样品用量少及适用范围广的优点，被广泛应用于材料物理化学性能变化的研究。但由于差热分析与试样的热传导有关，热导率随温度不断变化（该法假定试样和参比物与金属块之间的热导率与温度无关），其热量定量分析相当困难，且同一物质在不同实验条件下测得的值往往不一致。为了保持 DTA 技术的优点，克服其缺点而发展了差示扫描量热法（Differentlial Scanning Calorimetry，DSC）。

差示扫描量热法是在程序温度控制下，在加热或冷却过程中，在试样和参比物的温度差保持为零时，测量输入到试样和参比物的功率差与温度或时间的关系。根据测量方法不同，分为功率补偿差示扫描量热法和热流式差示扫描量热法。记录的曲线称为差示扫描量热（DSC）曲线，纵坐标为试样和参比物的功率差，也可称为热流率，单位为 J/s，横坐标为时间或温度。

功率补偿性 DSC 原理如图 5-39 所示，其主要特点是试样与参比物分别具有独立的加热器和热传感器。通过调整试样的加热功率 E_s，使试样和参比物的温差 $\Delta T=0$，这样可以

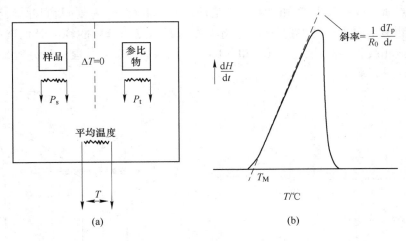

图 5-39　功率补偿型 DSC 原理图及分析曲线

（a）原理图；（b）分析曲线

从补偿的功率直接计算热流率，即：

$$\Delta W = \frac{\mathrm{d}Q_s}{\mathrm{d}t} - \frac{\mathrm{d}Q_r}{\mathrm{d}t} = \frac{\mathrm{d}H}{\mathrm{d}t} \tag{5-85}$$

式中，ΔW 为所补偿的功率；$\dfrac{\mathrm{d}Q_s}{\mathrm{d}t}$ 为单位时间内供给试样的热量；$\dfrac{\mathrm{d}Q_r}{\mathrm{d}t}$ 为单位时间内供给参

比物的热量；$\dfrac{\mathrm{d}H}{\mathrm{d}t}$ 为单位时间内试样的热焓变化，又称热流率，即 DSC 曲线的纵坐标。也就是说，差示扫描量热法就是通过测量试样与参比物吸收的功率差，来反映试样的热焓变化，即 DSC 曲线下的面积就是试样的热效应。

值得指出的是 DSC 曲线和 DTA 曲线形状相似，但它们的物理意义不同。DSC 曲线的纵坐标表示热流率，DTA 曲线的纵坐标表示温度差。

5.6.2　热分析的应用

热分析方法是研究物质在不同温度的热量、质量等变化规律的重要手段。通过物质在加热或冷却过程中出现的各种热效应，如脱水、固态相变、熔化、凝固、分解、氧化、聚合等过程中产生放热或吸热效应来进行研究。下面举例说明。

5.6.2.1　相图研究

建立合金的相图，需测定一系列合金状态变化温度（临界点），绘出相图中所有的转变线（如液相线、固相线、共晶线、包晶线等）。合金状态变化的临界温度可用热分析法测出。下面用建立简单二元系相图为例说明。如图 5-40 所示，取某一成分的合金，用差热分析法测出它的 DTA 曲线。如图 5-40（a）所示，试样从液相冷却，到达处开始凝固，放出熔化热使曲线陡直上升，随后逐渐下降，接近共晶温度时，DTA 曲线接近基线。该峰面积的大小决定于 A 组分的含量，A 组分越多，峰面积越大。在共晶温度处，试样集中放热，出现陡直的放热峰，共晶转变结束后，DTA 曲线重新回到基线。绘制相图时取宽峰的起始点所对应的温度 T_1 和窄峰的峰值所对应的温度 T_2 为凝固和共晶转变温度。按照上述方法测出不同成分的 DTA 曲线，将宽峰的起始点和窄峰的峰值分别连接成光滑曲线，即获得液相线和共晶线，如图 5-40（b）所示。一般来说，根据热分析确定相图后，还需用金相法进行验证。

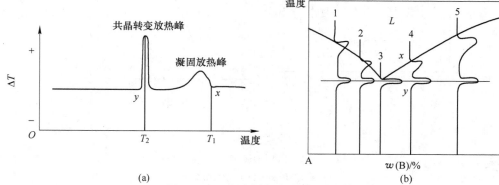

图 5-40　差热分析曲线及合金相图
（a）DTA 曲线；（b）不同成分的 DTA 曲线

5.6.2.2 比热容的测定

比热容可用 DSC 方法测定，这一方法与常规的量热计法相比，具有试样用量少，测试速度快和操作简便的优点。

使用功率补偿型 DSC 测定比热容的步骤是，先用两只空坩埚在较低温度 T_1 记录一段恒温基线，然后程序升温，最后在较高温度 T_2 恒温，由此得到自温度 T_1 至 T_2 的曲线称为基线的空载曲线，如图 5-41（a）所示。T_1 至 T_2 是本次实验的测温区间。此后测量 T_1 至 T_2 温度区间内标准试样（蓝宝石）与待测试样的 DSC 曲线，如图 5-41（b）所示。升温过程中传入试样的热流率可用式（5-86）表示：

$$\frac{\mathrm{d}H}{\mathrm{d}t} = c_p m \frac{\mathrm{d}T}{\mathrm{d}t} \qquad (5\text{-}86)$$

式中，$\mathrm{d}T/\mathrm{d}t$ 为升温速率；c_p 为待测试样的比定压热容；m 为待试样的质量。上式是根据定压比热容定义导出的，适用于没有物态和化学组成变化且不作非体积功的等压过程。实践证明，此法得到的值误差较大。可采用比较法，按式（5-87）计算：

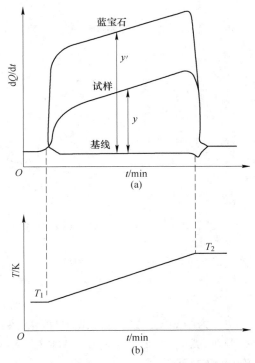

图 5-41 功率补偿型 DSC 测定比热容方法示意图
（a）空载曲线；（b）DSC 曲线

$$c_p = c_p' \frac{m'}{m} \frac{y}{y'} \qquad (5\text{-}87)$$

式中，c_p' 为标准试样的比定压热容；m' 为待测试样的质量；y 和 y' 可从图 5-41（a）中得到。

5.6.2.3 研究合金的无序-有序转变

可以通过测量比热容来研究合金的有序-无序转变。例如，当 Cu-Zn 合金的成分接近 CuZn 时，形成体心立方点阵的固溶体。它在低温时为有序状态，随着温度的升高便逐渐转变为无序状态。这种转变为吸热过程，属于二级相变。测得的 CuZn 合金比热容曲线如图 5-42 所示。若这种合金在加热过程中不发生相变，则比热容随温度变化沿着虚线 AE 呈直线增大。但是，由于 CuZn 合金在加热时发生了有序-无序转变，产生吸热效应，故其真实比热容沿着 AB 曲线增大，在 470℃ 有序化温度附近达到最大值，随后再沿 BC 下降到 C 点；温度再升高，CD 曲线则沿着稍高于 AE 的平行线增大，这说明了高温保留了短程有序比热容沿着 AB 线上升的过程是有序减少和无序增大的共存状态。随着有序状态转变为无序状态的数量的增加，曲线上升也越剧烈。

5.6.2.4 测试高聚物的结晶度

高聚物熔融时，只有其中的结晶部分发生变化，所以熔融热实质上是破坏结晶结构所需的热量。聚合物的熔融热与其结晶度成正比。利用该原理可用 DTA 或 DSC 法测定高聚

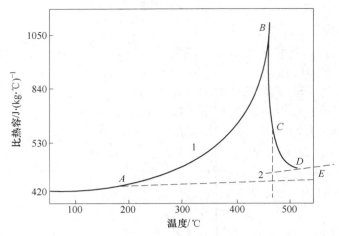

图 5-42　CuZn 合金加热过程中比热容的变化曲线

物的结晶度，即：

$$a_c = \frac{\Delta H_f}{\Delta H_\infty} \tag{5-88}$$

式中，a_c 为结晶度；ΔH_f 为测试样的熔融热；ΔH_∞ 为结晶度为 100% 试样的熔融热，又称平衡熔融热。ΔH_∞ 可通过查表或作 100% 结晶度样品测得，ΔH_f 可通过 DTA 或 DSC 曲线熔融峰面积测定得到。

习　题

1. 试计算铜在室温下的自由电子摩尔热容，并说明其为什么可以忽略不计。

2. 计算莫来石瓷在室温（25℃）及高温（1000℃）时的摩尔热容值，并与按杜隆-珀替定律计算的结果比较。

3. 简述固体材料热膨胀的物理本质。

4. 解释部分多晶体或复合材料的热膨胀系数滞后现象。

5. 试分析材料导热机理。金属、陶瓷和透明材料导热机制有何区别？

6. 画图说明掺杂固溶体瓷与两相陶瓷的热导率随成分体积分数变化而变化的规律。

7. 简述导热系数与导温系数的物理含义。

8. 康宁 1723 玻璃（硅酸铝玻璃）具有下列性能参数：$\lambda = 0.021 \text{J}/(\text{cm}\cdot\text{s}\cdot\text{K})$；$\alpha_L = 4.6\times10^{-6}\text{K}^{-1}$；$\sigma_f = 0.069\text{GPa}/\text{mm}^2$；$E = 66\text{GPa}/\text{mm}^2$，$\mu = 0.25$。求第一及第二热应力断裂抵抗因子。

9. 一热机部件由烧结氮化硅制成，其热导率 $\lambda = 0.184 \text{J}/(\text{cm}\cdot\text{s}\cdot\text{K})$，最大厚度为 120mm。如果表面热传送系数 $h = 0.05 \text{J}/(\text{cm}^2\cdot\text{s}\cdot\text{K})$，假设形状因子 $S = 1$，估算可应用的热冲击最大温差。

6 材料的光学性能

【本章提要与学习重点】

本章介绍了光传播电磁理论、反射、光的吸收和色散、晶体的双折射、介质的光散射等各种光现象的物理本质。通过本章学习，学生明白影响材料光学性能的主要因素，了解激光晶体材料及光储存材料等光学材料。

【导入案例】

材料的光学性能与人们的生活息息相关。材料的光学性能是材料对外来光源所作的选择性和特异性反应，包括材料对光传播的影响以及光吸收或光激发后的光发射。金属、塑料、晶体、陶瓷和玻璃都可以成为光学材料。例如，随着高分子材料的发展，由光学塑料制成的光学透镜也已得到广泛应用，像人们佩戴的隐形眼镜，由于更加柔软、吸水，提高了佩戴的舒适性，方便人们的生活。

发光材料应用甚广，例如，日光灯灯内壁的发光材料可发出白色的光，照亮房间；医用发光材料可将透过身体、看不见的 X 光变成更清楚、可见的图像。发光材料的进步给人类生活带来了巨大的改变，1929 年人们成功地研制出第一台黑白电视接收机；1964 年以稀土元素化合物为基质和以稀土离子掺杂的发光粉问世，成功地提高了发红光材料的发光亮度，这一成就使得"红色"能够与"蓝色"和"绿色"的发光亮度相匹配，实现了如今颜色逼真的彩色电视。21 世纪的今天，液晶材料的成功应用不仅使计算机显示技术取得突破，同时由普通的阴极显像管显示器变成更清楚、辐射更少、更节能的液晶显示器。

6.1 光 的 本 性

6.1.1 光的波粒二象性

光具有波粒二象性，因此在研究材料的光学性能时，需要应用光子和光波两种概念。通常对光在材料中的传播特性，更多地应用电磁波理论；在光与物质相作用时便应该将光看作具有一定能量和动量的粒子流。

首先，光是一种电磁波。在光波中电场和磁场是交织在一起的。麦克斯韦的电磁场理论表明，变化着的电场周围会感生出变化的磁场，而变化着的磁场又会感生出另一个变化的电场，如此循环不已，电磁场就会以波的形式向各个方向传播。电磁波具有很宽的频率范围如图 6-1 所示。其中可见光的波长在 390~770nm。

光波是一种横波，其中的电场强度 E 与磁场强度 H 的振动方向垂直。它们和光波的传播方向 S（即光的能流动方向）之间成一个直角坐标系，如图 6-2 所示。在实际讨论中，往往只考虑电场作用，而忽略磁场。因此将电场强度矢量直接作为"光矢量"。

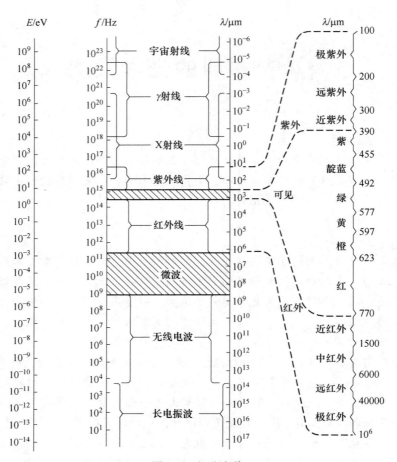

图 6-1　电磁波谱

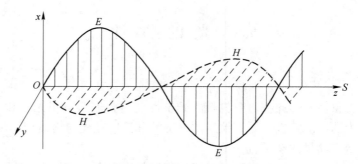

图 6-2　线偏振光中电振动、磁振动及光传播的方向

　　此外，光波作为横波具有偏振性。如果光波电矢量的振动只限定在某一个确定方向，则称为平面偏振光，也称为线偏振光。光波也可以由各种振动方向的波复合而成。如果在垂直于光传播方向的平面内电矢量振动取向机会均等，这样的光就称为"自然光"。太阳光和普通照明灯光都属于自然光。利用偏振元件可以从自然光中分离出线偏振光来。

　　可将光波的振动用数学表达式描述。当线偏振光沿某一方向传播时，初始电场强度表示为：

$$E = E_0\cos(2\pi\nu t + \varphi_0) \tag{6-1}$$

式中，ν 为振动频率；φ_0 为初相位；E_0 为振幅。经过时间 t 后，传播到 z 点，电场强度为：

$$E = E_0\cos[2\pi\nu(t - z/v) + \varphi_0] \tag{6-2}$$

式中，v 为光的传播速度。波长是光在一个振动周期（T）传播的距离，以 λ 表示。

$$v = \nu\lambda \tag{6-3}$$

光在不同介质中传播速度不同，但光振动频率不变，因此光波在不同介质中具有不同波长。光在真空中的传播速度 c 可近似为 $3\times10^8\,\text{m/s}$。

光在介质中的传播速度为：

$$v = c(\varepsilon\mu)^{-1/2} \tag{6-4}$$

式中，ε 为介质的介电系；μ 为质的磁导率。

光传播的同时伴随能量流动。单位时间内流过垂直于传播方向的单位截面面积的能量称为能流密度。能流密度可以近似用光强 I 表示，它与光波电场振动有如下关系：

$$I = E_0^2 \tag{6-5}$$

其次，光是具有能量和动量的粒子流。爱因斯坦提出光场的能量是不连续的，是被称为光子的最小单元的组合，其能量为：

$$E = h\nu \tag{6-6}$$

式中，h 为普朗克常数其数值为 $6.626\times10^{-34}\,\text{J}\cdot\text{s}$。

光子的动量为：

$$p = h/\lambda \tag{6-7}$$

爱因斯坦的光电效应方程把光的粒子性和波动性联系在一起，即方程：

$$E = hc/\lambda \tag{6-8}$$

总之，光既可具有波的属性，用频率和波长描述，又可以看作光子流，用光子的能量和动量描述。一般来说，在讨论材料对光的反射、透射、折射等现象时，用光的粒子性更容易理解；在讨论光波在介质中的传播衍射时用光的波动性更方便。

6.1.2 光的干涉和衍射

光的波动性主要表现在它有干涉、衍射及偏振等特性。所谓双光束干涉就是指两束光相遇以后，在光的叠加区光强重新分布，出现明暗相间、稳定的干涉条纹。实验室中常采用图6-3所示的激光双缝实来演示双光束干涉现象。用一个强单光源（如激光）照射一块挡光板，上面开有两条很近的 S_1 和 S_2（一般在一张底片上用刀片刻出两条刻痕即可，两条刻痕的距离无严格的要求，1mm 左右即可）。此时，将接收屏放到前方，便可在屏幕上看到明暗相间的条纹。对于一般的两个独立光源发出的光波叠加后，只有强度相加，而不出现明暗的条纹，原因是这两个光源不是相干光源。两束光"相干"而形成干涉条纹的条件是光波之间频率相同、振动方向一致并且有固定的相位关系。

光在自由空间是沿着直线传播的。当光波传播遇到障碍物时，在一定程度上能绕过障碍物而进入几何阴影区，这种现象称为衍射，也称为绕射。图6-4所示的是激光缝衍射实验，一束激光通过一细长的狭缝以后（缝长≥缝宽，缝宽在 1mm 以下），在距缝几米处的屏幕上，出现的将不是狭缝的几何阴影，而是长的明暗相间的衍射条纹。理论分析表明，只有当光所遇到障碍物或狭缝的尺寸与其波长可以相比拟时，衍射现象才明显地表现出来。日常所见到的一般物体与光的波长相比都可称是巨大的障碍物，所以光波通常表现为直线传播性质。

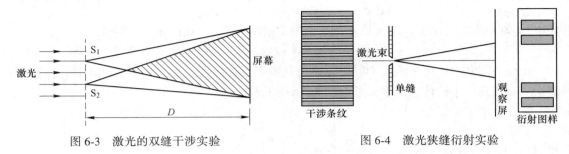

图 6-3　激光的双缝干涉实验　　　　　　图 6-4　激光狭缝衍射实验

6.2　材料对光传播的影响

光波在一种介质 A 中沿直线传播当光到达另一种介质 B 表面后，分别被反射、散射、吸收、透过。若初始的光强为 I，反射、散射、吸收、透过的光强度分别为 I_r、I_s、I_a、I_t，则：

$$I = I_r + I_s + I_a + I_t \tag{6-9}$$

用光辐射能流率表示单位时间内通过与光传播方向垂直的单位面的能量，则入射到材料表面的光辐射能流率密度等于反射、散射、吸收、透过的光辐射能流率之和。光入射到介质表面所引发的光现象是光子与介质中的原子、离子、电子在微观层次上的相互作用。如电磁辐射的电场对介质中原子作用引起的电子极化，导致电子云原子核电荷重心的相对位移，从而部分光被吸收，光速减小，出现折射现象。

6.2.1　材料的光反射、折射和透射

6.2.1.1　反射定律和折射定律

光从一种介质进入另一种介质时会发生反射和折射。它遵循几条基本规律：在均介质中光的直线传播定律；在介质分界面的反射和折射定律；光的独立传播定律和光路可逆性原理。

光在均匀介质中以直线方向传播，入射光射到两介质界面时，会发生反射和折射，如图 6-5 所示。一部分光从界面上反射，形成反射光线；剩余部分进介质 2，形成折射光线。入射光线与法线构成的角度为 θ_1 称为入射角，反射光线和法线的夹角 θ_1' 称反射角，折射光线与法线的夹角 θ_2 称

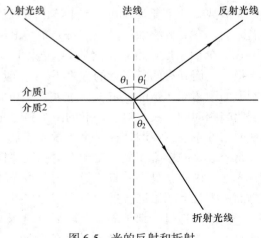

图 6-5　光的反射和折射

为折射角。入射光线与入射点处界面的法线所构成的平面称为入射面。光的反射和折射分别遵循反射定律和折射定律。

反射定律：反射光线和入射光线位于同一平面内，分别处于法线两侧；反射角等于入射角，即 $\theta_1' = \theta_1$。

折射定律：折射光线位于入射光线平面内，并与入射光线分别处于法线两侧；对单色光来说，入射角 θ_1 的正弦和折射角 θ_2 的正弦之比为一个常数，即：

$$\sin\theta_1 / \sin\theta_2 = n_{21} \tag{6-10}$$

式中，n_{21} 为介质 2 相对于介质 1 的相对折射率。它的光波长和介质的性质有关，与入射角无关。

当介质 1 为真空时，用 n_2 表示介质 2 相对于真空的相对折射率也可以简称折射率。根据两种材料的折射 n_1、n_2，可以计算出两种材料之间的相对折射率 n_{21}。

光的折射率可以反映光在该材料中传播速度的快慢。两种介质中折射率较小、光传速度较快的，称为光疏物质；折射率较大、光传播速度较慢的称为光密物质。图 6-6 描绘了多种无机固体的折射率与波长的关系。

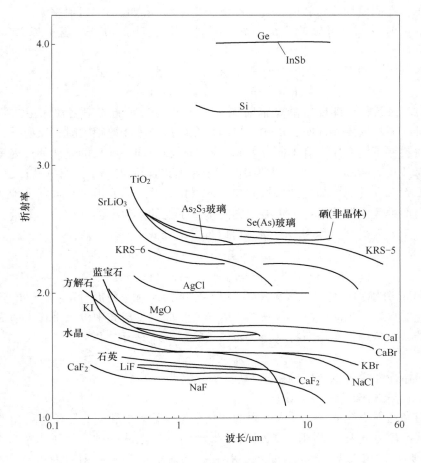

图 6-6　一些无机固体的折射率

6.2.1.2 反射率、折射率与透射率

光波在界面的反射和折射前后会发生能量的变化。反射光功率与入射光功率之比称为反射率。光在真空中的传播速度 c 与光在介质中传播速度之比为介质常数 n，称为介质的折射率。

折射率反映出材料的电磁结构，根据电磁理论可以有以下公式：

$$n = (\varepsilon_r \mu_r)^{1/2} \tag{6-11}$$

对非磁性材料：

$$n = \varepsilon_r^{1/2} \tag{6-12}$$

式中，ε_r 为材料的介电系数；μ_r 为磁导率。

材料的折射率与多种因素有关。折射率随介电系数增加而增加，介电系数与介质的极化有关。当光电场作用到介质上时，由于光子对原子的作用引起电子极化，材料的介电系数增加，n 值增大。因此离子半径大的材料折射率较高，而离子半径小的材料折射率较低。

折射率还与离子排列状态有关。如非晶态和立方晶体材料只有一个折射率，而有些晶体会有双折射现象。

材料的内应力对折射率也有影响，垂直于拉应力方向的折射率大，平行于拉应力方向的折射率小；在同质异构材料中，高温晶型折射率小，低温晶型折射率大。

材料的折射率也是可以改变的，如采用加入氧化物的方法，就可以改变玻璃的折射率。

在忽略吸收的情况下，当光从介质1进入介质2时，有公式：

$$R = [(n_{21} - 1)/(n_{21} + 1)]^2 \tag{6-13}$$

式中，R 为反射系数，即反射的光辐射能率与入射光辐射流率之比。由式（6-13）可见，当两种介质折射率相同时，$R = 0$；当两种介质折射率相差很大时，反射损失也很大。

同一材料在不同介质中有不同反射率。不同材料对同一波长的光波的反射率也有很大差异，如对波长为 360nm 的光，铝薄膜的反射率可以达到 92.5%，铜薄膜有 36.3%。

光的反射率和透射率与光的偏振方向和入射角有关。当光沿 z 方向直线传播时，可以将其分解为两种线偏振分量：一个振动方向垂直于光的入射平面，称为 s 分量；另一个振动方向垂直于入射平面，称为 p 分量。可以推导出公式：

$$R_s = (A_s'/A_s)^2 = \sin^2(\alpha - \gamma)/\sin^2(\alpha + \gamma) \tag{6-14}$$

$$R_p = (A_p'/A_p)^2 = \tan^2(\alpha - \gamma)/\tan^2(\alpha + \gamma) \tag{6-15}$$

式中，R_s 和 R_p 分别为两分量的反射率；α 和 γ 分别为入射角和折射角；A_s'、A_s 分别为反射光和入射光的振幅。当时，$\alpha + \gamma = \pi/2$，$R_p = 0$，此时反射光中没有平行入射面的矢量成分，此时的入射角称为布诺斯特（Brewster）角，用 α_B 表示，即：

$$\alpha_B = n_2/n_1 \tag{6-16}$$

利用布诺斯特角可以产生偏振光。

6.2.1.3 光的全反射和光导纤维

当反射和透射光线的强度随入射角的变化会发生显著变化时，随着入射角的增大，反射光线会逐渐增强透射（折射）光线会越来越弱。当光从一种介质进入另一种介质时，若 $n_2 < n_1$，则折射角大于入射角。此时，存在一入射角 θ_c，使折射角为 90°。当入射角大于 θ_c 时，入射光全部在介质1中反射，不会发生折射，光线能量全部在介质1中。这种

现象称为全反射，如图 6-7 所示。θ_c 称为全反射的临界角。

$$\sin \theta_c = n_2 / n_1 \qquad (6\text{-}17)$$

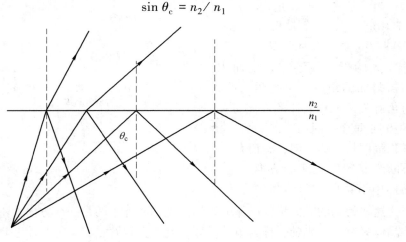

图 6-7　光的全反射

不同介质材料的临界角不同。利用全反射原理制作的光导纤维，可以有效降低光在传播过程中的能量损耗。光导纤维一般由纤芯、包覆层和保护层组成。纤芯是由光学玻璃、光学石英或塑料制成的细丝。包覆层一般是高硅玻璃，其折射率比纤芯略低，两层之间形成良好的光学界面。保护层基本上为尼龙增强材料，其折射率高于包覆层。如图 6-8 所示，当光线从一端以适当角度射入纤维内部时，光线可以全部内反射，无折射能量损失。因此光线在外两层之间产生多次全反射而传播到纤维另一端。

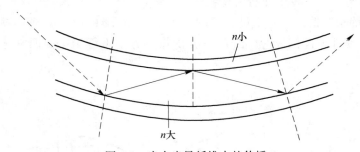

图 6-8　光在光导纤维中的传播

目前所用的光纤按照材料种类可以分为玻璃光纤和塑料光纤两大类。塑料光纤一般直径大，适用于短距离传输。玻璃光纤有石英系玻璃光纤、多成分玻璃等，此外还有复合材料光纤。

6.2.2　晶体的双折射与二向色性

6.2.2.1　双折射

当光束入射到各向同性的介质中时，会发生折射现象。当光束通过各向异性界面时，会分成两束折射光，沿不同方向传播，这种由一束射光折射后分成两束光的现象称为双折射，如图 6-9 所示。

双折射分成的两束光线，一束符合折射定律，为寻常光（或 o 光），另一束不符合折射定律，称为非常光（或 e 光）。一般来说，许多晶体都具有双折射性质。非常光的折射线不在入射面内，入射面与折射面的角以及折射角与原光束的入射角有关，也和晶体的方向有关。当与光轴方向垂直入射时，n_e 最大。沿晶体密堆积程度较大的方向，n_e 较大。

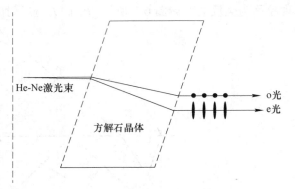

图 6-9　双折射现象

若不断改变入射光线的方向，就会发现在晶体中沿某些方向传播的光不发生双折射，这些特殊的方向称为晶体的光轴。光轴所标志的是一个方向而不是某一具体直线。有些晶体只有一个光轴，称为单轴晶体，例如方解石、石英等晶体。具有两个光轴的晶体称为双轴晶体，例如云母硫磺、黄玉等晶体。方解石（$CaCO_3$）晶体是各向异性较明显的单轴晶体，属于六方晶系其光轴可以从外形认定。天然的方解石晶体呈平行六面体形状（图 6-10）。其六个表面（解理面）均为平行四边形，四边形的一对锐角为 78°，另一对为 102°。在方解石的八个顶点中，有两个顶点是由三个钝角所形成的。适当选择解理面，使晶体的各个边长相等，就得到一个特殊的平行六面体，它的三个面角均为钝角，两个顶点间的连线方向就是方解石晶体的光轴。将这两个顶点磨成两个光学平面，使两个光学平面都垂直于光轴，则当一束平行光垂直地入射到磨出的光学平面上并进入晶体后，光将沿着光轴方向传播，不发生双折射现象。

o 光和 e 光都是线偏振光，不过它们的电矢量振动方向不同，o 光的振动方向垂直于主截面（光轴和传播方向构成的截面），e 光的振动方向平行于主截面（不一定都平行于光轴）。

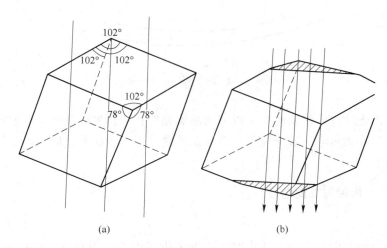

图 6-10　方解石晶体的光轴

（a）解理面；（b）特殊平行六面体

6.2.2.2　折射率椭球

晶体结构的各向异性决定了晶体中原子、分子等微观粒子固有振动的各向异性。当入射波进入介质时，受微观粒子受迫振动的影响，以合成波在介质中传播。合成波的频率与入射波相同，相位受微观粒子固有振动频率的影响而滞后。在晶体中，在三个独立的空间方向上具有不同的振动频率 ω_1、ω_2、ω_3。对于单轴晶体，其中两个相同。图 6-11 表示从晶体一个点光源 C 发出的 o 光和 e 光在主截面中传播的情形。

o 光电矢量垂直于光轴（以黑点表示），传播时相位只受 ω_2 制约，所以在任何方向传播速度均相同，用 v_0 表示。o 光的等相点轨迹是以 C 为中心的圆，将图 6-11（a）绕通过 C 点的光轴（光轴方向以虚线表示）旋转 180°，得到寻常光的波面，为一球面。图 6-11（b）中，e 光电量方向在主截面内，因传播方向不同而与光轴呈不同角度。沿 $\overrightarrow{Ca_1}$ 传播的 e 光垂直于光轴，传播速度受 ω_2 制约，以速度 v_e 传播。沿 $\overrightarrow{Ca_2}$ 传播的 e 光，电矢量平行于光，传播相位与 ω_1 相关，以 v_e 传播。其他方向传播的 e 光，因与光轴成一角度，可将其分解为平行和垂直于光轴的两个分量。传播速度 v 与 ω_1、ω_2 都有关。介于 v_0 和 v_e 之间。由于非常光在不同方向有不同传播速度，因此等相位点的轨迹形成一个椭圆。将其绕过 C 点的光轴旋转 180°，得到 e 光的波面是一个椭球。

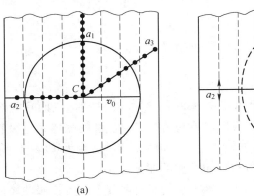

图 6-11　单轴晶体光的传播特性
（a）o 光的传播特性；（b）e 光的传播特性

由上可知，在单轴晶体中，光的传播速度与光波电矢量方向相对于光轴方向的角度有关，因此晶体的折射率也和这个角度有关。当光波电矢量与光轴垂直时，传播速度为 v_0，寻常光的主折射率 $n_0 = c/v_0$。同样，当电矢量与光轴平行时，对应非常光的折射率 $n_e = c/v_e$。显然，非常光沿不同方向传播有不同的折射率，沿光轴传播，折射率也是 n_0，所以在光轴方向观察不到双折射现象。

折射率椭球可以描述晶体的双折射性质。折射率椭球方程为：

$$x^2/n_x^2 + y^2/n_y^2 + z^2/n_z^2 = 1 \tag{6-18}$$

满足上式的点构成折射率球的球面，如图 6-12 所示。n_x、n_y、n_z 是 x、y、z 各三个方向上的主折射率。当光波在晶体中沿某一方向 a 传播时，通过球中心点 O 做一个垂直于传播方向分别代表沿 a 方向的平面，平面与折射率椭球相割，得到一个椭球截面。椭圆的长轴和短轴方向分别代表沿 a 方向传播的光波中两个垂直的偏振方向，两个半轴长度为该晶体对应于两种偏振光的折射率。显然，双轴晶体的三个主折射率各不相等。因为通过 O 点的球截面在某两个点会是一个圆，表明在这两个方向上不发生双折射，这就是双轴晶体的光轴，如图 6-12 中 OA_1、OA_2 所示，它们与 z 轴夹角为 Ω。因此式（6-18）所描写的双轴晶体的双折射性质。对于单轴晶体，会有两个相等的主折射率，椭球方程可改写为：

$$(x^2 + y^2) / n_0^2 + z / n_e^2 = 1 \qquad\qquad (6\text{-}19)$$

若三个主值均相等，则折射率椭球变为圆球，即为各向同性材料的特性。

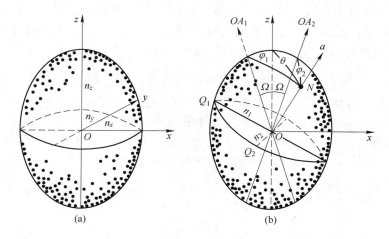

图 6-12   双轴晶体的折射半椭球

6.2.2.3 二向色性

晶体结构的各向异性不仅能产生折射率的各异性（双折射），而且能产生吸收率的各向异性（称为"二向色性"）。其表现在某些具有二向色性的晶体完全吸收寻常光，而让非常光通过；某些晶体对非常光的选择吸收，如白光透过后变为黄绿色。使用具有二向色性的材料可以制造偏振元件，即具有二向色性的偏振片。

除了天然晶体之外，还可以利用特殊方法使具有明显各向异性吸收率的微晶，在透明胶片中有规律地排列，制成人造二向色性偏振片。

6.2.3 光散射

6.2.3.1 散射的一般规律

光在通过介质时，在微小结构或结构成分不均匀的微小区域，会有一部分光线偏离原来的方向而向四面八方传播，这种现象称为光散射。材料中的小颗粒透明介质、光性能不同的晶界相、气孔或夹杂物都会引起部分光束被散射，使光强能量在原传播方向上减弱。光强随传播距离减弱符合指数衰弱规律，有：

$$I = I_0 e^{-\alpha l} = I_0 \exp[-(\alpha_a + \alpha_s)] \qquad\qquad (6\text{-}20)$$

式中，I_0 为初始光强度；I 为通过厚度为 l 试件后的光强度；α 为散射衰减系数，cm^{-1}；α_a、α_s 分别为吸收系数和散射系数。散射系数与散射质点的大小、数量、光波长以及散射质点与基体的相对折射率有关。

当光波的电磁场作用于材料中具有电结构的原子、分子等粒子时，将激起粒子的受迫振动。以这些作受迫运动的粒子为中心，可以向各个方向发射球面次波。

在气态介质中，各种液态或固态的微小颗粒会在光源照射下发出次波。由于其结构的致密性，各个分子的次波位相关联，形成大次波。各微粒之间位置排列无规则，大次波不会相互干涉，因此从各个方向均能看到散射光波。

纯净的液体和结构均匀的固体都含有大量的微观粒子，它们在光照下无疑也会发射次波。但由于液体和固体中的分子排列很密集，彼此之间的结合力很强，各个原子、分子的受迫振动互相关联，合作形成共同的等相面，因而合成的次波主要沿着原来光波的方向传播，其他方向非常微弱。通常把发生在光波前进方向上的散射归入透射。应当指出的是，发生在光波前进方向上的散射对介质中的光速有决定性的影响。

根据散射前后光子（或光波波长）是否变化，可以将光散射为弹性散射和非弹性散射两类。非弹性散射比弹射散射弱几个量级，因此常常被忽略。

6.2.3.2　弹性散射

弹性散射是指散射前后光的波长（或光子能量）不发生变化的散射。弹性散射过程可以看作光子与散射中心的弹性碰撞，只是改变光子的方向，而没有改变光子的能量。除波长（或频率）不变外，散射光强度与波长的关系因散射中心尺度的大小而不同，有如下关系：

$$I_s \propto 1/\lambda^\sigma \tag{6-21}$$

式中，I_s 为散射光强度；λ 为入射光波长；参数 σ 与散射中心大小 α_0 有关。

弹性散射可分为三种情况。

（1）廷德尔（Tyndall）散射。当散射中心尺度远大于光波波长，即 $\alpha_0 \gg \lambda$ 时，$\sigma \to 0$，散射光强与入射光波长无关，称为 Tyndall 散射。例如，粉笔灰颗粒的尺寸对所有可见光波长均满足这一条件，所以粉笔灰对白光中所有单色成分都有相同的散射能力，看起来是白色的。天上的白云，由水蒸气凝成比较大的水滴所组成的，尺度也在此范围，所以散射光也呈白色。

（2）米氏（Mie）散射。当散射中心尺度与入射光波长相近，即 $\alpha_0 \approx \lambda$ 时，在 0~4 之间，σ 的具体数值与散射中心尺度有关。这个尺度范围内的光散射性质比较复杂，例如存在散射光强度随 α_0/λ 值的变化而波动和在空间分布不均匀等问题。

Mie 散射原理有很多的应用，主要用来研究在稀相中散射单元的尺寸和分布，近年来用于研究聚合物合金的相结构及相尺寸的分布，而且还可用 Mie 散射原理制造粒度分析仪器。

（3）瑞利（Rayleigh）散射。当散射中心的尺度远小于入射光波长，即 $\alpha_0 \ll \lambda$ 时，$\sigma = 4$，散射强度与波长的 4 次方成反比，也即：

$$I_s = 1/\lambda^4 \tag{6-22}$$

这就是瑞利散射定律。

根据瑞利定律，微小粒子（$\alpha_0 \ll \lambda$）对短波的散射强度高于长波。图 6-13 给出了 I_s 和波长 λ 的关系。据此，在可见光的短波侧 $\lambda = 400nm$ 处，紫光的散射强度要比长波侧 $\lambda = 720nm$ 处红光的散射强度约大 10 倍。根据瑞利定律，不难理解晴天早晨的太阳为何呈鲜红色而中午却变成白色。图 6-14 表示地球大气层结构和阳光在一天中不同时刻到达观察者所通过的大气层厚度。由于大气及尘埃对光谱上蓝紫色的散射比红橙色为甚，阳光透过大气层越厚，蓝紫色成分损失越多，所以到达观察者的阳光中蓝紫色的比例就越少。因此，太阳在 A 处（中午）看起来是白色，在 B 处为黄色，在 C 处为橙色，而在 D 处（早晨）则变成红色。

瑞利散射在日常生活和科学研究中有很广泛的应用，特别是在高分子材料的研究中，利用瑞利散射研究高分子的结晶行为和结晶结构，还可利用瑞利散射的图样进行傅里叶变换研究聚合物共混体系的相结构及相尺寸。

人们通常根据散射光的强弱判断材料光学均匀性的好坏。通过对各种介质弹性光散射性质的测量和分析，可以获取胶体溶液、浑浊介质、晶体和玻璃等光学材料的物理化学性质，确定流体中散射微粒的大小和运动速率。利用激光在大气中的散射，可以测量大气中悬浮微粒密度和检测大气污染的程度。

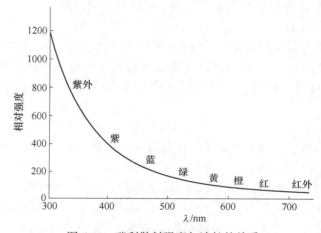

图 6-13   瑞利散射强度与波长的关系

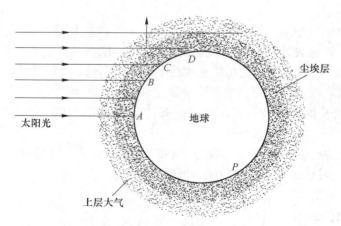

图 6-14   地球表面尘埃和大气引起的光散射

6.2.3.3 非弹性散射

当光束通过介质时，从侧向接收到的散射光主要是波长（或频率）不发生变化的瑞利散射光，属于弹性散射。除此之外，使用高灵敏度和高分辨率的光谱仪器，可以发现散射光中还有其他光谱成分，它们在频率上对称地分布在弹性散射光的低频和高频侧，强度一般比弹性散射微弱得多。这些频率发生改变的光散射是入射光子与介质发生非弹性碰撞的结果，称为"非弹性散射"。

从波动观点来看，光的非弹性散射机制，乃是光波电磁场与介质内微观粒子固有振动之间的耦合，可激发介质微观结构的振动或导致振动的淬灭，以致散射光波频率相应出现"红移"（频率降低）或"蓝移"（频率增高）。通常能产生拉曼散射的介质多由相互束缚的正负离子组成。正负离子的周期性振动导致偶极矩的周期性变化，这种振动偶极矩与光波电磁场的相互作用引起能量交换，发生光波的非弹性散射。

从量子观点来看，拉曼散射过程与能级跃迁有关。当介质分子处于低能级 E_1（或高能级 E_2）并受到频率为 ν_0 的入射光子作用时，介质分子可以吸收这个光子，跃迁到某个虚能级，随后这个虚能级上的分子便向下跃迁，回到它原来的能级，伴随着发射出一个与入射光频率相同的光子（方向可能改变），这就是瑞利散射过程。而拉曼散射的斯托克斯过程，与瑞利散射不同，区别是分子从虚能级向下跃迁时回到了较高的能级 E_2，并伴随着一个光子发射。这个光子的频率 ν_s 与入射光子相比红移了 $\Delta\nu$，其数值相当于两个能级的能量差 $h\Delta\nu = E_2 - E_1$。拉曼散射的反斯托克斯过程特点是，如果介质原来处于较高的能级 E_2，那么吸收频率为 ν_0 的光子跃迁到一个较高的虚能级后，分子向下跃迁回到了低能级 E_1，同时发射一个频率蓝移了的散射光子，频移量 $\Delta\nu$ 仍然符合 $h\Delta\nu = E_2 - E_1$ 的能量守恒关系。

非弹性散射一般极其微弱，以往研究极少，只有在出现激光器这样的强光源之后，这一新的研究领域才获得很大的发展。由于拉曼散射和布里渊散射中散射光的频率与散射物质的能态结构有关，研究非弹性光散射已经成为获得固体结构、点阵振动、声学动力学以及分子的能级特征等信息的有效手段。此外，受激拉曼散射还为开拓新的相干辐射波长和可调谐相干光源开辟了新的途径。激光散射是到目前为止该领域的研究中比较简单且非常有效的表征手段。

6.2.3.4 光散射在聚合物共混中的应用

用于研究高聚物共混物相行为的实验方法包括最初的黏度法、浊度法以及后来的荧光法、散射法（包括激光散射、中子散射、X 射线散射）、光学显微流变法等。时间分辨激光光散射技术（Time Resolved Light Scattering）可以应用于研究球晶生长速率、聚合物拉伸变形、球晶变形、晶区的取向、液晶的结构和性质及共混物相分离机理等动态行为的研究。此外，时间分辨光散射技术能用于研究高聚物内部的应力松弛，它同时也成功地用于研究含液晶高分子体系相分离机理及其相态转变的研究中。

在研究高聚物共混物相行为方面，一般采用透射电镜（TEM）和扫描电镜（SEM）及图样处理等方法，但它们反映的区域有限，偶然性很大，并且实验环节中引入的误差因素较多，不能很好地反映聚合物共混物相行为的这种非均匀性，因此不能作为控制聚合物共混物相行为的有力依据，而光散射对均性差的体系（如聚合物共混物），可以采用统计的方法加以处理，以散射光强对散射角度的依赖性来定量地表征共混材料相行为的非均匀性，从而能更全面、更准确地把握聚合物共混体系的相行为。

A 光散射的理论基础

光散射图样的实质是物质真实空间结构的 Fourier 变换，即它在 q 空间的表示。鉴于

在 q 空间中定义距离所用单位是长度的倒数，所以又称为倒易空间或 Fourier 空间。SALS（小角激光光散射）是研究宏观结构在倒易空间内对应的散射图样的重要工具。

弹性散射亦称经典散射或静态光散射，散射中没有频率位移和能量损失，在散射成分中占绝大部分。该理论经历了由 Rayleigh 理想气体光散射理论、Einstein 密度涨落的纯液体光散射理论，到 Debye 浓度涨落的高分子溶液及 Debye-Bueche 的非均固体光散射理论等几个发展阶段。其中 Debye-Bueche 的非均固体光散射理论大致有两种：一种是针对球晶或其他部分有序的样品进行描述的模型理论；另一种是针对各向同性非均匀体系研究极化率起伏的统计理论。

a　Debye-Bueche 散射公式

Debve-Bueche 非均固体光散射理论是基于瑞利散射采用统计理论导出的。具体推导过程如下：当电磁波进入一物体时，物体中的电子就受到作用力 eE，这时电子的运动满足牛顿定律：

$$m \frac{\mathrm{d}^2 x}{\mathrm{d}t^2} + kx = eE \qquad (6\text{-}23)$$

式中，E 为电子运动的位置量；m 为质量；k 为力常数。

上面方程的解为：

$$x = x_0 \mathrm{e}^{i(\omega t - \phi)} \qquad (6\text{-}24)$$

$$x_0 = \frac{eE_0}{k - m\omega^2} = \frac{eE_0}{m(\omega_0^2 - \omega^2)} \qquad (6\text{-}25)$$

式中，ω_0 为共振频率，$\omega_0 \sqrt{\frac{k}{m}}$。

当 $\omega \ll \omega_0$ 时为瑞利散射，一个体系的散射振幅为：

$$E_s = KF = K \sum_j \alpha_j \mathrm{e}^{ik(s \cdot r_j)} \qquad (6\text{-}26)$$

其中，K 为常数；F 为结构因子，即：

$$F = \sum_j \alpha_j \mathrm{e}^{ik(s \cdot r_j)} \qquad (6\text{-}27)$$

各体元处的极化率可写作平均极化率 α_0 加上对该平均值的偏离起伏 $\Delta \alpha_j$，即：

$$\alpha_j = \alpha_0 + \Delta \alpha_j \qquad (6\text{-}28)$$

若考虑一个连续的体系，以表示，将式（6-28）代入式（6-26）中，则散射强度可表示为：

$$I_s = \iint \eta(r_j) \eta(r_m) \mathrm{e}^{ik(s \cdot r_{mj})} \mathrm{d}r_j \cdot \mathrm{d}r_m \qquad (6\text{-}29)$$

为了计算方便，引入相关函数，定义如下：

$$\gamma(r_{mj}) = \frac{\langle \eta(r_j) \eta(r_m) \rangle r_{mj}}{\overline{\eta^2}} \qquad (6\text{-}30)$$

其中，$\overline{\eta^2}$ 是极化率的均方起伏，符号 $\langle \rangle r_{mj}$ 表示对所有用向量 r_{mj} 连接的体元对取平均。

把相关函数引入式（6-29）中，并假定体系具有球形对称，得到：

$$I_s = 4\pi KV_s \overline{\eta^2} \int_0^\infty \gamma(r) \frac{\sin(hr)}{hr} r^2 dr \qquad (6-31)$$

这就是 Debye-Bueche 散射公式。其中，V_s 为散射体积；h 为散射矢量，$h = (4\pi/\lambda)\sin(\theta/2)$（$\theta$ 为散射角），由此式可知，散射强度正比于 $\overline{\eta^2}$ 并与 $\gamma(r)$ 有关。

b 相结构的表征参数

（1）积分不变参量 Q。

Debye-Bueche 非均匀固体光散射理论是基于瑞利散射采用统计理论导出的。具体推导过程如下：

$$\gamma(r) = \frac{C}{\overline{\eta^2}} \int_0^\infty I(h) \frac{\sin(hr)}{hr} h^2 dh \qquad (6-32)$$

当 $r = 0$ 时，$\gamma(0) = 1$，则有：

$$\overline{\eta^2} = C \int_0^\infty I(h) h^2 dh \qquad (6-33)$$

设：

$$Q = \int_0^\infty I(h) h^2 dh \qquad (6-34)$$

Q 称为积分不变量。因此通过实验测定散射光强的角分布 $I(h)$，就可以算出积分不变量 Q。Q 可用来表征均方起伏 $\overline{\eta^2}$。

（2）相关距离 a_c。

通常相关函数具有指数形式：

$$\gamma(r) = e^{-r/a_c} \qquad (6-35)$$

式中，a_c 称为相关距离。图 6-15 是起伏 η 随 r 变化示意图，a_c 便是这种起伏周期变化的平均值。于是，体系的结构状况可用反映极化率大小的量 $\overline{\eta^2}$ 和变化周期的平均值 a_c 来表征，正是它们决定着散射的强弱和角度依赖性。

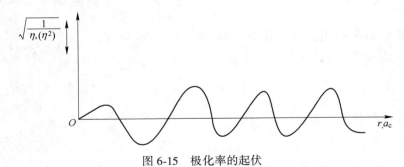

图 6-15 极化率的起伏

将式（6-35）代入 Debye-Bueche 公式，得：

$$I_s(h) = K \frac{a_c^3}{(1 + h^2 a_c^2)^2} \qquad (6-36)$$

即：

$$\frac{1}{[I_s(h)]^{1/2}} = \frac{1}{Ka_c^3}(1 + h^2a_c^2)\qquad(6\text{-}37)$$

以 $[I_s(h)]^{1/2}$ 对 h^2 作图，应得一直线，其斜率与截距之比即为 a_c。

实际上，在 h^2 较小和较大处分别可以得到两条直线，将 h^2 较小处得到直线的斜率与截距之比的开方定义为 a_{c1}，在 h^2 较大处得到直线的斜率与截距之比的开方定义为 a_{c2}（图 6-16）。

Bauer 和 Pillai 给出了 a_{c1} 和 a_{c2} 的物理意义，如图 6-17 所示。图中 a_{c2} 代表分散相的尺度，a_{c1} 则代表相间的距离。Khambatta 等指出对于体系中的球形分散相粒子，$a_c = 4R/3$（R 为粒子半径），对于浓的非均相体系，a_c 代表其中各组分平均尺寸，它不仅仅与粒子大小有关，而且依赖于离子间距等结构因素。

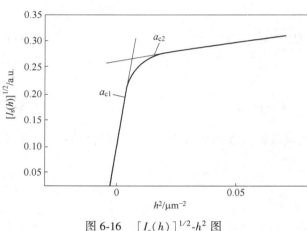

图 6-16　$[I_s(h)]^{1/2}$-h^2 图

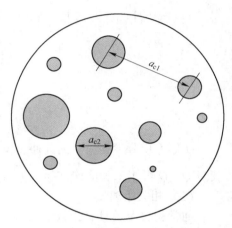

图 6-17　a_{c1} 和 a_{c2} 的物理意义

（3）平均弦长 L。

平均弦长的物理意义如图 6-18 中显示的横穿黑（白）相的黑（白）割线部分的平均长度。

Porod 和 Kratkyr 指出，平均弦长与相关距离 a_c 有关。分散相中的平均弦长为：

$$\overline{L_1} = \frac{a_{c1}}{\phi_2}\qquad(6\text{-}38)$$

连续相中的平均弦长为：

$$\overline{L_1} = \frac{a_{c2}}{\phi_1}\qquad(6\text{-}39)$$

式中，ϕ_1、ϕ_2 分别为两相的体积分数。

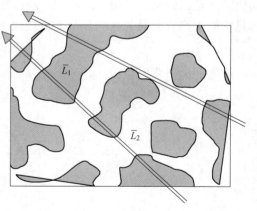

图 6-18　两相体系中的割线示意图

B　光散射的应用

a　动态光散射研究聚合物共混中的相分散过程

在研究聚合物共混过程中相形态的发展时，通常使用中间出料或少量采样，但不能进行实时监控。用在线光散射法实现了对共混过程的结构进行在线检测分析。下面以 PP（聚丙烯）/PS（聚苯乙烯）为例运用在线光散射研究其相分散。

（1）使用 CCD 采集共混过程中的光散射过程，在计算机中保存。

（2）使用截图软件（HyperSnap-DX V6.01.01Final），对光散射录像片段进行截图，如图 6-19 所示。

（3）使用编制的软件 ProSIP（SALS Image Processor），经过处理得到积分强度和 I-θ 曲线（图 6-20），按 Debye-Buech 光散射理论分析，求出各参数。

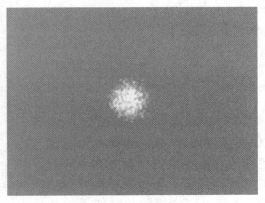

图 6-19　光散射图样

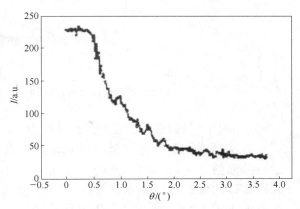

图 6-20　经过 ProSIP 软件处理后得到的 I-θ 曲线

由 I-θ 曲线数据及前述可求出表征相结构的参数 Q、a_{c1}、a_{c2}、L_1、L_2，从而反映共混体系的相结构演变的过程。

b　静态光散射研究聚合物共混的相分离

PS/PVME（聚苯乙烯/聚乙烯基甲基醚）体系的相图是典型的 LCST（下临界溶解温度）类型，在程序升温时其分相按照旋节分离机理进行。采用温度跃变散射法可以研究其在静态下的相分离动力学过程。实验中采集到的散射图样如图 6-21 所示。图 6-22 则是将这些图样及数据处理后获得的散射函数（I-h）随时间变化的规律。

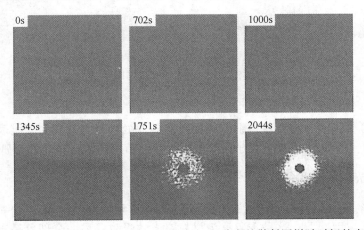

图 6-21　温度跃变后，PS/PVME 发生 SD 相分离的散射图样随时间的变化

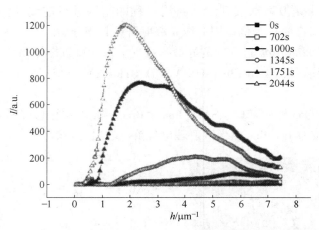

图 6-22   散射图样经数据处理后得到的散射函数随时间的变化规律

c   静态光散射研究聚合物的结晶行为

图 6-23 是 iPP（等规聚丙烯）球晶的光散射图样（图中 Vv 散射是指起偏镜与检偏镜的偏振方向均为垂直方向，Hv 散射是指起偏镜与检偏镜的偏振方相互垂直，并且检偏镜的偏振方向为水平方向）。利用光散射装置可以研究聚合物结晶在受热或剪切应力作用下结晶行为的变化规律，还可以进行含结晶聚合物的共混体系的相行为的研究。

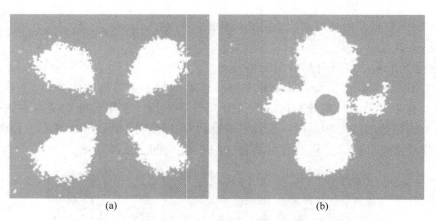

图 6-23   iPP 球晶的光散射图样

(a) Hv；(b) Vv

另外，还可根据实际需要将散射图样用数字图像处理技术处理为三维表面图以及等高线图（图 6-24），这样便可以更加方便直观地对微观形态的各向异性进行研究。

6.2.4   材料对光的吸收和色散

光进入材料后，除传播方向改变（折射）外，还会发生两种变化：一部分光能量被材料吸收，使光强度减弱，这种现象称为材料对光的吸收；另一个现象是光在材料中的传播速度比在真空中小，而且传播速度与波长有关，这种现象称为光的色散。

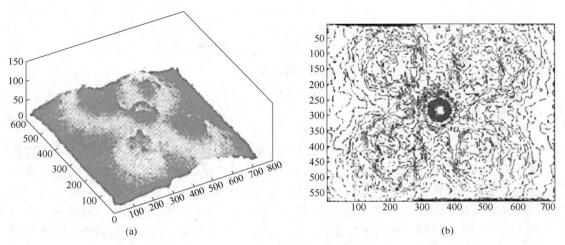

图 6-24　HDPE 球晶 Hv 散射图样

（a）三维表面图；（b）等高线图

6.2.4.1　光的吸收

A　吸收系数与吸收率

如图 6-25 所示，平行光束在厚度为 l 的均介质中通过一段距离 l_0 以后，光强度由起始强度 I_0 减弱为 I，再通过一个薄层 dl，强度变为 $I+dI$，则有：

$$dI/I = -\alpha dl \tag{6-40}$$

式中，α 为吸收系数，表示光通过单位距离后的能量损失比例，由于光强随 l 增加而减弱，所以用负号表示。当波长一定时，吸收系数是与介质性质有关的常数。

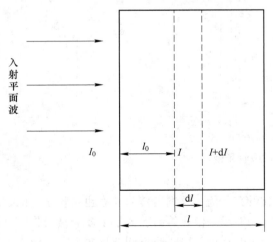

图 6-25　光的吸收

对式（6-40）取积分，得：

$$\ln I - \ln I_0 = -\alpha l, \quad I = I_0\, e^{-\alpha l} \tag{6-41}$$

上式称为朗伯（Lambert）定律。朗伯定律表明，材料越厚，光被吸收得越多，透过后光强度越小。当 $\alpha l \ll l$ 时，则上式可近似为：

$$\alpha l = (I_0 - I)/I_0 \tag{6-42}$$

表示经过厚度为 l 的材料后光强被吸收的比率，取 $\alpha l = A$，A 称为吸收率。

若光通过的介质为稀薄溶液，吸收系数与溶液中吸收中心分子的浓度 C 成正比，即 $a = \alpha C$，α 为与浓度无关的常数。朗伯定律可改写为：

$$I = I_0 e^{-\alpha Cl} \tag{6-43}$$

上式称为比尔（Beer）定律。

B 吸收光谱

材料的吸收系数与波长相关，在特定的波长范围内，材料的吸收系数几乎不变，这种现象称为"一般吸收"。而在另一个波长范围内，同一材料的吸收率随波长变化快速提高，称为"选择吸收"。任何物质都存在这两种形式的吸收，但出现的波长范围不同。这可以解释物质在某一波长透明，而在另一波长范围内不透明的现象。用发射连续光谱的白光源发光，经分光仪器分解出单色光束，使光束通过待测材料，可以测量波长与吸收系数的关系，得到波长吸收系数的谱图，该图谱称为吸收光谱。图 6-26 和图 6-27 分别给出了金刚石和石英从紫外到远红外之间的吸收光谱。由图可见，金刚石和石英这两种电介质材料的吸收区都出现在紫外和红外波长范围。它们在整个可见光区，甚至扩展到近红外和近紫外都是透明的，是优良的可见光区透光材料。

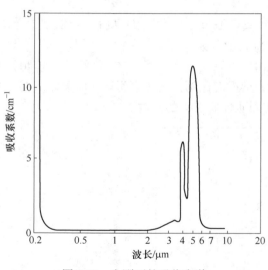

图 6-26 金刚石的吸收光谱

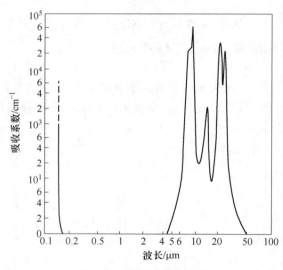

图 6-27 石英的吸收光谱

光可以看成是量子化的粒子流，材料的能量状态也是量子化的。只有当入射光子的能量与材料的某两个能态之间的能量差值相等时，光量子才能被吸收，材料中的电子从较低能态跃迁到较高能态。不同能态的跃迁可以吸收不同波长的光子，形成吸收光谱的复杂结构。

6.2.4.2 光的色散

光在介质中的传播速度或折射率随波长改变的现象称为色散现象。当一束白光斜射到两种均匀介质的界面时发生折射。由于不同光有不同波长及折射率，折射光束被分散成按红、橙、黄、绿、青、蓝、紫顺序排列的彩色光带，这是色散的结果。光的色散可以分为正常色散和反常色散。在给定波长的情况下，材料的色散用固定波长下的折射率表示。色散系数：

$$\gamma = (n_D - 1)/(n_F - n_C) \tag{6-44}$$

式中，n_D、n_F、n_C分别为以钠的 D 谱线、氢的 F 谱线和 C 谱线为光源测得的折射率。由于光学玻璃一般都有色散现象，因此制成的单片透镜成像不清晰，若选择不同的光学玻璃，组成复合镜头，可以消除色散，称为色差镜头。

A 正常色散

图 6-28 所为几种材料的色散曲线。在可见光波段，通过棱镜研究不同波长各种光学材料的色散曲线，总结出的基本规律，通常被认为是正常色散下的基本规律。它包括以下几方面。

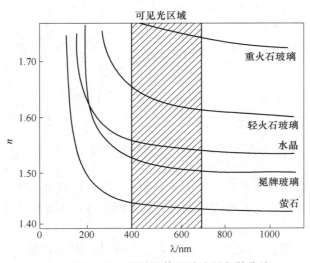

图 6-28 几种晶体和玻璃的色散曲线

（1）对同种材料，波长越短折射率越大；

（2）折射率随波长的变化率（$dn/d\lambda$）称为色散率，波长越短色散率越大；

（3）同一波长下，不同材料中折射率越大，色散率越大；

（4）不同材料的色散曲线之间没有简单的数量关系。

正常色散曲线的表达式为：

$$n = A + B/\lambda^2 + C/\lambda^4 \tag{6-45}$$

上式称为科希（Cauchy）公式。A、B、C 分别表示材料的特性常数。在材料的测试中，测量三个已知波长的 n 值，代入方程求 A、B、C 三个常数值即可。一般情况下，第三项可以省略，简化为：

$$n = A + B\lambda^2 \tag{6-46}$$

再对波长求导，得到材料的色散率：

$$dn/d\lambda = -2B/\lambda^2 \tag{6-47}$$

这表明，色散率近似地与波长的立方成反比。譬如，在 400nm 的色散率大约为 800nm 处的 8 倍。式中的负号与色散曲线中所见到的负斜率一致。

B 反常色散

反常色散与正常色散不同，如果对石英之类的透明材料，把测量波长延伸到材料的吸收带附近时，得到的色散曲线偏离科希公式。色散曲线发生了不连续，吸收带附近长波一侧比短波一侧折射率大，这种在经过吸收带时不符合科希公式的现象称为反常色散。

从图 6-29 中看出，随波长增加，开始时色散曲线符合科希公式，但从接近吸收带的一点开始，折射率急剧下降，直至进入吸收区；离开吸收区后，折射率从高点迅速下降，然后缓慢降低，离开吸收区一段后，又符合科希公式。

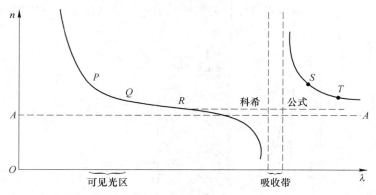

图 6-29　石英等透明材料在红外区的反常色散

许多材料在遇到吸收带时都会有这种色散曲线不连续的性质。事实上，色散曲线有突变乃是许多材料的普遍性质，这种突变根据材料的不同会在可见光区、紫外区或其他波长区间出现。

在一种光学材料的全部波长谱图中，存在多个吸收带，因此表现为一系列的反常色散区和正常色散区交替出现的曲线。

6.2.4.3 吸收和色散的关系

经典色散理论用阻尼受迫振子模型来解释介质的色散曲线，特别是色散曲线在吸收带两侧发生突变的特征。这个模型将介质原子的电结构看成正负电荷之间用无形弹簧束缚在一起的振子。在光波电磁场作用下，正负电荷发生相反方向的位移，并跟随光波的频率作受迫振动。受迫振动的相位与光波电矢量振动的频率和振子固有频率均相关。此外，作受迫振动的振子也可以作为电磁波的波源，发射电磁次波（散射波）。在固体材料中，这种散射中心的密度很高，多个振子的干涉使次波仅能沿原入射光波方向传播。但根据波的叠加理论合成波的相位与入射波不同。它不仅与入射光波频率有关，而且与振子的固有频率也相关，所以介质中的光速与波长、材料固有振动频率均相关。

根据阻尼受迫振动模型，求得材料对光的折射率 n 和吸收系数的表达式为：

$$n = 1 + (2\pi Ne^2/m_e)(\omega_0^2 - \omega^2)/[(\omega_0^2 - \omega^2)^2 + \gamma^2\omega^2] \tag{6-48}$$

$$\alpha = [4\pi Ne^2/(m_e c)](\gamma^2\omega^2)/[(\omega_0^2 - \omega^2)^2 + \gamma^2\omega^2] \tag{6-49}$$

式中，N 为材料的原子密度；e 为电子电荷；m_e 为电子质量；$\omega_0 = 2\pi\nu_0$，ν_0 为材料中振子的固有频率；$\omega = 2\pi\nu$，ν 为光的频率；γ 为振子的阻尼系数。

上面的规律表示在图 6-30 中它反映出在吸收带 ω_0 的两侧发生突变。反常色散曲线的陡峭程度与吸收谱线的宽度有关。如果材料有多个吸收带，相当于存在多种固有频率的振子。将上述两式改为对多个振子的求和，结果可以解释有多个吸收带时介质的色散曲线。

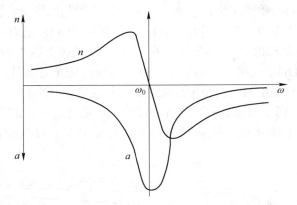

图 6-30　经典色散理论推得的折射率与吸收系数曲线

6.2.5　材料的透射

入射到材料表面的光除被反射、吸收散射外，还有一部分会透过介质。用透光率表示光能通过材料后剩余光能所占的百分比。透光率用式（6-50）表示：

$$I/I_0 = (1-m)2e^{-(\alpha+s)x} \tag{6-50}$$

式中，I 和 I_0 分别为透过光强度和入射光强度；α 为吸收系数；m 为反射系数；s 为散射系数；x 为材料的厚度。吸收系数、反射系数、散射系数与光的波长、材料的化学组成和微观结构以及杂质缺陷等有关。

金属对可见光是不透明的，其原因在于金属的电子能带结构的特殊性。在金属的电子能带结构中（图 6-31），费米能级以上存在许多空能级，当金属受到光线照射时，电子容易吸收入射光子的能量而被激发到费米能级以上的空能级上。研究证明，只要金属箔的厚度达到 0.1μm，便可以吸收全部入射的光子。因此，只有厚度小于 0.1μm 的金属箔才能透过可见光。由于费米能级以上有许多空能级，因而各种不同频率的可见光，即具有各种

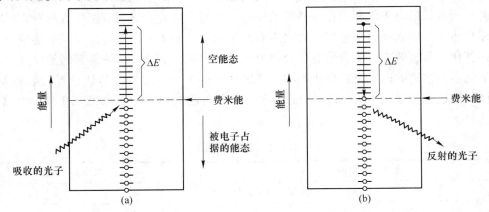

图 6-31　金属吸收光子后电子能态的变化

（a）吸收的光子；（b）反射的光子

不同能量（ΔE）的光子都能被吸收。事实上，金属对所有的低频电磁波（从无线电波到紫外光）都是不透明的，只有对高频电磁波 X 射线和 Y 射线才是透明的。

　　大部分被金属材料吸收光又会从表现上以同样波长的光波发射出，如图 6-31（b）所示，表现为反射光，大多数金属的反射系数在 0.9~0.95 之间。还有一小部分能量以热的形式损失掉了。利用金属的这种性质往往在其他材料衬底上镀上金属薄层作为反光镜（Reflector）使用。图 6-32 是常用金属膜的反射率与波长的关系曲线。肉眼看到的金属颜色不是由吸收光的波长决定的，而是由反射光的波长决定的。在白光照射下表现为银色的金属（如银、铝），表面反射出来的光是各种波长的可见光组成的混合光。其他颜色的金属（如铜为橘黄色，金为黄色）表面反射出来的可见光中，以某种可见光的波长为主，构成其金属的颜色。

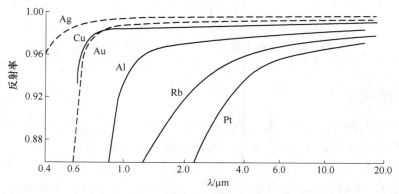

图 6-32 　金属膜反射镜的反射率与波长的关系

6.3　材料颜色形成的化学机理

6.3.1　颜色的形成

　　在可见光区，不同波长的光显现出不同的颜色。材料的颜色是由物质对光的吸收、材料发射不同波长的电磁波和光在传播时的反射、透射、偏转、散射等物理过程对人视觉感应的综合体现。影响材料颜色的主要因素有原子激发、分子振动、过渡金属的能级在配位场中的变化、共轭效应、混合价态化合物电荷转移效应、电子在固体能带间的跃迁等。若分别从化学和物理的因素进行分析归纳，考虑什么样的化学结构会导致选择吸收和发光，什么样物理过程会使光在传播中出现颜色，可将颜色的起因分成如表 6-1 所示的 15 种类型。

表 6-1 　颜色的起因

颜色起因机理	实　　例
原子激发和分子振动	
固体高温加热白炽化	火焰、灯光、碳弧
气态原子或分子激发	气体激光、闪电、极光

续表 6-1

颜色起因机理	实　例
分子的振动和转动	水和冰显淡蓝色
配位场效应下的电子跃迁	
过渡金属元素化合物	激光、荧光、磷光体
过渡金属元素掺杂到晶体中	红宝石（$Al_2O_3:Cr^{3+}$）
电子在分子轨道间跃迁	
有机化合物	有机染料、某些生物体显色
电荷转移	普鲁士蓝、磁铁矿
电子在固体能带间跃迁	
金属	铜、银、金、黄铜
纯半导体	硅
掺杂或激活的半导体	发光二极管、某些激光或磷光体
色心	紫晶、某些荧光与激光
几何或物理光学因素	
色散的折射、偏振等	虹、晕
散射	蓝天、晚霞
干涉	水面上彩色油墨、肥皂泡
衍射	衍射光栅、液晶、光轮

6.3.2　变色材料

当材料受到外界光、热、电等激发源作用后改变颜色，这种材料称为变色材料。按激发源不同可分为光致变色材料、热致变色材料、电致变色材料、压致变色材料等。

6.3.2.1　光致变色材料

A　光致变色成像原理

这类化合物在受到一定波长的光照射时，能够发生颜色（或光密度）的变化，而在另一波长的光的作用下，它们又会恢复到原来的颜色（或光密度），这种现象叫作光致变色现象。这些化合物称为光致变色化合物，可用以下通式表示：

$$A \underset{h\nu_1 \text{ 或 } \Delta T}{\overset{h\nu_1}{\rightleftharpoons}} B$$

光致变色化合物的消色途径除光消色外，还可以通过热消色。

B　光致变色材料的种类

光致变色一般分为两类：一类是在光照下，材料由无色或浅色转变成深色，称为正性光致变色；另一类是在光照下材料的颜色从深色转化成无色或浅色，称为逆光致变色。这种划分方法只是相对而言的。

光致变色材料分为无机光致变色材料和有机光致变色材料。

有机光致变色材料有螺环烃类（如螺吡喃、哚啉螺吡喃、N-烷基-吲哚啉-硝基苯并螺吡等）、缩苯胺衍生物（其通式为 R-CH＝NR′ 类化合物）、染料类（如芳香偶氮化合物、靛蓝染料、三芳基甲烷染料等)、邻-硝基共基衍生物 (O-Nitobenzgl, 如 2,6-双-4′叠氮苄叉环己酮) 等。

无机光致变色材料有金属卤化物 (如卤化银晶体分散在玻璃中制成的变色眼镜, AgI 和 HgI_2 的混合晶体等)、金属羰化物 (如 $Mo(CO)_6$、$W(Co)_6$、$Cr(Co)_6$ 等。

无机材料的变色过程大多为物理过程, 有机材料变色过程除物理过程外, 还包括互变异构、化学键裂解等与光有关的化学过程。例如, 无色的有机物 A 在紫外光辐照下变成橙色的结构 B, 其结构式变化如图 6-33 所示。这种材料可用于印制防伪商标。

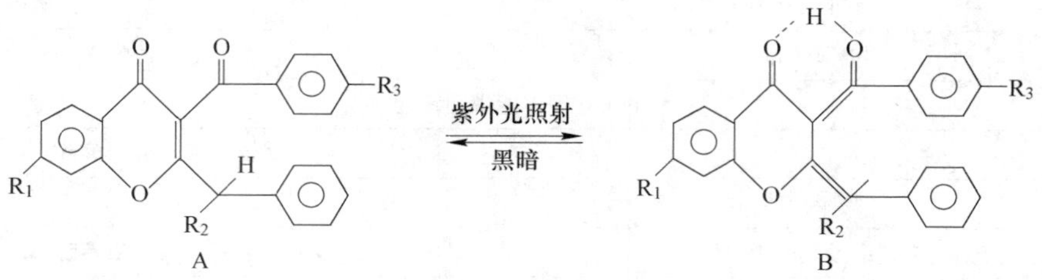

图 6-33　有机物在光合作用下的结构转变

C　光致变色材料的应用

20 世纪 80 年代初陆续合成具有新型功能的光致变色化合物, 具有广泛的应用, 包括: 信息存储和记录、光能转换、视觉转换、照射密度的调控与测量、计算机元件的制造、光致变色染料以及变色太阳镜。

6.3.2.2　热致变色材料

A　热致变色材料的变色机理

物质在不同温度下发生颜色改变的现象称为热致变色。引起热致变色的原因有多种, 如在不同温度下, 配位体几何构型或配位数发生变化, 或者是分子结构变化, 晶型转变结构改变等。例如, Ge-Te 元素化合物, 当将其从室温加热到 200℃ 时, 其晶型由玻璃态向金属结构转变, 导电率迅速上升, 自身的颜色跟着发生变化; VO_2 在 68 ℃ 以上时, V^{4+} 的位置发生改变, 由半导体向金属转移, 颜色变暗, 可以利用这种特性来制造内含 VO_2 的调光玻璃。热致变色材料还可以用于制作示温涂料、热变色墨水、变色服装, 目前已有变色 T 恤面市, 在太阳光照射下, 它可以随温度的不同而变换颜色。

温度改变时, 晶体中离子的热运动引起的结构变化以及金属粒子位置变化等, 均会使材料的颜色改变。此外, 材料受光照和受热两种因素的作用, 导致化学键断裂, 通常也会使材料的颜色改变。

B　热致变色材料的分类

热致变色材料主要按组成材料的物质种类分为热致变色无机材料和热致变色有机材料; 或按变色方式分为可逆热致变色材料和不可逆热致变色材料, 后一种分类方法比较常见。

可逆热致变色材料的颜色随温度变化关系可用下式表示:

$$颜色\ A \underset{冷却}{\overset{加热}{\rightleftharpoons}} 颜色\ B$$

由少数物质如液晶及多种氧化物组成的多晶体等，随温度改变可产生多种颜色的可逆变化：

$$颜色 A \underset{冷却}{\overset{加热}{\rightleftharpoons}} 颜色 B \underset{冷却}{\overset{加热}{\rightleftharpoons}} 颜色 C \underset{冷却}{\overset{加热}{\rightleftharpoons}} \cdots$$

可逆热致变色是相对于不可逆热致变色而言的，经常是有条件的。例如：

$$Cu_2HgI_4(\alpha，红色) \underset{冷却}{\overset{加热}{\rightleftharpoons}} BCu_2HgI_4(\beta，红色)$$

在 100℃ 以下比较稳定，可反复变色数百次。当温度高于 200℃ 时，该物质有明显的分解现象，即：$Cu_2Hg I_4(s) \rightleftharpoons 2CuI(s) + HgI_2(g)$，从而表现为不可逆热致变色材料。因而，所谓可逆热致变色材料均是在有限的温度范围而言的。

大部分可逆热致变色材料在其变色可逆性上均有一定的滞后现象，即升温变色温度通常高于降温变色温度。沸后现象的程度取决于材料的性质、升温速率和达到的最高温度等因素。

C 热致变色材料的应用

热致变色材料已在航空航天、石油化工、机械、能源利用、化学防伪、日用品装饰和科学研究等方面获得广泛应用。例如，无机低温热变色材料具有随温度变化颜色改变的特性，可将其涂在商标、封签、票据等上面，做上特殊的标记，根据其受热后颜色的变化便可达到识别真伪的目的。再如，Ag_2HgI_4 和 Cu_2EgI_4 以不同比例形成的固溶体，其变色温度可以在 30~70℃ 内选定，被用作放热反应体系滴定的指示剂。又如，日本研制的可逆型热致变色记录纸，用热打印头打印立即产生深黑色，并能在 12h 内完全退掉，可反复使用。另外，将热致变色材料涂于两块玻璃之间，随温度变化可调节透光率，有可能作为廉价、无毒的太阳能建筑新材料。

6.3.2.3 电致变色材料

电致变色材料是在外电场作用下颜色发生可逆变化的材料。其显色和消色过程伴随电子转移和材料中电中性的离子传导。电致变色材料一般均为过波金属氧化物，在一定电场下发生氧化还原，出现混合价态离子而显色。这类材料有氧化还原型聚合物、有机金属配位化合物、导电聚合物等。

无机电致变色材料的变色原理可分为阴极着色和阳极着色。

阴极着色反应式为：

$$MO_y + xA^+ + xe \rightleftharpoons A_xMO_y \quad (0 \leq x \leq 1) \tag{6-51}$$

式中，MO_y 是金属氧化物（无色）；M 具有较高的氧化态；A^+ 是插入的正离子（如 H^+、Li^+ 等）；产物 A_xMO_y（着色）中，M 的氧化态降低了。这类材料一般是 W、Mo、V、Nb 等氧化物。

阳极着色反应式为：

$$MO_y + xA^- - xe \rightleftharpoons A_xMO_y \quad (0 \leq x \leq 1) \tag{6-52}$$

或

$$MO_y - xA^+ - xe \rightleftharpoons A_xMO_y \quad (0 \leq x \leq 1) \tag{6-53}$$

式中，金属氧化物中 M 的氧化态较低；A^- 是插入的负离子（如 OH^-、F^-、CN^- 等）；产

物 $A_x MO_y$（着色）中，M 的氧化态升高了。这类材料一般是 Ir、Ni、Rh、Co 等氧化物。

对于有机变色材料（特别是高分子材料），其变色机理与无机材料不同，它主要是由掺杂引起的，反应式为：

$$M + mX^{p+} + mpe \Longleftrightarrow MXm \tag{6-54}$$

式中，M 为聚合物；X 为掺杂的正离子；p、m 为 1、2、3 等正整数。该化学反应为可逆过程，随着电压的变化，共轭高分子由绝缘态变为导电态，颜色也随之发生变化。

选择的变色材料主要有无机材料（WO_3、MoO_3、Nb_2O_5、TiO_2、Ta_2O_5、V_2O_5 及其掺杂氧化物）和有机材料（普鲁士蓝系列导电聚合物、金属酞花青等），如表 6-2 所示。

表 6-2　电致变色材料的类型和应用

种　类	成　分	应　用
过渡金属氧化物	V_2O_5、Nb_2O_5、$Ir(OH)_3$、Mo_3、WO_3 非氧化物	灵巧窗、卫星热控制电致变色涂写纸
普鲁士蓝系列	$[Fe^{III} Fe^{II}(CN)_6]^-$（普鲁士蓝）	显示屏
	$[Fe^{III} Fe^{III}(CN)_6]$（普鲁士棕）	
	$[Fe^{III} \{Fe^{III}(CN)_6\}_2 \{Fe^{II}(CN)_6\}_2]^-$（普鲁士绿）	
	$[Fe^{III} Fe^{II}(CN)_6]^{2}$（普鲁士白）	
导电聚合物	PPy、PTh、Pan	灵巧窗和显示屏
过渡金属和镧系的配合化合物以及金属聚合物	金属杂化物、亚硝酰基钼的含氧化合物、$poly^-$、$[Ru^{II}(vbpy)_2(py)_2]Cl_2$	可转换旋光镜、近红外转换开关
金属酞花菁	$[Lu(Pc)_2]$	电致变色显示屏
Viologens	1,1′-双取代-4,4′-联吡啶盐	汽车的后室旋光镜和显示屏

6.3.2.4　压致变色材料

压致变色材料随压力的变化而显现不同的颜色。在一些材料中，压力的增加缩短了原子间的距离，增强配位场的强度，使混合价态化合物电荷转移或电子在能带间跃迁等，从而使材料颜色发生变化。

例如，含 Cr_2O_3 60%、Al_2O_3 40%（均为质量分数）的混晶体，加压会使它的颜色从灰色变成红色。又如，硫化钐（SmS）在常压下呈黑色，当压力增加到 6.3×10^8 Pa 时，体积突然收缩 12%，这时，Sm^{2+} 的电子组态从 $4f^6$ 变为 $4f^5$ 的 Sm^{3+}，有一个电子进入导带，颜色由黑色变成金色。

压致变色材料在某些领域已经得到应用，比如压控调光玻璃、压敏除料、压致变色防伪技术等，已显示出一定优越性。

6.4　材料的光发射和受激辐射

用光的波粒二象性、电磁波和光子的动量和能量理论，可以解释光传播中的各种现象，光和物质相互作用使材料产生光吸收和光发射的基本过程。当材料吸收能量后，以一定方式发射光子的过程就是材料的光发射。

固体材料的发光可以分为两个微观过程。首先是采用各种的方法将能量输入材料中，使固体材料中的电子能量从基态跃迁到激发态。由于处于激发态的电子处于非平衡状态，因此激发态电子会向低能态跃迁，并放出光子。通常材料中存在多个低能态，会产生不同的跃迁途径，因此材料有可能会发射多种频率的光子。通常发射光子和激发光子的能量并不相等，后者能量一般大于前者。但若两种光子能量相等，则发出的辐射称为共振荧光。

6.4.1 能量注入

材料中的电子从基态跃迁到激发态要注入能量。注入能量的方式很多，如通过光辐照将材料中的电子激发而导致的发光称为光致发光；通过施加强电场或者从外电路将电子注入到半导体的导带，导致载流子复合而发光称为电致发光；利用高能量的电子轰击材料，使材料中的电子多次散射碰撞，材料中的发光中心被激发或电离而发光称为阴极射线发光。

6.4.2 材料的发光

发光材料一般以合适的基质作为主体材料，掺入微量杂质作为激活剂，此外有时还需加入一些助熔剂。发光材料的主体基质主要为无机化合物，通常以多晶粉末、单晶或隔膜的形式使用。激活剂是掺入主体材料中的微量杂质，一般起发光中心的作用，或改变发光体的导电类型。助熔剂也是掺入的一种杂质，可以促进材料的结晶或与激活剂匹配（调整点阵中的电荷量）。

评价材料发光特性的主要方面有发射光谱、激发光谱、发光寿命、发光效率等。

6.4.2.1 发射光谱

发射光谱是在一段连续波长范围内、一定的激发条件下发光光强的分布。由于材料本身的能量结构不同，发射光谱呈现不同的谱带形状，常见的有线状谱带、宽谱带以及宽谱带交叠形成的连续谱带。图 6-34 所示的 $Y_2O_2S:Tb^{3+}$ 发射谱呈现复杂的谱线结构。它由于同时可发绿色光和蓝色光，常被选作黑白电视显像材料。

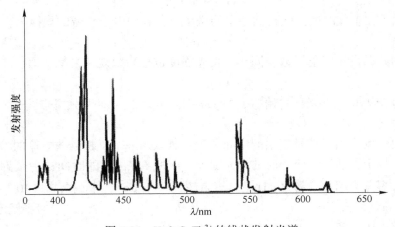

图 6-34 $Y_2O_2S:Tb^{3+}$ 的线状发射光谱

6.4.2.2　激发光谱

激发光谱是指材料发射某一特定谱线（或谱带）的发光强度随激发光的波长而变化的曲线。能够引起材料发光的激发波长也一定是材料可以吸收的波长。材料吸收光后，可以发射光也可以将吸收的能量转化为热能耗散掉，因此激发光谱与吸收光谱并不完全相同。但是，吸收光谱和激发光谱都能反映出材料电子从基态跃迁的过程，从中可以得到材料能级和能带结构的有用信息。而发射光谱反映从高能级的向下跃迁过程。图 6-35 给出了 $Y_2SiO_5:Eu^{3+}$ 部分高分辨率的激发光谱，其中两个吸收峰间距仅有约 0.2nm，接收波长为 612nm。

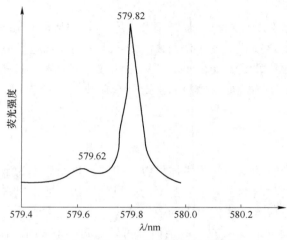

图 6-35　$Y_2SiO_5:Eu^{3+}$ 部分激发光谱

6.4.2.3　发光寿命

发光寿命是发光体在激发停止后的持续发光时间，也称荧光寿命或余辉时间。产生这种现象的部分原因是发光中心的电子被激发到高能态后相继向基态跃迁发光。

设在某时刻有 n 个电子处于高能态，则在 t 时间内跃迁到基态的电子数 dn 与 ndt 成正比，即：

$$dn = -\alpha n dt \tag{6-55}$$

式中，α 为电子在单位时间内跃迁到基态的概率。上式中电子衰减的规律为：

$$n = n_0 e^{-\alpha t} \tag{6-56}$$

式中，n_0 为初始激发态的电子数。同样，发光强度也按指数规律衰减，即：

$$I = I_0 e^{-\alpha t} \tag{6-57}$$

设发光寿命为光强衰减到初始值 I_0 的 $1/e$ 时所经历的时间为 τ，则有：

$$\tau = 1/\alpha \tag{6-58}$$

某些材料的发光由于涉及复杂的中间过程，难以用一个反映衰减规律的参数表示。因此，在应用中规定，从激发停止时的发光强度 I_0 衰减到 $I_0/10$ 的时间称为余辉时间。根据余辉时间的长短分为超短余辉（<1μs）、短余辉（1~10μs）、中短余辉（10^{-2}~1ms）、中余辉（1~100ms）、长余辉（0.1~1s）、超长余辉（>1s）六个范围。不同余辉时间的材料对应不同的应用。

6.4.2.4　发光效率

发光效率有三种表示方法，即量子效率、功率效率、光度效率。量子效率 η_q 是指发射光子数 n_{out} 与吸收光子数（或输入的电子数）n_{in} 之比，即：

$$\eta_q = n_{out}/n_{in} \tag{6-59}$$

功率效率 η_p 为发光功率 P_{out} 与吸收光的功率（或输出的电功率）P_{in} 之比，即：

$$\eta_p = P_{out}/P_{in} \tag{6-60}$$

光度效率 η_L 是发射的光通量 L 与输入的光功率（或电功率）P_{in} 之比，即：

$$\eta_L = L/P_{in} \tag{6-61}$$

由于光通量以流明（lm）为单位，所以光度效率又称为流明效率。它反映出人眼对光的敏感程度。η_L 与 η_p 的关系可以表示为：

$$\eta_L/\eta_p = D \int_0^\infty \varphi(\lambda) I(\lambda) \mathrm{d}\lambda \Big/ \int_0^\infty I(\lambda) \mathrm{d}(\lambda) \tag{6-62}$$

式中，$\varphi(\lambda)$ 为人眼的视见函数；$I(\lambda)$ 为发光功率的光谱分布函数；D 为光功当量。当波长 $\lambda = 555\mathrm{nm}$ 时，光功当量 D 为 $680\mathrm{lm/W}$。

6.4.3　发光的物理过程

固体材料发光可以有两种微观的物理过程：一种是分立中心发光，另一种是复合发光。就具体的发光材料而言，可以只存在其中一种过程，也可能两种过程兼有。

6.4.3.1　分立中心发光

这类材料的发光中心通常是掺杂在透明基质材料中的离子，有时也可以是基质材料自身结构的某一个基团。选择不同的发光中心和不同的基质组合，可以改变发光体的发光波长，调节其光色。不同的组合当然也会影响到发光效率和余辉长短。发光中心分布在晶体点阵中，或多或少会受到点阵上离子的影响，使其能量状态发生变化，进而影响材料的发光性能。发光中心与晶体点阵之间相互作用的强弱又可以分成两种情况：一种发光中心基本是孤立的，它的发光光谱与自由离子很相似；另一种发光中心受基质点阵电场（或称"晶格场"）的影响较大，这种情况下的发光性能与自由离子很不相同，必须把中心和基质作为一个整体来分析。

分立发光中心的最好例子是掺杂在各种基质中的三价稀土离子。它们产生光学跃迁的是 4f 电子，发光只是在 4f 次壳层中跃迁。在 4f 电子的外层还有 8 个电子（2 个 5s 电子，6 个 5p 电子）形成了很好的电屏蔽。因此，晶格场的影响很小，其能量结构和发射光谱很接近自由离子的情况。

6.4.3.2　复合发光

复合发光与分立中心发光最根本的差别在于，复合发光时电子的跃迁涉及固体的能带。由于电子被激发到导带时在价带上留下一个空穴，因此当导带的电子回到价带与空穴复合时，便以光的形式放出能量。这种发光过程就叫复合发光，复合发光所发射的光子能量等于禁带宽度（$E_g = h\nu$）。通常复合发光采用半导体材料，并且以掺杂的方式提高发光效率。下面以硅基发光二极管为例说明复合发光的机制。

硅属于Ⅳ族元素，有 4 个价电子，在材料中构成共价键。在低温的平衡状态下硅中没有自由电子，不会导电。当价电子受到激发而跃迁到导带时就变成自由电子，而在价带上留下一个空穴，这称为本征激发。由于受激发的结果，自由电子和空穴都成为材料中的载流子，因而具有一定的导电性。实验表明，在硅中掺入 V 族元素（如砷）或 Ⅲ 族元素（如硼）等杂质时，导电能力大大增强。砷有 5 个价电子，当它取代一个硅原子时，与周围原子进行共价结合之余，多出一个电子，这个电子虽然没有被束缚在共价键里，却仍然受到砷原子核的吸引，只能在砷原子附近运动。然而与共价键的约束相比，这种吸引要弱得多，只要很少的能量就能使它挣脱而成为自由电子，相应的砷原子就变成带正电的离子 As⁺。当硅中掺入硼时，由于硼只有 3 个价电子，与硅形成共价键还缺少一个电子，因而留下一个可以吸引外来电子的空穴。如施加一定的能量使硅价键中的电子能够跳跃到硼的空穴中去，材料中就出现了可以导电的自由空穴，这称为空穴激发。空穴导电是依靠成键电子在不同硅原子之间移动而形成电流。上述两种杂质的不同作用是：砷向硅材料中释放电子，靠自由电子导电，称为 N 型杂质，相应于 N 型半导体；硼则是接受电子，靠空穴导电，称为 P 型杂质，对应于 P 型半导体。

当 N 型半导体和 P 型半导体相接触时，N 区的电子要向 P 区扩散，而 P 区的空穴要向 N 区扩散。由于载流子的扩散使两种材料的交界处形成空间电荷，在 P 区一侧带负电，N 区一侧带正电，如图 6-36（a）所示，因而形成一个称为"P-N 结"的电偶极层和与其相应的接触电位差。显然，P-N 结内的电场方向阻止电子和空穴对进一步扩散。电子要从 N 区扩散到 P 区，必须克服高度为 $e\Delta V$ 的势垒，如图 6-36（b）所示。如果在 P-N 结上施加一个正向外电压 V（把正极接到 P 区，负极接到 N 区），那么势垒的高度就降低到 $e(\Delta V-V)$，势垒区的宽度也要变窄（从 δ 变成 δ'），如图 6-36（c）所示。由于势垒的减弱，电子便可以源源不断地从 N 区流向 P 区，空穴也从 P 区流向 N 区。这样，在 P-N 结区域，就有大量的电子和空穴相遇而产生复合发光。半导体发光二极管就是根据上述原理制作的发光器件。表 6-3 列出了几种半导体材料的禁带宽度和相应的发光波长，其中 Ge、Si 和 GaAs 等禁带宽度较窄，只能发射红外光，另外三种则有可见光辐射。

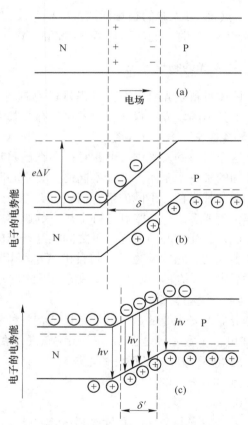

图 6-36   P-N 结势垒的形成和在外电场作用下的减弱
（a）P-N 结；（b）势垒的形成；（c）势垒减弱

表 6-3   半导体材料的禁带宽度和复合发光波长

材　料	Ge	Si	GaAs	GaP	$GaAs_{1-x}P_x$	SiC
E_g/eV	0.67	1.11	1.43	2.26	1.43-2.26	2.86
λ/nm	1850	1110	867	550	867-550	435

固体发光材料在各个领域的应用十分普遍，材料光发射的研究对象和内容也十分丰富。通过光发射性能的测量可以获得有关物质结构、能量特征和微观物理过程的大量信息，对于开发新型光源、光显示和显像材料、激光材料和信息材料都有重要意义。

6.5 光学材料

6.5.1 光电功能材料

光学功能材料是在外场（力、声、热、电、磁和光）作用下，光学性质产生变化，从而具有开关、调制、隔离、偏振等功能的材料。按材料的应用效应，光功能材料可分为激光频率转换材料、电光材料、光折变材料、声光材料、磁光材料和光感向双折射材料等。下面简要介绍声光功能材料和电光功能材料。

6.5.1.1 声光功能材料

声光功能材料是具有声光效应的光功能材料。所谓声光效应，是指能由外加超声波（机械波）通过弹光效应，在材料中产生声致非线性极化的现象。通过声光效应，可实现光波和声波的参量相互作用，即由超声波引起介质中形成的折射率的疏密波，对入射光产生衍射使光受到折射、反射和散射，从而使光波的方向、强度、频率和相位受超声波控制。折射率的疏密起着衍射晶格的作用，可以给出光进行方向的变化。图 6-37 为由声光效应引起的光衍射示意图。由图中可以看出，超声波频率不同，折射率的疏密便不同，光衍射也不同。当超声波频率较低时，产生"拉曼-奈斯衍射"；当超声波频率较高时，产生"布拉格衍射"。

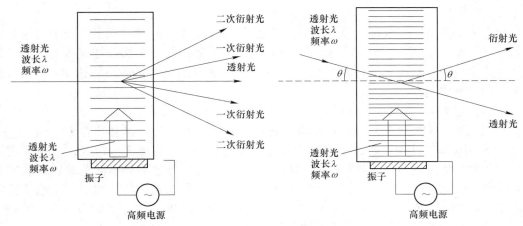

图 6-37　光衍射示意图

声光材料可用于制作声光偏转器、声光强度（或频率）调制器和声光滤波器以及低功耗的声表面波声光器件。如在光调制方面，间歇地发生超声波场合，光被偏振化，能以有衍射光或无衍射光的形式进行数字调制。由于衍射光的强度与超声波的强度成正比，所以超声波强度变化也可能以光的强弱形态进行模拟调制。此外，随着超声波频率的变化，光的多普勒移位相应发生变化，故也可进行频率调制。图 6-38 为设有声光效应调制器的光指示控制器。

声光功能材料分为两类：一类是光学各向同性声光材料，如水和碲玻璃等；另一类是声光晶体材料，如钇铝石榴石（YAG）晶体、铌酸锂（LN、即 $LiNbO_3$）和 $PbMoO_4$ 等。

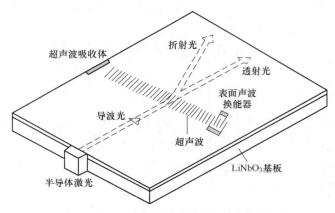

图 6-38   设有声光效应调制器的光指示控制器

6.5.1.2 电光功能材料

电光功能材料是具有电光效应的光功能材料。所谓电光效应，是指在外加电场作用下，材料的折射率发生变化的现象。利用电光功能材料的电光效应，可实现对光波的调制。按其效应与调制电场的幂次关系，电光功能材料分为线性电光功能材料和平方电光功能材料。

外加电场通过电光效应改变材料的折射率，引起折射率椭球的主轴取向和长度的改变。这对应于传输光束的特征模和特征值的改变，即产生透过光束的偏振态和相位的变化，由此可产生一系列光功能效应。光电功能材料主要应用于以下几个方面。

A   电控光开关

将电光晶体置于互成正交的一对偏振器之间，并使晶体的电感生特征模方向与偏振器方位成45°角，则一定幅度（相当于半波电压 V_π）的外加电压就能使晶体中两个偏振模程差改变半个波长，从而实现对透过光的开关控制。这种电光效应的响应可达 $10^{-11}\,s$，可制作超快速电光快门。

B   光偏转器

利用电光晶体可制成两类电控光束偏转器。上述光开关可使晶体中两束光波产生 0 和 π 两种相位差，亦即使透过光相对于入射光产生 0° 或 90° 偏振方向改变，这样可用另一块双折射晶体实现两种"地址"的离散角偏转。这类偏转器称为离散角偏转或数字式偏转。利用 n 块这种组件，可实现电控 2^n 个地址。另一类光束偏转器利用电光晶体折射率随电压而改变的特性，即将电光晶体制成棱镜形，则外加电压就会连续改变光束的偏转角，多块棱镜的串接可以增加其偏转角。这类偏转器称为光束连续偏转器。

目前，实用的电光功能材料主要是一些高电光品质因子的晶体材料和晶体薄膜。具有泡克耳斯效应的材料有 DKDP（KD_2PO_4）、ADP（$NH_4N_2PO_4$）、LN（$LiTaO_3$）、LT（$LiTaO_3$）和 GaAs 等单晶；具有克尔效应的材料有硝基苯、二硫化碳等液体。作为光通信一般用 GRA 等单晶，因泡克耳斯效应材料的线性响应性好、工作电压低，所以应用较多。

6.5.2 光电转换材料

光电转换材料是能把光能直接转换为电能的材料。最初，光电转换材料用于人造卫星、航标灯的电源，20 世纪 80 年代起，逐步用于小型计算器、手表、太阳能发电等，并进入人们的日常生活和工作中。

6.5.2.1 光生伏特效应

在光的照射下，半导体 P-N 结的两端产生电位的现象称为光生伏特效应。这一效应的实际应用导致太阳能转换为电能器件。P-N 结产生光生伏特效应原理如图 6-39 所示。在一块半导体材料中，一边是 P 型区，另一边是 N 型区，在两个区相互接触的界面附近形成 P-N 结。结区内形成一内建电场，并成为电荷运动的势垒。对电子而言，结区是电子从 N 区向 P 区逾越的势垒；对空穴而言，结区是电子从 P 区向 N 区逾越的势垒。势垒的大小为 qV_D（q 为电子的电荷量，V_D 为内建电场的电势差）。

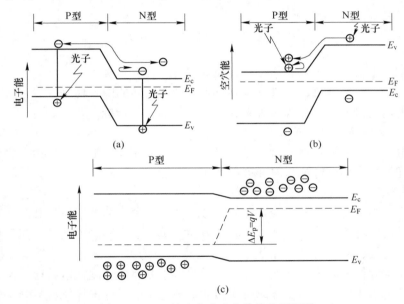

图 6-39　P-N 结中产生光生伏特的原理图
（a）由日光照射产生的电子运动；（b）由日光照射产生的空穴运动；（c）由日光照射产生的电动势的状态

当能带大于禁带宽度 E_g（$E_g=E_c-E_v$，E_c 为导带，E_v 为价带顶）的光子被吸收后，在 P-N 结中会产生电子-空穴对，在 P-N 结内建电场作用下，空穴向 P 区移动，从而在 P 区形成空穴积累，在 N 区形成电子积累。这些电子及空穴并不能越过 P-N 结内部的电场而相遇复合，它们的复合要借助于外电路。因此，如果 P-N 结两端接上负载，就会有电流通过，这样就可将有 P-N 结的半导体与外电路结合构成光电池。

6.5.2.2 太阳能电池

由光生伏特效应的原理所设计的太阳能电池构造如图 6-40 所示，它主要由半导体材料、电流栅、电流汇流排、金属背电极、表面涂层等部分构成。通过适当掺杂在半导体材料中引入 P-N 结，在阳光辐射下能够产生光生伏特效应，电流汇流排和金属背电极构成外电路。整个电池按以下原理工作：在光的照射下，半导体 P-N 结的二端产生电位差，由电流汇流排和金属背电极输出电流。表面涂层主要起改善光的传输性能和保护半导体材料表面的作用。

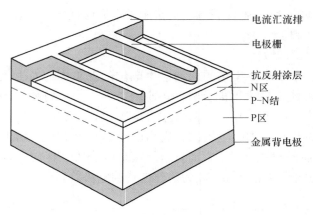

图 6-40　太阳能电池的构造示意图

衡量太阳能电池的一个重要指标是转换效率 η，其定义为：

$$\eta = 负载中消耗的功率/入射到硅表面的阳光功率$$

太阳能电池的价格、寿命等是关系其应用价值的重要指标。

6.5.2.3　太阳能电池材料

太阳能电池材料主要包括无机半导体材料、有机太阳能电池材料、聚合物太阳能电池材料、金属配合物太阳能电池材料和染料敏化太阳能电池材料。

A　无机半导体材料

单晶硅太阳能电池是开发得最早、使用最广泛的一种太阳能电池。其结构和生产工艺已定型，产品已广泛应用于空间技术和其他方面。单晶硅太阳能电池是由高质量的单晶硅材料制成的。目前，商用晶体硅光伏产品的光转化率约为 20%。由于单晶硅材料的制作成本昂贵，而半导体薄膜太阳能电池材料只需几微米厚就能实现光电转换，是降低成本和提高光子循环的理想材料。非晶硅薄膜太阳能电池是用非晶硅半导体材料制备的一种薄膜电池。非晶硅薄膜太阳能电池可以用玻璃、特种塑料、陶瓷、不锈钢等为衬底。多晶硅薄膜太阳电池是将多晶硅薄膜生长在低成本的衬底材料上，作为太阳电池的激活层。

B　有机太阳能电池材料

与无机半导体太阳能电池相比，有机材料制备太阳能电池具有制造面积大、制作简单、廉价，并且可以在可卷曲、折叠的衬底上制备具有柔性的太阳能电池等优点。有机太阳能电池材料主要是一些具有大共轭结构的有机小分子化学物、有机染料分子、富勒烯及其衍生物等。

有机太阳能电池是在两个电极之间夹着有机半导体材料。它的电极一般都是以铟锡氧化物（ITO）作阳极、金属 Mg 作为阴极。由于这种电池的光电转化率不高，所以通常采用有机/无机复合材料来制备太阳能电池。有机太阳能电池是利用有机半导体材料的光伏效应，在太阳光的照射下，有机半导体材料吸收光子，如果该光子的能量大于有机材料的禁带宽度就会产生激子，激子分离后产生的电子和空穴向相反的方向运动，被收集在相应的电极上，就形成了光电压。菲类化合物是典型的电子受体，属于 N 型有机半导体材料，具有较高的电荷传输能力，在 $400 \sim 600$ nm 光谱区域内，有较强的光吸收。吲哚菁染料是另一类电子受体，应用于有机太阳能电池材料的吲哚菁类染料一般带有羧基，这样便更有利于连接到过渡金属氧化物表面的基团。

C 聚合物太阳能电池材料

聚合物太阳能电池材料是将一些有机染料（小分子）通过化学反应引入到高分子主链或支链上形成聚合物。根据构成有机太阳能电池的基本原理，可以将这类聚合物材料分为电子给体材料和电子受体材料。聚乙炔是迄今为止实测电导率最高的有机聚合物电子给体材料。聚对苯乙烯（PPV）一类比较好的有机聚合物电子给体，具有共轭大分子结构，分子链刚性很强、难溶，可以通过在苯环上引入长链烷烃获得可溶性的 PPV。这种聚合物禁带宽度适中（为 2.1 V），用作太阳能电池材料。聚噻吩（PTb）溶解性比较差，但带有 6 个碳以上长链烷烃的衍生物可以溶解，如聚 3-辛基噻吩。其中，聚 3-烷基噻吩是一种性能较好的 PTh。聚乙烯基咔唑（PVK）是一种侧基上带有大共轭体系的聚合物，可吸收紫外光，激发出的电子可以通过相邻咔唑环形成的电荷复合物自由迁移。PVK 是有机聚合物太阳能电池材料中研究得最充分的聚合物。聚吡咯（PPy）与聚噻吩一样不易溶，很难与其他聚合物混合。Dhanabalan 等用十二烷基磺酸铁作氧化剂化学聚合 PPy，制得了 N-二烷基吡咯与苯并硫代二唑共聚物（PDPB）（图 6-41），它能溶于普通溶剂中（如氯仿）。聚芴及其共聚物是一类很好的光致发光材料。当其主链插入芳胺共聚单元后，表现出较强的空穴传导能力，而当其主链插入苯并噻二唑共聚单元后，构成的本体异质结表现光伏效应。

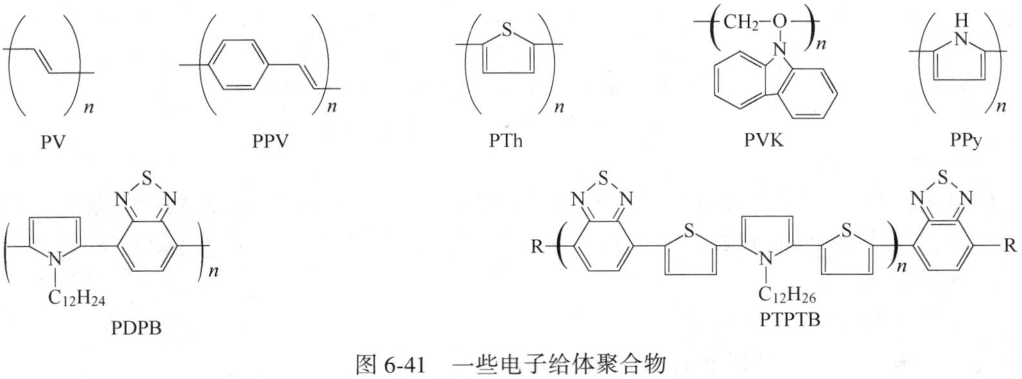

图 6-41 一些电子给体聚合物

D 金属配合物太阳能电池材料

过渡金属配合物是一类新型的光电材料化合物，它可以兼有过渡金属离子的变价特性和有机分子结构的多样性。这类化合物的特点是过渡金属离子被有机配体所环绕，有机配体易于进行分子设计和分子裁剪，而过渡金属离子的 d 轨道或具有未成对电子轨道，能形成特有的光电性质。目前用作太阳电池材料的金属配合物主要有菁类化合物和具有共轭结构的联吡啶过渡金属配合物，具有共轭结构的金属钌和铂配合物也是一类可用作太阳能电池材料的化合物。

E 染料敏化太阳能电池材料

以半导体 TiO_2 膜为光阳极，并引入染料敏化剂，使电池效率达到 7.1%，称为染料敏化太阳能电池（Dye-Sensitized Soar Cells，DSSC）。将带有发色团的染料分子引入到半导体中，大大增强了半导体 TiO_2 捕获太阳光的能力，这是制作太阳能电池的新方法。

　　染料敏化太阳能电池的基本结构包括三个部分：染料敏化的 TiO_2 纳米晶薄膜工作电极（由导电玻璃、纳米 TiO_2 半导体薄膜和带有发色团的染料敏化剂组成）、含有 I^-/I_3^- 的电解质和对电极（图6-42）。通常由于 TiO_2 的禁带宽度较大（3.2eV），可见光不能将其直接激发，因此在 TiO_2 表面上吸附了一层对可见光吸收良好的染料分子作为敏化剂。这种染料分子带有发色团，当光照射到染料分子时，染料分子吸收光子后跃迁到激发态。处在激发态的染料分子产生中心离子向配体的电荷转移，电子通过配体很快注入到较低能级的 TiO_2 导带上，电子在导带基底上富集，通过外电路流向对电极。染料分子输出电子后成为氧化态，它们随后被电解质中的 I^- 还原而得以再生。而氧化态的电解质（I_3^-）在 Pt对电极上得到电子被还原，从而完成一个光电化学反应循环。

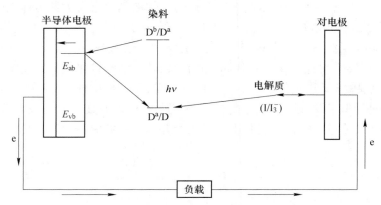

图6-42　燃料敏化纳米晶 TiO_2 太阳能电池的工作原理

E_{ab}—半导体的导带；E_{vb}—导体的价带

　　理想的染料敏化剂应对可见光具有良好的吸收，其吸收光谱与太阳能光谱能很好地匹配。此外，应能够牢固地联结到半导体 TiO_2 的表面，并且以一致的量子产率的方式将电子注入到导带上。

6.5.2.4　太阳能电池的应用

太阳能电池的应用范围正逐渐扩大，目前主要应用在以下几个方面。

A　家用电子用品

太阳能电池可以作为计算器、手表、收音机、汽车、游艇等的电源。例如，德国大众汽车公司将太阳能电池用于汽车，当汽车停放时，太阳能电池工作，使车内空调运转，这样即使汽车在阳光暴晒下停留很长时间，不用开动发动机，车内也可保持舒适的温度，既节约能源又无污染。

B　组合发电及并网

在有电网的地方使用太阳能电池，可完全摆脱蓄电池的设立，大幅度降低成本。太阳能电池可作为白昼用电高峰期的补充电源。

C　发电

在草原、高原等地区用电量不大，用户分散，铺设电网成本高，管理维护困难，使用太阳能电池有显著的优势。我国在西藏、青海、内蒙古、新疆、甘肃等地已安装光伏发电系统480余套，发电功率达10MW。在城市中可将太阳能电池与建筑物相结合。例如德国慕尼黑商贸中心在其6座大厦的屋顶共安装了7812个组件，每个组件有84个单晶硅太阳能电池，总和峰值功率为1.016 MW，预计寿命20年，可减少2万吨CO_2的排放量。

6.5.3　光存储材料

光信息存储是利用激光的单色性和相干性，将要存储的信息、模拟量或数字量，通过调制激光聚焦到记录介质上，使介质的光照微区（线度一般在$1\mu m$以下）发生物理或化学的变化，以实现记录，这就是信息的"写入"。取出信息时，用低功率密度的激光扫描信息轨道，其反射光通过光电探测器检测、解调，以取出所要的信息，这就是信息的"读出"。记录介质是光存储材料的敏感层，制备时需用保护层将它封闭起来，以避免氧化和吸潮。因此，光存储材料是由记录介质层、保护层以及反射层等构成的，具有光学匹配的多层结构。多层膜通常用物理或化学方法沉积在衬盘上。这种在衬盘上沉积了光存储材料的盘片称为光盘。

6.5.3.1　光盘的优点

光盘与软盘或硬磁盘相比，存储潜力更大，具有更多的优点。

（1）高载噪比。载噪比是载波电平与噪声电平之比，以分贝（dB）表示。光盘的载噪比可做到50dB以上。

（2）高存储密度。存储密度是指记录介质单位面积或信息道单位长度所能存储的二进制位数。前者是面密度，后者是线密度。光盘的线密度一般是10^4位/cm，信息道的密度约为6000道/cm，故面密度可达$10^7 \sim 10^8$位/cm^2。光盘的存储容量很大。

（3）长存储寿命。磁盘存储的信息一般只能保存$2 \sim 3$年，而光盘存储的信息，寿命至少10年以上。

（4）非接触式读、写信息。从光学头目镜的出射面到激光聚焦点的距离通常有2 mm，也就是说，光学头的飞行高度较大，这种"非接触式读、写"不会让光学头或盘面磨损、划伤，并能自由地更换光盘。使光盘驱动器便于和计算机联机使用。

（5）低信息位价格。光盘（或衬盘）易于大量复制，容量又大，因此存储单位信息的价格低廉。

6.5.3.2　光盘材料

A　只读存储光盘材料

只读存储光盘的记录介质是光刻胶。记录时将音频、视频调制的激光聚焦在涂有光刻胶的玻璃衬底上，经过曝光显影，使曝光部分脱落，因而制成具有凹凸信息结构的正像主盘，一般称为Master。然后利用喷镀及电镀技术，在主盘表面生成一层金属负像副盘，它与主盘脱离后即可作为原模（又称Stamper），用于复制只读光盘。

常用的复制方法是"PP"复制过程。PP是光致聚合作用Photopolymerization一词的缩写。复制时将PP溶液中注入原模和衬盘之间，然后用紫外光照射，使PP溶液中的单体混合物因光聚合作用固化并黏结在衬盘上，固化后的PP胶膜带有原来录制的声、光信息。将衬盘从原模取出，在有信息结构的一面喷镀一层银（或铝）作为金属反射层，再在反射层上沉积保护膜作为覆盖层，就成了一张只读存储光盘。若将两片这样的盘片，在有保护膜的一面黏结在一起，就是一张双面电视录像盘或数字音响唱盘。

光盘的衬盘材料通常用聚甲基丙烯酸甲酯（Polymethymetbaerylate，PMMA）或聚碳酸酯（Polycarborate，PC），也可用转变温度较高的聚烯烃类非晶材料（Amorphous Polyolefine，APO）。使用前须用注塑法将材料压制成厚度为 1.2 mm 的高平整度衬盘。衬盘的两面可以都是光滑的，也可以是一面光滑，另一面有一定格式刻好的螺旋线或同心圆沟槽，作为信息道。每条信息道又分为若干扇区，每个扇区的标头都刻有信道号、扇区号及同步信号等预格式化标记。

　　B　一次写入光盘材料

　　一次写入光盘利用聚焦激光在介质的记录微区产生不可逆的物理化学变化写入信息。记录介质因记录方式的不同而异，其中比较有特色的有以下 5 种类型。

　　（1）挠蚀型。对常用介质（如碲基合金），利用激光的热效应，使光照微区熔化、冷凝并形成信息凹坑。

　　（2）起泡型。由高熔点金属与聚合物两层薄膜制成。光照使聚合物分解排出气体，两层间形成气泡使膜面隆起，与周围形成反射率的差异，以实现反差记录。

　　（3）熔绒型。用离子束刻蚀硅表面，使形成绒面结构，光照微区使绒面熔成镜面，实现反差记录。

　　（4）合金化型。用 Pt-Si、Rh-Si 等制成双层结构，使光照微区熔成合金，形成反差记录。

　　（5）相变型。多用硫系二元化合物（如 $As_2Se_3 \cdot Sb_2Se_3$ 等）制成，使光照微区发生相变，可以是非晶相Ⅰ→非晶相Ⅱ，晶相Ⅰ→晶相Ⅱ，或是非晶相→晶相的转变。主要是利用两相反射率的差异鉴别信息。

　　C　可擦重写磁光光盘材料

　　目前磁光材料的记录方式有补偿点记录和居里点记录两类。前者以稀土-钴合金为主，如 GdCo、TbCo、GdTbCo 及 GdTb-FeCo 等，目前已经用来制成磁光光盘；后者以稀土-铁合金为主，如 GdFe、GaTbFe 及 TbNiFe 等。

　　CdCo 薄膜是利用补偿点写入的典型材料。Gd 和 Co 的磁化提高对温度有不同的依赖关系，如图 6-43 所示。在补偿点 T_{comp}，Gd 和 Co 的磁化强度正好等值反向，净磁化强度为零，故将 T_{comp} 称为材料的补偿温度。GdCo 的矫顽力 H_c 随温度变化，在室温附近 H_c 很大。但在室温以上，H_c 随温度的升高以阶跃函数的规律减小。因此制备时应选择 GdCo 的组分，使 T_{comp} 正好落在室温以下，这样就可以在比室温略高的情况下（例如在 70~80℃ 之间），使 H_c 降至极小值。补偿点写入正是利用了这一特征。

　　（1）信息写入。GdCo 有一垂直于薄膜表面的易磁化轴。在写入信息之前，用强磁场 H_0 对介质进行初始磁化，使各磁畴单元具有相同的磁化方向。写入信息时，磁光读、写头的激光聚焦在介质表面，光照随温升而迅速退磁，此时通过磁光头中绕在读、写头物镜外的线图施加一反偏磁场使微区反向磁化。写入脉冲很快拆去反偏磁场。介质中无光照的相邻磁畴，磁化强度仍保持原来的方向，从而实现磁化方向的反差记录。

　　（2）信息读出。就是利用 Kerr 效应检测记录单元的磁化方向。1877 年 Kerr 发现，若用直线偏振光射到向上磁化的介质，则经反射后，偏振面会绕反射线向右旋转一个角度 θ_K；反之，若磁化向下，则向左旋转 $-\theta_K$。θ_K 一般很小，只有 $0.3° \sim 0.5°$，称为 Kerr 角。光盘在读取信息时，通过磁光头中的起偏器产生直线偏振光。用此光扫描信息轨道，然后通过检偏器检测名单元的磁化方向。

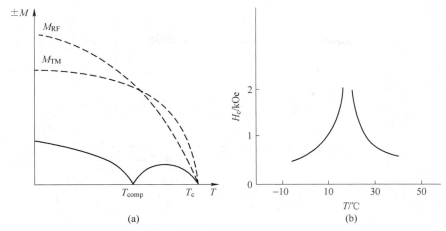

图 6-43　GdCo 的磁化强度 M 及矫顽力 H_c 随温度的变化

（a）磁化强度；（b）矫顽力

（3）信息的擦除。擦除信息时，用原来的写入光斑照射信息道，并施加与初始压方向相同的偏磁场，记录单元的磁化方向又会复原。由于翻转磁时的磁化方向速率有限，故磁光光盘一般也需要两次动作来写入信息，即首先擦除信息道上的信息，然后写入新的信息。

对于稀土（RE）-铁合金磁光介质，须用居里点写入，其写、读、擦原理与补偿点记录方式一样，所不同的是，这类介质有一个居里温度 T_c。当温度高于 T_c 时，材料的 H_c 很快下降至极小值。因此在记录时，应使光照微区的温度升至 T_c 以上，再用反偏磁场实现反向磁化。常用的材料，如 GdTbFe，$T_c = 150℃$；TbFe，$T_c = 140℃$。

D　电子俘获光存储材料

美国 Quantex 和 Optex 公司正在开发一种新型可擦重写光存储材料，它是将 A、B 两类稀土元素掺入碱土硫化物晶体中，形成电子俘获的光记录介质。选用碱土硫化物是因为它有较宽的能带隙，例如 4~5eV。掺入两类稀土元素是让它们在碱土硫化物带隙中形成局域的杂质能带，如图 6-44 所示的 R 能带和 T 能带。R 能带由两类稀土元素提供，位于价带（V_B）以上约 2.5eV 处，它与 V_B 之间是允许跃迁；T 能带位于 R 以下 1~1.5eV 处，是 A、B 两类元素中的一种元素所具有的电子陷阱能级，或称为电子俘获能级，它与 V_B 之间是禁戒跃迁。

写入信息时，用 $h\omega_1 \approx 2.5eV$（480nm 波长）的激光使价带电子在皮秒（ps）的时间内激发到 R 能级，电子到达 R 能级后很快落入 T 能级的陷阱中。

信息的擦除是利用 $h\omega_1 = 1.5eV$（820nm 波长）的近红外光激发陷阱中的电子，使电子到达 R 能级后又返回基态，同时发射 $h\omega_2$ 的光（图 6-44 中的 def 过程）。由于这类光激发过程不存在热疲劳问题，因此从原则上讲，这类写、擦循环可以无限次地进行。

读出信息时，只要用较低功率的 $h\omega_2$ 激光，使 T 能级上的电子脱离陷阱返回基态，在返回过程中发射 $h\omega_3$ 的光（也可能有少量 $h\omega_2$ 的光），这就是读出光束。这种信息读出与相变或磁光存储不同，它是利用发光原理读取信息而不是用反射率的改变来拾取信息。

图 6-45 示出了电子俘获材料的写入脉冲、擦除发射脉冲及读出发射脉冲。

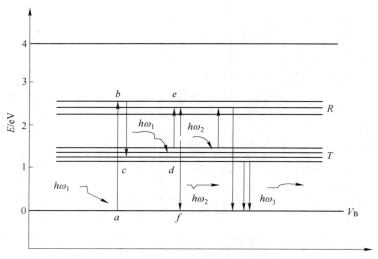

图 6-44　电子俘获材料的能带图

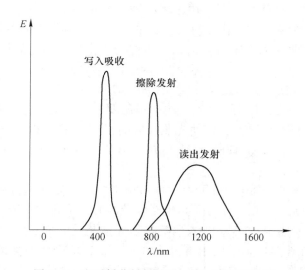

图 6-45　电子俘获材料的写、擦、读的光响应

6.5.4　固体激光器材料

对光发射深入地理解和研究，导致了一个奇异的器件——激光器的诞生。毫不夸张地讲，激光器的问世给光学、物理学乃至整个科学研究领域带来了一场深刻的革命，其触角几乎渗透到各个领域，并充分发挥巨大的潜力。

1960 年美国人梅曼首先建立了世界上第一台在红光谱区发射激光的红宝石激光器。激光器一般由三部分组成：第一部分是能产生激光的物质，称为激光工作物质；第二部分是激光产生的激励装置（在红宝石激光器中就是氙闪光灯）；第三部分就是供微光放大的谐振腔。图 6-46 就是红宝石激光器的装置图，其中红宝石就是激光工作物质，而在红宝石一端的镜子则能将该波长的激光 100% 反射，而另一端的镜子则可让激光部分透过以便应用。正是激光束在两平行的镜子间来回反射造成了激光作用。激光的英文名字为 LASER，就是 Light Amplification by Swimulated Emission of Radiation 的缩写。

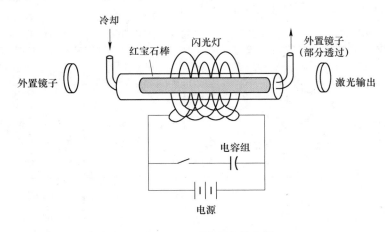

图 6-46　红宝石脉冲式激光器

将已处于布居反转的物质系统（可实现布居反转的物质系统称为激光增益介质）置于由两个平行反射镜构成的谐振腔内（图 6-47），增益介质所发出的传播方向平行于两个反射镜轴线的自发辐射光在谐振腔内来回反射，多次往返穿过激光增益介质时会不断放大，如果放大超过了所有损耗，谐振腔内储存的能量将随时间而增加，直至单程饱和增益恰好等于损耗时，达到稳态自振荡，产生激光。

图 6-47　激光器结构原理图

目前从晶体、玻璃体、气体、半导体和液体中都已获得了激光，其谐振范围可以从远红外到紫外。主要的气体激光器有 He-Ne 激光器、氩离子激光器、He-Cd 激光器和 CO_2 激光器。对于固体激光器来说，除了光泵、聚光冷却系统、谐振腔和电源以外，最主要部分就是激光工作物质。常用的固体激光工作物质有激光晶体、激光玻璃和半导体材料。表 6-4 列出了几种主要的固体激光器及其应用情况。

在现有的几十种激光晶体和激光玻璃（激光工作物质）中，最早发现并经常使用的有红宝石、掺钕的硅酸盐玻璃（简称钕玻璃）和掺钕的钇铝石榴石。现有激光工作物质主要有以下几类：

（1）色心晶体。色心晶体主要由碱金属卤化物的离子缺位捕获电子形成色心。与一般激光晶体不同，色心晶体是由束缚在基质晶体晶格周围的电子或其他元素的离子与晶格相互作用形成发光中心。由于束缚在缺位中的电子与周围晶格间存在强的耦合，因此电子能级显著被加宽，使吸收光谱和荧光光谱呈连线谱的特征，所以色心激光晶体可实现调谐激光输出。色心晶体主要有 LiF、KF、NaCl、KCl：Na、KCl：Li、KI：Li 等。近年来，氧化物色心晶体已引起人们的重视，目前已研制出 CaO 色心激光器，输出功率已超过 100MW，调谐范围为 357~420nm，表明其有很好的发展前景。

表 6-4　固体激光器的种类和应用

种　类		主要波长	特征	输出功率	应用	正在开发的应用
固体激光器	红宝石激光器	0.69（红外）	（1）高能脉冲；（2）高功率脉冲输出（Q 开关控制）	1~100J 1MW~1W	测距、激光雷达、打孔、焊接	等离子测定、高速全息照相
	玻璃激光器	1.06（红外）	（1）高能脉冲；（2）大功率脉冲（Q 开关控制）	约 1000J 约 1TW	加工	物体研究、引发等离子体
	钇铝石榴激光器	1.06（红外）	（1）连续高功率输出；（2）高速反复操作的 Q 开关；（3）第二调制波输出	连续 1W~1kW 交变 5kHz~10kW	（1）集成电路划线、修整红宝石；（2）激光雷达	染料激光器光源、拉曼分光计光源程序
半导体激光器		0.9（红外）	功率高效率高	脉冲约 10W 连续约几毫瓦	游戏用光源	通信情报处理、测距

（2）掺杂型激光晶体。除色心激光晶体以外，绝大部分的激光晶体都是含有激活离子的荧光晶体。在这些掺杂型激光晶体中，晶体所起的作用就是提供一个合适的晶体场，使之产生所需要的受激辐射。因此对基质晶体的要求就是其阳离子与激活离子的半径、电负性要接近，而价态则尽可能相同，同时该基质晶体的物理化学性能必须稳定，并能较易生长出光学性好的大尺寸晶体。人们在这些原则指导下找到的基质晶体主要有氧化物、氟化物和复合氟化物三类。

（3）自激活激光晶体。增加激活离子的浓度是提高效率的一种有效途径，当激活离子成为基质的一种组分时就形成了所谓自激活晶体。在通常情况下，激活离子在掺杂型晶体中增加到一定程度时就会产生淬灭效应，使荧光寿命下降。但是以 NdP_5O_{14} 为代表的一类自激活晶体，其含 Nd^{3+} 浓度比通常 Nd：YAG 晶体高 30 倍，但荧光效应未发生明显下降。由于激活离子浓度高（高于 $1×10^{21} cm^{-3}$），很薄的晶体就能得到足够大的增益而成为高效、小型激光器的晶体材料。

（4）激光玻璃。尽管在玻璃中激活离子的发光性能不及激光晶体那样好（包括荧光谱线较宽，受激发截面较低等），但激光玻璃具有储能大、制造工艺成熟、基质玻璃的性质可按要求在很大的范围内变化、容易获得、光学均匀、价格便宜等特点。在过去 40 年中，激光玻璃与激光晶体成为固体激光材料中的两大类型，并得到了飞速的发展。激光玻璃可分为硅酸盐激光玻璃、磷酸盐激光玻璃、氟磷酸盐激光玻璃、氟化物激光玻璃。

随着激光技术的发展，固体激光器的种类日益增加，其中有普通的脉冲激光器、电光或声光调 Q 脉冲激光器、连续泵浦声光调 Q 激光器、高频倍频激光器、锁模激光器和可调谐激光器（包括声子激光器、5d-4J 跃迁激光器和色心激光器）、高功率激光器和半导体激光器等。由于激光与其他光源相比具有许多特点，诸如高方向性、高亮度、高单色性和高相干性等，因此它在工业、农业、自然科学、医疗和军事等领域有着广泛的应用。在工业上的主要应用有材料加工（如打孔、焊接、切割、划片）、热处理或退火、半导体快速生长与掺杂以及利用激光化学法制作微电子器件等。在农业上的应用则有激光育种、桑蚕诱发等。

固体激光器在自然科学上的应用是多方面的，诸如激光通信、激光电视、激光雷达、激光制导，这些都是在光电子学领域中的应用；在材料物理学和化学方面的应用，例如激光光谱学、激光催化、激光分离同位素和多光子化学等；在医疗上可用于开刀、汽化、烧灼、凝固、止血、照射和诊断等方面；在军事上则应用于激光测距、激光雷达、激光侦察、激光武器等。美、英、法、日等国近年来都已建立了高功率激光器，以便进行激光核聚变研究。

6.5.5 光的传输与光纤材料

6.5.5.1 光纤发展概况和基本特征

从 1876 年发明电话到 20 世纪 70 年代，所有的通信线路都是铜导线。世界上干线通信使用的是标准铜轴管，每管质量达 200kg/km。我国则采用 8 管铜轴电缆，加上金属护套每千米重达 4t 多。正当人们为有色金属消耗过多，并为制造金属圆波导工艺而大伤脑筋之时，在 20 世纪 70 年代初研制成功了高纯 SiO_2 和 GeO_2 玻璃，这样就诞生了光导纤维（Optical Fiber），至 20 世纪 80 年代初光纤的传输损耗在波长为 1.55μm 时已降低到 0.2 dB/km。全世界上光纤的年产量达 6000 万千米以上，全世界铺设的光纤总长度已超过 2 亿千米。每根光纤的通信容量可以达到几千万，甚至上亿条话路。这是人类从电子通信过渡到光子通信的一个飞跃。最近十多年来，人类信息社会发展如此之快，以石英材料制成的光纤功不可没，它以极大的通信容量给人类带来了一个无限带宽的信息载体，从而建立了现代的全球通信网。

光纤是"光导纤维"的简称。所谓"光纤波导"是指能够约束并导引光波在其内部或表面附近沿轴线方向传播的传输介质。通常总是以其截面形状分为平板波导、矩形波导、圆柱波导等。光纤波导是以各种导光材料制成的纤维丝，其基本的结构可分为纤芯和包层两部分。纤芯都要由高折射率材料制成，它是光波传输的介质；而包层材料折射率比纤芯要稍低一些，它与纤芯共同组成光波导，形成对传输光波的约束作用。在光纤波导中传播的光波称之为"导波光"，其特征是：沿传播方向以"行波"的形式存在，而在垂直于传播方向上则以"驻波"的形式存在。因此对于理想的平直光纤波导，在垂直于光传播方向的任一截面上，都具有相同的场分布图，这种场分布只决定于光纤波导的几何结构，是光纤固有属性的表征。不同的场分布图常被称为"模式"。在一般的光纤中，可以允许九百到几千个模式传播，通常称之为"多模光纤"。如果光纤中只允许一个模式传播、则称之为"单模光纤"。

　　光纤的传输特性与其横截面上折射率分布有很大关系。光纤依据其折射率分布可分为两类，即阶跃折射率分布和渐变折射率分布光纤。在阶跃折射率分布光纤中，纤芯和包层折射率均为常数，分别等于 n_1 和 n_2（$n_1 > n_2$）。在渐变折射率分布光纤中，包层折射率仍为 n_2，但纤芯折射率不再为常数，而是自纤轴沿半径 r 向外逐渐下降，在纤轴（$r = 0$）处，折射率最大（等于 n_1），而在纤壁处，折射率最小（等于 n_2）。

　　纤芯的作用是将入射端的光线传输到接收端。纤芯和包层的交界面是折射率差的界面。该界面不使光线透过构成光壁以保证纤芯的导光。为了使光线在芯部正常导光，就必须使光线在光壁上产生全反射。图 6-48 就表示了这一原理，其中 B 为入射光线，与芯纤所成角度 φ 大于光导纤维可接受光的最大受光角 φ_c 时就发生光的散射，就无法实现光导。

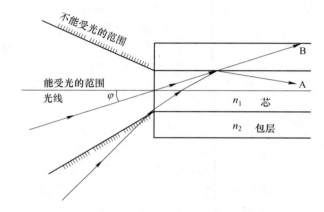

图 6-48　光导纤维接收与传输光线原理示意图

　　因为入射角必须小于 φ_c，也就是如图 6-48 中 A 那样才能在芯部正常导光。根据纤芯和包层界面的全反射条件可以求得：

$$\varphi_c = \arcsin \sqrt{n_1^2 - n_2^2} \approx \sqrt{2n_1(n_1 - n_2)} \tag{6-63}$$

式中，n_1 和 n_2 分别为纤芯和包层的折射率。要使光传导过程中的损耗尽可能低，纤芯的透光性能应尽可能好，那么如何来计算光纤的损耗呢，对于石英光纤的损耗通常是以 dB/km 为单位来表示的，即：

$$损耗 = \frac{10}{L} \lg(I_0/I) \tag{6-64}$$

式中，L 是以 km 为单位的光纤长度，而强度为 I_0 的光经过 L 的光学纤维后衰减到强度为 I 时，把比值 I_0/I 的对数值的 10 倍作为损耗。

　　6.5.5.2　光纤材料的制备

　　光纤是各种光纤系统中最重要和最基本的部件，依据光纤材料可将光纤分为石英系列和非石英系列光纤。除此以外，又可将光纤依据其折射率和模式分布进行分类，各种不同型的光纤其制备工艺是不相同的。

　　图 6-49（a）即为目前光纤制备的工艺流程。最初的光纤多采用"直接拉丝"工艺制备，这种工艺是直接用纤芯和包层材料来拉制光纤。通常运用棒管法来拉制光纤，如图

6-49（b）所示。棒管法是一种最原始也最简单的光纤拉制工艺。这种工艺是将纤芯材料制成玻璃棒，再将包层材料制成玻璃管，经过表面清洗和抛光以后，将玻璃棒插入玻璃管之中，然后置于中空的圆形中加热，即可拉成合适尺寸的光纤。棒管法能制成价格便宜的高数值孔径光纤，但由于气泡和杂质可能会掺进纤芯和包层之间的夹层，从而引起较大的损耗。后来人们又发展了"双坩埚法"，其原理是将纤芯材料和包层材料分别装入两个同心的坩埚之内，而这两个坩埚被一熔炉加热，使材料软化后从喷嘴中流出而制成光纤。这种方法被用于制备多组分玻璃光纤和光纤束。经过十几年的摸索，现在的方法是将提纯的光纤原材料先制成光纤预制棒（而不用棒管法），然后制成光缆（即光纤），其整套工艺流程已日趋成熟。

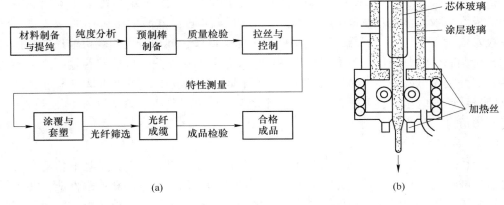

(a)　　　　　　　　　　　　　　　　(b)

图 6-49　光纤(光缆)制备工艺流程
（a）光纤制备的工艺流程；（b）棒管法拉制光纤

6.5.5.3　光纤的应用

A　光纤通信

光纤通信是一种"光通信"，即以光波为载波来传达信息实现通信。依据光波的传播介质可将光通信划分为"大气通信"——以空气为传播介质；"海水通信"——以水作为介质；"光纤通信"——以光纤作为传播介质。上述三种光通信方式覆盖陆、海、空三个方面，构成了现代社会信息传播的新框架。最近十多年以来，我国的光纤事业得到了政府的支持，发展极为迅速，目前已有上海、武汉、蚌埠、成都等地许多工厂和研究所生产有关多芯光缆、野战光缆、海底光缆等一系列光纤材料、光纤通信测量仪器、器件和设备。光纤通信系统的发展迄今已经历了第一、第二、第三代变化，正在进入第四、第五代。第一代光纤通信系统采用的是短波长 $0.85\mu m$ 光电器件；第二代光纤通信采用的长波长 $1.3\mu m$ 光电器件；第三代光纤又引入了单模光纤，使光纤的色散大幅度下降；第四代光纤通信系统中又出现了长波长 $1.55\mu m$ 光电器件，但在这一波长处，光纤的损耗降低了许多，并采用单频激光管及使光纤"色散移位"来使光纤色散降到零；第五代正处于实验室研究阶段，其主要标志是新兴通信方式的应用，如相干光通信、光放大通信、光孤子通信以及全光通信等，这样就有可能使未来通信系统出现根本性变革。与电信系统类似，光纤通信系统也是将用户的信息（语音、图像、数据等）按照一定方式调制到载送信息的光波上，然后经光纤传播输送至远方接收端，再经适当的调解从载波中取出用户所需要的信息，图 6-50 即光纤通信系统的一般装置。

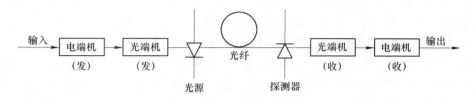

图 6-50　光纤通信系统的基本装置

　　在发送端有光发送端机和电发信端机。光发送端机主要部分是光源（激光二极管或发光二极管）及其相应的驱动电路。电发信端机就是通常电通信中采用的载波机、电视图像收发信设备、计算机终端或其他常规电子通信设备，利用电发信端机输送的电信号对光源进行调制，使其输出载有有用信息的载波光信号并耦合进光纤线路传输。光接收端机的主要部分是光电检测器（光电二极管）及相应的放大电路，其功能是将经过光纤传送的光信号还原成电信号，并送电收信端机作调解、放大、判决、再生等电子技术处理，以恢复原始信息供用户使用。

　　B　光纤传感技术

　　光纤传感器是 20 世纪 70 年代才出现的新技术，它是以光纤作为信息的传输媒质，光作为信息载体的一种传感器。由于光纤的优良的物理、化学、机械和传输性能，使光纤传感器具有传统传感器无法比拟的优越性：它的灵敏度高，体积小，能抗电磁干扰，抗腐蚀性强，能在恶劣环境下使用。

　　C　光纤传像技术

　　利用光纤进行图像传输有三种途径。第一种是利用光纤通信技术进行图像传输；第二种途径是光纤束传像，是利用每根光纤的传光能力，向每根光纤对应一个最基本的像元，光纤束两端每根光纤进行相关排列，这样就可进行像传输；第三种途径是利用单根光纤实现图像传输。这方面的研究历史很短，已经取得一些成就。

　　D　在其他方面的应用

　　光纤在混凝土建筑中的应用；利用激光和光纤的起爆装置；微波光纤技术的应用，包含射频传输线路中的应用及光纤在雷达中的应用。

　　1. 一光纤的芯子折射率 $n_1 = 1.62$，薄层折射率 $n_2 = 1.52$，试计算光发生全反射的临界角 θ_c。

　　2. 试说明氧化铝为什么可以制成透光率很高的陶瓷，而金红石则不能。

　　3. 阐述光纤传输的原理和应用。

　　4. 一入射光以较小的入射角 i 和折射角 r 通过一透明玻璃板，若玻璃对光的衰减可忽略不计，试证明通过后的光强为 $(1-m)^2$，m 为反射系数。

　　5. 有一材料的吸收系数 $\alpha = 0.32 cm^{-1}$，当透明光强分别为入射的 10%、20%、50% 及 80% 时，材料的厚度各为多少？

6. 一玻璃对水银灯蓝、绿谱线 λ 为 435.8nm 和 546.1nm 的折射率分别为 1.6525 和 1.6245，用此数据定出柯西（Cauchy）近似经验公式 $n=A+B/\lambda^2$ 的常数 A 和 B，然后计算对钠黄线 $\lambda=589.3$nm 的折射率 n 及色散率 $dn/d\lambda$ 值。

7. 预料在 LiF 及 PbS 之间的折射率及色散有什么不同？

7　材料的弹性变形

【本章提要与学习重点】

　　本章介绍了弹性变形的物理本质、弹性模量的影响因素、比例极限、弹性极限、弹性比功的概念以及弹性后效和包申格效应。

　　重点：弹性模量的影响因素、比例极限、弹性极限、弹性比功的概念、弹性后效和包申格效应。

【导入案例】

　　"挑战者"号航天飞机是美国正式使用的第二架航天飞机，在 1986 年 1 月 28 日进行第 10 次太空任务时，因为右侧固态火箭推进器上的一个 O 形环失效，导致一连串的连锁反应，在升空后 73s 时，爆炸解体坠毁（图 7-1）。机上的 7 名宇航员在该次意外中全部丧生。O 形环是一种依靠密封件发生弹性变形的积压形密封，但是由于 O 形环的低温硬化失效，未能及时发生弹性变形产生密封效果，而导致了一场悲剧。

图 7-1　航天飞机爆炸解体

　　材料受到外力作用时，首先发生弹性变形，即受力作用后产生变形，卸除载荷后，变形消失。若应力和应变服从胡克定律，称为理想弹性（完全弹性）变形。在材料力学中，通常把构件简化为发生理想弹性变形的变形固体，即弹性变形体。

　　衡量材料弹性变形能力的力学性能指标有弹性模量 E、比例极限 σ_p、弹性极限 σ_e 和弹性比功 a_e 等。其中弹性模量是衡量材料弹性变形能力的一个重要指标，是结构设计的重要参数。不同材料的弹性变形特点有很大不同，这主要取决于原子（分子）间的结合力。

　　本章将从金属材料的弹性变形机理入手，分析金属材料弹性变形的物理本质，从而进一步分析弹性模量等性能指标的工程意义、变化规律及影响因素，了解材料的弹性性能与成分、结构、组织等内在因素及温度、加载条件等外在因素之间的关系，掌握提高材料弹性性能指标及发挥材料潜力、开发新材料的主要途径。

7.1 弹 性 变 形

7.1.1 弹性变形的物理本质

金属是晶体，晶体内的原子具有抵抗相互分开、接近或剪切移动的性质。金属的弹性变形可以用双原子模型来解释，如图 7-2 所示。对以金属键结合为主的晶体而言，可以认为吸引力是金属正离子与共有电子之间库仑引力作用的结果，因它在比原子间距大得多的距离处仍然起主导作用（图 7-2 中的曲线 1），所以吸引力是长程力；而排斥力则是短程力，它只有在原子间距离很接近时才起主导作用（图 7-2 中的曲

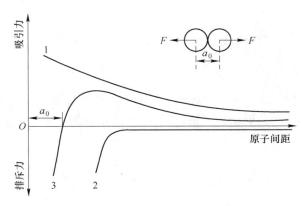

图 7-2 原子间作用力的双原子模型

线 2），二者的合力，如图 7-2 中的曲线 3 所示。可见，当吸引力和排斥力达到平衡时，相互作用力为零，两原子间的平衡距离便确定为 a_0，相应的能量处于最低的状态，这是最稳定的状态。金属在拉应力作用下，当相邻原子间距大于平衡原子间距时，吸引力降低，同时排斥力也降低，但吸引力大于排斥力，所以两原子间的合力表现为吸引力，在该吸引力的作用下，原子力图恢复到原来的平衡位置；反之，金属在压力作用下，当相邻原子间距小于平衡原子间距时，两原子吸引力和排斥力都有所增加，但排斥力大于吸引力，所以两原子间的合力表现为排斥力，在该排斥力作用下原子回到原来的平衡位置。因此，在拉力或压力去除后，原子恢复到原来的平衡位置，宏观变形也随之消失，这就是弹性变形的物理本质。

7.1.2 Hooke 定律

Hooke（胡克）最早研究了金属弹性变形的规律，实验得：

$$l - l_0 = 常数 \cdot \frac{l_0 F}{s_0} \tag{7-1}$$

$$\frac{F}{s_0} = 常数 \cdot \frac{l - l_0}{l_0} \tag{7-2}$$

$$\sigma = E\varepsilon \tag{7-3}$$

式中，F 为外加载荷；l 为 F 作用下试样长度；l_0 为试样原始长度；s_0 为试样原始截面积；E 为弹性模量。

Hooke 定律表明金属弹性变形时，应变与外力成正比。弹性模量（E）是金属弹性变

形时外力与应变的比例因子，量纲为MPa。

推导过程如下：

设原子位移为 u，则有：

$$u = a - a_0 \qquad (7\text{-}4)$$

在平衡条件下，外力与原子结构能之间的关系为（依据能量平衡条件：结构能的变化等于外力做的功）：

$$F = \frac{\mathrm{d}\varphi(u)}{\mathrm{d}u} \qquad (7\text{-}5)$$

假设 $\varphi(u)$ 是连续函数，则由 Taylor 级数展开得：

$$\varphi(u) = \varphi_0 + u(\mathrm{d}\varphi/\mathrm{d}u)_0 + \frac{1}{2} u^2 (\mathrm{d}^2\varphi/\mathrm{d}u^2)_0 + R(u) \qquad (7\text{-}6)$$

式中，φ_0 为 $u = 0$ 处的结构能；其他导数也是在 $u = 0$ 处得到；$R(u)$ 为 u 的高次项。

因为原子在平衡距离 a_0 处能量最低，函数在 $u = 0$ 处有最小值，所以：

$$\left(\frac{\mathrm{d}\varphi}{\mathrm{d}u}\right)_0 = 0 \qquad (7\text{-}7)$$

又设 $u \ll a_0$，则 $R(u) \approx 0$，可以忽略，所以得：

$$\varphi(u) = \varphi_0 + \frac{1}{2} u^2 (\mathrm{d}^2\varphi/\mathrm{d}u^2)_0 \qquad (7\text{-}8)$$

求导得：

$$\frac{\mathrm{d}\varphi(u)}{\mathrm{d}u} = u \left(\frac{\mathrm{d}^2\varphi}{\mathrm{d}u^2}\right)_0 \qquad (7\text{-}9)$$

即：

$$F = u \left(\frac{\mathrm{d}^2\varphi}{\mathrm{d}u^2}\right)_0 \qquad (7\text{-}10)$$

这里，二阶导数 $\left(\dfrac{\mathrm{d}^2\varphi}{\mathrm{d}u^2}\right)_0$ 为函数 $\varphi(u)$ 在点 $u = 0$ 处的曲率，与 u 无关（大小和方向），是一个常数。因此，得：

$$F = 常数 \cdot u \qquad (7\text{-}11)$$

该公式表达了在 $u \ll a_0$ 的情况下外力与位移之间的正比（线性）关系；不满足该条件时，$R(u) \neq 0$，该项不能忽略后，外力与位移之间就会存在非线性的弹性变形。

7.1.3　广义 Hooke 定律

严格地讲，$\sigma = E\varepsilon$ 表达的弹性变形只限于实际物体中的各向同性体在单轴加载下受力方向的应力-应变关系。其实，在这种条件下物体在垂直于加载方向上也有弹性变形，而在复杂应力状态以及不同程度的各向异性体上的弹性变形则更为复杂，故需要利用广义 Hooke 定律才能进行正确分析。

在一般的受力物体中，一点的应力状态可绕该点取一单元正六面体，并将每一截面上的应力分解为与该截面垂直的一个正应力和平行于该截面的两个切应力分量，共九个应力分量（三个正应力分量和六个切应力分量），如图 7-3 所示。

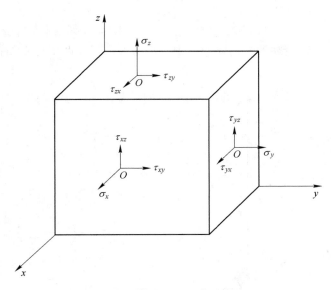

图 7-3　固体中一点的应力状态

应用切应力互等原理，作用在该单元体上的 9 个应力（正应力和切应力）分量中只有 6 个是独立的应力，相应独立的应变分量（正应变和切应变）也只有 6 个。因此对每一个应力、应变分量应用 Hooke 定律则可得到 6 个应力分量或应变分量方程（每一个应力都是 6 个应变的线性函数，每一个应变都是 6 个应力的线性函数）：

$$\begin{cases} \sigma_x = C_{11}\varepsilon_x + C_{12}\varepsilon_y + C_{13}\varepsilon_z + C_{14}\gamma_{xy} + C_{15}\gamma_{yz} + C_{16}\gamma_{zx} \\ \sigma_y = C_{21}\varepsilon_x + C_{22}\varepsilon_y + C_{23}\varepsilon_z + C_{24}\gamma_{xy} + C_{25}\gamma_{yz} + C_{26}\gamma_{zx} \\ \sigma_z = C_{31}\varepsilon_x + C_{32}\varepsilon_y + C_{33}\varepsilon_z + C_{34}\gamma_{xy} + C_{35}\gamma_{yz} + C_{36}\gamma_{zx} \\ \tau_{xy} = C_{41}\varepsilon_x + C_{42}\varepsilon_y + C_{43}\varepsilon_z + C_{44}\gamma_{xy} + C_{45}\gamma_{yz} + C_{46}\gamma_{zx} \\ \tau_{yz} = C_{51}\varepsilon_x + C_{52}\varepsilon_y + C_{53}\varepsilon_z + C_{54}\gamma_{xy} + C_{55}\gamma_{yz} + C_{56}\gamma_{zx} \\ \tau_{zx} = C_{61}\varepsilon_x + C_{62}\varepsilon_y + C_{63}\varepsilon_z + C_{64}\gamma_{xy} + C_{65}\gamma_{yz} + C_{66}\gamma_{zx} \end{cases} \tag{7-12}$$

或

$$\begin{cases} \varepsilon_x = S_{11}\sigma_x + S_{12}\sigma_y + S_{13}\sigma_z + S_{14}\tau_{xy} + S_{15}\tau_{yz} + S_{16}\tau_{zx} \\ \varepsilon_y = S_{21}\sigma_x + S_{22}\sigma_y + S_{23}\sigma_z + S_{24}\tau_{xy} + S_{25}\tau_{yz} + S_{26}\tau_{zx} \\ \varepsilon_z = S_{31}\sigma_x + S_{32}\sigma_y + S_{33}\sigma_z + S_{34}\tau_{xy} + S_{35}\tau_{yz} + S_{36}\tau_{zx} \\ \gamma_{xy} = S_{41}\sigma_x + S_{42}\sigma_y + S_{43}\sigma_z + S_{44}\tau_{xy} + S_{45}\tau_{yz} + S_{46}\tau_{zx} \\ \gamma_{yz} = S_{51}\sigma_x + S_{52}\sigma_y + S_{53}\sigma_z + S_{54}\tau_{xy} + S_{55}\tau_{yz} + S_{56}\tau_{zx} \\ \gamma_{zx} = S_{61}\sigma_x + S_{62}\sigma_y + S_{63}\sigma_z + S_{64}\tau_{xy} + S_{65}\tau_{yz} + S_{66}\tau_{zx} \end{cases} \tag{7-13}$$

式中，C_{11}，C_{12}，$\cdots$，C_{66} 为刚度常数；S_{11}，S_{12}，$\cdots$，S_{66} 为柔度常数。二者统称为弹性常数。

这些用弹性常数联系起来的应力-应变关系即为广义的 Hooke 定律。

可以证明：

$$C_{ij} = C_{ji} , S_{ij} = S_{ji} \tag{7-14}$$

所以两种弹性常数中最多各只有 21 个是独立的，且随晶体对称性的提高，独立常数的个数相应减少。在对称性最高的各向同性体中，只有 S_{11}、S_{12} 两个独立的弹性常数，其广义的 Hooke 定律为：

$$\begin{cases} \varepsilon_x = \dfrac{1}{E}\left[\sigma_x - \nu(\sigma_y + \sigma_z) \right] \\[2mm] \varepsilon_y = \dfrac{1}{E}\left[\sigma_y - \nu(\sigma_x + \sigma_z) \right] \\[2mm] \varepsilon_z = \dfrac{1}{E}\left[\sigma_z - \nu(\sigma_x + \sigma_y) \right] \\[2mm] \gamma_{xy} = \dfrac{1}{G}\tau_{xy} \\[2mm] \gamma_{yz} = \dfrac{1}{G}\tau_{yz} \\[2mm] \gamma_{zx} = \dfrac{1}{G}\tau_{zx} \end{cases} \tag{7-15}$$

式中，ν 为泊松比。

单轴拉伸（如 x 方向）时，广义的 Hooke 定律简化为：

$$\varepsilon_y = \varepsilon_z = -\nu\frac{\sigma_x}{E} \tag{7-16}$$

由此可见，在单轴加载条件下材料不仅有受力方向上的变形，而且还有垂直于受力方向上的横向变形（应变）。

7.1.4 工程常用弹性常数

不同材料的弹性行为不同，表现为弹性常数不同。根据广义 Hooke 定律，各向同性体中一些常用的工程弹性常数有弹性模量、泊松比、剪切模量、体积模量、刚度等。

7.1.4.1 弹性模量（E）

$$E = \frac{\sigma}{\varepsilon} \quad (\text{单向受力状态下}) \tag{7-17}$$

它反映材料抵抗正应变的能力，是工程上重要的力学性能参数，是原子之间键合强度的反映。弹性模量是一个组织不敏感的力学性能指标，合金化、热处理和冷塑性变形等对弹性模量的影响较小，温度和加载速度等外在因素对其影响也不大，所以工程应用上都把弹性模量当成常数。

7.1.4.2 泊松比（ν）

$$\nu = -\frac{\varepsilon_y}{\varepsilon_x} \tag{7-18}$$

反映材料在单向受拉或受压状态下，横向正应变与受力方向正应变的相对比值，也叫横向变形系数，它是反映材料横向变形的弹性常数。

7.1.4.3 剪切模量（G）

$$G = \frac{\tau}{\nu} \quad (\text{纯剪切受力状态下}) \tag{7-19}$$

剪切模量是剪切应力与应变的比值，又称刚性模量，它反映材料抵抗切应变的能力。

7.1.4.4 体积模量（K）

$$K = -\frac{P}{\Delta V/V} = \frac{E}{3(1-2\nu)} \tag{7-20}$$

表示物体在三向压缩（液体静压力）下，压强 P 与其体积变化率 $\Delta V/V$ 之间的线性比例关系，是比较稳定的材料常数。

因为各向同性体中本质上只有两个独立的弹性常数，所以上述四个过程常数中必然有两个关系把它们联系起来。即：

$$E = 2G(1+\nu) \tag{7-21}$$

$$E = 3K(1-2\nu) \tag{7-22}$$

7.1.4.5 刚度

除以上弹性常数之外，还有一个具有重要工程意义的材料性能指标，即刚度。零件的刚度（ES）是指引起单位应变的载荷。即：

$$\frac{F}{\varepsilon} = \frac{\sigma S}{\varepsilon} = ES \tag{7-23}$$

显然，在一定载荷下要减少零件的弹性变形、提高其刚度，则可选用高模量的材料或适当加大构件的承载截面积。刚度的重要性在于它反映了零件服役时的稳定性。

7.1.5 弹性极限与弹性比功

弹性极限是金属材料发生最大弹性变形时的应力值。当应力超过弹性极限，金属便开始发生塑性变形。实验测定弹性极限是比较困难的，而且测定值的高低取决于所用的微应变传感器的灵敏度。传感器的灵敏度越高，测得的弹性极限值越低。

通常规定，以产生 0.005%、0.01%、0.05%的残留变形时的应力作为条件弹性极限，分别以 $\sigma_{0.005}$、$\sigma_{0.01}$、$\sigma_{0.05}$ 表示。这种条件弹性极限、即规定残余伸长时应力的测定方法，如图 7-4 所示，求得了载荷 $P_{0.01}$，再除以试件原始截面积 A_0，即得条件弹性极限 $\sigma_{0.01} = P_{0.01}/A_0$。

由此可见，弹性极限与比例极限实际上都是表征材料对极微量塑性变形的抗力。因此，影响弹性极限的因素将与影响屈服极限的相同，在以后讨论屈服极限时一并说明。

弹性比功，又可称为弹性应变能密度。它是指金属材料吸收变形功而又不发生永久变形的能力，是在开始塑性变形前单位体积金属所能吸收的最大弹性

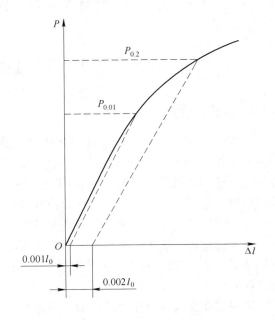

图 7-4 条件弹性极限 $\sigma_{0.01}$ 和条件屈服强度 $\sigma_{0.2}$ 的测定

变形功、是一个韧度指标。弹性比功 W_e 可用拉伸应力-应变曲线中阴影线所表示的面积来量度，如图 7-5 所示。因此

$$W_e = \frac{1}{2}\sigma_e e_e = \frac{\sigma_e^2}{2E} \qquad (7-24)$$

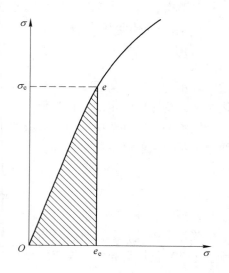

由式（7-24）可以看出，提高 σ_e 或降低 E，均可提高材料的弹性比功。由于弹性比功与 σ_e 的平方成正比，所以提高 σ_e 的作用更明显。再则，E 是材料一个很稳定的力学性能指标，合金化、热处理、冷热加工等对 E 值的影响不大。因此，要提高弹性比功，只有从提高 σ_e 着手。机械和工程结构中使用的弹簧是典型的弹性零件，主要起减震与储能作用，既要吸收大量变形功（应变能），又不允许发生塑性变形。因此，作为弹簧材料，要求尽可能具有最大的弹性比功。常用的弹簧钢是含碳质量分数为 0.005%～0.007% 的硅锰钢，在

图 7-5　弹性比功计算方法示意图

退火后具有一定的塑性，使弹簧的加工成形不致过于困难，经淬火和中温回火获得回火屈氏体组织，使钢具有高的弹性极限因而提高了弹性比功。经过形变强化的冷拔钢丝，其弹性极限大大提高。

仪器仪表中使用的弹簧常用磷青铜的和铍青铜制造，除了它们无磁性外，更重要的是它们具有较高的 σ_e，而 E 值较小，从而有较大的弹性比功，能保证在较大的形变量下仍处于弹性变形状态。这样的材料常称为软弹簧材料。由于 E 值较小，在相同的应力下弹性应变值较大，故用这类材料制造的弹性元件，其灵敏度较高。这也是一个很重要的优点。

7.2　非理想的弹性变形

7.2.1　滞弹性变形

滞弹性（弹性后效）是指材料在快速加载或卸载后，随时间的延长而产生附加弹性应变的性能（图 7-6）。施加应力 σ_0 时，试样立即沿 OA 线产生瞬时应变 Oa。如果低于材料的微量塑性变形抗力，则应变 Oa 只是材料总弹性应变 OH 中的一部分，应变 aH 是在 σ 长期保持下逐渐产生的，aH 对应的时间过程为 ab 曲线。这种加载时应变落后于应力而与时间有关的滞弹性又称正弹性后效或弹性蠕变（变形随时间的延长而变化的现象）。卸载时，如果速度也比较大，则当应力下降为零时，只有应变 eH 部分立即卸掉，而应变 eO 是在卸载后逐渐去除的（对应的时间过程为 cd 曲线）。卸载时应变落后于应力的现象又称反弹性后效。

滞弹性在金属材料中比较明显，滞弹性速率和滞弹性应变量与材料成分、组织和实验条件有关。材料组织越不均匀，滞弹性越明显。钢经淬火或塑性变形后，增加了组织不均

匀性，滞弹性倾向增大。此外，温度升高和切应力分量增大，滞弹性强烈，而在多向压应力（无切应力）作用下，完全看不到滞弹性现象。金属产生滞弹性的原因可能与晶体中点缺陷的移动有关。例如，α-Fe 中的 C 原子处于八面体空隙及等效位置上，施加 z 向拉应力后，x、y 轴上的碳原子会向 z 轴扩散，使 z 轴方向继续伸长变形，产生附加弹性变形。而扩散需要时间，故附加应变为滞弹性应变。卸载后 z 轴多余的碳原子又会扩散回到原来的 x、y 轴上，滞弹性应变消失。

　　材料的滞弹性对仪器仪表和精密机械中重要传感元件的测量精度有很大影响，因此选用材料时需要考虑滞弹性问题。如长期受载的测力弹簧、薄膜传感器等，所选用材料的滞弹性较明显时，会使仪表精度不足，甚至无法使用。

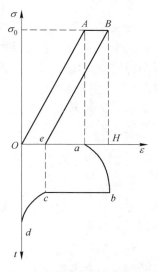

图 7-6　滞弹性变形示意图

7.2.2　弹性滞后环与循环韧性

　　弹性变形时因应变滞后于外加应力，使加载线和卸载线不重合而形成的回线称为弹性滞后环。弹性滞后环的形状主要与载荷类型和加载速率有关，如图 7-7 所示。当加载速率适中时，单向和交变循环加载形成的滞后环通过应力应变曲线的原点；当交变循环且载荷加载速率很高时，能形成弹性滞后环，但不通过原点。

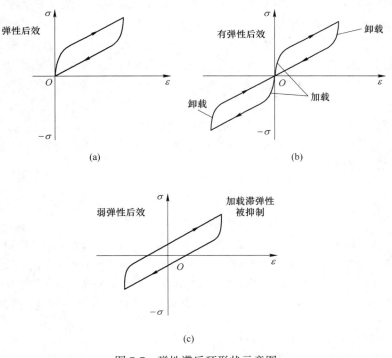

图 7-7　弹性滞后环形状示意图

（a）单向循环、载荷加载速率适中；（b）交变循环、载荷加载速率适中；

（c）交变循环、载荷加载速率很高

　　由弹性滞后环表征的加载时消耗于金属的变形功大于卸载时金属释放的变形功，即有一部分变形功残留在金属内部，称为内耗，大小可由滞后环的面积表示。

　　一个应力循环中金属的内耗称为循环韧性，反映了材料在单向或交变循环载荷作用下以不可逆的能量方式吸收而又不被破坏的能力，即靠自身消除机械振动的能力（消振性）。对于循环韧性，工程上有截然相反的要求。如仪器、仪表中的测力弹簧不允许有弹性后效以保证其测量精度，不允许有附加振动的零件（如床身、叶片等）要求使用循环韧性较大的材料，以达到消振的目的。

7.2.3　包申格效应

　　包申格（Bauschinger）效应是指金属材料经预先加载产生少量塑性变形（残余应变小于4%），卸载后再同向加载，规定残余伸长应力增加，而反向加载，规定残余伸长应力降低的现象。

　　包申格效应是多晶体金属具有的普遍现象，所有退火态和高温回火态的金属都有包申格效应。对某些钢和钛合金，包申格效应可使规定残余伸长应力降低15%~20%。

　　包申格效应与金属材料微观组织结构的变化有关，尤其是与材料中位错运动所受的阻力变化有关。金属在载荷作用下产生少量塑性变形时，运动位错受阻形成位错缠结或胞状组织。如果此时卸载并随即同向加载，在原先加载的应力水平下，缠结的位错运动困难，宏观上表现为规定残余伸长应力增加。但如果卸载后施加反向应力，位错反向运动时前方障碍较少，可以在较低应力下滑移较大距离，宏观上表现为规定残余伸长应力降低。一方面，可以利用包申格效应降低形变应力，如薄板反向弯曲成形、拉拔的钢棒经过辊压校直等。另一方面，要考虑包申格效应的有害影响，如对于一些预先经受一定程度冷变形的材料，若使用时载荷方向与冷变形方向相反，微量塑变抗力下降，使构件的承载能力下降。

　　消除包申格效应的方法是对材料进行较大的塑性变形或对微量塑变形的材料进行再结晶退火热处理。如小管径 ERW（Electric Resistance Weld）电阻焊管通过预先施加较大塑性变形的方式消除包申格效应；在第二次反向受力前先使金属材料在回复或再结晶温度下退火，如钢在500℃以上退火；另外，通过控制钢铁材料的组织，降低第二相粒子的数量可以减小包申格效应。如X70高强管线钢通过控轧控冷的方式获得针状铁素体，替代铁素体+珠光体组织来降低包申格效应。

习　题

　　1. 金属的弹性模量主要取决于哪些因素，为什么说它是一个对组织较不敏感的力学性能指标？

　　2. 一铝合金制轻型人梯，在人的体重作用下弹性挠度过大，在不增加梯重的情况下减小挠度，试问下述方法是否可行？（1）采用时效铝合金，提高材料强度；（2）改用镁合金代替铝合金（$E_{Mg} = 4.3 \times 10^{10} N/m^2$，$D_{Mg} = 1.74 g/cm^3$，$E_{Al} = 7 \times 10^{10} N/m^2$，$D_{Al} = 2.7 g/cm^3$）；（3）重新设计，改变原铝合金型材的截面形状和尺寸。

　　3. 试述弹性极限、比例极限和屈服强度的意义、区别与测定方法。

　　4. 试述常见的几种弹性不完整现象的特征及产生的条件。

　　5. 弹性后效、弹性滞后和包申格效应各有何实用意义，哪些金属与合金在什么情况下最易出现这些现象，如何防止和消除？

8 材料的塑性变形

【本章提要与学习重点】

　　本章介绍了金属塑性变形的机制和特点、屈服强度的概念和影响因素、形变强化的概念及其意义。

　　重点：金属屈服强度、形变强化的概念。

【导入案例】

　　塑性变形不仅可以把材料加工成各种形状和尺寸的制品，而且还可以改变材料的组织和性能。如广泛应用的各类钢材，根据断面形状的不同，一般分为型材、板材、管材和金属制品四大类。大部分钢材通过压力加工，使钢（坯、锭等）产生塑性变形。

　　工字钢、槽钢、角钢等广泛应用于工业建筑和金属结构，如厂房、桥梁、船舶、农机车辆制造、输电铁塔、运输机械等。

　　2000 年 9 月建成的芜湖长江大桥（图 8-1）是国家"九五"重点交通项目，其桥型为公路、铁路两用钢桁梁斜拉桥，铁路桥长 10616m，公路桥长 6078m，其中跨江桥长 2193.7m，大桥主跨 312m。采用 14MnNbq 钢，厚板焊接全封闭整体节点钢梁，是目前中国最长公路铁路两用桥。

图 8-1　芜湖长江大桥

　　当外力大于晶体的弹性极限后，在切应力作用下，晶体中相邻原子面间产生相对位移，使原子从一个平衡位置进入相邻的另一个平衡位置，外力去除后，原子不能回复原位而产生了永久变形，即塑性变形是材料微观结构的相邻部分产生永久性位移的现象。

　　衡量材料塑性变形能力的力学性能指标有屈服强度 σ_s、抗拉强度 σ_b、应变硬化指数 n、延伸率 δ 及断面收缩率 ψ 等。

　　材料的种类和性质不同，其塑性变形机理也不相同。本章从最简单的金属入手研究晶体塑性变形的机理和规律，分析金属塑性变形特点和物理本质，分析塑性变形材料强度及塑性性能指标的工程意义、变化规律及影响因素，了解材料的塑性变形性能与材料内在因素（成分、结构、组织等）及外在因素（温度、加载条件等）之间的关系，掌握提高材料强度和塑性性能指标及发挥材料潜力、开发新材料的主要途径。

8.1　塑性变形的特点

将圆柱形试样进行拉伸实验时，拉力 P 与试样伸长率 Δl 之间的关系如图 8-2 所示。由图可看出，当作用力 $P<P_e$（弹性极限载荷）时进行卸载，伸长沿 $\overline{eo}$ 方向减小，最后伸长消失，试样恢复原来长度，这种性质称为材料弹性。当作用力 $P>P_s$，（屈服极限载荷），例如加载到 c 点，然后进行卸载，则伸长随载荷的减小而沿 $\overline{cd}$ 方向变化（$\overline{cd}//\overline{eo}$）。卸载后，试样中保留残余变形 $\overline{od}$，这种残余变形称为塑性变形，即当作用在物体上的外力取消后，物体的变形不能完全恢复而产生的残余变形。

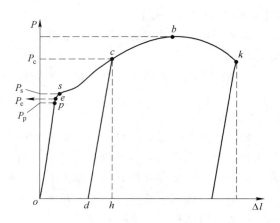

图 8-2　塑性材料试样拉伸时拉力与
伸长量之间的关系

在外力作用下使金属材料发生塑性变形而不破坏其完整性的能力称为塑性。

金属材料在一定的外力作用下，利用其塑性而使其成形并获得一定力学性能的加工方法称为塑性成形，也称塑性加工或压力加工。与其他加工方法（如金属的切削加工、铸造、焊接等）相比，金属塑性成形有如下特点：

（1）组织、性能好。金属材料在塑性成形过程中，其内部组织发生显著的变化。如钢锭，其内部组织疏松多孔、晶粒粗大且不均匀等许多缺陷，经塑性成形使其结构致密、组织改善、性能提高。因此，90%以上的铸钢都要经过塑性加工，制成各部门所需的坯料或零件。

（2）材料利用率高。金属塑性成形主要是靠金属在塑性状态下的体积转移来实现的，不产生切屑，因此只有少量的工艺废料，并且流线分布合理。

（3）尺寸精度高。不少成形方法已达到少或无切削的要求（因用通用模具）。例如，精密模锻的锥齿轮，其齿形部分可不经切削加工而直接使用；精锻叶片的复杂曲面可达到只需磨削的精度。这是由于应用了先进的生产技术和设备。

（4）生产效率高。适于大批量生产，这是由于随着塑性加工工具和设备的改进及机械化、自动化程度的提高，生产率也相应得到提高。例如，高速冲床的行程次数已达1500~1800 次/min；在 12000×10kN 热模锻压力机上锻造一根汽车发动机用的六拐曲轴只需 40s；在双动拉深压力机上成形一个汽车覆盖件仅需几秒钟。

由于金属塑性成形具有上述特点，因而它在冶金工业、机械制造工业等部门中得到广泛应用，在国民经济中占有十分重要的地位。

8.2　塑性变形的主要方式

将金属塑性成形进行分类，是为了便于对它们进行分析和研究。但是，至今还无统一分类方法。按照成形的特点，一般将塑性成形分为块料成形（又称体积成形）和板料成形两大类，每类又包括多种加工方法，形成各自的工艺领域。

8.2.1　块料成形

块料成形是在塑性成形过程中靠体积转移和分配来实现的。金属塑性成形方法的种类如图 8-3 所示，这类成形又可分一次加工和二次加工。

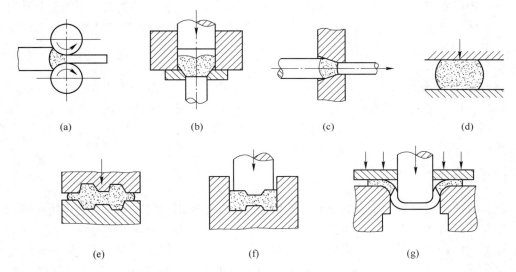

图 8-3　金属塑性成形方法的种类

（a）轧制（纵轧）；（b）挤压（正挤压）；（c）拉拔；（d）自由锻（镦粗）；
（e）开式模锻；（f）闭式模锻；（g）拉深

8.2.1.1　一次加工

这是属冶金工业领域内的原材料生产的加工方法，可提供型材、板材、管材和线材等，其加工方法包括轧制、挤压和拉拔。在这类成形过程中，变形区的形状随时间是不变化的，属稳定的变形过程，适于连续地大批量生产。

A　轧制

轧制是将金属坯料通过两个旋转轧辊间的特定空间使其产生塑性变形，以获得一定截面形状材料的塑性成形方法。这是由大截面坯料变为小截面材料常用的加工方法。轧制可分纵轧（图 8-3（a））、横轧和斜轧。利用轧制方法可生产出型材、板材和管材。

B　挤压

挤压是在大截面坯料的后端施加一定的压力，将金属坯料通过一定形状和尺寸的模孔使其产生塑性变形，以获得符合模孔截面形状的小截面坯料或零件的塑性成形方法。挤压又分正挤压（图 8-3（b））、反挤压和正反复合挤压。因为挤压是在很强的三向压应力状态下的成形过程，所以更适于生产低塑性材料的型材、管材或零件。

    C　拉拔

    拉拔是在金属坯料的前端施加一定的拉力，将金属坯料通过一定形状、尺寸的模孔使其产生塑性变形，以获得与模孔形状、尺寸相同的小截面坯料的塑性成形方法（图8-3（c））。用拉拔方法可以获得各种截面的棒材、管材和线材。

    8.2.1.2　二次加工

    这是为机械制造工业领域内提供零件或坯料的加工方法。这类加工方法包括自由锻和模锻，统称为锻造。在锻造过程中，变形区随时间是不断变化的，属非稳定性塑性变形过程，适于间歇生产。

    A　自由锻

    自由锻是在锻锤或水压机上，利用简单的工具将金属锭料或坯料锻成所需形状和尺寸的加工方法（图8-3（d））。自由锻时不使用专用模具，因而锻件的尺寸精度低生产率也不高，主要用于单件、小批量生产或大锻件生产。

    B　模锻

    模锻是将金属坯料放在与成品形状、尺寸相同的模腔中使其产生塑性变形从而获得与模腔形状、尺寸相同的坯料或零件的加工方法。模锻又分开式模锻（图8-3（e））和闭式模锻（图8-3（f））。由于金属的成形受模具控制，因而模锻件有相当精确的外形和尺寸，也有相当高的生产率，适合于大批量生产。

8.2.2　板料成形

    板料成形一般称为冲压。它是对厚度较小的板料，利用专门的模具，使金属板料通过一定模孔而产生塑性变形，从而获得所需的形状、尺寸的零件或坯料。冲压这类塑性加工方法可进一步分为分离工序和成形工序两类。分离工序用于使冲压件与板料沿一定的轮廓线相互分离，如冲裁、剪切等工序；成形工序用来使坯料在不破坏的条件下发生塑性变形，成为具有要求形状和尺寸的零件，如弯曲、拉深（图8-3（g））等工序。

    随着生产技术的发展，还不断产生新的塑性加工方法，例如连铸连轧、液态模锻、等温锻造和超塑性成形等，这些都进一步扩大了塑性成形的应用范围。

    塑性加工按成形时工件的温度还可以分为热成形、冷成形和温成形三类。热成形是在充分进行再结晶的温度以上所完成的加工，如热轧、热锻、热挤压等；冷成形是在不产生回复和再结晶的温度以下进行的加工，如冷轧、冷冲压、冷挤压、冷锻等；温成形是在介于冷、热成形之间的温度下进行的加工，如温锻、温挤压等。

8.3　冷态下的塑性变形

    塑性成形所用的金属材料绝大部分是多晶体，其变形过程较单晶体的复杂得多，这主要是与多晶体的结构特点有关。

    多晶体是由许多结晶方向不同的晶粒组成。每个晶粒可看成是一个单晶体，相邻晶粒彼此位向不同，但晶体结构相同，化学组成也基本一样。就每个晶粒来说，其内部的结晶学取向并不完全严格一致，而是有亚结构存在，即每个晶粒又是由一些更小的亚晶粒组成。

晶粒之间存在厚度相当小的晶界。晶界的结构与相邻两晶粒之间的位向差有关，一般可分为小角度晶界和大角度晶界。小角度晶界由位错组成，最简单的情况是由刃型位错垂直堆叠而构成的倾斜晶界。实际多晶体金属通常都是大角度晶界，其晶界结构很难用位错模型来描述，可以笼统地把它看成是原子排列混乱的区域，并在该区域内存在着较多的空位、位错及杂质等。正因为如此，晶界表现出许多不同于晶粒内部的性质，如室温时晶界的强度和硬度高于晶内，而高温时则相反；晶界中原子的扩散速度比晶内原子快得多；晶界的熔点低于晶内；晶界易被腐蚀等。

8.3.1 塑性变形机理

由于多晶体是由许多位向不同的晶粒组成，晶粒之间存在晶界，因此，多晶体的塑性变形包括晶粒内部变形（也称晶内变形）和晶界变形（也称晶间变形）两种，下面分别介绍其变形机理。

8.3.1.1 晶内变形

晶内变形的主要方式和单晶体一样为滑移和孪生。其中滑移变形是主要的；而孪生变形是次要的，一般仅起调节作用。但在体心立方金属、特别是密排六方金属中，孪生变形也起着重要作用。

A A滑移

所谓滑移是指晶体（此处可理解为单晶体或构成多晶体中的一个晶粒）在力的作用下，晶体的一部分沿一定的晶面和晶向相对于晶体的另一部分发生相对移动或切变。这些晶面和晶向分别称为滑移面和滑移方向。滑移的结果使大量原子逐步地从一个稳定位置移到另一个稳定位置，产生宏观的塑性变形。一般地说，滑移总是沿着原子密度最大的晶面和晶向发生。因为原子密度最大的晶面，原子间距小，原子间结合力强；而其晶面间的距离则较大，晶面与晶面之间的结合力较弱，滑移阻力当然也较小。在图 8-4 所示的晶格中，显然 *AA* 面最易成为滑移面；而沿 *BB* 面则难以滑移。同理可以解释，沿原子排

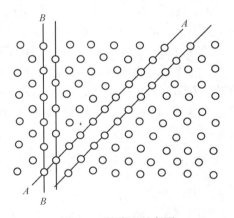

图 8-4　滑移面示意图

列最密集的方向滑移阻力最小，最容易成为滑移方向。

通常每一种晶胞可能存在几个滑移面，而每一滑移面又同时存在几个滑移方向。一个滑移面和其上的一个滑移方向，构成一个滑移系。表 8-1 列出一些金属晶体的主要滑移面、滑移方向和滑移系。

滑移系多的金属要比滑移系少的金属变形协调性好、塑性高，如面心立方金属比密排六方金属的塑性好。至于体心立方金属和面心立方金属，虽然同样具有 12 个滑移系，后者塑性却明显优于前者。这是因为就金属的塑性变形能力来说，滑移方向的作用大于滑移面的作用。体心立方金属每个晶胞滑移面上的滑移方向只有两个，而面心立方金属却为三个，因此后者的塑性变形能力更好。

表 8-1　金属的主要滑移面、滑移方向和滑移系

晶体结构	体心立方结构		面心立方结构		密排六方结构	
滑移面	{110} ×6	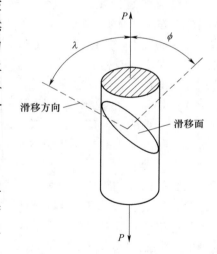	{111} ×4		{0001} ×1	
滑移方向	⟨111⟩ ×2		⟨110⟩ ×3		⟨1120⟩ ×3	
滑移系	6×2=12		4×3=12		1×3=3	
金属	α-Fe, Cr, W, V, Mo		Al, Cu, Ag, Ni, γ-Fe		Mg, Zn, Cd, α-Ti	

　　滑移面对温度具有敏感性。温度升高时，原子热振动的振幅加大，促使原子密度次大的晶面也参与滑移。例如铝高温变形时，除滑移面 {111} 外，还会增加新的滑移面 {001}。正因为高温下可出现新的滑移系，所以金属的塑性也相应地提高。

　　滑移系的存在只说明金属晶体产生滑移的可能性。要使滑移能够发生，需要沿滑移面的滑移方向上作用有一定大小的切应力，此称临界切应力。临界切应力的大小，取决于金属的类型、纯度、晶体结构的完整性、变形温度、应变速率和预先变形程度等因素。

　　当晶体受力时，由于各个滑移系相对于外力的空间位向不同，其上所作用的切应力分量的大小也必然不同。现设某一晶体作用有由拉力 P 引起的拉伸应力 σ，其滑移面的法线方向与拉伸轴的夹角为 ϕ，面上的滑移方向与拉伸轴的夹角为 λ（图 8-5），通过简单的静力学分析可知，在此滑移方向上的切应力分量为：

$$\tau = \sigma\cos\phi\cos\lambda \qquad (8\text{-}1)$$

　　令 $\mu = \cos\phi\cos\lambda$，称为取向因子。由式（8-1）可见，当 σ 为定值时，滑移系上所受的切应力分量取决于取向因子。若 $\phi = \lambda = 45°$，则 $\mu = \mu_{max} = 0.5$，$\tau = \tau_{max} = \sigma/2$。此意味着该滑移系处于最佳取向，其上的切应力分量最有利于优先达到临界值而发生滑移，而当 $\phi = 90°$、$\lambda = 0°$ 或 $\phi = 0°$、$\lambda = 90°$ 时，$\mu = \tau = 0$，此时无论 σ 多大，滑移的驱动力恒等于零，处于此取

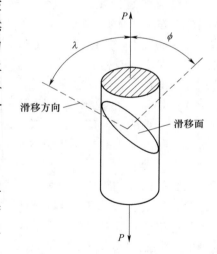

图 8-5　晶体滑移时的应力分析

向的滑移系不能发生滑移。通常把 $\mu = 0.5$ 或接近于 0.5 的取向称为软取向，而把 μ 为零或接近于零的取向称为硬取向。由此可以联想到，在金属多晶体中，由于各个晶粒的位向不同，塑性变形必然不可能在所有晶粒内同时发生，这就构成多晶体塑性变形不同于单晶体的一个特点。

　　晶体在滑移过程中，由于受到外界的约束作用会发生转动。就单晶体拉伸变形来说，滑移面会力图向拉力方向转动，而滑移方向则力图向最大切应力分量方向转动。同样，对于多晶体的晶内变形，晶粒在被拉长的同时，其滑移面和滑移方向也会朝一定方向转动，

尽管这种转动由于晶界和相邻晶粒的影响，情况会比较复杂。转动的结果使原来任意取向的各个晶粒，逐渐调整其方位而趋于一致。

以上是关于滑移变形的宏观描述。下面从微观角度分析滑移过程的实质。最初认为滑移是理想完整的晶体沿着滑移面发生刚性的相对滑动，但基于此出发点所计算的临界切应力却比实验值大 $10^3 \sim 10^4$ 倍，这就迫使人们放弃完整晶体刚性滑动的假设。1934 年 G. I. 泰勒等人把位错概念引入晶体中，并把它和滑移变形联系起来，使人们对滑移过程的物理本质有了明确的认识。滑移过程不是沿着滑移面上所有原子同时产生刚性的相对滑动，而是在其局部区域首先产生滑移，并逐步扩大，直至最后整个滑移面上都完成滑移。此局部区域所以首先产生滑移，是因为该处存在位错，引起很大的应力集中。虽然整个滑移面上作用的应力水平相当低，但在此局部区域的应力却可能已大到足以引起晶体的滑移。当一个位错沿滑移面移过后，便使晶体产生一个原子间距大小的相对位移。由于晶体产生一个滑移带的位移量需要上千个位错的移动，且当位错移至晶体表面产生一个原子间距的位移后，位错便消失，这样，为使塑性变形能不断地进行，就必须有大量新的位错出现，这就是在位错理论中所说的位错增殖。因此可以认为，晶体的滑移过程，实质上就是位错的移动和增殖的过程。图 8-6 和图 8-7 分别给出刃型位错和螺型位错运动造成晶体滑移变形的示意图。

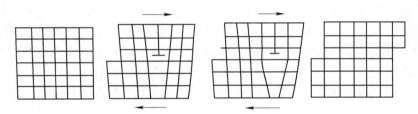

图 8-6　刃型位错运动造成晶体滑移变形示意图

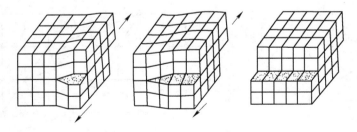

图 8-7　螺型位错运动造成晶体滑移变形示意图

由于滑移是位错运动引起的，因此根据位错运动方式的不同，会出现不同类型的滑移，主要有单滑移、多滑移和交滑移，其示意图如图 8-8 所示。一般金属在塑性变形的开始阶段，仅有一组滑移系开动、此种滑移称为单滑移。由于位错的不断移动和增殖，大量的位错沿着滑移面不断移出晶体表面，形成滑移量为 Δ 的滑移台阶（图 8-8（a））。随着变形的进行，晶体发生转动，当晶体转动到有两个或几个滑移系相对于外力轴线的取向因子相同时，这几个滑移系的切应力分量都达到临界切应力值，它们的位错源便同时开动，产生在多个滑移系上的滑移，滑移后在晶体表面所看到的是两组或多组交叉的滑移线

（见图 8-8（b））。对于螺型位错，由于它具有一定的灵活性，当滑移受阻时，可离开原滑移面而沿另一晶面继续移动。此时位错线的柏氏矢量不变，所以在另一晶面上滑移时仍保持原来的滑移方向和大小。例如，体心立方金属的变形，可在〈111〉方向上的任一个晶面（如 {110}、{112}、{113} 等）发生滑移。因此滑移后在晶体表面上所看到的滑移线，就不再如单滑移时的直线，而是呈折线或波纹线（图 8-8（c））。交滑移与许多因素有关，通常是变形温度越高、变形量越大，交滑移越显著。

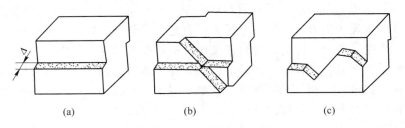

(a)　　　　　　　　(b)　　　　　　　　(c)

图 8-8　不同滑移类型滑移线形态示意图

（a）单滑移；（b）多滑移；（c）交滑移

B　孪生

孪生是晶体在切应力作用下，晶体的一部分沿着一定的晶面（称为孪生面）和一定的晶向（称为孪生方向）发生均匀切变。孪生变形后，晶体的变形部分与未变形部分构成了镜面对称关系，镜面两侧晶体的相对位向发生了改变。这种在变形过程中产生的孪生变形部分称为"形变孪生"，以区别于由退火过程中产生的孪晶。

下面以面心立方金属为例，说明孪生变形时原子的迁移情况（图 8-9）。

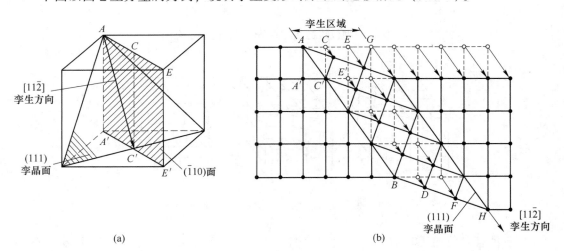

(a)　　　　　　　　　　　　(b)

图 8-9　面心立方晶体孪生变形示意图

（a）孪生面和孪生方向；（b）孪生变形时原子的移动

面心立方金属的孪生面为（111）面，孪生方向为 $[11\bar{2}]$ 晶向。当晶体在切应力作用下发生孪生变形时，晶体的一部分（图 8-9（b）中的 ACHB）相对于另一部分作均匀切变。每层（111）晶面都相对于其相邻晶面沿 $[11\bar{2}]$ 方向移动一个小于原子间距的距离，每层的总切变量和它与孪生面 AB 的距离成正比。经过上述变形后，形变孪晶与未变形部分（母体）以孪生面为分界面，构成了镜面对称的位向关系，但不改变晶体的点阵类型。

金属晶体究竟以何种方式进行塑性变形，取决于哪种方式变形所需的切应力为低。在常温下，大多数体心立方金属滑移的临界切应力小于孪生的临界切应力，所以滑移是优先的变形方式，只在很低的温度下，由于孪生的临界切应力低于滑移的临界切应力，这时孪生才能发生。对于面心立方金属，孪生的临界切应力远比滑移的大，因此一般不发生孪生变形，但在极低温度（4~78K）或高速冲击载荷下，也不排除这种变形方式。再者，当金属滑移变形剧烈进行并受到阻碍时，往往在高度应力集中处会诱发孪生变形。孪生变形后由于变形部分位向改变，可能变得有利于滑移，于是晶体又开始滑移，二者交替地进行。至于密排六方金属，由于滑移系少，滑移变形难以进行，所以这类金属主要靠孪生方式变形。

孪生和滑移相似，也是通过位错运动来实现的。但是产生孪生的位错，其柏氏矢量要小于一个原子间距，这种位错叫作部分位错，所以孪生是由部分位错横扫孪生面而进行的。直观来看，自孪生面起向上，每层原子都各需一个部分位错来进行切变，即当一个部分位错横扫孪生面后，紧接着就要有另一个部分位错横扫第二层晶面，而后是横扫第三层晶面，以下依次类推，如图 8-10 所示。至于部分位错为何能够如此巧妙地产生、组合和运动，尚有待于更深入的实验研究。

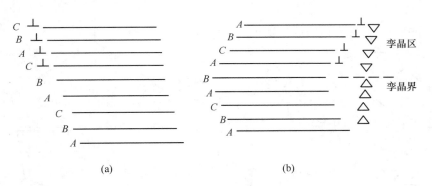

图 8-10 面心立方金属部分位错横扫孪生面
（a）变形前；（b）变形后

8.2.1.2 晶间变形

晶间变形的主要方式是晶粒之间相互滑动和转动，如图 8-11 所示、多晶体受力变形时，沿晶界处可能产生切应力，当此切应力足以克服晶粒彼此间相对滑动的阻力时，便发生相对滑动。另外，由于各晶粒所处位向不同，其变形情况及难易程度也不相同。这样，在相邻晶粒间必然引起力的相互作用，可能产生一对力偶，造成晶粒间的相互转动。

对于晶间变形不能简单地看成是晶界处的相对机械滑移，而是晶界附近具有一定厚度的区域内发生应变的结果。这一应变是晶界沿最大切应力方向进行的切应变，切变量沿晶界不同点是不同的，即使在同一点上，不同的变形时间，其切变量也是不同的。

在冷态变形条件下，多晶体的塑性变形主要是晶内变形，晶间变形只起次要作用，而且需要有其他变形机制相协调。这是由于晶界强度高于晶内，其变形比晶内的困难。还由于晶粒在生成过程中，各晶粒相互接触形成犬牙交错状态，造成对晶界滑移的机械阻碍作用，如果发生晶界变形，容易引起晶界结构的破坏和裂纹的产生，因此晶间变形量只能是很小的。

8.3.2 塑性变形的特点

由于组成多晶体的各个晶粒位向不同，塑性变形不是在所有晶粒内同时发生，而是首先在那些位向有利、滑移系上的切应力分量已优先达到临界值的晶粒内进行。对于周围位向不利的晶粒，由于滑移系上的切应力分量尚未达到临界值，所以还不能发生塑性变形。此时已经开始变形的晶粒，其滑移面上的位错源虽然已经开动，但位错尚无法移出这个晶粒，仅局限在其内部运动，这样就使符号相反的位错在滑移面两端接近晶界的区域塞积起来，如图 8-12 所示。位错塞积群会产生很强的应力场，它越过晶界作用到相邻的晶粒上，使其得到一个附加的应力。随着外加的应力和附加的应力的逐渐增大，最终使位向不利的相邻晶粒（如图 8-12 中的 B、C 晶粒）中的某些取向因子较小的滑移系的位错源也开动起来，从而发生相应的滑移。而晶粒 B、C 的滑移会使位错塞积群前端的应力松弛，促使晶粒 A 的位错源继续开动，进而位错移出晶粒，发生形状的改变，并与晶粒 B 和 C 的滑移以某种关系连接起来。这就意味着越来越多的晶粒参与塑性变形，塑性变形量也越来越大。

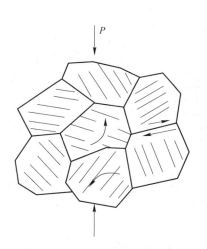

图 8-11 晶粒之间的滑动和转动

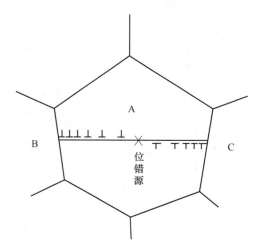

图 8-12 多晶体滑移示意图

由于多晶体中的每个晶粒都是处于其他晶粒的包围之中，它们的变形不是孤立和任意的，而是需要相互协调配合，否则无法保持晶粒之间的连续性。因此，要求每个晶粒进行多系滑移，即除了在取向有利的滑移系中进行滑移外，还要求其他取向并非很有利的滑移系也参与滑移。只有这样，才能保证其形状作各种相应的改变，而与相邻晶粒的变形相协调。理论上的推算表明，为保证变形的连续性，每个晶粒至少要求有五个独立的滑移系启动。所谓"独立"，可理解为每一个这样的滑移系所引起的晶粒变形效果，不能由其他滑移系获得。

如前所述，面心立方晶体有 12 个 {111}⟨110⟩ 滑移系，体心立方晶体一般也至少有 12 个 {110}⟨111⟩ 滑移系，而六方晶体只有 3 个 (0001)⟨11$\overline{2}$0⟩ 滑移系。这些滑移系并不都是独立的，如果要在面心立方或体心立方晶体的上述潜在滑移系中找出 5 个独立的滑移系还勉强可以的话，那么在仅有 3 个滑移系的六方晶体中简直就是不可能的事。因此，多晶体变形时，很可能出现不同于单晶体变形时的滑移系，特别是六方晶体的变形更是如此。此外，它还必须使孪生和滑移相结合起来，才有可能连续地进行变形，这也正显示了孪生在六方晶体变形中的重要作用，同时也说明了六方系金属的塑性总是比面心立方和体心立方金属差的基本原因。

多晶体变形的另一特点是变形的不均匀性。宏观变形的不均匀性是由于外部条件所造成的。微观与亚微观变形的不均匀性则是由多晶体的结构特点所决定的。前面已提到，软取向的晶粒首先发生滑移变形，而硬取向的晶粒随之变形，尽管它们的变形要相互协调，但最终必然表现出各个晶粒变形量的不同。另外，由于晶界的存在，考虑到晶界的结构、性能不同于晶内的特点，其变形不如晶内容易。且由于晶界处于不同位向晶粒的中间区域，要维持变形的连续性，晶界势必要起折中调和作用。也就是说，晶界一方面要抑制那些易于变形的晶粒的变形，另一方面又要促进那些不利于变形的晶粒进行变形。所有这些，最终也必然表现出晶内和晶界之间变形的不均匀性。

图 8-13 给出不同的总变形量下，所测出的多晶体铝中一部分晶粒的变形量。由图可以看出，各晶粒的变形量大致和总变形量成正比例地增加，但不同晶粒之间的变形量以及一个晶粒不同部位的变形量都有相当大的差别。就一个晶粒来说，中心部位变形量大，而晶界附近的变形量小。

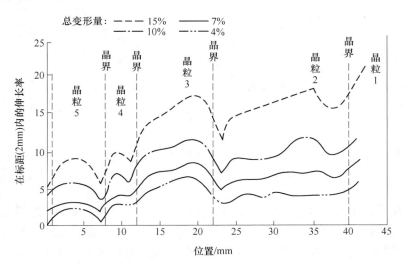

图 8-13　在不同总变形量下多晶体铝试样中部分晶粒的变形分布

综上所述，多晶体塑性变形的特点，一是各晶粒变形的不同时性；二是各晶粒变形的相互协调性；三是晶粒与晶粒之间和晶粒内部与晶界附近区域之间变形的不均匀性。

据此，我们还可以进一步分析晶粒大小对金属的塑性和变形抗力的影响。如前所述，为使滑移由一个晶粒转移到另一个晶粒，主要取决于晶粒晶界附近的位错塞积群所产生的应力场能否激发相邻晶粒中的位错源也开动起来，以进行协调性的次滑移。而位错塞积群应力场的强弱与塞积的位错数目 n 有关。n 越大，应力场就越强。但 n 的大小又是和晶界附近位错塞积群到晶内位错源的距离相关的，晶粒越大，这个距离也越大，位错源开动的时间就越长，n 也就越大。由此可见，粗晶粒金属的变形由一个晶粒转移到另一个晶粒会容易些，而细晶粒时则需要在更大的外力作用下才能使相邻晶粒发生塑性变形。这就是为什么晶粒越细小金属屈服强度越大的原因。

实验研究表明，晶粒平均直径 d 与屈服强度 σ_s 的关系可表达为：

$$\sigma_s = \sigma_0 + K_y d^{-\frac{1}{2}} \tag{8-2}$$

式中，σ_0 和 K_y 皆为常数；前者表征晶内的变形抗力，为单晶体临界切应力的 2~3 倍；后者表征晶界对变形的影响。

图 8-14 为实测所得低碳钢的晶粒大小与屈服强度的关系曲线。发现，晶粒越细小，金属的塑性也越好。因为在一定的体积内，细晶粒金属的晶粒数目比粗晶粒金属的多，因而塑性变形时，位向有利的晶粒也较多，变形能较均匀地分散到各个晶粒上；又从每个晶粒的应变分布来看，细晶粒时晶界的影响区域相对加大，使得晶粒心部的应变与晶界处的应变的差异减小。由于细晶粒金属的变形不均匀性较小，由此引起的应力集中必然也较小，内应力分布较均匀，因而金属断裂前可承受的塑性变形量就更大。上述关于晶粒大小对金属塑性影响得到了实验的证实。图 8-15 给出几种钢的平均晶粒直径和断面收缩率的关系曲线。

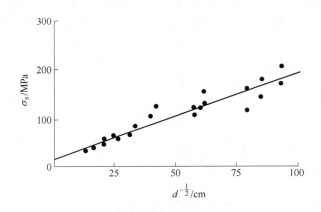

图 8-14　低碳钢的晶粒大小与屈服强度的关系

此外，晶粒细化对提高塑性成形件的表面质量也是有利的。例如，粗晶粒金属板材冲压成形时，冲压件表面会呈现凹凸不平，即所谓"桔皮"现象，而细晶粒板材则不易看到；又如粗晶粒金属的冷挤压件表面粗糙，甚至出现伤痕和微裂纹等。

8.3.3　合金的塑性变形

工程上使用的金属大多数是合金。合金与纯金属相比，具有纯金属所达不到的力学性能，有些合金还具有特殊的物理和化学性能。

合金的相结构有两大类，即固溶体（如钢中的铁素体、铜锌合金中的 α 相等）和化合物（如钢中的 Fe_3C、铜锌合金中的 β 相等）。常见的合金组织有两种：一种是单相固溶体合

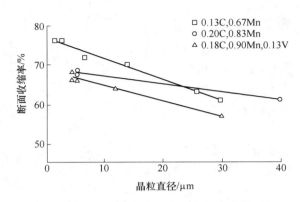

图 8-15 晶粒大小与断面收缩率的关系

金；另一种是两相或多相合金，它们的塑性变形特点各不相同，下面分别进行讨论。

8.3.3.1 单相固溶体合金的塑性变形

单相固溶体合金与多晶体纯金属相比，在组织上无甚差异，而且其变形机理与多晶体纯金属相同，也是滑移和孪生，变形时也同样会受到相邻晶粒的影响。不同的是固溶体晶体中有异类原子存在，这种异类原子（即溶质原子）无论是以置换还是间隙方式溶入基体金属，都会对金属的变形行为产生影响，表现为变形抗力和加工硬化率有所提高，塑性有所下降。这种现象称为固溶强化，它是由于溶质原子阻碍金属中的位错运动所致。

金属中的位错使位错区域的点阵结构发生畸变，产生了位错应变能，而固溶体中的溶质原子却能减小这种畸变，结果使位错应变能降低，并使位错比原来的更稳定。如果溶质原子大于基体相原子（即溶剂原子），那么溶质原子倾向于置换位错区域晶格伸长部分的溶剂原子，如图 8-16 (a) 所示。反之，如果溶质原子小于基体相原子，则溶质原子倾向于置换位错区域晶格受压缩部分的溶剂原子（图 8-16 (b)），或力图占据位错区域晶格伸长部分溶剂原子间的间隙中（图 8-16 (c)）。溶质原子在位错区域的这种分布，通常称为"溶质气团"或"柯氏气团"，它们都会使位错能降低，位错比没有"气团"时更加稳定，也就是说对位错起"钉扎"作用。这时，要使位错脱离"溶质气团"而移动，势必要增大作用在位错上的力，从材料性能上即表现为具有更高的屈服强度。

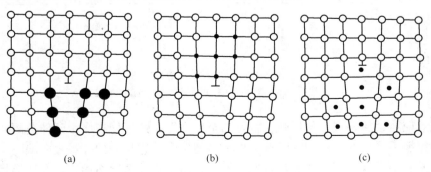

图 8-16 溶质气团对位错的"钉扎"

（a）置换固溶体；（b）置换固溶体；（c）间隙固溶体

深拉延用的低碳钢拉伸时，其真实应力-应变曲线常表现为如图 8-17 所示的形式。在曲线上有明显的上屈服点 A 和下屈服点 B，随后有应力平台区 BC、在此区域变形继续进行，而应力却保持不变或作微小波动，此称为屈服效应。试样经屈服延伸后，由于加工硬化，应力又随应变继续上升，其进程与一般塑性金属材料的真实应力-应变曲线相同。

应用前述的溶质原子或微量杂质原子与位错的交互作用，可以对这种屈服效应作解释：当位错被"气团"钉扎时，为使位错脱出气团，需要加大应力，与此相对应的是曲线上的 A 点；一旦位错摆脱

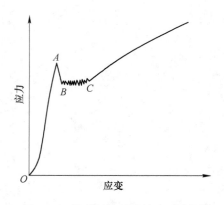

图 8-17　低碳钢的屈服效应示意图

气团的束缚，位错运动就不需要开始时那样大的应力，故应力下降到下屈服点 B；此后，即使不增加外加应力，位错也能继续移动。

如果将已经过少量塑性变形的低碳钢卸载后立即重新拉伸，这时由于位错已脱离"溶质气团"，因此不再出现屈服效应（图 8-18（a）），但当试样卸载后，经 200℃ 加热或室温长期放置，则碳原子通过扩散再次进入位错区的铁原子间隙中，形成气团将位错"钉扎"，这时试样在拉伸过程中就会再次出现屈服效应（图 8-18（b））。这种现象称为应变时效。

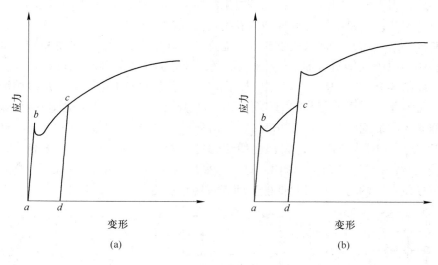

(a)　　　　　　　　　　　　　　　(b)

图 8-18　应变时效示意曲线
（a）卸载后立即加载时；（b）卸载后加热或室温长期放置时

屈服效应在金属外观上的反映，就是当金属变形量恰好处在屈服延伸范围时，金属表面会出现粗糙不平、变形不均的痕迹，称为吕德斯带，它是一种外观表面缺陷。如果使用屈服效应显著的低碳钢薄板加工复杂拉延件时，由于各处变形不均匀，在变形量正好是处于屈服延伸区的地方，就会出现吕德斯带，使零件外观不良。为了防止吕德斯带的产生，

可在薄板拉延前进行一道微量冷轧工序（一般为 1%～2% 的压下量），以使被溶质碳原子钉扎的位错大部分脱钉，随后再进行冲压加工。但如果被预轧制变形的钢板，长期放置后再进行冲压加工，则由上述可知，吕德斯带又会重新产生。另一种防止方法是在钢中加入少量钛、铝等强碳化物、氮化物形成元素，它们与碳、氮稳定结合，减少碳、氮对位错的钉扎作用，从而消除屈服效应。

8.3.3.2 多相合金的塑性变形

单相固溶体合金的强化程度有限，因此实际使用的合金材料大多是两相或多相合金，通过合金中存在的第二相或更多的相，使合金得到进一步的强化。多相合金与单相固溶体合金不同之处，是除基体相外，尚有其他相（统称第二相）存在。但由于第二相的数量、形状、大小和分布的不同，以及第二相的变形特性和它与基体相（体积分数约高于 70% 的相）间的结合状况的不同，使得多相合金的塑性变形更为复杂。但从变形机理来说，仍然是滑移和孪生。

在讨论多相合金塑性变形时，通常可按第二相粒子的尺寸大小将合金分为两大类：一类是第二相粒子的尺寸与基体相晶粒尺寸属于同一数量级，称为聚合型两相合金（如 α-β 两相黄铜合金，碳钢中的铁素体和粗大渗碳体等）；另一类是第二相粒子十分细小，并弥散地分布在基体晶粒内，称为弥散分布型两相合金（如钢中细小的渗碳体微粒分布在铁素体基体上）。典型的两相合金的显微组织如图 8-19 所示。

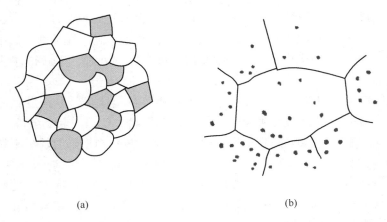

(a)   (b)

图 8-19 典型两相合金的两类显微组织
(a) 聚合型；(b) 弥散分布型

这两类合金的塑性变形情况有所不同，分别讨论如下。

（1）聚合型两相合金的塑性变形。此类合金并非第二相都能产生强化作用，只有当第二相为较强相时，合金才能得到强化。当合金发生塑性变形时，滑移首先发生于较弱的相中；如果较强相的数量很少，则变形基本上是在较弱的相中进行；如果较强相的体积分数占到 30% 时，较弱相一般不能彼此相连，这时两相就要以接近于相等的应变发生变形；如果较强相的体积分数高于 70% 时，则该相变为合金的基体相，合金的塑性变形将主要由其控制。

两相合金中，如一相为塑性相，而另一相为硬脆相，则合金的力学性能主要取决于硬脆相的存在情况。现以碳钢中渗碳体在铁素体中的存在情况为例作说明（表 8-2）。

表 8-2　渗碳体的存在情况对碳钢强度和塑性的影响

性能	工业纯铁	共析钢（$w_C = 0.8\%$）					过共析钢（$w_C = 1.2\%$）
		片状珠光体（片间距 ≈6300Å）	索氏体（片间距 ≈2500Å）	屈氏体（片间距 ≈1000Å）	球状珠光体	淬火+350℃回火	网状渗碳体
σ_b/MPa	275	780	1060	1310	580	1760	700
δ/%	47	15	16	14	29	3.8	4

注：Å 为非法定计量单位，$1Å = 10^{-10}$ m。

已知钢中的铁素体是塑性相，而渗碳体为硬脆相，所以钢的塑性变形基本上是在铁素体中进行，而渗碳体则成为铁素体变形时位错运动的障碍物。对于亚共析钢和共析钢，当渗碳体以层片状分布于铁素体基体上形成片状珠光体时，铁素体的变形受到阻碍，位错运动被限制在渗碳体层面间的短距离内，使继续变形更为困难。片层间距离越小，变形抗力就越高，但塑性却基本不降低。这是因为粗片状珠光体中渗碳体片厚，容易断裂，而细片状珠光体中渗碳体片薄，碳钢变形时它能承受一定的变形。因此，在冷拉钢丝时，先将钢丝的原材料组织处理成索氏体，然后进行冷拉，这样可提高钢丝原材料的强度，并改善冷拉加工性能。如果珠光体中渗碳体呈球状，则它对铁素体变形的阻碍作用就显著降低，因此片状珠光体经球化处理后，钢的强度下降，而塑性显著提高。在精密冲裁中，对于碳的质量分数大于 0.3%～0.35%的碳钢板一般要预先进行球化处理，以获得球状渗碳体，提高精冲效果。

当钢中碳的质量分数提高到 1.2%时，虽然渗碳体数量增多，但其强度和塑性却都显著下降。这是因为硬而脆的二次渗碳体呈网状分布于晶界处，削弱了各晶粒之间的结合力，并使晶内变形受阻而导致很大的应力集中，从而造成材料变形时提早断裂。

（2）弥散型两相合金的塑性变形。当第二相以细小弥散的微粒均匀分布于基体相时，将产生显著的强化作用。如果第二相微粒是通过对过饱和固溶体的时效处理而沉淀析出并产生强化的，则又称为沉淀强化或时效强化；如果第二相微粒是借粉末冶金方法加入而起强化作用的，则称为弥散强化。

在讨论第二相微粒的强化作用时，通常将微粒分成"可变形的"和"不可变形的"两类来考虑。这两类粒子与位错的交互作用方式不同，其强化的机理也不同。一般地说，弥散强化型合金中的第二相微粒是属于不可变形的；而沉淀相的粒子多属可变形的，但当沉淀粒子在时效过程中长大到一定程度后，也能起到不可变形粒子的作用。

不可变形微粒对位错的阻碍作用如图 8-20 所示。当移动的位错与不可变形微粒相遇时，第二相将受到粒子的阻挡，使位错线绕着它发生弯曲；随着外加应力的增大，位错线弯曲加剧，以致围绕着粒子的位错线左右两边相遇。于是，正负号位错彼此抵消，形成一个包围着粒子的位错环，而位错线的其余部分则越过粒子继续向前移动。显然位错线按这种方式移动时受到的阻力很大，而且每个位错经过微粒时都要留下一个位错环。随着位错环的增加，相当于粒子间距 λ 的减小；而由位错理论可知，两端固定的位错线运动的临界切应力为：

$$\tau = \frac{2Gb}{\lambda}$$

(8-3)

式中，G 为剪切模量；b 为柏氏矢量。

式（8-3）表明，λ 的减小势必增大位错通过粒子的阻力，也即需要更大的外力。再者，堆集起来的绕过粒子的位错环对位错源和运动的位错又有相互作用，会抑制位错源的继续开动和阻止其他位错的运动，从而进一步增大强化作用。

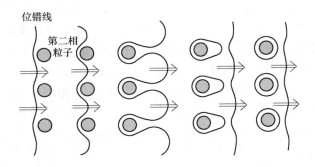

图 8-20　位错绕过第二相粒子的过程示意图

当第二相粒子为可变形时，位错将切过粒子使之随同基体一起变形，如图 8-21 所示。由于第二相粒子与基体相是两个性质的结构不同的相，且位错切过粒子时，由于相界面积增大而增加了界面能，所有这些都会增大位错运动的阻力，而使合金强化。据此可以看出，对可变形粒子来说，粒子尺寸越大，位错切过粒子的阻力越大，合金的强化效果越好。但是，当第二相的体积百分数一定时，粒子越大，数量就越少，即意味着粒子的间距 λ 增大，位错以绕过的方式通过第二相粒

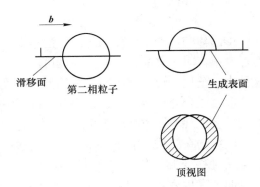

图 8-21　位错切过第二相粒子示意图

子的阻力减小。由于位错总是选择需要克服阻力最小的方式通过第二相粒子，粒子过小，切过容易，绕过困难；反之，粒子过大，切过困难，绕过容易。由此不难推断，当粒子尺寸为某一合适数值时，能获得最佳的强化效果。

8.3.4　冷塑性变形对金属组织和性能的影响

8.3.4.1　组织的变化

多晶体金属经冷态塑性变形后，除了在晶粒内部出现滑移带和孪生带等组织特征外，还具有下列的组织变化。

A　晶粒形状的变化

金属经冷加工变形后，其晶粒形状发生变化，变化趋势大体与金属宏观变形一致。例

如，轧制变形时，原来等轴的晶粒沿延伸变形方向伸长。若变形程度很大，则晶粒呈现为一片如纤维状的条纹，称为纤维组织。当金属中有夹杂或第二相质点时，则它们会沿变形方向拉长成细带状（对塑性杂质而言）或粉碎成链状（对脆性杂质而言），这时在光学显微镜下会很难分辨出晶粒和杂质。

B　晶粒内产生亚结构

已知金属的塑性变形主要是借位错的运动而进行的。在塑性变形过程中，晶体内的位错不断增殖，经很大的冷变形后，位错密度可从原先退火状态的 $10^6 \sim 10^7 \, cm^{-2}$ 增加到 $10^{11} \sim 10^{12} \, cm^{-2}$。由于位错运动及位错交互作用的结果，金属变形后的位错分布是不均匀的。它们先是比较纷乱地纠缠成群，形成"位错缠结"，如果变形量增大，就形成胞状亚结构。这时变形的晶粒是由许多称为"胞"的小单元所组成，各个胞之间有微小的取向差，高密度的缠结位错主要集中在胞的周围地带，构成胞壁；而胞内体积中的位错密度甚低。随着变形量进一步增大，胞的数量会增多，尺寸减小，胞壁的位错更加稠密，胞间的取向差也增大。当经过很大的冷轧或冷拉拔变形后，不但胞的尺寸很小，而且其形状还会随着晶粒外形的改变而变化，形成排列甚密的呈长条状的"形变胞"。

上述关于形成胞状亚结构的分析，主要是针对高层错能一类的金属（如铝及铝合金、铁素体钢及密排六方的金属等）。对于层错能较低的金属（如奥氏体钢、铜及铜合金等），变形后位错的分布会比较均匀和分散，构成复杂的网络，尽管位错密度增加了，但不倾向于形成胞状亚结构。

C　晶粒位向改变（变形织构）

多晶体塑性变形时伴随有晶粒的转动，尽管这种转动不像单晶体的转动那样自由。当变形量很大时，多晶体中原为任意取向的各个晶粒，会逐渐调整其取向而彼此趋于一致。这种由于塑性变形的结果而使晶粒具有择优取向的组织，称为"变形织构"。

金属或合金经冷挤压、拉拔、轧制和锻造后，都可能产生变形织构。不同的塑性加工方式，会出现不同类型的织构。通常，将变形织构分为丝织构和板织构两种。

丝织构在拉拔和挤压中形成。这种加工都是轴对称变形，其主应变为两向压缩、一向拉伸，变形后各个晶粒都有一个共同的晶向与最大主应变方向趋于平行，如图 8-22 所示。丝织构以此晶向表示，体心立方金属的丝织构为 [110]，面心立方金属的丝织构为 [100] 和 [111]。

板织构是在轧制或宽展很小的矩形件镦粗时形成的。其特征是各个晶粒的某一晶向趋向于与轧制方向平行，而某一晶面趋向于与轧制平面平行，如图 8-23 所示。板织构以其晶面和晶向共同表示，体心立方金属的板织构为 (100)[011]；面心立方金属的板织构依层错能的高低而不同，层错能低的面心立方金属的板织构为 (110)[112]。

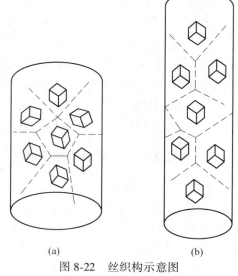

(a)　　　　　(b)

图 8-22　丝织构示意图

（a）拉拔前；（b）拉拔后

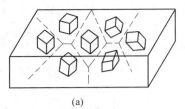 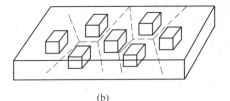

图 8-23　板织构示意图

（a）轧制前；（b）轧制后

　　织构不是描述晶粒的形状，而是描述多晶体中晶粒取向的特征。应当指出，使变形金属中的每个晶粒都转到上述所给出的织构晶面和晶向，这只是一种理想情况。实际上，变形金属的晶粒取向只能是趋向于这种取向，一般是随着变形程度的增加，趋向于这种取向的晶粒就越多，织构特征就越明显。

　　由于变形织构的形成，金属的性能将显示各向异性，且经退火后，织构和各向异性仍然存在。例如，深拉延用的铜板，在 90% 的轧制变形和 800℃ 退火后，由于板材存在织构，顺轧制方向和垂直轧制方向的伸长率 δ 均为 40%，而与轧制方向呈 ±45°的方向，δ 却为 75%。用这种板材冲出的拉延件，壁厚不均、沿口不齐，出现所谓"制耳"，如图 8-24 所示。制耳的凸部分布在与轧制方向呈 ±45°的方位上，而谷部则位于与轧制方向相同和相垂直的方位上。拉延件形成"制耳"会影响工件的质量和材料利用率。生产中为减小"制耳"

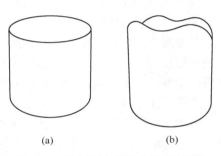

图 8-24　因板织构所造成的"制耳"

（a）无"制耳"；（b）有"制耳"

现象，可采用带圆角的正方形板坯来拉延圆筒形件，板坯的排样应合理。

8.3.4.2　性能的变化

　　由于塑性变形使金属内部组织发生变化，因而金属的性能也发生相应的改变。其中变化最显著的是金属的力学性能，即随着变形程度的增加，金属的强度、硬度增加，而塑性韧性降低，这种现象称为加工硬化。图 8-25 表示出 45 号钢经不同程度的冷拔变形后，制成拉伸试样所测出的力学性能指标与冷拔变形程度的关系曲线。由图可见，随着预先冷变形程度的增加，强度、硬度增加越多，而塑性指标降低越多，也即加工硬化越严重。

　　关于加工硬化的成因，普遍认为是与位错的交互作用有关。即随着塑性变形的进行，位错密度不断增加，位错反应和相互交割加剧，结果产生固定割阶、位错缠结等障碍，以致形成胞状亚结构，使位错难以越过这些障碍而被限制在一定范围内运动。这样，要使金属继续变形，就需要不断增加外力，才能克服位错间强大的交互作用力。由此可以理解，滑移系较多的金属，滑移可以同时或交替地在几个滑移面上进行，位错间的交互作用就较强，所以加工硬化速率必然会越大。因此，立方晶系的加工硬化速率较之密排六方晶系的金属大；且层错能低的金属，其扩展位错宽，不易发生交滑移，位错的可动性和滑移的灵便性差，因而其加工硬化速率比层错能高的金属大。这就是为什么铜、奥氏体不锈钢等和铝同为面心立方排列，但前二者的加工硬化率却远比后者高的原因。对于这类高硬化率的

　　金属，在进行多道次塑性加工（如多道拉延、多道冷挤压等）时，通常需要增加中间退火工序，以消除加工硬化。此外，晶粒大小对加工硬化也有一定的影响，这与晶界对变形的阻碍作用有关，一般细晶金属比粗晶金属的加工硬化率高。

　　有关金属加工硬化现象，还可用真实应力-应变曲线来描述，该曲线越陡、斜率越大，表明金属的加工硬化率越大。

　　加工硬化是金属塑性变形时的一个重要特性，也是强化金属的重要途径。例如，自行车链条的链片是用 16Mn 钢带冲裁制成，该钢带先经五道冷轧，厚度由 3.5 mm 减至 1.2 mm，由于加工硬化，材料的硬度、抗拉强度及链条的负荷能力都可成倍地提高；又如冷挤压成形，由于金属的加工硬化，加之金属纤维的合理分布，可使冷挤压件的强度提高，并有可能用低强度材料替代高强度材料。

　　对于不能用热处理方法强化的材料，借助冷塑性变形来提高其力学性能就显得更为重要。发电机中护环的变形强化即是其中的一例。护环是用来紧固发电机转子绕组端部线圈的重要零件，它承受热装配应力和高速旋转产生的离心力。如果护环的工作应力一旦超过材料的屈服极限，护环就会松动，甚至破裂飞出，因此，要求护环具有很高的综合力学性能。由于护环是在定子产生的强大磁场中工作，为防止漏磁与涡流损失，要求护环钢无磁性，目前多用高锰奥氏体无磁钢锻制（常用钢号为 40Mn18Cr3、50Mn18Cr4、50Mn18Cr4WN 等）。但是，这类钢在加热冷却过程中无相变，淬火后强度不能提高，远不能满足对护环的技术要求。因此，生产中常再采用冷变形强化方法来提高其强度，常用的变形方式有液压胀形、楔块扩孔、芯轴扩孔、爆炸变形强化等。图 8-26 为护环液压胀形示意图。

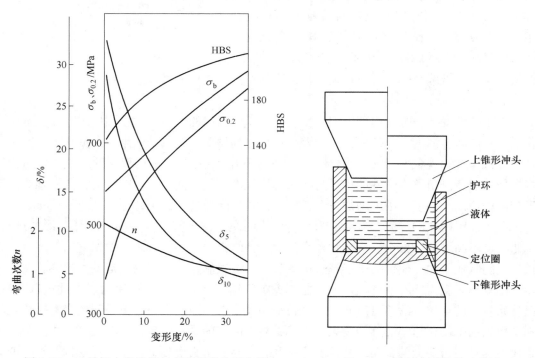

图 8-25　45 号钢力学性能与变形程度关系曲线　　　　图 8-26　护环液压胀形示意图

　　在某些场合下加工硬化对于改善板料成形性能也有积极的意义。例如，在以拉伸变形为主的内孔翻边、胀形、局部成形等变形工序中，加工硬化率高的板材，能使变形均匀、减小局部变薄和增大成形极限。最后还要指出，加工硬化对金属塑性成形也有不利的一面，它使金属的塑性下降，变形抗力升高，继续变形越来越困难，特别是对于高硬化速率金属的多道次成形更是如此。因此，有时需要增加中间退火来消除加工硬化，以使成形加工能继续进行下去，其结果降低了生产率、提高了生产成本。

8.4　热态下的塑性变形

从金属学的角度看，在再结晶温度以上进行的塑性变形，称为热塑性变形或热塑性加工。生产实际中的热塑性加工，为了保证再结晶过程的顺利完成以及操作上的需要等，其变形温度通常远比再结晶温度高，材料成形中广泛采用的热锻、热轧和热挤压等即属于这一类加工。

在热塑性变形过程中，回复、再结晶与加工硬化同时发生，加工硬化不断被回复或再结晶所抵消，而使金属处于高塑性、低变形抗力的软化状态。

8.4.1　热塑性变形时的软化过程

热塑性变形时的软化过程比较复杂。它与变形温度、应变速率、变形程度以及金属本身的性质等因素密切相关。按其性质可分为以下几种：动态回复、动态再结晶、静态回复、静态再结晶、亚动态再结晶等。动态回复和动态再结晶是在热塑性变形过程中发生的；而静态回复、静态再结晶和亚动态再结晶则是在热变形的间歇期间或热变形后，利用金属的高温余热进行的。图 8-27 给出热轧和热挤压时，动、静态回复和再结晶的示意图。其中图 8-27（a）表示高层错能金属在热轧变形程度较小（50%）时，只发生动态回复，随后发生静态回复；图 8-27（b）表示低层错能金属在热轧变形程度较小（50%）时，只发生动态回复，随后发生静态回复和静态再结晶；图 8-27（c）表示高层错能金属在热挤压变形程度很大（99%）时，发生动态回复，出模孔后发生静态回复和静态再结晶；图 8-27（d）表示低层错能金属在热挤压变形程度很大（99%）时，发生动态再结晶，出模孔后发生亚动态再结晶。

由于静态的和动态的回复或再结晶在机理上并没有本质的区别，为了便于衔接，先简单回顾一下静态回复再结晶和静态再结晶，然后再讨论动态回复和动态再结晶。

8.4.1.1　静态回复和再结晶

前面已指出，金属和合金经冷塑形变形后，其组织、结构和性能都发生了相当复杂的变化。若从热力学的角度来看，变形引起了金属内能的增加，而处于不稳定的高自由能状态，具有向变形前低自由能状态自发恢复的趋势。这时，只要动力学条件允许，例如加热升温，使原子具有相当的扩散能力，则变形后的金属就会自发地向着自由能降低的方向转变，进行这种转变的过程称为回复和再结晶。前者是指在较低温度下、或在较早阶段发生的转变过程；后者则指在较高温度下，或较晚阶段发生的转变过程。转变过程中金属的组织和性能都会发生不同程度的变化，直至恢复到冷变形前的原始状态。此转变过程也即变形金属的软化过程，如图 8-28 所示。

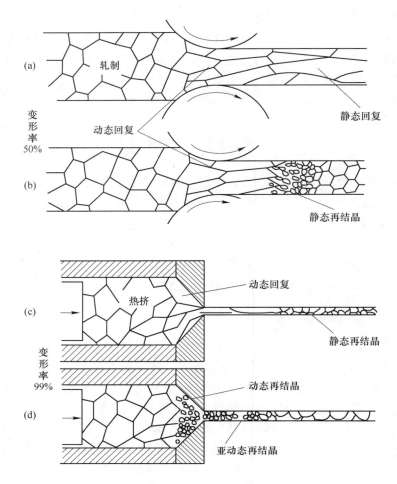

图 8-27　动、静态回复和再结晶示意图
（a）高层错能金属热轧变形；（b）低层错能金属热轧变形；
（c）高层错能金属热挤压变形；（d）低层错能金属热挤压变形

A　静态回复

由图 8-28 可以看出，在回复阶段，总的说来，金属的物理性能和微细结构发生变化，强度、硬度有所降低，塑性、韧性有所提高，但显微组织没有什么变化。这是由于在回复温度内，原子只在微晶内进行短程扩散，使点缺陷和位错发生运动，从而改变了它们的数量和分布状态。

回复的机理随回复温度的不同而有差别。低温回复（$(0.1\sim0.3)T_m$，T_m 为金属的绝对熔化温度）时，回复的主要机理是空位的运动和空位与其他缺陷的结合，如空位与间隙原子结合，空位与间隙原子在晶界和位错处沉没，结果使点缺陷的浓度下降。中温回复（$(0.3\sim0.5)T_m$）时，除了上述的点缺陷运动外，还包括位错发团内部位错的重新组合或调整、位错的滑移和异号位错的互毁等。其结果使得位错发团厚度变薄，位错网络更加清晰整齐，亚晶界趋向二维晶界，晶界的位错密度有所下降；而且通过亚晶界的移动，使亚晶缓慢长大。高温回复（大于 $0.5T_m$，小于再结晶发生温度）时，则进而出现位错的攀

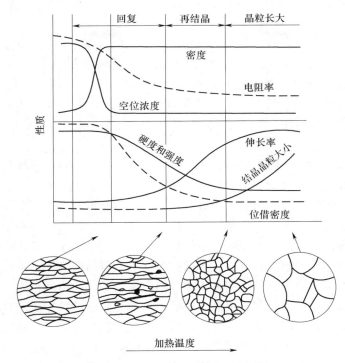

图 8-28 冷变形金属加热时组织和性能的变化

移、亚晶的合并和多边形化。攀移是一个完全依靠扩散而进行的缓慢过程，当位错的攀移和滑移相结合，可以进一步使处于不同滑移面上的异号位错相遇而互毁，并可使一个区域内的同号或异号位错间按较稳定的形式重新调整和排列。亚晶的合并是借助亚晶的转动来实现的，这是一个复杂的运动，要求相关的亚晶界中的位错都进行相应的运动和调整，而首先是处于将要合并的亚晶界面上的位错撤出或就地消失，这就要求亚晶界及相邻区域的原子进行扩散，以及位错进行包括攀移和交滑移在内的各种运动。显然这一过程必须在更高的回复温度下才有可能完成。合并的结果，两个亚晶如同水银珠似地合并成一个。

已经知道，金属经冷变形后其位错密度增加，但位错分布的组态并不一定都是形成位错发团，而可能相当紊乱地分散在晶粒中。对于这种情况，高温回复的主要机理是"多边形化"。所谓多边形化是位错通过滑移、攀移、交滑移等多种运动形式，使滑移面上的位错由水平塞积逐渐变为垂直排列，形成所谓位错壁。于是晶体即被位错壁分隔成许多位向差小、而原子排列基本规则的小晶块。这些小晶块的形状近似一个多边形，故将此过程称为多边形化。位错之所以会呈上述形式排列，是由于此时在上下相邻的两个正刃型位错的区域内，上面一个位错所产生的拉应力场，正好与下面一个位错所产生的压应力场相互叠加而部分抵消，从而使金属的应变能降低、处于更稳定的状态。多边形化的结果形成亚晶，这种亚晶是回复时形成的，故称为回复亚晶，它比变形时由于位错缠结而直接形成的亚晶约大 10 倍左右。亚晶形成后，接着就是亚晶的长大和合并，与前述过程一样。

综合上述可知，在整个回复阶段，点缺陷减少，位错密度有所下降，位错分布形态经过重新调整和组合而处于低能态，位错发团变薄、网络更清晰，亚晶增大，但晶粒形状没有发生变化。所有这些，都会使整个金属的晶格畸变程度大为减小，其性能也发生相应的变化。

去应力退火是回复在金属加工中的应用之一。它既可基本保持金属的加工硬化性能，又可消除残余应力，从而避免工件的畸变或开裂，改善耐蚀性。例如，经冷冲挤加工制成的黄铜（$w_C = 30\%$）弹壳，由于内部有残余应力，再加上外界气氛对晶界的腐蚀，在放置一段时间后会自动发生晶间开裂（又称应力腐蚀开裂）。通过对冷加工后的黄铜弹壳进行 260℃ 左右温度的去应力退火，就不会再发生应力腐蚀开裂。

B 静态再结晶

冷变形金属加热到更高的温度后，在原来变形的金属中会重新形成新的无畸变的等轴晶，直至完全取代金属的冷变形组织，这个过程称为金属的再结晶。与前述的回复不同，再结晶是一个显微组织彻底重新改组的过程，因而在性能方面也发生了根本性的变化，表现为金属的强度、硬度显著下降，塑性大为提高，加工硬化和内应力完全消除，物理性能也得到恢复，金属大体上恢复到冷变形前的状态（参见图 8-28）。但是，再结晶并不只是一个简单的恢复到变形前组织的过程，通过控制变形和再结晶条件，可以调整再结晶晶粒的大小和再结晶的体积分数，以达到改善和控制金属组织、性能的目的。

金属的再结晶是通过形核和生长来完成的。再结晶的形核机理比较复杂，不同的金属和不同的变形条件，其形核的方式也不同。当变形程度较大时，对于高层错能的金属就会形成胞状亚结构，这种组织在高温回复阶段，两个位向差很小的亚晶会合并成一个较大的亚晶。在亚晶粒合并过程中，亚晶粒必须转动，于是合并后的较大亚晶与它周围的亚晶粒之间的位向差必然加大，变成大角度的晶界。由于回复温度相对来说还是较低的，所以合并后的较大的亚晶粒再要相互合并就不太可能了。当进一步提高加热温度时，此合并长大的亚晶（其内部的位错密度很小）就成为再结晶的核心。对于低层错能冷变形金属，在高温回复阶段，会产生回复亚晶并逐渐长大。在此过程中，它与周围亚晶的位向差也逐渐增大，亚晶界变成了大角度晶界，当进一步提高加热温度时，由它所包围的亚晶粒即成为再结晶核心。

当变形程度较小时，由于变形的不均匀性，各晶粒的变形和位错密度彼此不同，即晶界两侧的位错密度会有很大的差别。于是，在一定的高温下，晶界的一个线段就会向着位错密度高的晶粒一侧突然移动，被这段晶界扫掠过去的那块小面积，位错互毁，降低到最低的密度，这块小区域就成为再结晶核心。当然，此形核过程并不是到处都可以进行，而是要求晶界两侧有很大的位错密度差；也不是随时即可进行，而是需要有一个相当长的孕育期。

再结晶形核后，通过晶界的迁移使晶粒长大。晶界迁移的驱动力是再结晶晶核与周围变形基体之间的畸变能差，畸变能差越大，晶界迁移速度就越快。由前述已知，生成的再结晶晶核其畸变能很低，与平衡状态相当；而它的周围处于高能量的畸变状态。由于此时金属处于高温状态，周围点阵上的原子就会脱离其畸变位置向外，也即向着畸变能较高的基体中扩散过来，并按照晶核的取向排列，从而实现了晶界的迁移和晶粒的长大。从热力学的观点，这是一个自发的趋势。当生长着的再结晶晶粒相互接触时，晶界两侧的畸变能差变为零，以畸变能差为动力的晶界迁移便停止，再结晶过程结束。

再结晶过程完成之后，金属正处于较低的能量状态，但从界面能的角度来看，细小的晶粒合并成粗大的晶粒，会使总晶界面积减小、晶面能降低，组织越趋稳定。因此，当再结晶过程完成之后，若继续升高温度或延长加热时间，则晶粒还会继续长大，此即为晶粒长大阶段（参见图 8-28）。加热温度越高或加热时间越长，晶粒的长大就越显著。

8.4.1.2　动态回复

动态回复是在热塑性变形过程中发生的回复，在人们未认识它之前，一直错误地认为再结晶是热变形过程中唯一的软化机制。而事实上，金属即使在远高于静态再结晶温度下塑性加工时，一般也只发生动态回复，且对于有些金属甚至其变形程度很大，也不发生动态再结晶。因此可以说，动态回复在热塑性变形的软化过程中占有很重要的地位。

研究表明，动态回复主要是通过位错的攀移、交滑移等来实现的。对于铝及铝合金、铁素体钢以及密排六方金属锌、镁等，由于它们的层错能高，变形时扩展位错的宽度窄、集束容易，位错的交滑移和攀移容易进行，位错容易在滑移面间转移，而使异号位错相互抵消，结果使位错密度下降，畸变能降低，不足以达到动态再结晶所需的能量水平。因此这类金属在热塑性变形过程中，即使变形程度很大、变形温度远高于静态再结晶的温度，也只发生动态回复，而不发生动态再结晶，也就是说，动态回复是高层错能金属热变形过程中唯一的软化机制。如果将这类金属在热变形后迅速冷却至室温，可发现这类金属的显微组织仍为沿变形方向拉长的晶粒而其亚晶仍保持等轴状。亚晶粒的大小受变形温度和应变速率的控制，降低应变速率和提高变形温度，则亚晶粒的尺寸增大，晶体的位错密度降低。但总的说来，动态回复后金属的位错密度高于相应的冷变形后经静态回复的密度，而亚晶粒的尺寸小于相应的冷变形后经静态回复的亚晶粒尺寸。

金属在热变形时，若只发生动态回复的软化过程，其真实应力-应变曲线如图 8-29所示。

此曲线可大体分成三个阶段：第一阶段为微变形阶段，此时应变速率从零增加到实验所要求的恒定应变速率，其真实应力-应变曲线呈直线。当达到屈服后（图 8-29 中的 a 点），变形进入第二阶段，真实应力因加工硬化而增加，但加工硬化速率逐渐降低。最后进入第三阶段（从图 8-29 中的 b 点起），为稳定变形阶段，此时，加工硬化被动态回复所引起的软化过程所消除，即由变形所引起的位错增加的速率和动态回复所引起的位错消失的速率几乎相等，达到了动态平衡，因此这段曲线接近于一水平线。

对于给定的金属，当变形温度和应变速率不同时，上述示意曲线的形状走向也会有所不同。随着变形温度的升高或应变速率的降低，曲线的应力值减小，第二段曲线的斜率和对应于 b 点的应变值也都减小，即也越早进入稳定变形阶段。

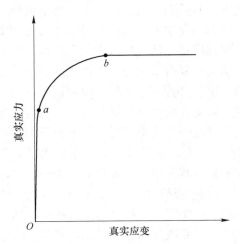

图 8-29　动态回复的真实应力-应变曲线

对于层错能较低的金属的热变形，实验表明，如果变形程度较小时，通常也只发生动态回复。总之，金属在热塑性变形时，动态再结晶是很难发生的。当高温变形金属只发生动态回复时，其组织仍为亚晶组织，金属中的位错密度还相当高。若变形后立即进行热处理，则能获得变形强化和热处理强化的双重效果，使工件具有较之变形和热处理分开单独进行时更为良好的综合力学性能。这种把热变形和热处理结合起来的方法，称为高温形变热处理。例如，钢在高温变形时，合理控制其变形温度、应变速率和变形程度，使其只发生动态回复，随后进行淬火而获得马氏体组织，此马氏体组织由于继承了动态回复中奥氏体的亚晶组织和较高位错密度的特征而细化，淬火后再加以适当的回火处理，这样就可以使钢在提高强度的同时，仍然保持良好的塑性和韧性，从而提高零件在复杂强载荷下的工作可靠性，而不像一般的淬火回火处理那样，总是伴随着塑性的显著下降。这种形变热处理称为高温形变淬火，是高温形变热处理中的一种。高温形变淬火工艺过程如图8-30所示。

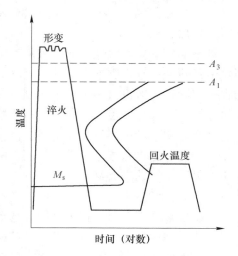

图 8-30　高温形变淬火工艺过程

8.4.1.3　动态再结晶

动态再结晶是在热塑性变形过程中发生的再结晶。动态再结晶和静态再结晶基本一样，也是通过形核和长大来完成，其机理也如前述，是大角度晶界（或亚晶界）向高位错密度区域的迁移。

动态再结晶容易发生在层错能较低的金属，且当热加工变形量很大时。这是因为层错能低，其扩展位错宽度就大，集束成特征位错困难，不易进行位错的交滑移和攀移。而已知动态回复主要是通过位错的交滑移和攀移来完成的，这就意味着这类材料动态回复的速率和程度都很低，材料中的一些局部区域会积累足够高的位错密度差（畸变能差），且由于动态回复得不充分，所形成的胞状亚组织的尺寸较小、边界不规则，胞壁还有较多的位错缠结，这种不完整的亚组织正好有利于再结晶形核，所有这些都有利于动态再结晶的发生。而更大的变形程度是因为动态再结晶需要一定的驱动力（畸变能差），这类材料在热变形过程中，动态回复尽管不充分但毕竟随时在进行，畸变能也随时在释放，因而只有当变形程度远远高于静态再结晶所需的临界变形程度时，畸变能差才能积累到再结晶所需的水平，动态再结晶才能启动，否则也只能发生动态回复。

动态再结晶的能力除了与金属的层错能高低有关外，还与晶界迁移的难易有关。金属越纯，发生动态再结晶的能力越强。当溶质原子固溶于金属基体中时，会严重阻碍晶界的迁移，从而减慢动态再结晶的速率。弥散的第二相粒子能阻碍晶界的移动，所以会遏制动态再结晶的进行。

在动态再结晶过程中，由于塑性变形还在进行，生长中的再结晶晶粒随即发生变形，而静态再结晶的晶粒却是无应变的。因此，动态再结晶晶粒与同等大小的静态再结晶晶粒相比，具有更高的强度和硬度。

动态再结晶后的晶粒度与变形温度、应变速率和变形程度等因素有关。降低变形温度、提高应变速率和变形程度，会使动态再结晶后的晶粒变小，而细小的晶粒组织具有更高的变形抗力。因此，通过控制热加工变形时的温度、速度和变形量，就可以调整成形件的晶粒组织和力学性能。例如，金属在热塑性变形过程中发生动态再结晶时，其真实应力-应变曲线如图8-31所示，对应的材料为$w_C = 0.25\%$的普通碳钢，变形温度为1100℃，属奥氏体型金属。

由图8-31可见，曲线的基本特征与只发生动态回复时的曲线（图8-29）不同。在变形初期，曲线迅速升到一个峰值，其相应的应变为ε_p，表明在此变形程度以下，材料只发生动态回复，该ε_p相当于动态再结晶的临界变形程度。随着变形程度的继续增加，发生了动态再结晶，材料软化，因此真实应力下降，最后达到稳定值，此时，由变形引起的硬化过程和由动态再结晶引起的软化过程相互平衡。由图8-31中还可以看出，在低应变速率情况下，曲线呈波浪形。这是由于在

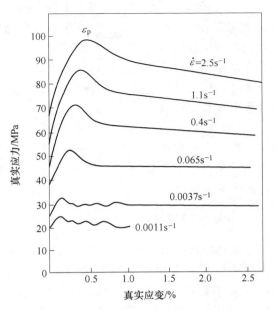

图8-31 发生动态再结晶时的真实应力-应变曲线
（$w_C = 0.25\%$的普通碳钢，变形温度为1100℃）

再结晶形核长大期间还进行着塑性变形，新形成的再结晶晶粒都是处于变形状态，其畸变能由晶粒中心向边缘逐渐减小，当晶粒中心的位错密度积累到足以发生另一轮再结晶时，则新一轮的再结晶便开始。如此反复地进行。对应于新一轮再结晶开始时的应力值为波浪形的峰值，随后由于软化作用大于硬化作用，应力值便下降至波谷值，表明该轮再结晶已结束。另一轮再结晶又开始，先是硬化作用大于软化作用，所以曲线又上升至峰值，依次重复上述过程。但当应变速率较大时，其再结晶晶粒内的畸变能变化梯度较之低应变速率时的大，在再结晶尚未完成时，晶粒中心的位错密度就已经达到足以激发另一轮再结晶的程度。于是，新的晶核又开始生成和长大，虽然只能有限地长大。正由于各轮再结晶紧密连贯进行，所以在真实应力-应变曲线上表现不出波浪形。最终获得的再结晶晶粒组织比较细小，真实应力也保持较高的水平。从图8-31表明，随着应变速率的降低，除了应力水平降低外，ε_p也减小，即能更早地发生动态再结晶。提高变形温度，也有类似的影响。

8.4.1.4 热变形后的软化过程

在热变形的间歇时间或者热变形完成之后，由于金属仍处于高温状态，一般会发生以下三种软化过程：静态回复、静态再结晶和亚动态再结晶。

除过热变形时少数发生动态再结晶情况外，金属会形成亚晶组织，使内能提高，处于热力学不稳定状态。因此在变形停止后，若热变形程度不大，将会发生静态回复。若热变形程度较大，且热变形后金属仍保持在再结晶温度以上时，则将发生静态再结晶。静态再结晶进行得比较缓慢，需要有一定的孕育期才能完成，在孕育期内发生静态回复。静态再结晶完成后，重新形成无畸变的等轴晶粒。这里所说的静态回复、静态再结晶，其机理均与金属冷变形后加热时所发生的回复和再结晶的一样。

对于层错能较低在热变形时发生动态再结晶的金属，热变形后则迅即发生亚动态再结晶。所谓亚动态再结晶，是指热变形过程中已经形成的、但尚未长大的动态再结晶晶核，以及长大到中途的再结晶晶粒被遗留下来，当变形停止后而温度又足够高时，这些晶核和晶粒会继续长大，此软化过程即称为亚动态再结晶。由于这类再结晶不需要形核时间，没有孕育期，所以热变形后进行得很迅速。由此可见，在工业生产条件下要把动态再结晶组织保留下来是很困难的。

上述三种软化过程均与热变形时的变形温度、应变速率和变形程度，以及材料的成分和层错能的高低等因素有关。但不管怎样，变形后的冷却速度，也即变形后金属所具备的温度条件都是非常重要的，它会部分甚至全部地抑制静态软化过程，借助这一点就有可能来控制产品的性能。

8.4.2　热塑性变形机理

金属热塑性变形机理主要有：晶内滑移、晶内孪生、晶界滑移和扩散性蠕变等。一般晶内滑移是最主要和常见的；孪生多在高温高速变形时发生，但对于六方晶系金属，这种机理也起重要作用；晶界滑移和扩散性蠕变只在高温变形时才发挥作用。随着变形条件（如变形温度、应变速率、三向压应力状态等）的改变，这些机理在塑性变形中所占的分量和所起的作用也会发生变化。

8.4.2.1　晶内滑移

在通常条件下（一般晶粒大于 $10\mu m$ 以上时），热变形的主要机理仍然是晶内滑移。这是由于高温时原子间距加大，原子的热振动及扩散速度增加，位错的滑移、攀移、交滑移及位错结点脱锚比低温时来得容易；滑移系增多，滑移的灵便性提高，改善了各晶粒之间变形的协调性；晶界对位错运动的阻碍作用减弱，且位错有可能进入晶界。

8.4.2.2　晶界滑移

热塑性变形时，由于晶界强度低于晶内，使得晶界滑动易于进行；又由于扩散作用的增强，及时消除了晶界滑动所引起的破坏。因此，与冷变形相比晶界滑动的变形量要大得多。此外，降低应变速率和减小晶粒尺寸，有利于增大晶界滑动量；三向压应力的作用会通过"塑性粘焊"机理及时修复高温晶界滑动所产生的裂缝，故能产生较大的晶间变形。

尽管如此，在常规的热变形条件下，晶界滑动相对于晶内滑移变形量还是小。只有在微细晶粒的超塑性变形条件下，晶界滑动机理才起主要作用，并且晶界滑动是在扩散蠕变调节下进行的。

8.4.2.3　扩散性蠕变

扩散性蠕变是在应力场作用下，由空位的定向移动所引起的。在应力场作用下，受拉应力的晶界（特别是与拉应力相垂直的晶界）的空位浓度高于其他部位的晶界。由于各部位空位的化学势能差，引起空位的定向移动，即空位从垂直于拉应力的晶界放出，而被平行于拉应力的晶界所吸收。

图 8-32（a）中虚箭头方向表示空位移动的方向，实箭头方向表示原子的移动方向。空位移动的实质就是原子的定向转移，从而发生了物质的迁移，引起晶粒形状的改变，产生了塑性变形。

按扩散途径的不同，可分为晶内扩散和晶界扩散。晶内扩散引起晶粒在拉应力方向上的伸长变形（图 8-32（b）），或在受压方向上的缩短变形；而晶界扩散引起晶粒的"转动"，如图 8-32（c）所示。扩散性蠕变既直接为塑性变形作贡献，又对晶界滑移起调节作用。

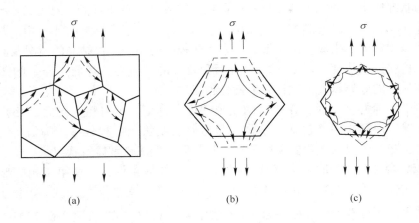

图 8-32　扩散性蠕变
（a）空位和原子的移动方向；（b）晶内扩散；（c）晶界扩散

扩散性蠕变即使在低应力诱导下，也会随时间的延续而不断地发生，只不过进行的速度很缓慢。温度越高、晶粒越细和应变速率越低，扩散性蠕变所起的作用就越大。这是因为温度越高，原子的动能和扩散能力就越大；晶粒越细，则意味着有越多的晶界和原子扩散的路程越短；而应变速率越低，表明有更充足的时间进行扩散。在回复温度以下的塑性变形，这种变形机理所起的作用不明显，只在很低的应变速率下才有考虑的必要；而在高温下的塑性变形，特别是在超塑性变形和等温锻造中，这种扩散性蠕变则起着非常重要的作用。

8.4.3　双相合金热塑性变形的特点

在 8.3 节中，已分析了第二相的性质、大小和分布状况等对合金塑性变形的影响，这些影响对于双相合金的热塑性变形也是普遍存在的。但是，热塑性变形时，金属是处于一定的高温条件下，由于热力学因素的加入，情况会变得更为复杂。

（1）对于弥散型双相合金，第二相粒子除直接对基体相的变形产生影响外，还会通过对合金的再结晶行为的影响而对热塑性变形产生影响。在一般情况下，由于位错在第二相粒子附近塞积，使位错密度增加、分布不均，因而有利于再结晶形核。但是，如果弥散的第二相粒子直径和间距都很小，则位错的分布会较为均匀，在热变形过程中不易重新排列和形成大角度晶界，反而不利于再结晶形核。由于第二相粒子除了是借助粉末冶金方法加入而具有良好的高温稳定性外，一般在热塑性变形过程中会聚合和软化，使第二相粒子的直径和间距加大，因而有利于再结晶形核。

弥散的第二相粒子对晶界具有钉扎作用，降低了晶界的可动性，因而既限制了高温过程的晶粒长大，也限制了动态再结晶、静态再结晶以及聚合再结晶的晶粒长大。钢中的

MnS、Al_2O_3、AlN、TiN、W、Nb、V、Zr 的碳化物等第二相粒子，都具有这种机械阻碍作用。

（2）对于聚合型的双相合金，由于各相的性能和体积百分数的不同，同样会对热变形时的再结晶行为产生影响。再结晶的驱动力是变形金属的储存能，此储存能是由位错密度及其分布状况所决定的，再结晶形核地点是位错数量多而分布密集的区域。所以，对于变形小的那一相，再结晶的晶核只能在相界旁形成，而对于变形大的那一相，既可在相界旁，也可在该相的内部生成。由于形核机率在两相中的不同，再结晶的情况及晶粒大小必然也不同，这就造成热变形时的不均匀流动和较大的内应力，降低了合金的塑性变形能力。两相变形量的差异越大，这种后果就会越明显。

（3）两相合金热变形时，在较大的变形程度条件下，可将粗大的第二相打碎、并改变其分布状况，使第二相（包括夹杂物）呈带状、线状或链状分布。例如，低碳钢在两相区热锻时，初始生成的铁素体和奥氏体一起变形，形成铁素体带状组织。

（4）双相合金热变形时，由于具备有利的原子扩散条件，会使第二相的形态发生改变。特别是在较高的变形温度和较低的应变速率下，第二相粒子可能发生粗化。在亚共析钢和共析钢中，还可看到第二相的球化。例如，$w_C = 0.8\%$ 的共析钢，在 700℃、$\dot\varepsilon = 1.6\times 10^{-2}\mathrm{s}^{-1}$ 条件下变形，变形前本来是片状珠光体的两相组织，变形过程中渗碳体会逐渐球化，并使流动应力连续降低。

（5）当第二相为低熔点纯金属相或低熔点共晶体分布于晶界时，则热变形时会局部熔化，造成金属的热脆性，在热锻、热轧时容易沿晶界开裂。

8.4.4　热塑性变形对金属组织和性能的影响

8.4.4.1　改善晶粒组织

对于铸态金属，粗大的树枝状晶经塑性变形及再结晶而变成等轴（细）晶粒组织；对于经轧制、锻造或挤压的钢坯或型材，在以后的热加工中通过塑性变形与再结晶，其晶粒组织一般也可得到改善。

晶粒的大小对金属的力学性能有很大的影响。晶粒越细小均匀，金属的强度和塑、韧性指标均越高。尽管锻件的晶粒度可以通过锻后的热处理来改善，但如果锻件的晶粒过于粗大，则这种改善也不可能很彻底。生产中曾发生由 45 号钢锻制的汽车转向节（控制汽车方向系统的一个受力零件），由于晶粒粗大在使用中折断，造成汽车控制失灵的严重事故。至于那些无固态相变、不能通过热处理来改善其晶粒度的金属（如奥氏体不锈钢、铁素体不锈钢和一些耐热合金等），控制其塑性变形再结晶晶粒度就更具有十分重要的意义。

锻件的晶粒大小直接取决于热塑性变形时的动态回复和动态再结晶的组织状态，以及随后的三种静态软化机理的作用，特别是其中的静态再结晶和亚动态再结晶。这些都与金属的性质、变形温度、应变速率和变形程度，以及变形后的冷却速度等因素有密切关系。

对于热变形时只发生动态回复的金属，只要变形程度足以达到稳定动态回复阶段，则亚结构是均匀相等的，其尺寸大小主要与热变形时的温度和速度有关。终锻温度高、应变速率低，则随后的静态再结晶晶粒粗大；反之，则静态再结晶晶粒细小。由于此类金属的静态再结晶进展缓慢，因此，若锻后的冷却速度快，也可能使静态再结晶不充分。

对于只发生动态再结晶金属，热变形后的晶粒大小与动态再结晶时的组织状态和亚动态再结晶过程有关。当变形温度较高、应变速率较低和变形程度较小时，动态再结晶晶粒较大，经亚动态再结晶后晶粒也较粗大；反之，则动态再结晶晶粒较细小，经亚动态再结晶后的晶粒较小。由于亚动态再结晶进展速度很快，因此亚动态再结晶后的晶粒总是比动态再结晶时的晶粒大；如果热变形后继续保持高温、冷却速度过慢，则再结晶后的晶粒又会继续长大而变得很粗大。

合金元素的影响，不论是固溶还是生成弥散微粒，都有利于提高再结晶形核率和降低晶界的迁移速度，因而能使再结晶晶粒细化。例如，添加微量铌（Nb）的碳钢比普通碳钢能显著降低再结晶速度，使晶粒细化。

热变形时的变形不均匀，会导致再结晶晶粒大小的不均匀，特别是在变形程度过小而落入临界变形程度的区域，再结晶后的晶粒会很粗大。在实际的成形加工中，这种再结晶晶粒的大小不均往往很难避免。对于大型自由锻，可以通过改进工艺操作规程来改善这种不均匀性；但在热模锻时，由于模锻件形状往往很复杂，而所用原毛坯的形状又比较简单，这样变形分布就可能很不均匀，而出现局部粗晶现象。

在热塑性变形时，当变形程度过大（大于90%）且温度很高时，还会出现再结晶晶粒的相互吞并而异常长大的情况，此称二次再结晶。将不同变形温度和在此温度下的不同变形程度，以及发生再结晶后空冷所得的晶粒大小，画成立体图，称为第二类再结晶图或动态再结晶图。这类再结晶图比起金属学中通常介绍的第一类再结晶图（又称静态再结晶图），更接近于热成形加工的生产实际，它是制订热加工工艺规程的重要参考资料，用以控制热成形件的晶粒大小。图8-33为GH4037镍基高温合金的动态再结晶图。

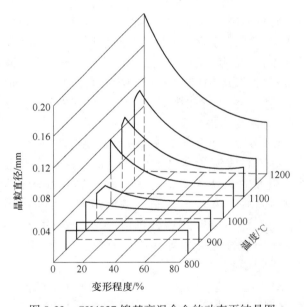

图8-33　GH4037镍基高温合金的动态再结晶图

由图8-33可知，在800~900℃时，对于各种变形程度，晶粒直径都保持原来的大小，表明再结晶还不能开始。950℃时开始有再结晶发生，高于1000℃时则有明显再结晶。因此，终锻温度应选在1000℃以上，以保证由变形引起的加工硬化能被再结晶软化消除，使热加工得以顺利进行。还可以看出在1200℃变形时，晶粒急剧长大，所以锻造温度不应超过1150℃。同时，为了获得理想的晶粒组织，最后一、二次的变形程度应避免落入临界变形区，即变形程度应大于25%。

8.4.4.2　锻合内部缺陷

铸态金属中的疏松、空隙和微裂纹等缺陷被压实，从而提高了金属的致密度。通过对2.2t重的40号钢锭的拔长实验表明，原始铸造状态时的密度 $\rho = 7.819\text{g/cm}^3$，当锻造比

（即拔长前后毛坯的横断面积比）为 1.5 时，$\rho = 7.824 \text{g/cm}^3$；当锻造比增至 10 时，$\rho = 7.826 \text{g/cm}^3$，锻造比再增加时，密度不再提高。

内部缺陷的锻合效果，与变形温度、变形程度、三向压应力状态及缺陷表面的纯洁度等因素有关。宏观缺陷的锻合通常经历两个阶段：首先是缺陷区发生塑性变形，使空隙变形、两壁靠合，此称闭合阶段；然后在三向压应力作用下，加上高温条件，使孔隙两壁金属焊合成一体，此称焊合阶段。如果没有足够大的变形程度，不能实现空隙的闭合，虽有三向压应力的作用，也很难达到宏观缺陷的焊合。对于微观缺陷，只要有足够大的三向压应力，就能实现锻合。

大钢锭的断面尺寸大，疏松、孔隙等缺陷又多集中于钢锭的中心区域（因浇注时，该处钢液最终凝固），因此在大钢锭锻造时，为提高中心区缺陷的锻合效果，常采用"中心压实法"或"硬壳锻造法"。这种方法是当钢锭或钢坯加热到始锻温度出炉后，对其表面吹冷风或喷水雾进行强制冷却，使钢坯表面温度迅速降至 700~800℃，然后立即进行锻造。这时心部的温度仍然很高，内外温差可达 250~350℃，钢坯表层犹如一层"硬壳"，变形抗力大、不易变形；而被"硬壳"包围的心部，温度高、变形抗力小、容易变形。当对钢坯沿其轴线方向锻压时，心部处在强烈的三向压应力作用下，得到类似于闭式模锻一样的锻造效果，从而有利于锻合中心区域的疏松、孔隙缺陷。钢坯经过中心压实后，再进行加热和完成以后的锻造工序，图 8-34 为中心压实示意图。

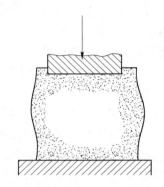

图 8-34　中心压实示意图

8.4.4.3　破碎并改善碳化物和非金属夹杂物在钢中的分布

对于高速钢、高铬钢、高碳工具钢等，其内部含有大量的碳化物。这些碳化物有的呈粗大的鱼骨状，有的呈网状包围在晶粒的周围。通过锻造或轧制，可使这些碳化物被打碎、并均匀分布，从而改善了它们对金属基体的削弱作用，并使由这类钢锻制的工件在以后的热处理时硬度分布均匀，提高了工件的使用性能和寿命。为了使碳化物能被充分击碎并均匀分布，通常采用"变向锻造"，即沿毛坯的三个方向上反复进行镦拔。

对于已经轧制的这类钢的棒材，如果其断面直径较大，内部的碳化物仍可能呈不同程度的带状或断续网状分布。在由这种棒材锻制工件时，除了具有"成形"的目的外，还应考虑改善其碳化物偏析。

钢锭内部通常还存在各种非金属夹杂物，它们破坏了基体金属的连续性。含有夹杂物的零件在服役时，容易引起应力集中，促使裂纹的产生，因而是有害的，许多大型锻件的报废，往往就是由夹杂物引起的。

通过合理的锻造，可使这些夹杂物变形或破碎，加之高温下的扩散溶解作用，使其较均匀地分布在钢中。根据断裂力学原理，如果把夹杂物作为一种裂纹来看待，则当夹杂物被击碎和均匀分布时，就相当于减小裂纹的尺寸和改善其分布，从而能大大降低其有害作用。关于非金属夹杂物在变形过程中的变化情况，还将在下面介绍。

8.4.4.4　形成纤维组织

在热塑性变形过程中，随着变形程度的增大，钢锭内部粗大的树枝状晶逐渐沿主变形方向伸长，与此同时，晶间富集的杂质和非金属夹杂物的走向也逐渐与主变形方向一致，其中脆性夹杂物（如氧化物、氮化物和部分硅酸盐等）被破碎呈链状分布；而塑性夹杂物（如硫化物和多数硅酸盐等）则被拉长呈条带状、线状或薄片状。于是在磨面腐蚀的试样上便可以看到顺主变形方向上一条条断断续续的细线，称为"流线"，具有流线的组织就称为"纤维组织"。

显然，形成纤维组织的内因是金属中存在杂质或非金属夹杂物，外因是变形沿某一方向达到一定的程度，且变形程度越大，纤维组织越明显。图 8-35 为钢锭锻造时随变形程度增大形成纤维组织的示意图。

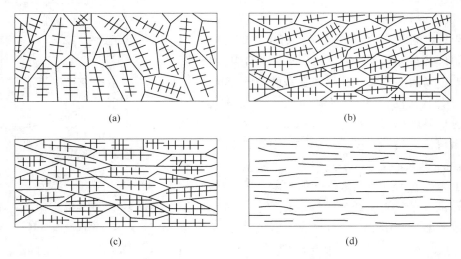

图 8-35　钢锭锻造过程中纤维组织形成示意图

需要指出，在热塑性加工中，由于再结晶的结果，被拉长的晶粒变成细小的等轴晶，而纤维组织却很稳定地被保留下来直至室温。因此，这种纤维组织与冷变形时由于晶粒被拉长而形成的纤维组织是有不同的。

纤维组织的形成，使金属的力学性能呈现各向异性，沿流线方向较之垂直于流线方向具有较高的力学性能。图 8-36 给出 45 号钢锭经不同锻比拔长后，室温力学性能的变化曲线。由图可以看出，随着锻比 K 的增加，钢锭内部的疏松、气孔、微裂纹等缺陷逐渐被压实和焊合，晶界的夹杂物和碳化物逐渐被打碎和改善分布，粗大的铸造晶粒组织逐渐转变为锻造细晶组织，因此，钢的力学性能不论是纵向还是横向的都有显著提高。但是，当锻造比达到 2~5 时，由于铸造组织已完全转变为锻造组织，所以纵向的力学性能基本上不再随锻造比的增大而增加，而横向的力学性能，在强度指标方面也基本不变。但由于此时已形成纤维组织，力学性能出现各向异性，因此沿纵向和横向的塑性、韧性指标有明显的差别。以后，随着锻比的继续增大，横向的塑性、韧性指标显著下降，金属的各向异性也越加严重。因此，在钢锭锻造时，为使锻件具有较高的力学性能，锻造应达到一定的锻造比，并控制在一定的范围内，大型锻件的锻比一般为 2~6。

顺纤维方向的塑性、韧性指标之所以远比垂直于纤维方向的高，是因为前者试样承受拉伸时，在流线处所产生的显微空隙不易于扩大和贯穿到整个试样的横截面上，而后者情况下显微空隙的排列和纤维方向趋于一致，因此容易导致试样的断裂。还要指出，在零件工作表面如果纤维（流线）露头，则对零件的疲劳强度很不利。因为纤维露头的地方本身就是一个微观缺陷，在重复和交变载荷作用下容易造成应力集中，成为疲劳源使零件破坏。再者，纤维露头的地方抗腐蚀性能也较差，因为该处有大量杂质裸露在外，且原子排列紊乱，易受腐蚀。

由于纤维组织对金属的性能具有上述的影响，因此，在制订热成形工艺时，应根据零件的服役条件，正确控制金属的变形流动和流线在锻件中的分布。

对于受力比较简单的零件，如立柱、曲轴等，在锻造时应尽量避免切断纤维，控制流线分布与零件几何外形相符，并使流线方向与最大拉应力方向一致。大型曲轴的全纤维锻造就是其中的一个实例。

对于容易疲劳剥损的零件，如轴承套圈、热锻模、搓丝板等，应尽量使流线与工作表面平行。轴承套圈的精密辗扩即是其中的一个实例，套圈上的沟槽用辗扩成形，使纤维的走向基本上与沟槽面相平行；若用切削方法加工沟槽，则该部位的纤维被切断而露头。

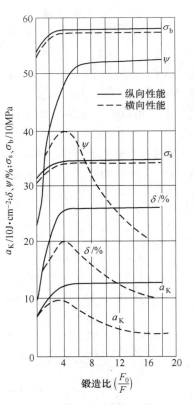

图 8-36 中碳钢锭不同锻比对力学性能的影响

对于受力比较复杂的零件，如发电机的主轴和锤头等，因为各个方向的性能都有要求，不希望锻件具有明显的流线分布。这类锻件多采用镦粗和拔长相结合的方法成形，镦粗的变形程度和拔长的变形程度合理组合，并使总锻比达到最佳值。

8.4.4.5 改善偏析

在一定程度上改善铸造组织的偏析是由于热变形破碎枝晶和加速扩散所致。其中枝晶偏析（或显微偏析）改善较大，区域性偏析改善不明显。

8.5 塑性加工过程中的塑性行为

金属的塑性加工是以塑性为前提条件。塑性越好，则预示着金属具有更好的塑性成形适应能力，允许产生更大的变形量；反之，如果金属一受力即行断裂，则塑性加工也就无从进行。因此，从工艺角度出发，人们总是希望变形金属具有良好的塑性。特别是随着生产与科技的发展，有越来越多低塑性、高强度的难变形材料需要进行塑性加工，如何改善其塑性就更具有重要的意义。

8.5.1　塑性的基本概念和塑性指标

8.5.1.1　塑性的基本概念

所谓塑性，是指金属在外力作用下，能稳定地发生永久变形而不破坏其完整性的能力，它是金属的一种重要的加工性能。金属的塑性不是固定不变的，它受诸多因素的影响，大致包括以下两个方面：一方面是金属的内在因素，如晶格类型、化学成分、组织状态等；另一方面是变形的外部条件，如变形温度、应变速率、变形的力学状态等。正因为这样，通过创造合适的内外部条件，就有可能改善金属的塑性行为。

8.5.1.2　塑性指标

为了衡量金属材料塑性的好坏，需要有一种数量上的指标，称为塑性指标。塑性指标是以材料开始破坏时的塑性变形量来表示，它可借助于各种实验方法来测定。常用的实验方法有拉伸实验、镦粗实验和扭转实验等。此外，还有模拟各种实际塑性加工过程的实验方法。

A　拉伸实验

在材料试验机上进行，拉伸速度通常在 10mm/s 以下，对应的应变速率为 $10^{-1} \sim 10^{-3}$ s^{-1}，相当于一般液压机的速度范畴。也有在高速试验机上进行，拉伸速度约为 $3.8 \sim 4.5m/s$，相当于锻锤变形速度的下限。在拉伸实验中可以确定两个塑性指标——伸长率 δ（%）和断面收缩率 Ψ（%），即：

$$\delta = \frac{L_K - L_0}{L_0} \times 100\% \tag{8-4}$$

$$\Psi = \frac{A_0 - A_K}{A_0} \times 100\% \tag{8-5}$$

式中，L_0 为拉伸试样原始标距的长度；L_K 为拉伸试样破断后标距间的长度；A_0 为拉伸试样的原始断面积；A_K 为拉伸试样破断处的断面积。

这两个指标越高，说明材料塑性越好。试样拉伸时，在缩颈出现以前，材料承受单向拉应力；缩颈出现以后，缩颈处承受三向拉应力。可见，上述两个指标反映了材料在单向拉应力均匀变形阶段和三向拉应力局部变形阶段的塑性总和。伸长率的大小与试样原始标距长度 L_0 有关，标准试样的标距长度有 $L_0 = 10d$ 和 $L_0 = 5d$（d 为试样原始直径）两种；而断面收缩率与试样原始标距长度无关。因此，在塑性材料中，用 Ψ（%）作为塑性指标更显合理。

B　镦粗实验

将圆柱体试样在压力机或落锤上进行镦粗，试样的高度 H_0 一般为直径 D_0 的 1.5 倍（如 $H_0 = 30mm$，$D_0 = 20mm$），用试样侧表面出现第一条裂纹时的压缩程度 ε_c 作为塑性指标，即：

$$\varepsilon_c = \frac{H_0 - H_K}{H_0} \times 100\% \tag{8-6}$$

式中，H_K 为镦粗试样侧表面出现第一条裂纹时的高度。

镦粗时由于接触摩擦的影响，试样会出现鼓形，内部处于三向压应力状态，而侧表面出现切向拉应力，这种应力状态与自由锻、冷镦等塑性成形过程相近。实验资料表明，同一金属在一定的变形温度和速度条件下进行镦粗时，可能得出不同的塑性指标，这是由于接触表面上的外摩擦条件、散热条件和试样的原始尺寸不完全相同所致。因此，为使所得结果能进行比较，对镦粗实验必须制订相应的规程，注明进行实验的具体条件。

　　C　扭转实验

　　在专门的扭转试验机上进行，材料的塑性指标用试样破断前的扭转角或扭转圈数表示。由于扭转时的应力状态接近于零静水压力，且试样沿其整个长度上的塑性变形均匀，不像拉伸实验时出现缩颈和镦粗实验时出现鼓形，从而排除了变形不均匀性的影响，这对塑性理论的研究无疑是很重要的。

　　模拟实际塑性加工过程的实验方法有多种。例如，在偏心轧辊间轧制矩形断面长条毛坯（图 8-37），测出侧表面首先出现裂纹处的压下率 $\Delta H / H_0$（ΔH 为侧表面首先出现裂纹处的压下量，H_0 为试样轧前原始高度），以此表征金属轧制过程的塑性指标。

　　至于板料成形性能的模拟实验方法，则有胀形实验、扩孔实验、拉深实验、弯曲实验和拉深-胀形复合实验等。通过这些实验，可以获得评价各相关成形工序板料成形性能的指标。限于篇幅，下面仅介绍胀形实验。常用的胀形实验为杯突实验，如图 8-38 所示。实验时，将试样置于凹模与压边圈之间夹紧，球状冲头向上运动使试样胀成凸包，直到凸包产生裂纹为止，测出此时的凸包高度 IE，记为杯空实验值。由于实验过程中，试样外轮廓不收缩，板料胀出部分承受两向拉应力，其应力状态和变形特点与冲压工序中的胀形、局部成形等相同，因此，该 IE 值即可作为这类成形工序的成形性能指标。

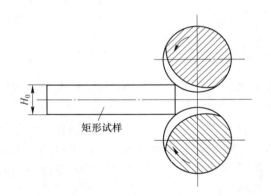

图 8-37　偏心轧辊轧制矩形试样示意图

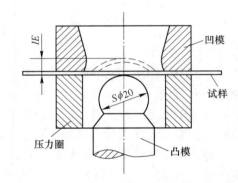

图 8-38　杯突实验

　　需要指出，各种实验方法都是相对于其特定的受力状况和变形条件的，由此所测定的塑性指标（或成形性能指标），仅具有相对的和比较的意义。它们说明，在某种受力状况和变形条件下，哪种金属的塑性高，哪种金属的塑性低；或者对于同一种金属，在哪种变形条件下塑性高，而在哪种变形条件下塑性低。尽管如此，塑性指标对于正确选择变形的温度、速度规范和变形量，都有着重要的参考价值。

8.5.2　金属的化学成分和组织对塑性的影响

8.5.2.1　化学成分的影响

化学元素种类繁多，在金属材料中的含量及相对比例又各不相同，其对塑性的影响错综复杂，要逐一描述很困难。下面仅以钢（包括碳钢和合金钢）为主要对象，作简要介绍。

在碳钢中，Fe 和 C 是基本元素；在合金钢中，除了 Fe 和 C 外，还包含有合金元素，常见的合金元素有 Si、Mn、Cr、Ni、W、Mo、V、Co、Ti 等。此外，由于矿石、冶炼和加工方面的原因，在各类钢中还可能含有一些杂质元素，如 P、S、N、H、O 等。

A 碳钢中碳和杂质元素的影响

（1）碳。碳对碳钢性能的影响最大。碳能固溶于铁，形成铁素体和奥氏体，它们都具有良好的塑性。当碳的含量超过铁的溶碳能力时，多余的碳便与铁形成化合物 Fe_3C，称为渗碳体。渗碳体具有很高的硬度，而塑性几乎为零，对基体的塑性变形起阻碍作用，而使碳钢的塑性降低。随着含碳量的增加，渗碳体的数量也增多，塑性的降低也越大。图 8-39 为退火状态下，碳含量对碳钢的塑性和强度指标的影响曲线。因此，对于冷成形用的碳钢，含碳量应低。在热变形时，虽然碳能全部溶于奥氏体中，但碳含量越高，则碳钢的熔化温度越低，锻造温度范围越窄，奥氏体晶粒长大的倾向越大，再结晶的速度越慢，这些对热成形加工也是不利的。

（2）磷。一般说来，磷是钢中的有害杂质，它在铁中有相当大的溶解度，使钢的强度、硬度提高，而塑性、韧性降低，

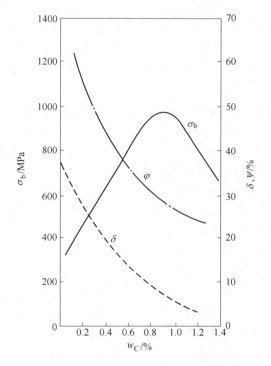

图 8-39 碳含量对碳钢力学性能的影响

在冷变形时影响更为严重，此称冷脆性。当磷的质量分数大于 0.3% 时，钢已完全变脆，故对于冷变形用钢（如冷镦钢、冷冲压钢板等）应严格控制磷的含量。但在热变形时，当磷的质量分数不大于 1%~1.5% 时，对钢的塑性影响不大，因为磷能全部固溶于铁中。

（3）硫。它是钢中的有害杂质。硫很少固溶于铁中，在钢中它常和其他元素组成硫化物，这些硫化物除 NiS 外，一般熔点都较高，但当组成共晶体时，熔点就降得很低（例如 FeS 的熔点为 1190℃，而 Fe-FeS 共晶体的熔点为 985℃）。这些硫化物及其共晶体，通常分布于晶界上，当温度达到其熔点时，它们就会熔化。而由于钢的锻造温度范围为 800~1220℃，因此会导致钢热变形时的开裂，这种现象称为热脆性。但当钢中含有锰元素时，由于锰和硫的亲和力大于铁和硫的亲和力，因此，钢中的锰会优先夺取钢中的硫，形成 MnS，硫化锰及其共晶体的熔点高于钢的锻、轧温度，因此不会产生钢的热脆性，从而消除了硫的有害作用。

（4）氮。氮在钢中除少量固溶外，以氮化物形式存在。当氮化物的质量分数较小（0.002%~0.015%）时，对钢的塑性无明显的影响；但随着氮化物的质量分数的增加，钢的塑性将降低，导致钢变脆。由于氮在 α 铁中的溶解度在高温和低温时相差很大，当

含氮量较高的钢从高温快冷至低温时，α-Fe 被过饱和，随后在室温或稍高温度下，氮会逐渐以 Fe_4N 形式析出，使钢的塑性、韧性大为降低，这种现象称为时效脆性，若在 300 ℃ 左右加工时，则会出现所谓"兰脆"现象。

（5）氢。氢以离子或原子形式溶入固态钢中，形成间隙固溶体，其溶解度随温度的降低而减小，如图 8-40 所示。

氢是钢中的有害元素，表现在两个方面：一方面是氢溶入钢中使钢的塑性韧性下降，造成所谓氢脆，另一方面是当含氢量较高的钢锭锻、轧后较快冷却时，从固溶体中析出的氢原子来不及向钢坯表面扩散逸出，而聚集在钢内的显微缺陷处（如晶界、亚晶界和显微空隙等），形成氢分子，产生局部高压。如果此时钢中还存在组织应力或温度应力，则在它们的共同作用下可能产生微裂纹，即所谓"白点"。之所以称为白点，是因为沿此钢坯的纵向断口呈表面光滑的圆形或椭圆形的银色白斑，而横向截面上则呈发丝状裂纹。白点多处于离锻件表面较远的部位。

影响氢白点形成的因素很多，包括钢的含氢量、氢在冷却过程中的析出条件、金属内部微观缺陷的总体积量以及力学状态等。

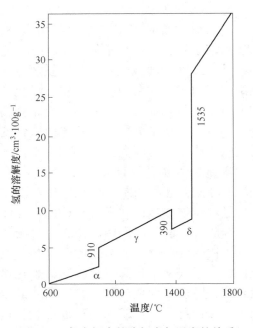

图 8-40　氢在钢中的溶解度与温度的关系

氢含量高，又不利于向外部析出（如快速冷却、锻件截面大等），则白点形成的倾向大。当金属内部微观缺陷足够多时，由于氢在缺陷内不足以形成局部高压，白点的倾向性反而降低，这可用来解释为什么铸件的白点倾向比锻、轧件低。冷却过程中的温度应力，尤其是相变时的组织应力是引起白点的主要力学因素，因此白点的形成与钢的化学成分和组织转变有关。一般钢中含 Cr、Ni、Mo 等元素会增大白点的敏感性。而没有相变、且塑性又转好的奥氏体钢和高铬铁素体钢却不会产生白点。

白点对钢材的强度影响不太大，但会显著降低钢的塑性和韧性。由于它在金属中造成高度的应力集中，因而会导致工件在淬火时的开裂和使用过程中的突然断裂。因此，在大型锻件的技术条件中明确规定，一旦发现白点锻件必须报废。电站设备中的大型自由锻件用钢，大都是一些对白点敏感的钢种（如 34CrNi2Mo、34CrNi3Mo 等），此种钢若含氢量较高，锻后冷却工艺又不得当，就容易出现白点。正因为如此，在大型自由锻中，一方面非常注意提高所用钢锭的冶金质量，如在钢锭的浇注工艺中采用真空浇注、循环除气等方法，以降低氢含量；另一方面注意锻后的冷却和热处理，尽量创造最有利的氢扩散条件和使内应力（主要是由于奥氏体转变引起的组织应力）最小的条件。

（6）氧。氧在铁中的溶解度很小，主要是以氧化物的形式存在于钢中，它们多以杂乱、零散的点状分布于晶界处。氧在钢中不论以固溶体还是氧化物形式存在都使钢的塑性降低，以氧化物形式存在时尤为严重，因为它在钢中起着空穴和微裂纹的作用。氧化物还会与其他夹杂物（如 FeS）形成易熔共晶体（如 FeS-FeO，熔点 910℃）分布于晶界处，造成钢的热脆性。

B 合金元素对钢的塑性的影响

合金元素加入钢中，不仅改变钢的使用性能，而且改变钢的塑性成形性能。主要表现为塑性降低、变形抗力提高。这些现象可以从以下几个方面来解释：

（1）所有合金元素都能不同程度地溶入铁中形成固溶体（不论 α-Fe、还是 γ-Fe）。由于合金元素的溶入（置换），使铁原子的晶格点阵发生不同程度的畸变，从而使钢的变形抗力提高，而塑性也有不同程度的降低。图 8-41 表示一些合金元素对铁素体的伸长率和韧性的影响。

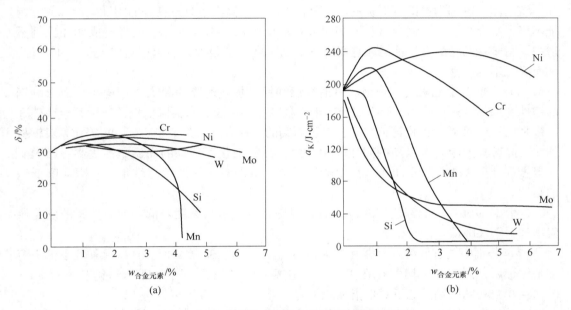

图 8-41 合金元素对铁素体伸长率和韧性的影响
（a）伸长率；（b）韧性

从图 8-41 中可以看出，当 w_{Si}、w_{Mn} 超过 1% 时，铁素体的韧性显著下降，而塑性指标在其大约为 2%~3% 时明显下降。因此，w_{Si}、w_{Mn} 大的钢难以冷塑性变形，深拉延用钢一般分别控制在 $w_{Si}=0.04\%$ 和 $w_{Mn}=0.5\%$ 以下，而变压器用的硅钢板，一般控制在 $w_{Si}=3.5\%$ 以下。与 Si、Mn 相比，在图中所规定的含量范围内，Cr、Ni、Mo、W 等合金元素对塑性的影响不大（其中 W、Mo 对韧性的影响较大）。

（2）许多合金元素如 Mn、Cr、Mo、W、Nb、V、Ti 等会与钢中的碳形成硬而脆的碳化物，使钢的强度提高，而塑性下降。但是，碳化物的影响还与它的形状、大小和分布状况有密切关系。Nb、Ti、V 等元素的碳化物在钢中成高度分散的极小颗粒，起弥散强化作用，使钢的强度显著提高，但对塑性的影响不大；而高合金钢（如高速钢）由于晶界上含有大量共晶碳化物，塑性很低。

在热塑性变形时，大量碳化物溶入奥氏体，减弱了碳化物对钢的强化作用。但是，对于那些含有大量 W、Mo、V、Ti、Cr 和 C 的高合金钢（如高速钢、铬 12 型工具钢等），在热成形温度范围内，并非全部碳化物都能溶入奥氏体中（对于共晶碳化物，则完全不溶解），加上此时大量合金元素溶入奥氏体所引起的固溶强化作用，故其高温抗力要比同碳分的碳钢高出许多，塑性也明显降低，从而给热成形加工带来一定的困难。

（3）当合金元素与钢中的氧、硫形成氧化物或硫化物夹杂时，会造成钢的热脆性，给热成形带来困难。例如，在钼钢和镍基合金中，若硫含量较高，钼或镍会与硫化合，形成含硫化钼或硫化镍的低熔点共晶产物，分布于晶界处，造成热脆性；相反，锰、钛、铌等合金元素能与硫化合，形成熔点远高于 FeS 的硫化物，使钢的热脆性降低，有利于热成形加工。

（4）合金元素会改变钢中相的组成，造成组织的多相性，从而使钢的塑性降低。例如，铁素体不锈钢和奥氏体不锈钢均为单相组织，在高温下具有良好的塑性。但如成分调配不当，则会在铁素体钢中出现 γ 相，或在奥氏体钢中出现 α 相，或者造成两相比例不适中，由于这两相的高温性能和它们的再结晶速度差别很大，引起锻造时变形的不均匀，从而降低钢的塑性。

（5）有些合金元素会影响钢的铸造组织和钢材加热时晶粒长大的倾向，从而影响钢的塑性。例如，Si、Ni、Cr 等会促使铸钢中柱状晶的成长，从而降低钢的塑性，给锻轧开坯带来困难；而 V 能细化铸造组织，对提高钢的塑性有利。又如 Ti、V、W 等元素对钢材加热时晶粒长大倾向有强烈的阻止作用，由于晶粒细化而使钢的高温塑性提高；而 Mn、Si 等会促使奥氏体晶粒在加热过程中的粗大化，也即对过热的敏感性很大，因而降低钢的塑性。

（6）合金元素一般都使钢的再结晶温度提高、再结晶速度降低，因而使钢的硬化倾向增加，塑性降低。

（7）若钢中含有低熔点元素（如 Pb、Sn、As、Bi、Sb 等）时，这些元素几乎都不溶于基体金属，而以纯金属相存在于晶界，造成钢的热脆性。图 8-42 示出锡和铅对 w_C = 0.2%～0.25%的碳钢热态下塑性指标的影响。

以上只是从几个方面概略地说明合金元素对钢塑性的影响。实际情况往往更为复杂，需要就具体钢种，根据冷、热变形条件进行具体分析。

8.5.2.2　组织的影响

一定化学成分的钢，由于组织状态的不同，其塑性也有很大的差别。

A　相组成的影响

单相组织（纯金属或固溶体）比多相组织塑性好。多相组织由于各相性能不同，变形难易程度不同，导致变形和内应力的不均匀分布，因而塑性降低。这方面的例子很多，如碳钢在高温时为奥氏体单相组织，故塑性好。而在 800℃ 左右时，转变为奥氏体和铁素体两相组织，塑性就明显降低。因此，对于有固态相变的金属来说，在单相区内进行成形加工显然是有利的。

使用的金属材料多为两相组织，此时根据第二相的性质、形状、大小、数量和分布状态的不同，其对塑性的影响程度也不同。若两个相的变热成形性能的影响性能相近，则金属的塑性近似介于两相之间。若两个相的性能差别很大，如一相为塑性相，而另一相为脆性相，则变形主要在塑性相内进行，脆性相对变形起阻碍作用。此时，如果脆性相呈连续

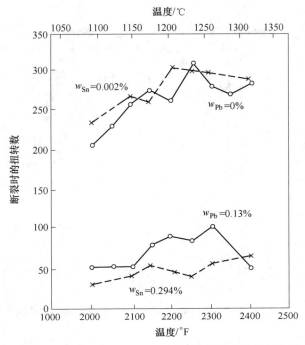

图 8-42 锡和铅对 $w_C = 0.2\% \sim 0.25\%$ 碳钢热成形性能的影响

或不连续的网状分布于塑性相的晶界处，则塑性相被脆性相包围分割，其变形能力难以发挥，变形时易在晶界处产生应力集中，导致裂纹的早期产生，使金属的塑性大为降低；如果脆性相呈片状或层状分布于晶粒内部，则对塑性变形的危害性较小，塑性有一定程度的降低；如果脆性相呈颗粒状均匀分布于晶内，则对金属塑性的影响不大，特别是当脆性相数量较小时，如此分布的脆性相几乎不影响基体金属的连续性，它可随基体相的变形而"流动"，不会造成明显的应力集中，因而对塑性的不利影响就更小。

B 晶粒度的影响

细晶组织比粗晶组织具有更好的塑性，这一点已在本章 8.4 节中介绍过，在此不再赘述。

C 铸造组织的影响

铸造组织由于具有粗大的柱状晶粒和偏析、夹杂、气泡、疏松等缺陷，故使金属塑性降低。为保证塑性加工的顺利进行和获得优质的锻件，有必要采用先进的冶炼浇注方法来提高铸锭的质量，这在大型自由锻件生产中尤为重要。另外，钢锭变形前的高温扩散（均匀化）退火，也是有效的措施。锻造时，应创造良好的变形力学条件，打碎粗大的柱状晶粒，并使变形尽可能均匀，以获得细晶组织和使金属的塑性提高。图 8-43 展示出 Cr-Ni-Mo 钢铸造状态和锻造状态时塑性的差别。由于铸造状态时的塑性较低，在对合金钢锭进行锻造时，开始变形时的变形量不宜太大，待其铸造组织逐渐转变为锻造组织后，再加大变形量。像高速钢这类高合金的钢锭，即使在高温下其塑性也甚差，直接进行轧制容易开裂，故常先仔细地预锻到一定尺寸、改善其塑性后再进行轧制。有些塑性更差的合金铸锭，也有用挤压的方法进行初始变形或开坯的。

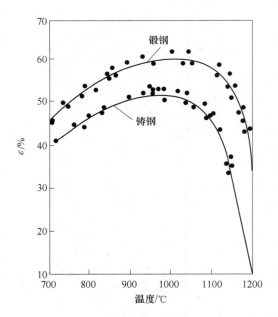

图 8-43 Cr-Ni-Mo 钢铸造组织和锻造组织塑性的差别

8.6 塑性变形的工程意义

金属在外力作用下发生塑性变形时，晶粒的形状随着工件外形的变化而变化。当工件的外形被拉长或压扁时，其内部晶粒的形状也随之被拉长或压扁，当变形量较大时，甚至会形成所谓的"纤维组织"，图 8-44 是工业纯铁经过塑性变形前后的组织变化。

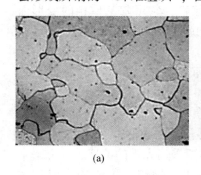
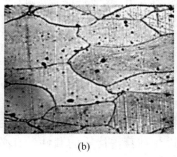
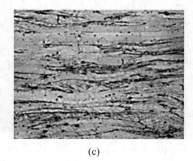

(a)   (b)   (c)

图 8-44 工业纯铁塑性变形前后的组织变化
（a）正火态；（b）变形 40%；（c）变形 80%

同时随变形量的增加，金属的强度和硬度显著提高，塑性和韧性明显下降，产生所谓"加工硬化"现象。因此，塑性变形是金属的重要强化手段之一，如经冷轧后的带钢或冷拉后的钢丝，其抗拉强度可达 1800～2000MPa。加工硬化对纯金属或不能进行热处理强化的金属材料来说，具有十分重要的意义。

此外，工业生产中很多产品或零件的成形是通过塑性加工来实现的。金属的塑性加工按金属学观点来看分为冷加工和热加工（区分的界限为金属的再结晶温度），冷加工会产生上述的加工硬化现象，使金属的进一步加工变得困难，变形更加均匀。冷加工适于塑性好、截面小、要求加工尺寸精确和表面比较光洁的金属制品；热加工变形抗力小、塑性好，能顺利进行大变形量的塑性加工，但金属在热加工时表面易氧化，产品不如冷加工的表面光洁和尺寸精确，所以热加工常用于截面尺寸及变形量较大的金属制品毛坯及半成品，以及室温下硬度高、脆性大的金属材料的塑形变形。

习　题

1. 什么是金属的塑性，什么是塑性成形，塑性成形有何特点？

2. 试述塑性成形的一般分类。

3. 今有 45、35CrMo 钢和灰口铸铁，应采用哪种材料做机床床身？

4. 试述多晶体金属产生明显屈服的条件。

5. 有一钢材，其单向拉伸屈服强度为 800MPa，在 $\sigma_1 = \sigma$，$\sigma_2 = \sigma/2$，$\sigma_3 = 0$ 的条件下实验。试用 Tresca 和 Mises 屈服判据计算屈服应力。

6. 哪些因素影响金属材料的屈服强度？

9　材料的常规静载力学性能

【本章提要与学习重点】

　　本章介绍了拉伸试验、扭转试验、弯曲试验、压缩试验、剪切试验的特点及测试方法，以及工程应力-应变曲线与真实应力-应变曲线的关系。此外，还介绍了布氏硬度、洛氏硬度、维氏硬度、显微硬度、肖氏硬度等概念。

　　重点：各种力学性能试验的基本概念及其应用。

【导入案例】

　　静载拉伸试验是最简单、最基本的力学性能试验方法，也是工程上最重要、应用最广泛的试验方法。拉伸试验可以揭示材料基本力学行为的规律，并可得到材料的弹性、强度和塑性等许多重要的力学性能指标。在工程应用中，由静载拉伸试验测定的力学性能指标，可以作为工程设计、材料评定和工艺优化的重要依据，也可以作为预测材料其他力学性能（如疲劳、断裂性能）的基础数据。因此，静载拉伸试验具有重要的工程实际意义。

9.1　单向静拉伸试验及性能

9.1.1　单向静拉伸试验

　　根据 GB/T 228—2002《金属材料室温拉伸试验方法》的规定，静载拉伸试样一般为光滑圆形试样或板状试样，如图 9-1 所示。工程应用中，拉伸试样通常采用比例试样，并有长试样、短试样之分。对圆形试样：长试样 $l_0 = 10d_0$，短试样 $l_0 = 5d_0$；对板状试样：长试样 $l_0 = 11.3\sqrt{A_0}$，短试样 $l_0 = 5.65\sqrt{A_0}$。其中，l_0 为试样标距长度，d_0 为试样直径，A_0 为试样横截面积。

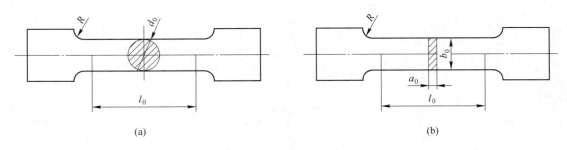

(a)　　　　　　　　　　　　　　　　(b)

图 9-1　拉伸试样示意图

(a) 圆形试样；(b) 板状试样

　　如不特别指明，静载拉伸试验通常是指在室温大气环境中和轴向加载条件下进行的，其特点是试验机加载轴线与试样轴线重合，载荷缓慢施加，应变与应力同步，试样应变率 $\leqslant 10^{-1} s^{-1}$。由于应变速率较低，所以俗称静拉伸试验。

单轴拉伸加载方式的应力状态软性系数 $a = 0.5$，只要材料固有塑性和强度匹配适中，静拉伸试验就能够较全面地显示材料的力学响应过程，从而相应地测定一系列对应的基本力学性能指标，为零部件的设计、选材及制定材料的合理加工工艺提供重要的依据。

9.1.2 拉伸曲线

拉伸试验中记录的拉伸曲线是指拉伸力和伸长量的关系曲线。图 9-2 所示为退火低碳钢的拉伸曲线。

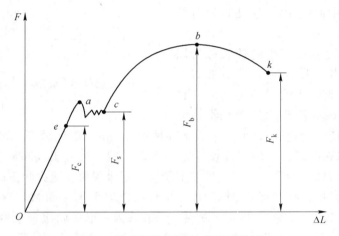

图 9-2 低碳钢的拉伸力-伸长量曲线

如图 9-2 所示，拉伸曲线的纵标是拉伸力 F，横标是绝对伸长量 ΔL。当 F 比较小时，试样的伸长量随拉伸力增加而逐渐增大。拉伸力在 F_e 点以下阶段（图中 Oe 段），试样受力时产生弹性变形，卸载后变形能完全恢复，该过程为弹性变形阶段。当所加的拉伸力大于 F_e 后，试样开始产生塑性变形。最初，试样上局部区域产生不均匀屈服塑性变形，曲线上出现平台或锯齿（图中 ac 段），直至 c 点结束。继而，进入明显的均匀塑性变形阶段（图中 bc 段）。达到最大拉力 F_b 时（图中 b 点），试样不均匀性变形（中局部塑性变形），并在试样的局部区域产生颈缩。材料经均匀变形后出现集中塑性变形的现象称为颈缩。自 b 点开始颈缩后，试样的变形只发生在颈缩部位（横截面积明显减小区域）的有限长度内，试样的承载能力迅速下降。最后，在拉伸力 F_k 处（图中 k 点），试样发生断裂，因此，在静拉伸载荷作用下，材料的力学响应过程一般分为弹性变形、屈服、均匀塑性变形、集中塑性变形和断裂阶段。

9.2 单向静拉伸基本力学性能指标

9.2.1 屈服现象和屈服点

试样承载时，当应力达到某一特定值后，材料开始产生塑性变形的现象称为屈服。它标志着材料的力学响应由弹性变形阶段进入塑性变形阶段，这一变化属于质的变化，因此也称物理屈服。前面在介绍退火低碳钢的拉伸应力-应变曲线时曾经指出，这类材料从弹性变形向塑性变形的过渡是很明显的，表现在拉伸试验过程中，应力不增加（保持恒定），试样仍能继续伸长或应力增加到一定数值时突然下降，随后，在应力不增加或上下波动情况下，试样继续伸长变形（图 9-3 中曲线 1），这便是显著的物理屈服现象。

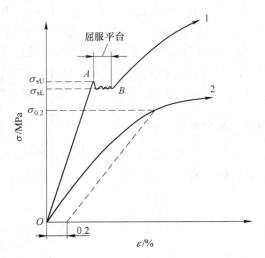

图 9-3   两种不同类型材料的应力-应变曲线

    试样在屈服过程中产生的伸长称为屈服伸长。屈服伸长阶段在应力-应变曲线上对应的水平线段或曲折线段称为屈服平台或屈服齿。屈服伸长阶段的变形是不均匀的，随着应力的持续变化（波动），宏观上在试样表面的局部区域开始形成与拉伸轴约成 45°的吕德斯带或屈服线，并沿试样长度方向逐渐扩展。当屈服线布满整个试样长度时，屈服变形结束，试样开始进入均匀塑性变形阶段。屈服现象在退火和正火的中、低碳钢与低合金钢中最为常见，在含有微量间隙原子的体心立方金属（如 Mo、N 等）以及密排六方金属（如 Mg、Zn、Cd 等）中也有发现。一般认为，形成屈服现象的原因之一是与位错被溶质原子钉扎有关。如钢中的 C、N 等间隙原子易于聚集到位错附近的张应力场中形成溶质原子"气团"，从而钉扎位错，使位错继续运动的阻力增大，位错要摆脱溶质原子"气团"的束缚需要提高应力，而位错一旦从溶质原子"气团"中挣脱出来，就可以在较低的应力下继续运动，位错被溶质原子"气团"钉扎和脱钉过程的反复进行便导致了屈服现象的产生。此外，也有研究指出，屈服现象与下述 3 个因素有关：

    （1）材料变形前可动位错密度很小（或虽有大量位错但被钉扎住，如钢中的位错为溶质原子或第二相质点所钉扎）。

    （2）随着塑性变形发生，位错能快速增殖。

    （3）位错运动速度与外加应力有强烈的依存关系。

    材料的塑性变形应变速率 $\dot{\varepsilon}$ 与材料中的可动位错密度 ρ、位错运动速度 v 和位错柏氏量 $\boldsymbol{b}$ 的关系为：

$$\dot{\varepsilon} = \boldsymbol{b}\rho v \tag{9-1}$$

    由于材料变形前可动位错很少，可动位错密度 ρ 较低，塑性变形开始时，为了满足一定的塑性变形应变速率 $\dot{\varepsilon}$（因为拉伸试验机夹头的移动速率恒定）的要求，必须增大位错运动速度 v。但位错运动速度取决于所受应力的大小，即：

$$v = \left(\frac{\tau}{\tau_0}\right)^m \tag{9-2}$$

式中，τ 为作用于滑移面上的切应力；τ_0 为位错以单位速度运动时所需的切应力；m 为位错运动速率的应力敏感指数，可反映位错运动速度对应力的依赖程度。

由式（9-2）知，欲提高位错运动速度，就需要较高的应力。塑性变形一旦开始，位错便大量增殖，使 ρ 迅速增加，则相应降低使所需应力下降，由此便产生了屈服现象。在上述过程中，位错运动速度的应力敏感性也是一个重要因素，m 值越小，为使位错运动速度变化所需的应力变化越大，屈服现象就越明显。如体心立方金属，$m < 20$，而面心立方金属，$m > 100$，因此，前者屈服现象更加明显。

呈现屈服现象的金属材料拉伸时，试样在应力不增加（保持恒定）的情况下仍能继续伸长时的应力称为屈服点（屈服强度），记为 σ_s；试样发生屈服而应力首次下降前的最大应力称为上屈服点，记为 σ_{sU}（图 9-3 中曲线 1 上的 A 点对应的应力）；不计初始瞬时效应，指在屈服过程中试验应力第一次发生下降时，屈服阶段中的最小应力称为下屈服点，记为 σ_{sL}（图 9-3 中曲线 1 上的 B 点对应的应力）。

显然，用应力表示的屈服点可以表征材料产生微量塑性变形的抗力，因此屈服点也称为屈服强度。在正常试验条件下，由于下屈服点 σ_{sL} 的再现性相对上屈服点 σ_{sU} 较好，所以通常选 σ_{sL} 作为此类材料的屈服强度指标。

若测得屈服点载荷，则 σ_s、σ_{sU} 和 σ_{sL} 的计算式分别为：

$$\sigma_s = \frac{F_s}{A_0} \tag{9-3}$$

$$\sigma_{sU} = \frac{F_{sU}}{A_0} \tag{9-4}$$

$$\sigma_{sL} = \frac{F_{sL}}{A_0} \tag{9-5}$$

式中，F_s 为屈服载荷；F_{sU} 为上屈服载荷；F_{sL} 为下屈服载荷；A_0 为试样标距部分的原始横截面积。

许多具有连续屈服特征（图 9-3 中曲线 2）的金属材料，在拉试验时看不到明显的屈服现象。对于这类材料，可用产生规定微量塑性伸长对应的应力表征材料对微量塑性变形的抗力。规定微量塑性伸长的应力是人为规定的拉伸试样标距部分产生一定的微量塑性伸长率（如 0.01%、0.05%、0.2%）时的应力，可分为以下 3 种指标。

（1）规定非比例伸长应力（σ_p）。即试样在加载过中，部分的非比例伸长达到规定的原始标距百分比时的应力，如 $\sigma_{p0.01}$、$\sigma_{p0.05}$、$\sigma_{p0.2}$ 等。图 9-4（a）中对应 A 点的规定非比例伸长应力 σ_p，是试样标距部分的规定非比例伸长达到原始标距的 0.2%时的应力，可记为 $\sigma_{p0.2}$。

（2）规定总伸长应力（σ_t）。即试样标距部分的总长（弹性长加塑性伸长）达到规定的原始标距百分比时的应力。常用的规定总伸长率为 0.5%，相应的规定总伸长应力可表示为 $\sigma_{t0.5}$。如图 9-4（b）中对应 A 点的规定总伸长应力 σ_t，是试样标距部分的规定总伸长达到原始标距的 0.5%时的应力，即 $\sigma_{t0.5}$。

（3）规定残余伸长应力（σ_τ）。即试样卸载拉伸力后，其标距部分的残余伸长达到规定的原始标距百分比时的应力。常用的为 $\sigma_{\tau0.2}$，一般简写为 $\sigma_{0.2}$，表示规定残余伸长率为 0.2%时的应力。

需要注意的是，在规定塑性伸长率相同的条件下，用以上方法给出的 σ_p 和 σ_τ 的数据

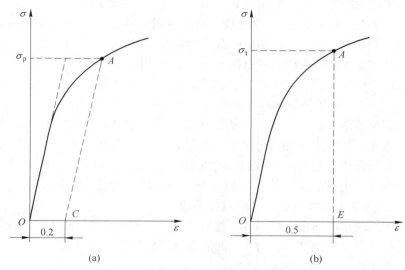

图 9-4 连续屈服材料的屈服抗力的解释

（a）规定非比例伸长应力；（b）规定总伸长应力

略有差别。并且，严格地说，在使用 σ_p、σ_t、σ_τ 应力符号时，其下角应加以标注，以明确分别是相应于规定非比例伸长率、规定总伸长率及规定残余伸长率的应力数据。但在不规定测定方法的情况下，也可用 $\sigma_{0.01}$、$\sigma_{0.05}$、$\sigma_{0.2}$ 等表示。

上述诸力学性能指标 σ_p、σ_t、σ_τ 和 σ_s、σ_{sL} 一样，都可以表征材料的屈服强度，但其中 σ_p、σ_t 是在加载时直接从应力-应变曲线上测定的，试验效率较卸力法测 σ_τ 高，且易于实现测量自动化。例如，工业纯铜及灰铸铁等常用 σ_p，表示其屈服强度。另外，在规定非比例伸长率较小时，常用 σ_p 表示材料的条件比例极限或弹性极限。因此，一般将 $\sigma_{0.01}$ 称为条件比例极限，而将 $\sigma_{0.2}$ 称为条件屈服强度。本书以后各章叙述涉及有关屈服强度的具体问题时，不计测量方法，统一采用 σ_s 或 $\sigma_{0.2}$，表示材料的屈服强度。

9.2.2 应变硬化

绝大多数金属在室温下屈服后，要使塑性变形继续进行，必须不断地增大应力，这表明材料有一种阻止继续塑性变形的能力，这就是应变硬化特性。显然，塑性应变是强化（硬化）的原因，而强化（硬化）是塑性应变的结果。由于条件应力-条件应变曲线是用试样标距部分的原始横截面积和原始标距长度来度量的，而实际上在变形过程中的每一瞬间试样的横截面积和标距长度都是在变化的，且当载荷超过最大载荷后，继续变形过程中的条件应力不断下降，这与材料的实际变形行为并不相符。因此，准确全面地表征材料的应变硬化行为，要用真应力-真应变曲线。几种金属的真应力-真应变曲线如图 9-5 所示。

用真应力和真应变表示材料均匀塑性变形和硬化过程的曲线叫作流变（硬化）曲线。通常材料的真应力与真应变之间符合 Hollomon 关系，即：

$$S = Ke^n \tag{9-6}$$

式中，n 为应变硬化指数；K 为强度系数，是真应变等于 1 时的真应力。

应当指出，这里所讨论的流变曲线及其描述方程，确切说是真应力 S 和塑性真应变 e_p

间的关系，而不是 S 与总应变 e 间的关系，因为后者还包括弹性应变，即有：

$$e = e_e + e_p \tag{9-7}$$

所以，上述 Hollomon 公式确切地应写成：

$$S = Ke_p^n \tag{9-8}$$

对式（9-8）取对数，有：

$$\lg S = \lg K + n\lg e_p \tag{9-9}$$

根据 $\lg S$-$\lg e$ 的直线关系，只要在条件应力-条件应变曲线上确定几个点的 σ、ε 值，分别按下式换算成 S、e，$S = \sigma(1+\varepsilon)$，$e = \ln(1+\varepsilon)$，然后作 $\lg S$-$\lg e$ 直线（图9-6），直线的斜率即为相应材料的应变硬化指数 n。

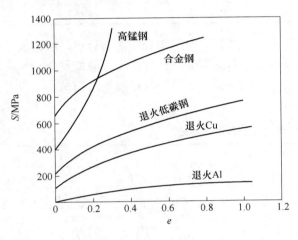

图 9-5　几种金属的真应力-真应变曲线

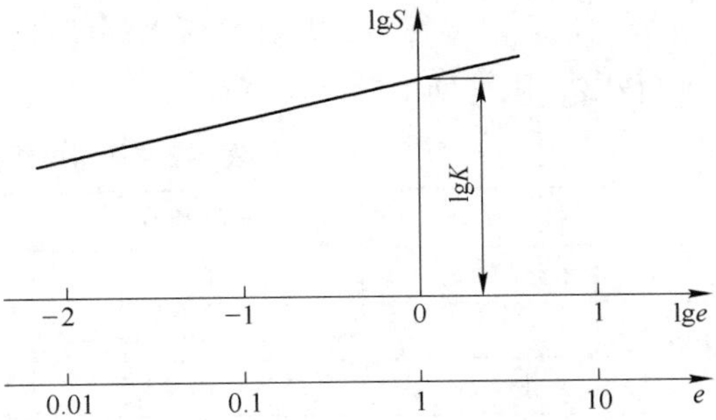

图 9-6　$\lg S$-$\lg e$ 曲线

另外，对式（9-9）微分，则有：

$$n = \frac{d\lg S}{d\lg e} = \frac{d\ln S}{d\ln e} = \frac{e}{S} \cdot \frac{dS}{de} \tag{9-10}$$

所以：

$$\frac{dS}{de} = n\frac{S}{e} \tag{9-11}$$

式（9-11）表明，硬化指数 n 与应变硬化率 $\dfrac{dS}{de}$ 并不相等，在 $\dfrac{S}{e}$ 值相近条件下，n 值大的 $\dfrac{dS}{de}$ 也大，应力-应变曲线越陡。但是 n 值小的材料，若 $\dfrac{S}{e}$ 值很大，同样可以有较高的应变硬化率。因此，不应从真应力-真应变曲线陡峭或平坦直观地判断材料应变硬化指数 n 值的高低。

应变硬化指数 n 反映了材料抵抗继续塑性变形的能力，是表征材料应变硬化行为的性能参数。在极限情况下，$n = 1$，表示材料为完全理想的弹性体；$n = 0$，表示材料为理想的塑性体，没有应变硬化能力。大多数金属材料的 n 值在 $0.1 \sim 0.5$ 之间，如表9-1所示。

表 9-1　室温下金属材料的 n、K 值

材　料	状　态	n	K/MPa
0.05%C 碳钢	退火	0.26	530.9
40CrNiMo	退火	0.15	641.2
0.4%C 碳钢	调质	0.229	920.7
0.4%C 碳钢	正火	0.221	1043.5
0.6%C 碳钢	淬火+540℃回火	0.10	1572
0.6%C 碳钢	淬火+704℃回火	0.19	1227.3
钢	退火	0.54	317.2
70/30 铜	退火	0.49	896.3

　　关于应变硬化指数 n 的影响因素，现在还不十分清楚。有结果表明它与材料的层错能有关。当材料层错能较低时，不易交滑移，反映出材料的应变硬化程度大，应变硬化指数 n 就大。表 9-2 列出了几种金属的层错能和 n 值。由表可见，n 值随层错能提高而减小，且滑移特征由平面状变为波纹状。

表 9-2　不同层错能材料的 n 值和滑移特征

材　料	晶格类型	层错能/$\mathrm{mJ \cdot m^{-2}}$	n	滑移特征
18-8 型不锈钢	fcc	<10	~0.45	平面状
铜	fcc	约 90	约 0.30	平面状/波纹状
铝	fcc	约 250	约 0.15	波纹状
α-Fe	bcc	约 250	约 0.2	波纹状

　　n 值对金属材料的冷热变形也十分敏感。通常，退火态金属的 n 值比较大，而在冷加工状态时则比较小，且随金属强度等级降低而增加。实验得知，n 值与材料的屈服点 σ_s 大致成反比关系，即 $n\sigma_\mathrm{s}$ = 常数。在某些合金中，n 值也随溶质原子含量增加而下降。材料的晶粒变粗，n 值增加。

　　应该指出，应变硬化是金属材料得以在工程上被广泛应用的可贵性质之一。

　　首先，金属的应变硬化能力对其塑性成形加工是很重要的。若金属没有应变硬化现象，像理想塑性体（$n=0$）那样，任何塑性成形加工工艺都是无法进行的。例如，在拉拔线材时，设在某处开始塑性变形，该处的截面会减小，相应的应力增大，如果没有加工硬化，则此处将继续变形，直至发生断裂而达不到均匀拔细的目的。事实上，是先变形的地方发生加工硬化，变形抗力加大，使塑性变形向其他区域传递，从而使各处均匀变形，加工过程才得以继续进行。由此可见，应变硬化能力强的材料，其塑性成形加工性能好。

　　其次，对于工作中的零件，也要求材料有一定的应变硬化能力。否则，在偶然过载的情况下，会产生过量的塑性变形，甚至产生局部的不均匀塑性变形或断裂。因此，材料的应变硬化能力可使其有一定的抵抗能力，这给零件的安全使用提供了可靠保证。

　　此外，应变硬化也是材料强化的重要手段。所有金属材料都能通过形变达到强化的目的，特别是对那些无固态相变的材料，热处理无法强化，形变强化就几乎成了唯一的强化手段。如 1Cr18Ni9Ti 不锈钢，淬火的强度不高（σ_b = 588MPa，$\sigma_{0.2}$ = 196MPa），但经过

40%压下量冷轧后，σ_b增加2倍，$\sigma_{0.2}$增加4~5倍。生产上常用表面喷丸和冷挤压来提高零件的疲劳抗力，这里除形成有利的内应力分布外，材料的表面形变强化也起到了重要作用。

9.2.3 抗拉强度

试样在拉断过程中所能承受的最大工程应力称为抗拉强度（强度极限）。定义式可表示为：

$$\sigma_b = \frac{F_b}{A_0} \tag{9-12}$$

式中，σ_b为抗拉强度；F_b为最大载荷；A_0为试样原始横断面积。

对于塑性很好的材料，拉伸试验时不仅可以产生均匀塑性变形，而且在最大力点（颈缩）后还会产生一定的集中塑性变形，因此有$\sigma_b < S_b < S_k$；对于塑性差的材料，若只产生均匀塑性变形，则有$\sigma_b < S_b = S_k$；若塑性极差，没有或仅产生极小的均匀塑性变形，可以视为$\sigma_b = S_b = S_k$。因此，σ_b只表征材料对最大均匀塑性变形的抗力，仅在特定的情况下σ_b才能反映材料的断裂抗力。

9.2.4 颈缩现象及其判据

颈缩现象是韧性金属材料在拉伸试验时变形集中产生于某局部区域的现象，是材料应变硬化（物理因素）与试样横截面减小（几何因素）共同作用的结果。前已述及，在应力-应变曲线上，应力达到最大值B点时试样开始产生缩颈（图9-3）。在B点之前，塑性变形在整个试样长度上是均匀分布的，这是因为材料应变硬化使试样承载能力不断增加，可以补偿因试样横截面减小使其承载能力的下降。在B点之后，塑性变形便集中产生于试样局部区域而形成颈缩，这时应变硬化已跟不上塑性变形的发展。详述如下：

拉伸试验时，任一瞬间，拉伸力F为真应力S与此时横截面积A之积，即$F = SA$。在拉伸力-伸长量曲线的极大值点B处有：

$$dF = SdA + AdS = 0 \tag{9-13}$$

试样在拉伸过程中，一方面横截面积不断减小，使SdA所表示的试样承载能力下降；另一方面材料在应变硬化，使AdS表示的试样承载能力升高。在开始颈缩的时刻（B点），这两个相互矛盾的方面达到平衡，$dF = 0$。在颈缩前的均匀变形阶段（B点之前），$AdS > -SdA$，即$dF > 0$。这时的变形特征为：应变硬化导致的承载能力提高大于试样横截面积减小导致的承载能力下降，即材料的应变硬化在变形过程中起主导作用。于是，在产生较大塑性变形的部位，由于应变硬化补偿了因变形引起试样横截面积减小所导致的承载能力下降，从而将进一步的塑性变形转移到其他部位，以实现整个试样的均匀变形。但在颈缩开始后（B点之后），随应变量增加，材料的应变硬化趋势逐渐减小，出现了$AdS < -SdA$，$dF < 0$的情况，这时的变形特征为：塑性变形引起试样横截面减小导致的承载能力下降超过了应变硬化导致的承载能力提高，即削弱承载能力的因素在控制变形过程中起主导作用。此时，尽管材料仍在应变硬化，但这种强化趋势已不足以使进一步的塑性变形转移。于是，塑性变形量较大的局部区域，随着应力水平提高，进一步的变形继续在该区域发展，最终形成颈缩B点是最大力点，也是颈缩开始点，也称拉伸失稳点或塑性失

稳点。由于 b 点后颈缩过程中试样的断裂是瞬间发生的，所以找出拉伸失稳的临界条件，即颈缩判据，对于零件的结构设计无疑是有益的。

在颈缩开始点（b 点），$dF = SdA + AdS = 0$，即：

$$\frac{dS}{S} = \frac{dA}{A} \tag{9-14}$$

根据塑性变形时体积不变条件，有 $dV = 0$

因：

$$V = AL \tag{9-15}$$

故：

$$AdL + LdA = 0 \tag{9-16}$$

即：

$$-\frac{dA}{A} = \frac{dL}{L} = de = \frac{d\varepsilon}{1 + \varepsilon} \tag{9-17}$$

联立式（9-14）、式（9-17）得：

$$S = \frac{dS}{de} \tag{9-18}$$

或：

$$\frac{dS}{d\varepsilon} = \frac{S}{1 + \varepsilon} \tag{9-19}$$

式（9-19）为材料产生颈缩的判据。可见，当真应力-真应变曲线上某点的斜率 $\frac{dS}{de}$ 等于该点的真应力 S（流变应力即屈服后继续均匀塑性变形并随之不断升高的抗力）时，试样便开始产生颈缩，如图 9-7 所示。

在颈缩开始点（拉伸失稳点）b 处，若材料的真应力-真应变关系满足 Hollomon 方程，则有：

$$S_b = ke_b^n, \quad \frac{dS_b}{de_b} = kne_b^{n-1} \tag{9-20}$$

由颈缩判据得：

$$ke_b^n = kne_b^{n-1} \tag{9-21}$$

即：

$$e_b = n \tag{9-22}$$

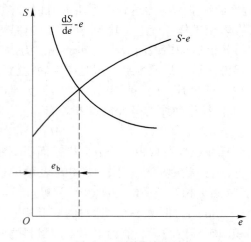

图 9-7　颈缩判据图解

式（9-22）表明，颈缩开始时材料的真应变 e_b 在数值上与其应变硬化指数 n 相等。即当材料的应变硬化指数 n 等于最大真实均匀塑性应变 e_b 时，颈缩便会产生。据此，可以解释前面述及的 n 值大的材料，冷成形工艺性能好。因为 n 值大的材料，应变硬化效应高，最大均匀塑性应变量大，变形均匀，可减少局部变薄和增大极限变形程度，从而使零件易于避免产生裂纹。

9.2.5 实际断裂强度

拉伸断裂时的真应力称为实际断裂强度，表征材料对断裂的抗力，也称断裂真应力，记为 S_k 或 σ_f。定义式可表示为：

$$S_k = \frac{F_k}{A_k} \tag{9-23}$$

式中，F_k 为试样拉伸断裂时的载荷；A_k 为试样断裂时的真实横截面积。

通常在拉伸试验中，不易测定断裂强度。在这种情况下，可以根据下列经验公式估算实际断裂强度，即：

$$S_k = \sigma_b(1 + \psi) \tag{9-24}$$

式中，ψ 为断面收缩率；σ_b 为抗拉强度。

9.3 其他静载下的力学试验及性能

【导入案例】

随着现代工业的快速发展，当今社会对石油资源的需求越来越大。伴随着浅部油气层的长期开采，各大主力油田现大多进入了开发的中后期，浅层勘探很难发现大型的油气资源，因此，在今后的油气勘探中，深井和超深井将成为国内外各大油气田增产的主要手段。钻具失效在石油钻井界是普遍存在的，在深井、超深井钻井过程中，钻具的受力情况和井下环境异常恶劣，在内、外充满钻井液的狭长井眼里工作，通常承受扭转、弯曲、压缩等载荷。在钻井过程中，钻具在任何部位断裂都会造成严重的后果，甚至使井报废。图9-8 所示为石油钻杆。

图 9-8　石油钻杆

美国的统计和估算表明，钻杆断裂事故在 14% 的钻井上发生，平均每发生一次损失106000 美元。据统计，我国各油田每年发生钻具失效事故约五六百起，经济损失巨大。我国每年必须花费数亿元人民币进口各种规格的钻杆和钻铤。随着浅层资源的不断枯竭，今后越来越多的深井、超深井钻具的安全可靠性就成为一个十分突出的问题。

在实际的工程应用中，材料除了可能承受单向静拉伸作用力外，有些构件（如传动轴、齿轮等）还可能承受扭转、弯曲、压缩等作用力。因此，研究材料在扭转、弯曲、压缩作用下的力学行为，可以作为材料在相应使用条件下的选材及设计依据。

在实际生产和材料研究过程中，为了充分揭示材料的力学行为和性能特点，对材料的力学性能评价除了进行静拉伸试验外，还常常采用模拟材料在实际应用时承受扭转、弯曲、压缩等非静拉伸等不同加载方式的试验方法，以充分反映材料在不同应力状态下的力学行为和性能特点。

本节主要介绍材料在压缩、弯曲、扭转、剪切作用力下的力学行为。

9.3.1   压缩

对于难以发生塑性变形的脆性材料，如铸铁、铸铝合金、轴承合金等，通过静态拉伸难以获得其力学性能。因此，通常采用压缩试验来测定其力学性能。单向压缩过程的应力状态软性系数 $a=2$，非常适合于脆性材料。而对于塑性材料，由于只能被压扁而不能被压破，因此只能测得其弹性模量、比例极限、弹性极限和屈服强度等指标，不能测定其压缩强度极限。

同时为了保证压缩试验过程中材料变形的均匀性，压缩试样一般为圆柱试样（底面圆直径和高分别为 d_0 和 h_0）。高径比 $m=h_0/d_0$，高径比小的试样为短圆形试样（$d_0=10\sim25mm$，$h_0=(1\sim3)d_0$），如图 9-9（a）所示为压缩试样图；高径比的试样为长圆形试样（$d_0=25mm$，$h_0=8d_0$），如图 9-9（b）所示为长圆形试样，供测定弹性及微量性变形抗力用。

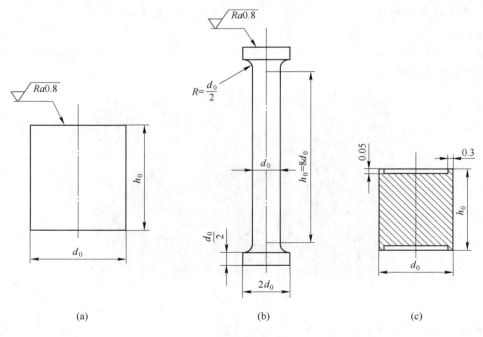

图 9-9   压缩试样图

（a）短圆形试样；（b）长圆形试样；（c）储油端面试样

为了保证压缩试样两个端面平行并垂直于轴线，要求试样端面具有很高的加工精度。

由于压缩过程材料将发生横向扩展变形，端面的摩擦对测定的力学性能有影响，因此要求端面的表面粗糙度较低，在 $Ra = 0.8 \sim 02 \mu m$ 之间。

压缩时，端面的摩擦力将阻碍试样端面的横向变形，造成上下端面小而中间凸出的腰鼓形；同时，端面的摩擦力引起的附加阻力会提高总的变形抗力，降低试样的变形能力。因此，试验时断面还要涂润滑油脂或石墨粉等来提高润滑能力，也可以采用如图 9-9（c）所示的储油端面试样，或采用特殊设计的压头，使端面的摩擦力减到最低程度。

利用压缩试验机测出压力 F 和压缩量 Δh 之间的关系，可得到 $F\text{-}\Delta h$ 的关系曲线，即压缩曲线。塑性材料与脆性材料的压缩曲线具有不同的特点。图 9-10 中展示了铸铁和低碳钢的压缩曲线。

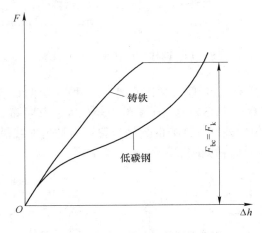

图 9-10　铸铁和低碳钢的压缩曲线

由压缩曲线可以确定压缩强度指标和塑性指标。对脆性材料，一般只测定压缩强度极限（抗压强度 σ_{bc}）和压缩塑性指标（对压缩率 ε_c 和对断面扩展率 ψ_c）。抗压强度有条件值（σ_{bc}）和真实值（S_{bc}）之分，各性能指可由下式计算：

$$\sigma_{bc} = \frac{F_{bc}}{A_0} \tag{9-25}$$

$$S_{bc} = \frac{F_{bc}}{A_k} \tag{9-26}$$

$$\varepsilon_c = \frac{h_0 - h_k}{h_0} \times 100\% \tag{9-27}$$

$$\psi_c = \frac{S_K - S_0}{S_0} \times 100\% \tag{9-28}$$

式中，F_{bc} 为压缩断裂载荷；A_0 为试样原始横截面面积；A_k 为试样断时的横截面面积；h_0 为试样原始高度；h_k 为试样断裂时的高度。

可以看出，σ_{bc} 是按原始横截面面积 A_0 计算的断裂应力，故称条件压缩强度极限。考虑实际压缩时断面变化的影响，可求得真实压缩强度极限 S_{bc}。显然，$\sigma_{bc} \geqslant S_{bc}$。

与拉伸试验一样，可导出二者的关系：

$$\sigma_{bc} = (1 + \psi_c) S_{bc} \ , \ S_{bc} = (1 - \varepsilon_c) \sigma_{bc} \qquad (9\text{-}29)$$

9.3.2　弯曲

由于机件在工作过程中经常受到非轴向力矩的作用，此时机件材料将发生弯曲，如图 9-11 所示。因此，弯曲试验也是生产上常用的一种方法，它主要用于测定弯曲载荷下工作的机件所用材料的力学性能。

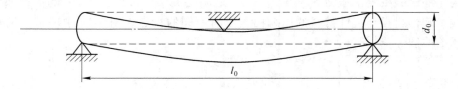

图 9-11　圆柱试样弯曲变形示意图

弯曲试验的加载方式有三点弯曲和四点弯曲两种。弯曲试验加载方式和弯矩图如图 9-12 所示。由于三点弯曲中心受力点所受的力矩最大，其断裂发生在集中加载截面处。而四点弯曲有足够的均匀加载段，断裂的具体位置可由均匀加载段内相对较均匀的组织来决定，因此可较好地反映材料的性能。

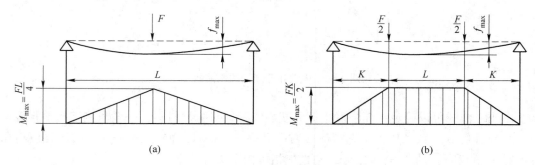

图 9-12　弯曲加载方式及其弯矩示意图

（a）三点弯曲；（b）四点弯曲

弯曲试验采用的试样通常为矩形或圆柱形。通过记录弯曲载荷和最大挠度（$F\text{-}f_{max}$）之间的曲线（称为弯曲图）来确定有关力学性能。其特点有：

（1）弯曲试验不受试样偏斜的影响，可以稳定地测定脆性材料和低塑性材料的抗弯强度，并能由挠度明显地显示脆性或低塑性材料的塑性，如铸铁、工具钢、陶瓷等。

（2）弯曲试验不能使塑性很好的材料发生破坏，如退火、调质的碳素结构钢或合金结构钢，不能测定其断裂弯曲强度，但可以比较一定弯曲条件下不同材料的塑性。

（3）弯曲试验时试样断面上的应力分布是不均的，表面应力最大，依此可以较灵敏地反映材料的表面缺陷，以检查材料的表面质量。

弯曲试验时，试样向中心受力的另外一侧弯曲。试样的凸出侧表面受到拉应力；凹陷侧表面受到压应力。拉伸侧表面的最大正应力 σ_{max} 由式（9-30）给出。对于三点弯曲试验，$M_{max} = \dfrac{FL}{4}$；对于四点弯曲试验，$M_{max} = \dfrac{FK}{2}$。

$$\sigma_{\max} = \frac{M_{\max}}{W}$$ (9-30)

式中，W 为试样的弯曲截面系数，对于圆柱试样，$W = \frac{\pi d^3}{32}$，其中 d 为试样直径；对于矩形试样，$W = \frac{bh^2}{6}$，其中 b 为试样宽度，h 为试样厚度。一般，对脆性材料只测定断裂时的抗弯强度 σ_{bb}，因此有：

$$\sigma_{bb} = \frac{M_b}{W}$$ (9-31)

式中，M_b 为断裂载荷 F_b 下的最大弯矩。

与抗弯强度 σ_{bb} 相应的最大挠度 $f_{\max}$ 可由试验机上的位移传感器读出。

可计算出弯曲模量 E，对于矩形试样，弯曲模量为：

$$E_b = \frac{ml^3}{4bh^3}$$ (9-32)

式中，m 为 F-$f_{\max}$ 曲线中直线段的斜率；l 为试样的跨距。

9.3.3 扭转

（1）扭转过程的软性系数 $a = 0.8$。扭转试验常用来测定脆性材料塑性变形的抗力指标。

（2）一般采用圆柱形试样，扭转实验时，圆柱试样两端作用两个大小相等、方向相反且作用平面垂直于圆柱轴线的一对力偶。因此，圆柱试样整个长度上始终是产生均匀的塑性变形，不会产生颈缩现象。由于变形前后试样截面和长度没有明显变化，可用于精确评定高塑性金属材料的变形能力与抗力指标。

（3）扭转试验中的正应力和切应力数值上大体相等，所以扭转试验是测定材料切断抗力 T 的最可靠方法。

（4）扭转试验可明确区分金属材料的最终断裂方式：正断与切断。根据材料的不同，断裂方式可表现出如图 9-13 所示的形貌。当材料塑性较好时，断口平整且垂直于试样轴向，为由切应力作用造成的切断，如图 9-13（a）所示，断口平面有回旋状的塑性变形痕迹。当材料塑性很差时，断口表现出如图 9-13（b）所示的形貌，断口呈螺旋状，与试样轴成 45°，为由正应力作用造成的正断。当存在较多非金属夹杂物或偏析的金属材料经过轧制、锻造或拉拔后，顺着形变方向进行扭转试验时，平行于试样轴线方向上的切断抗力降低，常出现如图 9-13（c）所示的断口。

（5）圆柱试样扭转试验时，截面上随着半径的不同，应力分布不均匀。试样表面处应力最大，心部应力最小，因此对材料的表面缺陷很敏感。

扭转试验时材料两端被施加反向的扭矩 M（横截面上的扭转内力），材料的应力状态为纯剪切，切应力分布在纵向与横向两个垂直的截面内，而主应力 σ_1 和 σ_3 与轴向大致成 45°，并在数值上等于切应力。扭转试样表面的应力状态如图 9-14 所示，σ_1 为拉应力，σ_3 为等值压应力，$\sigma_2 = 0$。

图 9-15 为扭转试样的应力与应变沿截面的分布示意图。在弹性变形阶段，扭转试样

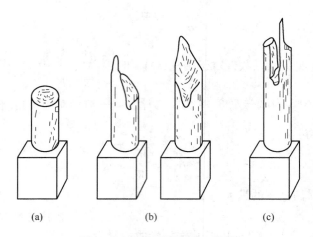

图 9-13　扭转试样的断口形貌

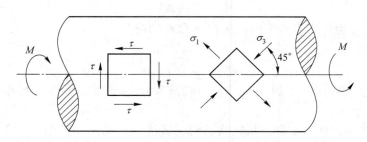

图 9-14　扭转试样表面的受力状态

横截面上的切应力与切应变沿半径方向上的分布均呈直线关系。塑性变形后，切应变仍能保持直线分布，但在塑性区的切应力就不再是直线分布了，而是在表层的环形塑性区内有所下降，呈现曲线分布。

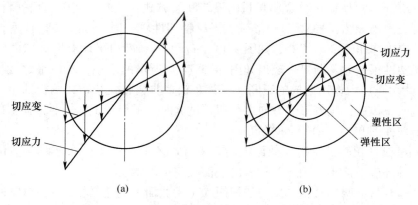

图 9-15　扭转试样的应力与应变沿截面的分布
（a）弹性变形；（b）弹-塑性变形

图 9-16（a）所示为扭转过程的实物图，轴两端在联轴器扭矩 M 作用下向相反的方向

扭转。用圆柱试样进行扭转试验时,试样的各个截面将沿轴向发生不同比例的旋转。圆柱试样的直径为 d_0,标距长度为 l_0。φ 为相距 l_0 的两截面间的相对扭转角,可以获得如图 9-16(b)所示的 M-φ 的关系曲线,即扭转图。曲线中 Oa 段为直线,属于弹性变形阶段。ac 段为曲线,属于塑性变形阶段。

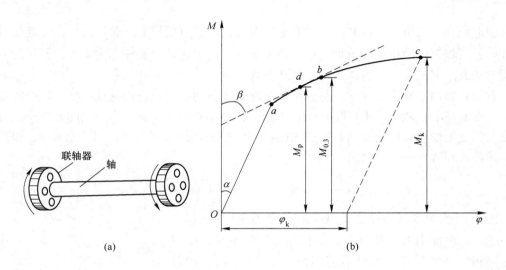

图 9-16 扭转过程的实物图及 M-φ 的关系曲线

(a) 扭转过程的实物图;(b) M-φ 的关系曲线

α 为直线 Oa 与 M 轴的夹角,β 为过曲线 ac 上 d 点的切线与 M 轴的角,使 $\tan\beta = 1.5\tan\alpha$,$d$ 点所对应的扭矩为 M_p。

试样在弹性范围内每一瞬间的表面切应力 τ 和表面切应变 γ 分别由式(9-33)和式(9-34)给出。

$$\tau = \frac{M}{W} \tag{9-33}$$

$$\gamma = \frac{\varphi d_0}{2l_0} \tag{9-34}$$

其中,W 为试样的截面系数,对于圆柱试样,$W = \dfrac{\pi d_0^3}{16}$。

当 τ 和 γ 已知时,就可以按式(9-35)求出材料的切变模量。

$$G = \frac{\tau}{\gamma} = \frac{32Ml_0}{\pi\varphi d_0^4} \tag{9-35}$$

与拉伸曲线类似,根据扭转图(图 9-16(b))可以求出扭转比例极限 τ_p、扭转屈服强度 $\tau_{0.3}$ 和扭转条件强度极限 τ_k,即:

$$\tau_p = \frac{M_p}{W} \tag{9-36}$$

$$\tau_{0.3} = \frac{M_{0.3}}{W} \tag{9-37}$$

$$\tau_k = \frac{M_k}{W} \tag{9-38}$$

式中，$M_{0.3}$ 为规定残余扭转切应变为 0.3% 时的扭矩；M_k 为断裂时的扭矩。

9.3.4　剪切

制造承受剪切机件的材料，通常要进行剪切试验，以模拟实际服役条件，并提供材料的抗剪强度数据作为设计的依据。这对诸如铆钉、销子这样的零件尤为重要，常用的剪切试验方法有单剪试验、双剪试验和冲孔式剪切试验。

剪切试验用于测定板材或线材的抗剪强度，故剪切试件取自板材或线材。试验时将试件固定在底座上，然后对上压模加压。直到试件沿剪切面 m—m 剪断（图 9-17）。这时剪切面上的最大切应力即为材料的抗剪强度；可以根据试件被剪断时的最大载荷 P_b 和试件的原始截面积 A_0，按下式求得：

$$\tau_b = \frac{P_b}{A_0} \tag{9-39}$$

图 9-17 表明了试件在单剪试验时的受力和变形情况。作用于试件两侧面上的外力，大小相等，方向相反，作用线相距很近，使试件两部分沿剪切面（m—m）发生相对错动，于是在剪切面上产生切应力，切应力的分布是比较复杂的，这是因为试件受剪切时，还会伴生挤压和弯曲。但在剪切试验时通常假设切应力在剪切面内均匀分布，剪切试验不能测定剪切比例极限和剪切屈服强度。

双剪试验是最常用的剪切试验。试验时，将试样装在压式或拉式剪切器（图 9-18（a）为压式剪切器），然后加载，这时试件在Ⅰ—Ⅰ和Ⅱ—Ⅱ截面上同时受到剪力的作用（图 9-18（b））。试件断裂时的载荷为 P_b，则抗剪强度为：

$$\tau_b = \frac{P_b}{2A_0} \tag{9-40}$$

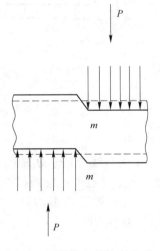

图 9-17　试件在单剪实验时
受力和变形示意图

双剪试验用的试件为圆柱体，其被剪部分长度不能太长。因为在剪切过程中，除了两个剪切面受到剪切外，试样还受到弯曲作用。为了减小弯曲的影响，被剪部分的长度与试件直径之比不要超过 1.5。

衬圈的硬度不得低于 700HV30，剪切试验加载速度一般规定为 1mm/min，最快不得超 10mm/min。剪断后，如试件发生明显的弯曲变形，则试验结果无效。

金属薄板的抗剪强度用冲孔式剪切试验法测定。试验装置如图 9-19 所示。试件断裂时的载荷为 P_b，断裂面为一圆柱面。故抗剪强度为：

$$\tau_b = \frac{P_b}{\pi d_0 t} \tag{9-41}$$

式中，d_0 为冲孔直径；t 为板料厚度。

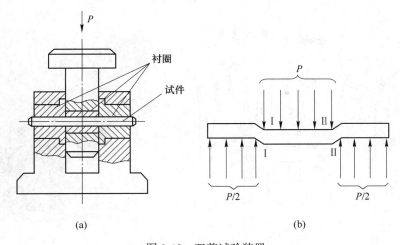

图 9-18 双剪试验装置

（a）压式剪切器；（b）试件受剪情况

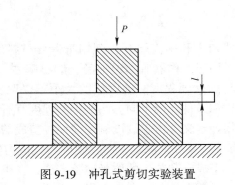

图 9-19 冲孔式剪切实验装置

9.4 硬 度

【导入案例】

每年一次的剪羊毛是畜牧业生产的重要环节，是养羊业中一项繁重而季节性强的工作，剪毛适宜期一般为 20 天左右。刀片（图 9-20）是剪毛机械的关键件和易损件。刀片主要受夹杂毛中高硬度砂粒的磨料磨损而变钝失效。标准规定上刀片硬度为 HRC 61～65，下刀片硬度为 HRC 60～64。

剪毛机刀片存在两大难以处理的矛盾：（1）硬度与韧性的矛盾，刀片软了，刃口易卷，刃面易划伤，太硬又会崩刃，甚至刀齿折断；（2）耐磨性与利磨性的矛盾，刀片用钝后在专用磨盘上磨刀，在现场须在几十秒内磨利，若刀片剪毛时很耐磨，磨刀时必然利磨性差，反之亦然。20 世纪 60 年代初曾试用 CrW5 钢制造刀片，但因利磨性差而放弃。渗硼刀片曾出现刃磨一次剪羊 216 头的特高纪录，但这是花了一个多小时精心研磨的结果，这个刀片磨了 4 次就报废。其他渗硼刀片刃磨后，因刃口未磨利，呈锯齿状，加之渗硼刀片断齿率高，在剪毛机刀片生产上终未被采用。

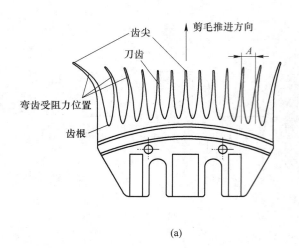 

(a)   (b)

图 9-20 剪羊毛刀片

（a）结构；（b）实物

早在远古时代，人们就知道利用固体互相刻划来区分材料的软硬，并据此来选用材料。例如，皂石的硬度低，用于制作器皿和装饰品；燧石坚硬，用于制作工具和刀剑等。至今，硬度仍用来表示材料的软硬程度。硬度值的大小不仅取决于材料的成分和显微组织，而且还取决于测量方法和条件。用不同方法测定的硬度具有不同的意义，目前还没有统一而确切的关于硬度的物理定义。由于硬度测定简便，造成的表面损伤小，基本上属于"无损"检测的范畴，可直接在零件上测定，而且硬度与其他力学性之间存在一定的经验关系，因而硬度作为材料、半成品和零件的质量检验方法，在机械制造、航空航天等现代工业中得到广泛的应用，在材料和工艺研究中也得到广泛的应用。

测定硬度的方法很多，主要有压入法、回跳法和刻划法三大类。在机械制造业中，主要采用压入法测定材料的硬度，因此，在本章中将作重点介绍。同时，还介绍一些特殊的硬度试验法以便能根据生产和研究工作的需要，采用合适的硬度测定方法。

9.4.1 布氏硬度

用压入法测定材料的硬度，又分布氏硬度、洛氏硬度和维氏硬度等三种测定方法，不论用哪种方法测得的硬度值，均表征材料表面抵抗外物压入时引起塑性变形的能力。布氏硬度是应用最广泛的压入型硬度试验法之一。

测定布氏硬度，是用一定的压力将淬火钢球或硬质合金球压头压入试样表面，保持规定的时间后卸除压力，于是在试件表面留下压痕（图 9-21），单位压痕表面积 A 上所承受的平均压力即定义为布氏硬度值（HB）。已知施加的压力 P（单位为 kgf），压头直径 D，只要测出试件表面上的压痕深度 h 或直径 d（单位为 mm），即可按下式求出布氏硬度值，一般不标注单位。

$$\text{HB} = \frac{P}{A} = \frac{P}{\pi D h} = \frac{2P}{\pi D (D - \sqrt{D^2 - d^2})} \tag{9-42}$$

式（9-42）表明，当压力和压头直径一定时，压痕直径越大，则布氏硬度越低，即材料的变形抗力越小；反之，布氏硬度值越高，材料的变形抗力越高。

由于材料的硬度不同，试件的厚度不同，所以在测定布氏硬度时往往要选用不同直径的压头和压力。在这种情况下，要在同一材料上测得相同的布氏硬度，或在不同的材料上测得的硬度可以相互比较，则压痕的形状必须几何相似。图 9-22 表示用两个直径不同的压头 D_1 和 D_2 在不同的压力 P_1 和 P_2 的作用下，压入试件表面的情况。要使两个压痕几何相似，则两个压痕的压入角应相等。由图 9-22 可见：

$$d = D\sin\frac{\varphi}{2} \tag{9-43}$$

代入式（9-42），得：

$$HB = \frac{P}{D^2}\frac{2}{\pi\left[1 - \sqrt{1 - \left(\sin\dfrac{\varphi}{2}\right)^2}\right]} \tag{9-44}$$

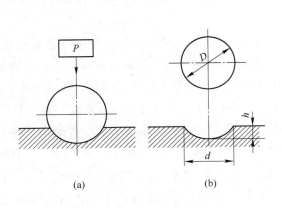

图 9-21　布氏硬度试验的原理图

（a）钢球压入试样表面；（b）卸载后测定压痕直径 d

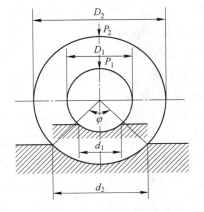

图 9-22　压痕几何相似

由此可见，当布氏硬度相同时，要保证压入角相等，则 P/D^2 应为常数。这就是根据压痕几何相似要求，对 P 和 D 之间的关系所作的规定。国标 GB/T 231.1—2018 根据材料的种类及布氏硬度范围，规定了 7 种 P/D^2 之值，如表 9-3 所示。

表 9-3　布氏硬度试验时的 P/D^2 值选择表

材　料	布氏硬度（HB）	P/D^2
钢及铸件	<140	10
	>140	30
铜及其合金	<35	5
	35~130	10
	>130	30

材　料	布氏硬度（HB）	P/D^2
轻金属及其合金	<35	1.25
		2.5
	35~80	5
		10
		15
	>80	10
		15
铅、锡		1
		1.25

布氏硬度试验前，应根据试件的厚度选定压头直径。试件的厚度应大于压痕深度的10倍。在试件厚度足够时，应尽可能选用10mm直径的压头然后再根据材料及其硬度范围，参照表9-3选择 P/D^2 之值，从而算出试验需用压力 P 的值。应当指出，压痕直径 d 应在 $(0.25~0.60)D$ 范围内，所测硬度方为有效；若 d 值超出上述范围，则应另选 P/D^2 之值，重做试验。

布氏硬度测试在布氏硬度试验机上进行。测试时必须保持所加压力与试件表面垂直，施加压力应均匀平稳，不得有冲击和振动。在压力作用下的保持时间也有规定，对黑色金属应为10s，有色金属为30s，对HB<35的材料为60s。这是因为测定较软材料的硬度时，会产生较大的塑性变形，因而需要较长的保持时间。卸除载荷后，测定压痕直径，代入式（9-39），即可求得HB的值。为使用方便，按式（9-39）制出布氏硬度数值表。测得压痕直径后，即可查表求得HB的值，并用下列符号表示：当压头为淬火钢球时，用HBS表示；当压头为硬质合金球时，用HBW表示。HBS或HBW之前的数字表示硬度值，其后的数字表示试验条件，依次为压头直径、压力和保持时间。例如，150HBS10/3000/30表示用10mm直径淬火钢球，加压3000kgf（29.42kN），保持30s，测得的布氏硬度值为150；又如，500HBW5/750，表示用硬质合金球，压头直径5mm，加压750kgf（7.355kN），保持10~15s（保持时间为10~15s，不加标注），测得布氏硬度值为500。

由于测定布氏硬度时采用较大直径的压头和压力，因而压痕面积大，能反映出较大范围内材料各组成相的综合平均性能，而不受个别相和微区不均匀性的影响，故布氏硬度分散性小，重复性好，特别适合于测定像灰铸铁和轴承合金这样的具有粗大晶粒或粗大组成相的材料硬度，试验证明，在一定的条件下、布氏硬度与抗拉强度存在如下的经验关系：

$$\sigma_k = k\text{HB} \tag{9-45}$$

式中，k 为经验常数，随材料不同而异。表9-4列出了常见金属材料的抗拉强度与HB的比例常数，因此，测定了布氏硬度，即可估算出材料的抗拉强度。也由于测定布氏硬度时压痕较大，故不宜在零件表面上测定布氏硬度，也不能测定薄壁件或表面硬化层的布氏硬度。在大批量生产时，若要求对产品进行逐件检验，则因测定压痕直径要有一定的时间，所以要耗费大量的人工，当前正在研究布氏硬度测定的自动化，以提高测量精度和效率。

表 9-4　金属材料不同状态下 HB 与 σ_b 的关系表

材　料	HB 范围	σ_b/HB	材　料	HB 范围	σ_b/HB
退火、正火碳钢	125～175	0.34	退火铜及黄铜	—	0.55
	>175	0.36	加工青铜及黄铜	—	0.40
淬火碳钢	<250	0.34	冷作青铜		0.36
淬火合金钢	240～250	0.33	软铝		0.41
正火镍铬钢	—	0.35	硬铝		0.37
锻轧钢材	—	0.36	其他铝合金		0.33

当使用淬火钢球作压头时，只能用于测定 HB<450 的材料的硬度；使用硬质合金球作压头时，测定的硬度可达 650HB。

9.4.2　洛氏硬度

洛氏硬度是直接测量压痕深度，并以压痕深浅表示材料的硬度。这是与布氏硬度定义的主要不同之点。常用的洛氏硬度的压头有两类：即顶角为 120° 的金刚石圆锥体和直径为 $\phi 1.588$mm（1/16in）的钢球压头。测洛氏硬度时先加 98N（10kgf）预压力，然后再加主压力、所加的总压力大小，视被测材料的软硬而定。采用不同压头并施加不同的压力，可以组成不同的洛氏硬度标尺。生产上常用的为 A、B 和 C 三种标尺，其中又以 C 标尺用得最普遍，用这三种标尺测得的硬度分别记为 HRA、HRB 和 HRC。

测定 HRC 时，采用金刚石压头。先加 10kgf 预载，压入材料表面的深度为 h_0，此时表盘上的指针指向零点（图 9-23（a））。然后再加上 140kgf（1373N）主载荷，压头压入表面的深度为 h，表盘上的指针逆时针方向转到相应的刻度（图 9-23（b））。在主载荷的作用下，金属表面的变形包括弹性变形和塑性变形两部分。卸除主载荷以后，表面变形中的弹性部分将回复，压头将回升一段距离，即 (h_1-e)，表盘上的指针将相应地回转（图 9-23（c））。最后，在试件表面留下的残余压痕深度为 e。人为地规定：当 $e=0.2$mm 时，HRC=0；当 $e=0$，HRC=100，压痕深度每增 0.002mm，HRC 降低 1 个单位。于是有

$$\text{HRC} = (0.2 - e)/0.002 = 100 - e/0.002 \tag{9-46}$$

这样的定义与人们的思维习惯相符合，即材料越硬，压痕的深度越小；反之，压痕深度大。可以很方便地按式（9-41）所表示的 HRC-e 之间的线性关系，制成洛氏硬度读数表，装在洛氏硬度试验机上。在主载荷卸除后，即可由读数表直接读出 HRC 的值。

测定 HRB 时，采用 $\phi 1.588$mm 的钢球作压头，主载荷为 980N（100kgf），测定方法与测定 HRC 的相同。但 HRB 的定义方法略有不同，如式（9-47）所示：

$$\text{HRB} = (0.26 - e)/0.002 = 130 - e/0.002 \tag{9-47}$$

测定 HRA 时，所用总载荷为 60kgf（588N），其定义与 HRC 的相同。

洛氏硬度测试时，试件表面应为平面。当在圆柱面或球面上测定洛氏硬度时，测得的硬度值比材料的真实硬度要低，故应加以修正。修正量 ΔHRC 可按下式计算：

对于圆柱面：

$$\Delta\text{HRC} = 0.06(100 - \text{HRC}')^2/D \tag{9-48}$$

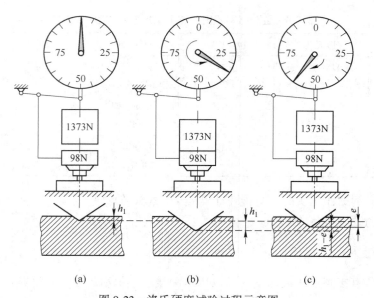

图 9-23   洛氏硬度试验过程示意图

（a）指向零点；（b）逆时针转到相应刻度；（c）相应地回转

对于球面：

$$\Delta\text{HRC} = 0.012(100 - \text{HRC}')^2/D \tag{9-49}$$

式中，HRC 为在圆柱面或球面上测得的硬度；D 为圆柱体或球体的直径。

综上所述，洛氏硬度测定具有以下优点：

（1）因为硬度值可从硬度机的表盘上直接读出，故测定洛氏硬度更为简便迅速，工效高；

（2）对试件表面造成的损伤较小，可用于成品零件的质量检验；

（3）因加有预载荷，可以消除表面轻微的不平度对试验结果的影响。洛氏硬度的缺点主要是洛氏硬度的人为定义，使得不同标尺的洛氏硬度值无法相互比较。再则，由于压痕小，所以洛氏硬度对材料组织不均匀性很敏感，测试结果比较分散，重复性差，因而不适用具有粗大、不均匀组织材料的硬度测定。但是，洛氏硬度测定时采用金刚石或钢球作压头，不同的主载荷，可根据材料的软硬加以选用。因此，洛氏硬度可用于测定各种不同材料的硬度。

测定上述标尺的洛氏硬度施加的压力大，不宜用于测定极薄的工件和表面硬化层，如氮化及金属镀层等的硬度。为满足这些试件硬度测定的需要，发展了表面洛氏硬度试验。它与普通洛氏硬度的不同点主要是：（1）预载荷为 29.42N，总载荷比较小，分别为 147.1N、294.2N 和 441.3N；（2）取 $e = 0.1\text{mm}$ 时的洛氏硬度为零，深度每增大 0.001mm，表面洛氏硬度降低 1 个单位。表面洛氏硬度的表示方法，是在 HR 后面加注标尺符号，硬度值在 HR 之前，如 45HR30N，表示用金刚石圆锥体，载荷为 294.2N，测得硬度为 45；80HR30T 表示用 $\phi1.588\text{mm}$ 钢球，载荷 294.2N，测得硬度为 80 等。

9.4.3   维氏硬度

维氏硬度测定的原理与方法基本上与布氏硬度相同，也是根据单位压痕表面积上所承受的压力来定义硬度值。但测定维氏硬度所用的压头为金刚石制成的四方角锥体，两相对面间的仰角为136°，所加的载荷较小。测定维氏硬度时，也是以一定的压力将压头压入试件表面、保持一定的时间后卸除压力，于是在试件表面上留下压痕，如图9-24所示，已知载荷 P（kgf）测得压痕两对角线长度后取平均值 d（mm），代入下式求得维氏硬度（HV），单位为 kgf/mm，但一般不标注单位。

$$HV = \frac{2P\sin68°}{d^2} = \frac{1.854P}{d^2} \qquad (9-50)$$

维氏硬度试验时，所加的载荷为5kgf（49.03N）、10kgf（98N）、20kgf（196.1N）、30kgf（294.2N）、50kgf（490.3N）和100kgf（980.7N）等6种。当载荷一定时，即可根据 d 的值，算出维氏硬度表。试验时只要测量压痕两对角线长度的平均值，即可查表求得维氏硬度。维氏硬度的表示方法与布氏硬度的相同，例如，640HV30/20 前面的数字为硬度值、后面的数字依次为所加载荷和保持时间。

维氏硬度特别适用于表面硬化层和薄片材料的硬度测定。选择载荷时，应使硬化层或试件的厚度为 $1.5d$。若不知待试硬化层的厚度，则可在不同的载荷下按从小到大的顺序进行试验，若载荷增加，硬度明显降低，则必须采用较小的载荷，直至两相邻载荷得出相同结果时为止。若已知待试层的厚度和预期的硬度，可参照图9-25选择试验载荷。当待测试件厚度较大，应尽可能选用较大的载荷，以减小对角线测量的相对误差和试件表面层的影响，提高维氏硬度测定的精度。但对于 >500HV 的材料。试验时不宜采用50kgf（490.3N）以上的载荷，以免损坏金刚石压头。测很薄试件的维氏硬度，可选用更小的载荷。

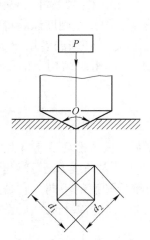

图9-24 维氏硬度试验原理图

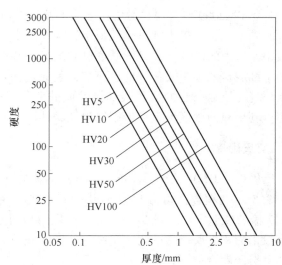

图9-25 载荷、硬度值与试样最小厚度之间的关系

与洛氏硬度的测试相同，维氏硬度测试时试件表面一般也应为平面。由于维氏硬度测试采用了四方角锥体压头，在各种载荷作用下所得的压痕几何相似，因此载荷大小可以任意选择，所得硬度值均相同，不受布氏法那种载荷 P 和压头 D 的规定条件的约束。维氏硬度法测量范围较宽，软硬材料都可测试，而又不存在洛氏硬度法那种不同标尺的硬度无

法统一的问题，并且比洛氏硬度法能更好地测定薄件或膜层的硬度，因而常用来测定表面硬化层以及仪表零件等的硬度。此外，由于维氏硬度的压痕为一轮廓清晰的正方形，其对角线长度易于精确测量，故精度较布氏法的高。维氏硬度试验的另一特点是：当材料的硬度小于 450HV 时，维氏硬度值与布氏硬度值大致相同。维氏硬度试验的缺点是效率较洛氏法低。但随着自动维氏硬度机的发展，这一缺点将不复存在。例如，日本最近已研制成功一种无人操作自动维氏硬度机，该机测量效率和测量精度很高。

9.4.4　显微硬度

前面介绍的布氏、洛氏及维氏三种硬度试验法由于测定载荷较大，只能测得材料组织的平均硬度值。但是如果要测定极小范围内物质，例如，某个晶粒、某个组成相或夹杂物的硬度；或者研究扩散层组织、偏析相、硬化层深度以及极薄板等，上述三种硬度法就不适用。此外，它们也不能测定像陶瓷等脆性材料的硬度，因为陶瓷材料在这么大的测定载荷作用下容易破裂。显微硬度试验为这些领域的硬度测试创造了条件，它在工业生产及科研中得到了广泛的应用。所谓显微硬度试验一般是指测试载荷小于 1.9614N 的硬度试验。常用的有显微维氏硬度和努氏硬度两种。

显微维氏硬度试验实质上就是小载荷的维氏硬度试验，其测试原理和维氏硬度试验相同，故硬度值可用式（9-45）计算，并仍用符号 HV 表示。但由于测试载荷小，载荷与压痕之间的关系就不一定像维氏硬度试验那样符合几何相似原理，因此测试结果必须注明载荷大小，以便能进行有效地比较。如 340HV0.1 表示用 0.9807N 的载荷测得的维氏显微硬度为 340，而 340HV0.05 则是表示用 0.4903N 的载荷测得的硬度为 340。国标 GB/T 4340.1—2009 对金属显微维氏硬度的测试载荷做了具体规定，试验时可参照选取。

显微硬度试验的最大特点是载荷小，因而产生的压痕极小，几乎不损坏试件，又便于测定微小区域内的硬度值。显微硬度试验的另一特点是灵敏度高，故显微硬度试验特别适合于评定细线材的加工硬化程度，研究磨削时烧伤情况和由于摩擦、磨损或者由于辐照、磁场和环境介质而引起的材料表面层性质的变化，检查材料化学和组织结构上的不均匀性，还可利用显微硬度测定疲劳裂纹尖端塑性区。

9.4.5　努氏硬度

努氏硬度（HK）是维氏硬度试验方法的发展。它采用金刚石长棱形压头，两长棱夹角为 172.5°，两短棱夹角为 130°（图 9-26（a））。在试样上产生长对角线 l 比短对角线长度 s 大 7 倍的棱形压痕（图 9-26（b））。努氏硬度值的定义与维氏硬度的不同，它是用单位压痕投影面积上所承受的力来定义的。已知载荷 P，测出压痕长对角线长度 l 后，可按下式计算努氏硬度值（HK）：

$$HK = 14.22 \frac{P}{l^2} \tag{9-51}$$

努氏硬度试验方法暂时还没有国家标准，测试载荷通常为 1~50N。测定显微硬度的试件应按金相试样的要求制备。

努氏硬度试验由于压痕浅而细长，在许多方面较维氏法优越。努氏法更适于测定极薄层或极薄零件，丝、带等细长件以及硬而脆的材料（如玻璃、玛瑙、陶瓷等）的硬度。

此外，其测量精度和对表面状况的敏感程度也更高。

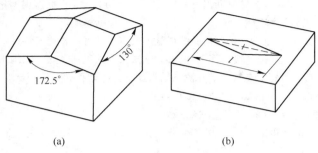

（a）　　　　　　　　　　　（b）

图 9-26　努氏硬度压头与压痕示意图

（a）压头形状；（b）压痕形状

9.4.6　肖氏硬度

肖氏硬度又叫回跳硬度，其测定原理是将一定质量的具有金刚石圆头或钢球的标准冲头从一定高度 h 自由下落到试件表面，然后由于试件的弹性变形使其回跳到某一高度 h，用这两个高度的比值来计算肖氏硬度值，即：

$$HS = K \frac{h}{h_0} \tag{9-52}$$

式中，HS 为肖氏硬度；K 为肖氏硬度系数，对于 C 型肖氏硬度计，$K = 10^4/65$，对于 D 型肖氏硬度计，$K = 140$。

由式（9-52）可见，冲头回跳高度越高，则试样的硬度越高。也就是说，冲头从一定高度落下，以一定的能量冲击试样表面，使其产生弹性和塑性变形；冲头的冲击能一部分消耗于试样的塑性变形上，另一部分则转变为弹性变形功储存在试件中，当弹性变形恢复时，能量就释放出来使冲头回跳到一定的高度。消耗于试件的塑性变形功越小，则储存于试件的弹性能就越大，冲头回跳高度便越高。这也表明，硬度值的大小取决于材料的弹性性质。因此，弹性模数不同的材料，其结果不能相互比较，例如，钢和橡胶的肖氏硬度值就不能比较。

肖氏硬度具有操作简便、测量迅速、压痕小、携带方便、可到现场进行测试等特点。主要用于检验轧辊的质量和一些大型工件，如机床床面、导轨、曲轴、大齿轮等的硬度。其缺点是测定结果的精度较低，重复性差。

习　题

1. 拉伸试验可以测定哪些力学性能，对拉伸试件有什么基本要求？
2. 拉伸图和工程应力-应变曲线有什么区别，试验机上记录的是拉伸图还是工程应力-应变曲线？
3. 脆性材料与塑性材料的应力-应变曲线有何区别，脆性材料的力学性能可以用哪两个指标表征？
4. 塑性材料的应力-应变曲线有哪两种基本形式，如何根据应力-应变曲线确定拉伸性能？
5. 试综合比较单向拉伸、扭转、弯曲、压缩和剪切试验的特点，如何根据实际应用条件来选择恰当的试验方法衡量材料的性能？

6. 在测试扭转的屈服强度时为什么采用 $\tau_{0.3}$，而不是像测拉伸屈服强度 $\sigma_{0.2}$ 那样去测 $\tau_{0.2}$？

7. 为什么说用扭转试验可以大致判断出材料的 t_k 与 S_k 的相对大小，能否根据扭转试验中试样的断口特征分析引起开裂的力的特征？

8. 哪些材料适合进行抗弯试验，抗弯试验的加载形式有哪两种，各有何特点？

9. 有一飞轮壳体，材料为灰铸铁，其零件技术要求抗弯强度应大于 $400N/mm^2$（400MPa），现用 $\phi30mm \times 340mm$ 试样进行三点弯曲试验，实际测试结果如下，问是否满足技术要求？

第一组：$d = 30.2mm$，$L = 300mm$，$P_{bb} = 14.2kN$；

第二组：$d = 32.2mm$，$L = 300mm$，$P_{bb} = 18.3kN$。

10. 为什么拉伸试验时所得的条件应力-应变曲线位于真实应力-应变曲线之下，而压缩试验时正好相反？

11. 材料为灰铸铁，其试样直径 $d = 30mm$，原标距长度 $h_0 = 45mm$。在压缩试验时，当试样承受到 485kN 压力时发生破坏，试验后长度 $h = 40mm$，试求其抗压强度和相对收缩率。

12. 双剪试样尺寸为 $\phi12.3mm$，当受到载荷为 21.45kN 时，试样发生断裂，试求其抗剪强度。

13. 欲用冲床从某薄钢板上冲剪出一定直径的孔，在确定需多大冲剪力时应采用材料的哪种力学性能指标，采用何种试验方法测定它？

14. 硬度的定义是什么，硬度试验有哪些特点？

15. 试比较布氏、洛氏、维氏硬度试验原理的异同，说明它们的优缺点和应用范围。

16. 布氏、洛氏、维氏硬度压头形状有何区别，其硬度用什么符号表示？并说明其符号的意义。

17. 同一材料用不同的硬度测定方法所测得的硬度值有无确定的对应关系，为什么？有两种材料的硬度分别为 200HBS10/1000 和 45HRC，问哪一种材料硬？

18. 显微硬度和维氏硬度相比有何异同，显微硬度有何用途？

19. 试简单叙述肖氏硬度试验的原理和用途。

20. 何谓几何相似原理？若材料为黑色金属（HB<140），当钢球直径为 2.5mm 时，则其试验力应是多少？

21. 布氏硬度试验时要求试样最小厚度不应小于压痕深度的 10 倍，试推导出试样最小厚度的公式。若某棒料的布氏硬度值为 280HBS10/3000，问试验用棒料的允许最小厚度是多少？

22. 一个 $\phi10mm$ 的圆柱试样在端面及圆周侧面上所测得的洛氏硬度值是否相等，以哪个为准？

23. 现有如下工件需测定硬度，选用何种硬度试验方法为宜？

（1）渗碳层的硬度分布；（2）灰铸铁；（3）淬火钢件；（4）龙门刨床导轨；（5）氮化层；（6）仪表小黄铜齿轮；（7）双相钢中的铁素体和马氏体；（8）高速钢刀具；（9）硬质合金；（10）退火态下的软钢。

24. 下列的硬度要求或写法是否妥当，如何改正？HBW180-240；HRC12-15，HRC70-75；HRC45-50kgf/mm^2；HBS470-500。

25. 18Cr2Ni4WA 钢制斜齿轮，经渗碳和渗氮两种表面强化热处理，其技术指标为渗碳：层深 0.7～1.2mm，硬度 57～62HRC；渗氮：层深 0.45～0.50mm，硬度大于 52HRC，问选择何种洛氏标尺测定其硬度？

10 材料的断裂韧性

【本章提要与学习重点】

　　本章介绍了脆性断裂的概念、断裂强度的概念、Griffith 断裂理论、延性断裂过程及其影响因素。

　　重点：理论断裂强度、Griffith 断裂理论、延性断裂影响因素、温度、加载速率、微观结构对韧脆转变的影响。

【导入案例】

　　断裂是工程构件最危险的一种失效方式，尤其是脆性断裂，它是突然发生的破坏，断裂前没有明显的征兆，常引起灾难性的破坏事故。自从 20 世纪四五十年代之后，脆性断裂的事故明显地增加。

　　自由轮是美国在第二次世界大战时应急大量建造的两型货船之一，如图 10-1 所示，是世界上第一种按流水线生产的船只。但是建造了 2710 艘的自由轮，最快时平均 7 天下水一艘，罗斯福总统为其起的绰号叫"丑陋的小鸭子"。1942 年，轴心国击毁盟国船只 1664 艘，德国海军上将邓尼茨和德国工业家计算，按照盟国当时的生产能力，盟国船只很快就会被德国的"狼群"战术潜艇突袭小队打光。实业家亨利·凯泽创新地用预制构件和装配的方法进行流水线大规模生产船只，焊接代替铆接成为主要装配手段，一艘万吨级别的自由轮从安装龙骨到交货，原来要 200 多天，自由轮创下了 24 天下水的世界纪录。"罗伯特·皮尔里"号万吨轮仅仅四天零十五个小时就建成下水，连船身的油漆都没干，创造了造船工业的神话。这一造船纪录至今从未被打破。这时候，美国的船只生产超过了德军的打击能力。

图 10-1　自由轮

然而，近千艘自由轮在航行中因为脆性断裂问题发生事故，有的甚至没能下水。原因分析表明：一方面，钢材的硫磷含量高，缺口敏感性高；另一方面，焊接微裂纹在低温航行环境温度下引发了脆性断裂。

10.1 断 裂 概 述

机械零部件的失效方式主要包括磨损、腐蚀、断裂三种主要类型。断裂从宏观现象看是形成新表面的过程。断裂研究为工程实践提供了大量避免灾难性事故的依据。本章将讨论金属断裂的宏观和微观特征、断裂机理、断裂的力学条件和影响因素。这些内容对于机械零部件材料选择和断裂事故原因分析是必不可少的。

除在光学显微镜或电子显微镜下可对金属表面进行裂纹萌生、扩展过程进行观察外，还可以用扫描电子显微镜或透射电子显微镜进行断口表面的微观分析，也可以用原子力显微镜显示断裂表面的原子级图像。这是目前断裂过程观察的最常用手段。因为零件或试样的断口上一定程度地保留着从裂纹萌生、扩展直到最后分离整个断裂过程的若干信息。

因此，在充分了解零件断裂前历史的基础上，对断口形貌特征进行充分观察分析，是材料分析中极为重要的研究内容，也是了解断裂原因和断裂机理的主要手段。应用电子显微镜对断裂进行描述和解释，称为电子断口分析。分析表明，断口处可以找到裂纹源区和相应裂纹萌生的一些信息，断面上更多地或主要记录着裂纹扩展的各种信息。

为了阐明断裂的全过程（包括裂纹的生核和扩展，以及环境因素对断裂过程的影响和裂纹快速扩展断裂等），提出种种微观断裂模型，以探讨其物理实质。这些断裂模型称为断裂机制。

在断口的分析中，各种断裂机制的提出主要是以断口的微观形态为基础，并根据断裂性质、断裂方式以及同环境和时间因素的密切相关性而加以分类。根据大量的研究成果，目前已知主要的金属断裂微观机制可以归纳在表 10-1 中。断裂理论认为，大多数金属的断裂包括裂纹形成、裂纹扩展和断裂三个阶段。

表 10-1　断裂的几种类型

断裂性质	断裂机制	断 裂 方 式
脆性断裂	沿晶脆性断裂	裂纹沿晶界扩展，断裂表面上显示出晶粒外形
	解理断裂	穿晶（沿一定晶面），沿解理面分离
	准解理断裂	穿晶（沿一定晶面），沿解理面撕裂，可能有撕裂棱
	机械疲劳断裂	沿晶界（少见）或穿晶（常见）
	热疲劳断裂	沿晶界或穿晶
	应力腐蚀断裂	沿晶界或穿晶
	氢脆断裂	沿晶界或穿晶
韧性断裂	纯剪切变形断裂	单系滑移、多系滑移、穿晶断裂
	韧窝断裂	微孔聚集型、穿晶、沿晶界断裂
	蠕变断裂	通常高于常温、长时间应力作用，沿晶界、穿晶断裂

10.1.1 断裂类型

材料的断裂过程包括裂纹的萌生、扩展与断裂三个阶段。不同的材料在不同条件下，材料断裂的机理与特征也并不相同，为了便于分析研究，需要按照不同的分类方法，把断裂分为多种类型。

按照断裂前与断裂过程中材料的宏观塑性变形的程度，可将断裂分为脆性断裂与韧性断裂；按照晶体材料断裂时裂纹扩展的途径，可将断裂分为沿晶断裂和穿晶断裂；按照微观断裂机理，可将断裂分为剪切断裂和解理断裂。

10.1.1.1 脆性断裂与韧性断裂

脆性断裂是在材料断裂前基本上不产生明显的宏观塑性变形，没有明显预兆，往往表现为突然发生的快速断裂过程，因而具有很大的危险性。脆性断裂的断口，一般与正应力垂直，宏观上比较齐平光亮，常呈放射状或结晶状，如图 10-2 （a）所示。淬火钢、灰铸铁、陶瓷、玻璃等脆性材料的断裂过程及断口常具有脆性断裂特征。

韧性断裂是在材料断裂前及断裂过程中产生明显宏观塑性变形的断裂过程。韧性断裂时一般裂纹扩展过程较慢，而且要消耗大量塑性变形能。韧性断裂的断口用肉眼或放大镜观察时，往往呈暗灰色、纤维状，如图 10-2 （b）所示。纤维状是塑性变形过程中，众多微细裂纹不断扩展和相互连接造成的，而暗灰色则是纤维断口表面对光的反射能力很弱所致。一些塑性较好的金属材料及高分子材料在室温下的静拉伸断裂具有典型的韧性断裂特征。

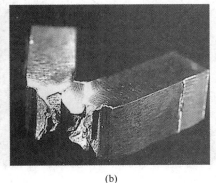

(a) (b)

图 10-2 脆性断裂与韧性断裂
（a）脆性断裂；（b）韧性断裂

两者的主要区别在于断裂前所产生的应变大小。如果试样断裂后，测得它的残余应变量和形状变化都是极小的，该试样的断裂称为脆性断裂，该试样材料称为脆性材料，如玻璃和铸铁。一般地，脆性材料制成的零件发生断裂，经修复零件能恢复断裂前的形式。如果试样在断裂后测得它的残余应变量和形状变化都是很大的，这一试样的断裂称为韧性断裂，该试样材料称为韧性材料，如钢和有色金属。韧性材料制成的零件发生断裂，经修复的零件不能恢复断裂前的形式。对于大多数真实断裂情况，一般同时包括脆性断裂和韧性断裂，但是其中一种断裂形式必定起着主要作用。

实际上，金属的脆性断裂与韧性断裂并无明显的界限，一般脆性断裂前也会产生微量塑性变形。因此，一般规定光滑拉伸试样的断面收缩率小于 5% 者为脆性断裂，大于 5% 者为韧性断裂。由此可见金属的韧性与脆性是根据一定条件下的塑性变形量来决定的。

10.1.1.2　沿晶断裂和穿晶断裂

从微观上看，晶体材料断裂时，裂纹沿晶界扩展的断裂称为沿晶（晶界）断裂，裂纹沿晶内扩展的称为穿晶断裂，如图 10-3 所示。沿晶断裂是由晶界上的一薄层连续或不连续的脆性第二相、夹杂物等破坏了材料的连续性造成的，是晶界结合力较弱的一种表现。沿晶断裂的断口形貌一般呈结晶状。

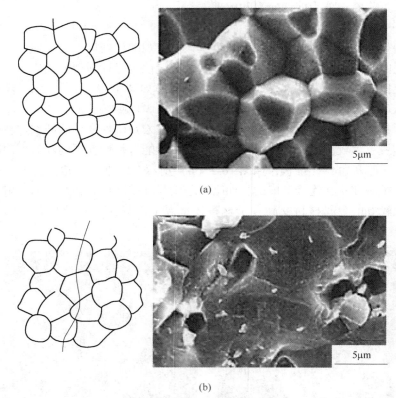

图 10-3　沿晶断裂和穿晶断裂
（a）沿晶断裂；（b）穿晶断裂

从宏观上看，穿晶断裂可以是韧性断裂，也可以是脆性断裂；而沿晶断裂则多数为脆性断裂。共价键陶瓷晶界较弱，断裂方式主要是沿晶断裂；离子键晶体的断裂往往具有以穿晶断裂为主的特征。

10.1.1.3　剪切断裂和解理断裂

剪切断裂与解理断裂是两种不同的微观断裂方式，是材料断裂的两种重要微观机理。

A　剪切断裂

剪切断裂是材料在切应力作用下沿滑移面滑移分离而造成的断裂。某些纯金属尤其是单晶体金属可产生纯剪切断裂，其断口呈锋利的楔形，如低碳钢拉伸断口上的剪切唇。大单晶体的纯剪切断口上，用肉眼便可观察到很多直线状的滑移痕迹。对于多晶体，由于晶粒间的相互约束，不可能沿单一滑移面滑动，而是沿着相互交叉的滑移面滑动，从而在微观断口上呈现出蛇形滑动花样。随着变形度的加剧，蛇形滑动花样平滑化，形成涟波花样。变形再继续增加，涟波花样进一步平滑化，而在断口上留下无特征的平坦面，称为延伸区。

剪切断裂的另一种形式为微孔聚集型断裂，微孔聚集型断裂是材料韧性断裂的普遍方式。其断口在宏观上常呈现暗灰色、纤维状，微观断口特征花样则是断口上分布大量韧窝，如图 10-4 所示。

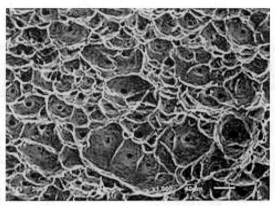

图 10-4　韧窝形貌

微孔聚集型断裂过程包括微孔形核、长大、聚合直至断裂。微孔的形核大多是通过第二相（夹杂物）碎裂或与基体界面脱离，并在材料塑性变形到一定程度时产生的，如图 10-5（a）所示。随着塑性变形的进一步发展，大量位错进入微孔，使微孔逐渐长大，如图 10-5（b）所示。微孔长大的同时，与相邻微孔间的基体横截面不断减小，相当于微小拉伸试样的颈缩过程。随着微颈缩的断裂，使微孔连接（聚合）形成微裂纹，如图 10-5（c）所示。随后，在裂纹尖端附近的三向拉应力区和集中塑性变形区又形成新的微孔，并借助内颈缩与裂纹连通，使裂纹向前扩展一步，如此不断进行下去直至断裂，形成宏观上呈纤维状，微观上为韧窝的断口。

一般来说，起始微孔的尺寸主要取决于夹杂物或第二相质点的大小和它们间的距离，以及金属材料基体塑性的好坏。若塑性相同，质点间距减小，则韧窝尺寸和深度都减小。在同样质点间距下，塑性好的材料韧窝深。在三向应力作用下，韧窝呈等轴形，而在切应力作用下，常呈椭圆形或抛物线形。

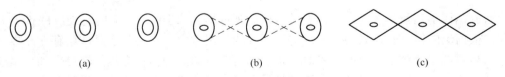

(a)　　　　　　　　　　(b)　　　　　　　　　　(c)

图 10-5　微孔长大聚合示意图
（a）微孔形核；（b）微孔长大；（c）微孔颈缩

B　解理断裂

在正应力作用下，由于原子间结合键的破坏引起的沿特定晶面发生的脆性穿晶断裂称为解理断裂。解理断裂的微观断口应该是极平坦的镜面。但是，实际的解理断口是由许多大致相当于晶粒大小的解理面集合而成的。这种大致以晶粒大小为单位的解理面称为解理刻面。解理裂纹的扩展往往是沿着晶面指数相同的一族相互平行，但位于不同高度的晶面进行的。不同高度的解理面之间存在台阶，众多台阶的汇合便形成河流花样。

解理台阶、河流花样和舌状花样是解理断口的基本微观特征，如图 10-6 所示。通常认为台阶主要由两种方式形成：解理裂纹沿解理面扩展时，与晶内原先存在的螺型位错相交，便产生一个高度为 1 柏氏矢量的台阶，如图 10-7 所示，两相互平行但处于不同高度上的解理裂纹，通过次生解理或撕裂的方式相互连接形成台阶。

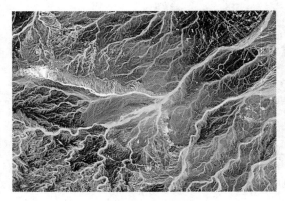

图 10-6　河流花样

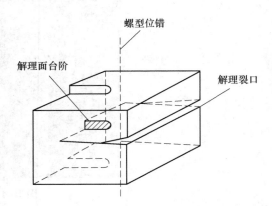

图 10-7　解理裂纹与螺型位错相交形成台阶

同号台阶相遇便汇合长大，异号台阶相遇则相互抵消。当汇合台阶足够高时，便形成河流花样，如图 10-8 所示。

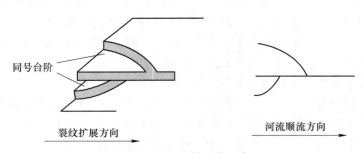

图 10-8　河流花样形成示意图

河流花样是判断是否为解理断裂的重要微观依据，"河流"的流向与裂纹的扩展方向一致，根据流向便可确定微观范围内解理裂纹的扩展方向。在实际多晶体中存在晶界与亚晶界，当解理裂纹穿过小角度晶界时，将引起河流方向的偏移；穿越扭转晶界和大角度晶界时，由于两侧解理面方向各异，以及晶界上的大量位错，裂纹不能直接简单穿越，需要重新形核，再沿着新组成的解理面扩展，于是引起台阶与河流的激增。

当解理裂纹高速扩展，温度较低时，在裂纹前端可能形成孪晶，裂纹沿孪晶与基体界面扩展时常会形成舌状花样。

C 准解理断裂

准解理断裂常见于淬火回火钢中，宏观上属脆性断裂。由于回火后碳化物质点的作用，当裂纹在晶内扩展时，难以严格地沿一定晶面扩展。其微观形态特征，似解理河流但又非真正解理，故称为准解理。准解理与解理的不同点是，准解理小刻面不是晶体学解理面。真正解理裂纹常源于晶界，而准解理裂纹则常源于晶内硬质点，形成从晶内某点发源的放射状河流花样。准解理不是一种独立的断裂机理，而是解理断裂的变种。

从结晶学角度来讲，脆性断裂是通过解理方式出现的，拉伸应力将晶体中相邻晶面拉开而引起晶体的断裂。韧性断裂是由切应力引起的晶体沿晶面相对滑移而发生的断裂。

10.1.1.4 高分子材料的断裂

高分子材料的断裂从宏观上考虑与金属材料相同，也可分为脆性断裂和韧性断裂两大类。玻璃态聚合物在玻璃转变温度 T_g 以下主要表现为脆性断裂，聚合物单晶体可以发生解理断裂，也属于脆性断裂。而 T_g 温度以上的玻璃态聚合物及通常使用的半晶态聚合物断裂时伴有较大塑性变形，属于韧性断裂。但是由于高分子材料的分子结构特点，其微观断裂机理又与金属及陶瓷材料不同。

对于无定形的玻璃态高分子聚合物材料，其断裂过程是银纹产生和发展的过程，如图 10-9 所示。

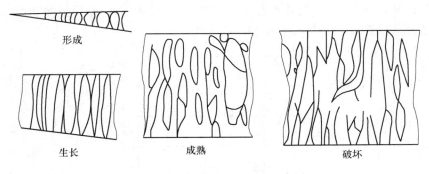

图 10-9 银纹的形成与破坏示意图

在韧性断裂过程中，当拉伸应力增加到一定值时，银纹会在材料中的一些弱结构或缺陷处产生。随变形的进一步增大，银纹中的空洞随着纤维的断裂可长大形成微孔，微孔的扩大和连接形成裂纹。另外，在银纹中的一些杂质处也可能形成微裂纹，微裂纹沿银纹与基体材料界面扩展，使连接银纹两侧的纤维束断裂造成微观颈缩，微观颈缩的断裂便形成裂纹。裂纹的顶端存在着很高的应力集中，又促使银纹的形成，裂纹的扩展过程就是银纹区的产生、移动的过程。

这一过程与金属材料的微孔聚集型断裂机理有一定的相似之处。在较低温度的脆性断裂过程中，银纹生成比较困难，整体试样上很难检查到银纹，但在断口上也有很薄的银纹层，说明有韧性断裂与脆性断裂，在断裂过程中裂纹顶端总伴随有银纹的形成。

对晶态及半晶态的高分子材料，单晶体的断裂取决于应力与分子链的相对取向。聚合物单晶体是分子链折叠排列的薄层，分子链方向垂直于薄层表面。当晶体受垂直于分子链方向的应力作用时，晶体会发生滑移、孪生和马氏体相变。在高应变条件下，出现解理裂纹，裂纹沿与分子链平行的方向扩展，破坏范德瓦尔斯键形成解理断裂。当应力与分子链平行时，裂纹要穿过分子链，切断共价键。由于共价键强度很高，因此晶体在沿分子链方向表现出很高的强度，不易断裂。

半晶态高分子材料是无定形区与晶体的两相混合物。在 T_g 温度以上，半晶态高分子材料具有韧性断裂的特征。断裂时已产生塑性变形的无定形区的微纤维束末端将形成空洞。随着塑性变形的继续进行，在空洞或夹杂物旁边微纤维束产生滑移运动，即可形成微裂纹。微裂纹既可通过切断纤维沿横向（与微裂纹共面）生长，也可能通过"拔出"一些纤维，从而以与邻近纤维末端空洞相连接的方式生长。依据材料性质，有些材料微裂纹生长以切断纤维为主，如尼龙 6、尼龙 66 等；有些则以拔出纤维与相邻纤维末端空洞连接为主，如聚乙烯等。

10.1.2　断裂强度

10.1.2.1　理论断裂强度

决定材料强度的最基本因素是原子间结合力，结合力越大，强度和熔点越高。

理论断裂强度就是在拉伸应力的情况下，将两个原子面（晶面）拉断所需的应力（原子间最大结合力）。如果是在切应力情况下，得到的应力为理论切变强度。

对于理想晶体的脆性断裂（即只有弹性变形阶段），可以通过理论推导得到理论断裂强度 σ_T，如图 10-10 所示。设晶体为简单立方结构，晶体中的原子呈周期性排列，水平方向和垂直原子间距 a_0，晶体受到剪切应力作用。

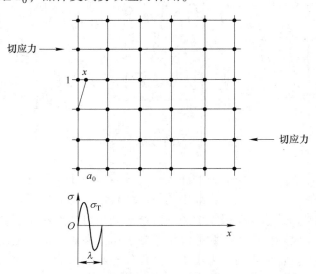

图 10-10　晶体点阵模型和应力周期场示意图

设材料中原子之间刚性结合，那么规则排列的原子就位于周期点阵之中。每一个原子都受到周期作用力。假设这个周期作用力是遵循正弦波动规律。图 10-10 中 1 号原子在切应力作用下沿 x 方向有一个小位移 x，则原子在不同位置时所受到的力可以表示为：

$$\sigma = \sigma_T \sin \frac{2\pi x}{\lambda} \tag{10-1}$$

对于很小的位移，式（10-1）变为：

$$\sigma = \sigma_T \frac{2\pi x}{\lambda} \tag{10-2}$$

对于这种情况我们还可以分析为，x 方向上位移 x 时，产生的应变 $\varepsilon = \dfrac{x}{a_0}$，进而根据 Hook 定律马上可以写出应力分量：

$$\sigma = E\varepsilon = E \frac{x}{a_0} \tag{10-3}$$

根据式（10-2）得到：

$$\lambda = \frac{2\pi \sigma_T a_0}{E} \tag{10-4}$$

另外对于正弦曲线，当 $x = \dfrac{\lambda}{4}$ 时，应力达到峰值。所以根据弹性理论，将表面能表示成：

$$2\gamma = \int_0^{\frac{\lambda}{2}} \sigma_T \sin\left(\frac{2\pi x}{\lambda}\right) \mathrm{d}x = \frac{\lambda \sigma_T}{\pi} \tag{10-5}$$

代入式（10-4）：

$$\sigma_T = \left(\frac{E\gamma}{a_0}\right)^{\frac{1}{2}} \tag{10-6}$$

式中，E 为杨氏模量；γ 为裂纹面上单位面积的表面能；a_0 为晶面间距。解理面的表面能越小，则 σ_T 越小，越容易出现解理断裂。

对于铁，$\gamma \approx 2\mathrm{J/m^2}$，$a_0 = 2.5 \times 10^{-10}\mathrm{m}$，$E = 2 \times 10^{11}\mathrm{N/m^2}$；估算得到 $\sigma_T \approx 4 \times 10^{10}\mathrm{N/m^2} \approx \dfrac{E}{5}$。对一般固体而言，约为弹性模量的十五分之一到四分之一。

实际金属材料的断裂强度只有理论值的 0.1%～10%，其根本原因就是金属材料中存在各种缺陷，如位错和裂纹。格里菲斯（Griffith）从假定金属中存在原始裂纹出发，提出了切口强度理论，解释了这个问题。

10.1.2.2 真实断裂强度与静力韧度

真实断裂强度 S_k 是用单向静拉伸时的实际断裂拉伸力 F_k 除以试样最终断裂截面积 A_k 所得应力值，即：

$$S_k = \frac{F_k}{A_k} \tag{10-7}$$

根据试样拉断后的实际断口情况，S_k 的含义不同。如果断口齐平，断裂前不发生塑性变形或塑性变形很小，S_k 代表材料的实际断裂强度，表征材料对正断的抗力大小，如陶瓷、玻璃、淬火工具钢及某些脆性高分子材料等。如果拉伸试样在最终断裂前出现颈缩，S_k 则主要反映的是材料抵抗切断的能力，S_k 并不是真正的断裂应力。S_k 的实际应用不多，国家标准中也未规定这个性能指标。

韧度是衡量材料韧性大小的力学性能指标，其中又分为静力韧度、冲击韧度和断裂韧度。习惯上，韧性和韧度这两个名词混用，但它们的含义不同，韧性是材料的力学性能，是指材料断裂前吸收塑性变形功和断裂功的能力。通常将静拉伸的 $\sigma\text{-}\varepsilon$ 曲线下包围的面积减去试样断裂前吸收的弹性能定义为静力韧度。

静力韧度的数学表达式可用材料拉断后的真应力-真应变曲线求得：

$$\alpha = \frac{S_k^2 - \sigma_{0.2}^2}{2D} \qquad (10\text{-}8)$$

式中，D 为形变强化模数。

可见，静力韧度 α 与 S_k、$\sigma_{0.2}$、D 这 3 个量有关，是派生的力学性能指标。但 α 与 S_k、$\sigma_{0.2}$ 的关系比塑性与它们的关系更密切，故在改变材料的组织状态或改变外界因素（如温度、应力等）时，韧度的变化比塑性变化更显著。

静力韧度对于按屈服应力设计，但在服役中不可避免地存在偶然过载的机件，如链条、拉杆、吊钩等是必须考虑的重要的力学性能指标。

10.1.3　断裂机制

10.1.3.1　裂纹的形核模型

断裂是裂纹形核和扩展的结果。实验结果表明，尽管解理断裂是典型的脆性断裂，但解理裂纹的形成却与材料的塑性变形有关，而塑性变形是位错运动的结果，因此，为了探讨解理裂纹的产生，不少学者采用位错理论来解释解理裂纹成核机理。

A　甄纳斯特罗理论（位错塞积理论）

该理论是 Zener-Stroh 在 1946 年首先提出来的，其模型如图 10-11 所示。在切应力的作用下刃型位错在障碍处受阻而堆积。Stroh 认为应力集中充分大时，能使塞积附近原子间的结合力破坏而形成解理裂纹。Zener-Stroh 理论存在的问题是，大量位错塞积将产生很大的切应力集中，使相邻晶粒内的位错源开动将应力松弛，裂纹难以形成，再如单晶中很难设想存在位错塞积的有效障碍，而六方晶体中滑移面和解理面通常为同一平面，不易符合 70.5°（最大应力发生角度）的要求。

B　Cottrell 柯垂尔理论（位错反应理论）

Cottrell 位错反应理论模型如图 10-12 所示。若位错反应后生成的新位错线不在晶体固有滑移面上，即生成不动位错或固定位错，形成位错塞积，从而引发应力集中，形成裂纹。Cottrell 用能量的方法进行研究，提出为了产生解理裂纹，裂纹扩展时外加正应力的功必须等于或大于产生的新裂纹表面的表面能。

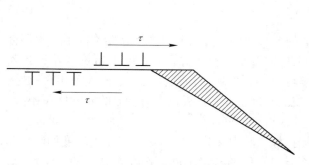

图 10-11　位错塞积形成裂纹模型

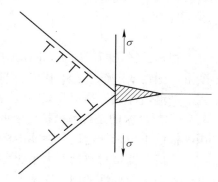

图 10-12　位错反应形成裂纹

C Smith 施密斯理论（脆性第二相开裂理论）

解理裂纹形成和扩展理论未考虑显微组织不均匀造成的影响。Smith 提出了低碳钢中因铁素体塑性变形导致晶界碳化物开裂形成解理裂纹的理论。铁素体中的位错源在切应力的作用下开动，位错运动至晶界碳化物处受阻而形成塞积，在塞积头处拉应力作用下使碳化物开裂。

裂纹形成理论还有很多，比如在极低温度下，交叉孪晶带产生微裂纹，滑移带受阻于第二相粒子产生微裂纹等。

10.1.3.2 裂纹扩展的基本方式

根据外加应力的类型及其与裂纹扩展面的取向关系，裂纹扩展的基本方式有三种，如图 10-13 所示。

（1）张开型（Ⅰ型）裂纹扩展：拉应力垂直作用于裂纹面，裂纹沿作用力方向张开，沿裂纹面扩展，如容器纵向裂纹在内应力作用下的扩展。

（2）滑开型（Ⅱ型）裂纹扩展：切应力平行作用于裂纹面，并且与裂纹前沿线垂直，裂纹沿裂纹面平行滑开扩展，如花键根部裂纹沿切应力方向的扩展。

（3）撕开型（Ⅲ型）裂纹扩展：切应力平行作用于裂纹面，并且与裂纹线平行，裂纹沿裂纹面撕开扩展，如轴类零件的横裂纹在扭矩作用下的扩展。

实际裂纹的扩展过程并不局限于这 3 种形式，往往是它们的组合，如Ⅰ-Ⅱ、Ⅰ-Ⅲ、Ⅱ-Ⅲ型的复合形式。

在这些裂纹的不同扩展形式中，以Ⅰ型裂纹扩展最危险，最容易引起脆性断裂。所以，在研究裂纹体的脆性断裂问题时，总是以这种裂纹为研究对象。

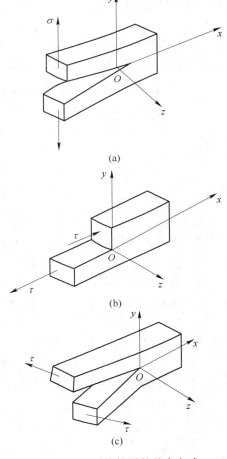

图 10-13 裂纹扩展的基本方式
（a）张开型（Ⅰ型）；（b）滑开型（Ⅱ型）；
（c）撕开型（Ⅲ型）

10.2 材料的宏观断裂类型和力学状态图

材料的断裂类型根据断裂的分类方法不同而异。宏观上看，断裂可按断前有无产生明显的塑性变形分为韧性断裂和脆性断裂。一般地，光滑拉伸试样的断面收缩率小于 5% 的断裂为脆性断裂，反之则为韧性断裂。也可按断裂面的取向与作用力的关系不同分为正断和切断，若断裂面取向垂直于最大正应力，即为正断；若断裂面取向与最大切应力方向一致而与最大正应力方向约成 45°，则为切断。

10.2.1 宏观断裂类型及其断口特征

图 10-14 所示是材料在静拉伸时的一些断裂情况，按断口特征可归纳为宏观正断、宏观切断和混合断裂三类。

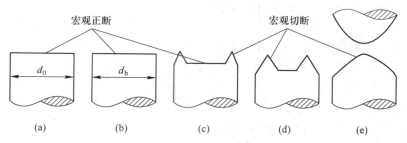

图 10-14　静拉伸时的几种断口示意图

（a）$S_k = S_b = \sigma_b = \sigma_s$；（b）$S_k = S_b > \sigma_b > \sigma_s$；（c）$S_k > S_b > \sigma_b > \sigma_s$；（d）$S_k > S_b > \sigma_b > \sigma_s$；（e）$S_k > S_b > \sigma_b > \sigma_s$

前两种均属于无颈缩断裂，形成平断口，其中图 10-14（a）相当于弹性变形状态下的断裂，即完全脆性断裂，此时相当于 σ_b；图 10-14（b）相当于均匀塑性变形后的断裂，所以 $S_k = S_b > \sigma_b$。这两种情况下的断口在宏观上表现为断面与试样轴向垂直，故称为宏观正断，但在微观上不一定是垂直于晶面的正断（解理）。塑性很低或者只能产生极微小均匀变形的材料，如铸铁、淬火低温回火的高碳钢、高锰钢等，其断裂均属于此种类型。图中的后三种情况均属于发生颈缩后的断裂情况，且颈缩程度依次增大。当材料塑性很好时，拉伸试样的断面可颈缩到近于一尖点，然后沿最大切应力方向断开，此即为宏观切断，如图 10-14（e）所示。对于很纯的金属，如金、铅等，可以表现为此种断裂。多数金属材料在静拉伸时都会产生颈缩，只是颈缩程度各有不同，试样先在中心开裂（因为试样心部的轴向应力最大），然后不断向外延伸，接近试样表面时，沿最大切应力方向断开，断口形如杯锥状，这便是宏观正断与切断混合的断口，如图 10-14（c）所示。

对拉伸试样的宏观断口进行观察，多数材料（如中、低强度钢等）的拉伸断口如图 10-15 所示，断口由纤维区、放射区和剪切唇区 3 个区域组成，依次分布在试样心部区域（颜色灰暗、表面粗糙不平），中间环形区域（表面较光亮、平坦）和外侧环形区域（表面有刃形凸起）。具有这种杯锥状断口特征的断裂是较典型的韧性断裂，其断口的形成过程如图 10-16 所示。

如前所述，光滑圆柱试样受拉伸力作用，当试验力达到拉伸力-伸长曲线最高点时，便在试样局部区域产生缩颈，同时试样的应力状态也由单向拉伸变为三向拉伸，且中心轴向应力最大，如图 10-16（a）所示。在三向拉应力作用下，塑性变形难以进行，致使试样中心部分的夹杂物或第二相质点本身碎裂，或使夹杂物质点与基体界面脱离而形成微孔，如图 10-16（b）所示。微孔不断长大和聚合就形成显微裂纹，如图 10-16（c）所示。早期形成的显微裂纹，其端部产生较大塑性变形，且集中于较窄的高变形带内。新的微孔就在变形带内成核、长大和聚合，当其与裂纹连接时，裂纹便向前扩展了一段距离，如图 10-16（d）所示。这样的过程重复进行就形成锯齿状的纤维区，纤维区所在平面（即裂纹扩展的宏观平面）垂直于拉伸应力方向。

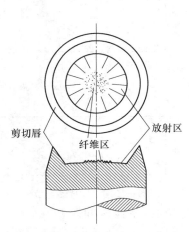

图 10-15　拉伸宏观断口示意图

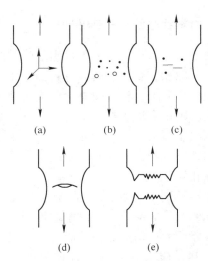

图 10-16　杯锥状断口形成示意图

（a）三向拉伸；（b）形成微孔；

（c）形成裂纹；（d）裂纹扩展；（e）发生断裂

　　纤维区中裂纹扩展时通常伴有较大的塑性变形，裂纹扩展的速率很慢，当其达到临界尺寸后就快速扩展而形成放射区，表现为宏观正断，但微观上并非正断。放射区是裂纹快速低能量撕裂形成的。放射区有放射线花样特征。放射线平行于裂纹扩展方向而垂直于裂纹前端的轮廓线，并逆指向裂纹源。撕裂时塑性变形量越大，则放射线越粗。对于几乎不产生塑性变形的极脆材料，放射线消失。温度降低或材料塑性降低、强度增加，放射线由粗变细乃至消失。

　　试样拉伸断裂的最后阶段是由拉伸应力的分切应力所切断，形成杯状或锥状的剪切唇。剪切唇表面光滑，与拉伸轴约成 45°，是典型的切断型断裂，如图 10-16（e）所示。

　　在工程实践中，金属材料的韧性断裂较少出现（因为许多构件，在材料产生较大塑性变形后就已经失效了）。但对于制订金属压力加工（如挤压、拉深等）工艺规范，研究材料的韧性断裂是十分重要的，因为在这些加工工艺中，材料要产生较大的塑性变形，并且不允许产生断裂。

　　脆性断裂由于断裂前基本不产生可见的塑性变形，是突发性断裂，因而危害较大。脆性断裂的断裂面一般与正应力垂直，断口平齐而光亮，常呈放射状或结晶状。对于圆柱形拉伸试样，可形成如图 10-17所示的放射状花样。断面上的放射状条纹汇聚于一个中心，此中心区域就是裂纹源。图 10-18所示为板状矩形截面拉伸试样发生脆性断裂的断口，断口呈现出"人"字纹花样。主要是由于多晶体金属断裂时主裂纹向前扩展，其前沿会形成一些次生裂纹，这些次生裂纹扩展时借低能量撕裂与主裂纹连接，便形成了"人"字纹。"人"字纹花样的放射方向与裂纹扩展方向平行，但其尖顶指向裂纹源。

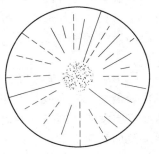

图 10-17　脆性断裂断口的放射状花样

10.2.2　力学状态图及其应用

　　工程上总是希望力求避免发生危险的脆性断裂。汽车、船舶、航空、航天及石油、化工工业尤其如此。事实上，构件或材料产生韧性断裂或脆性断裂，不仅取决于材料本身的成分和组织结构，还取决于应力状态、加载方式、加载速率、温度等因素，且断裂模式并不是固定不变的，而是可以互相转化的。

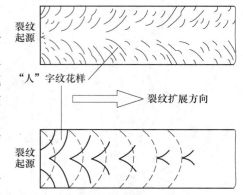

图 10-18　脆性断裂断口的"人"字纹花样

（图中标注：裂纹起源、"人"字纹花样、裂纹扩展方向、裂纹起源、虚线为正在前进中的裂纹前沿线）

　　材料在不同应力状态（或加载方式）下常常有不同的力学响应行为。由于在不同加载方式下，受载物体的任何一点处的应力总可以分解为切应力 τ 和正应力 σ ，所以任何复杂的应力状态都可以用切应力和正应力表征，且这两种应力对变形和断裂所起的作用不同。由位错理论可知，切应力是位错运动的驱动力，而位错运动能使晶体材料产生塑性变形，且位错在障碍前的塞积可以引起裂纹萌生和扩展。因此，切应力往往会引起塑性变形，从而使材料最终产生韧性断裂。相对而言，正应力通常引起弹性变形，最终容易导致脆性断裂。所以从宏观上说，可以利用不同应力状态中最大切应力 τ_{max} 与最大正应力 σ_{max} 的比值来判断材料在所受加载方式下更趋向于哪种变形和断裂。基于此，定义最大切应力 τ_{max} 与最大正应力 σ_{max} 的比值为材料的软性系数，可用符号 a 表示，即：

$$a = \tau_{max} / \sigma_{max} \tag{10-9}$$

　　显然，a 值越大，τ_{max} 越大，表示应力状态越"软"，材料越容易产生塑性变形和韧性断裂。反之，a 值越小，表示应力状态越"硬"，材料越容易产生脆性断裂。由此可见，增大应力状态中切应力对正应力的比率，使应力状态的软性系数 a 增大，将会提高材料的塑性和韧性；反之，则增大材料的脆性。例如，灰口铸铁在单向拉伸（$a=0.5$）和硬度（相当于侧压，$a=2$）试验时，前者呈脆性断裂，而后者可压出明显的凹坑但不开裂。所以，服役中构件材料的韧脆是由内在和外在两方面因素共同决定的。从这种意义上说，材料没有绝对的脆性或韧性。

　　工程上，在材料、加载方式和环境等因素确定的条件下，人们自然希望能对可能发生的断裂模式有所预测，以便在一定范围内采取有效措施，避免脆性断裂的发生。弗里德曼考虑了材料在不同应力状态下的极限条件与失效形式，并用图解的方法表述它们的关系，给出的力学状态图，如图 10-19 所示，这正是分析材料变形和断裂倾向的一种较好的工具。

　　图 10-19 中纵坐标代表最大切应力理论（第三强度理论）给出的切应力 τ_{max} ，横坐标代表最大正应力或最大相当正应力理论（第一或第二强度理论）给出的正应力 σ_{max} ，从原点出发的不同斜率的射线代表相应一定加载方式的应力状态。对给定的材料，在一定温度及加载速率下，存在一定的切变抗力指标（切变屈服强度）τ_s 和切断抗力指标（切断强度）τ_k ，如图中两条水平线（此意味着 τ_s 和 τ_k 与应力状态无关）。正断抗力指标 S_k （或抗拉脆断强度 S_b ）在材料屈服前为常数，如图 10-19 中垂直线；屈服后，由于形变硬

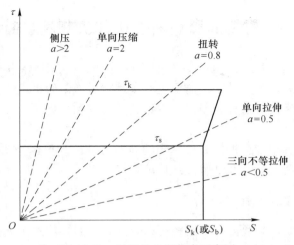

图 10-19　材料的力学状态示意图

化 S_k 有所增加，如图中斜线。这三条线上的各点分别表示材料要屈服、切断和正断所需的极限应力。由此可见，这三条线划分出三个区域，τ_s 线以下、S_k 线以左的区域是弹性变形区；在 τ_s 线和 τ_k 线之间、S_k 线以左的区域是弹塑性变形区；τ_k 线以上、S_k 线以右为断裂区，即越过 τ_k 线发生切断，越过 S_k 线发生正断。

　　从图 10-19 可以看出，在三向不等拉伸（如缺口拉伸，$a < 0.5$）时，应力状态线只与 S_k 线相交，表示零件断裂前无塑性变形，并且是宏观正断式的脆性断裂。在单向拉伸加载（$a = 0.5$）的情况下，应力状态线先与 τ_s 线相交，然后与 S_k 线相交，表示零件断裂前先发生宏观塑性变形，最后以正断式的韧性断裂告终。在扭转加载（$a = 0.8$）情况下，应力状态线先后与 τ_s 线和 τ_k 线相交，表明零件断裂前有宏观塑性变形，而且最后表现为切断式韧性断裂。

　　另外，温度和加载速率通常对材料的 τ_s 影响很大，而对 τ_k 和 S_k 影响较小。由此对断裂类型的影响也可以通过力学状态图反映出来，图 10-20 所示为温度对断裂类型的影响。可见，由于温度降低，τ_s 增大，在单向拉伸时，材料由正断式韧性断裂转变为正断式脆性断裂。这种情况表明，材料由室温到某一低温时将发生由韧性断裂到脆性断裂的转变，即冷脆转变。

　　应该指出，把材料强度、应力状态（软性系数）、断裂类型联系起来的力学状态图尚有不足之处，因为对大多数的材

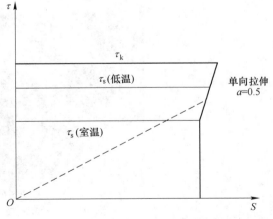

图 10-20　温度对断裂类型的影响

料来说，τ_s 和 τ_k 随应力状态或多或少总有些变化，S_k 本身也难以确切定义和精确测定，在发生塑性变形后应力状态也会有所变化，a 值也会随之改变等。尽管存在这些不利因素的影响，但力学状态图仍不失为定性分析材料断裂问题的一种有用方法。

10.3　材料的微观断裂机理及其断口特征

如前所述，断裂是工程构件的重要失效形式，因此，在对断裂构件的失效分析中，除进行宏观断口观察与分析外，常常还需要进一步进行微观断裂机理的分析，通过对显示裂纹萌生、扩展和最终断裂全过程的断口微观形貌的观察和分析，深入了解构件断裂失效的原因和机理。

从断裂的微观机理角度，根据断口不同的断裂特征，主要断裂类型可分为沿晶断裂、解理断裂、微孔聚集剪切断裂及准解理断裂等。

10.3.1　晶间断裂与穿晶断裂

多晶体金属断裂时，裂纹的扩展路径可以不同。按照裂纹的扩展路径，多晶体的断裂可分为晶间断裂和穿晶断裂两种类型。其中，晶间断裂（沿晶断裂）是指裂纹沿着晶界扩展，而穿晶断裂的裂纹是穿过晶粒内部扩展。从宏观上看，晶间断裂通常是脆性断裂，而穿晶断裂则可以是脆性断裂，也可以是韧性断裂。裂纹扩展总是沿着消耗能量最小即原子结合力最弱的路径进行。一般情况下，晶界不会开裂。发生晶间断裂，势必是由于某种原因降低了晶界强度，使晶界脆化或弱化。这些原因大致有：

（1）晶界上存在连续或不连续分布的脆性第二相、夹杂物，破坏了晶界的连续性。

（2）有害杂质元素（如钢中的 S、Sn、Sb、P 等）在晶界上偏聚，使晶界脆化和弱化。

（3）高温、腐蚀性介质作用导致晶界损伤。

通常，晶界断裂的断口形貌呈冰糖状特征，如图 10-21 所示。可见，冰糖状断口形貌显示了多晶体各晶粒的多面体特征。但如果晶粒很细小，则冰糖状特征不明显，通常呈结晶状。至于穿晶断裂，由于其微观断裂机理不同，断口的微观形貌特征也各不相同。

图 10-21　沿晶断裂的微观断口形貌

10.3.2　解理断裂

解理断裂是材料在拉应力作用下，由于原子间结合键被破坏，严格地沿一定晶体学平面分离的穿晶断裂。这种晶体学平面称为解理面。解理面一般是低指数的晶面或表面能最低的晶面。表 10-2 列出了一些金属的解理面。

表 10-2 几种金属的解理面

金　属	α-Fe	W	Mg	Zn	Te	Sb
晶格类型	体心立方	体心立方	密排六方	密排六方	六方	菱方
解理面	$\{001\}$	$\{001\}$	$\{0001\}\{10\bar{1}1\}$	$\{0001\}$	$\{10\bar{1}1\}$	$\{11\bar{1}\}$

　　解理断裂通常发生在体心立方和密排六方金属中，而面心立方的金属一般不产生解理断裂，这与面心立方金属的滑移系较多和塑性好有关，因为在解理之前，这类材料就因已产生显著的塑性变形而表现为韧性断裂。

　　对于理想的单晶体，解理断裂完全沿单一晶体学平面分离，则解理断口应为一个毫无特征的平坦完整的理想平面。但实际的晶体总是有缺陷存在，因此，断裂并不是沿单一平面解理，而是沿一组平行的晶面解理，在不同高度上的平行解理面之间形成所谓的解理台阶。在电子显微镜下，从垂直于断面的方向观察，台阶汇合形成一种类似河流的花样，这是解理断裂的典型形貌特征，如图 10-22 所示。"河流"的流向与裂纹扩展方向一致，所以可以根据"河流"流向确定在微观范围内解理裂纹的扩展方向，而"河流"的反方向则指向裂纹发源地。

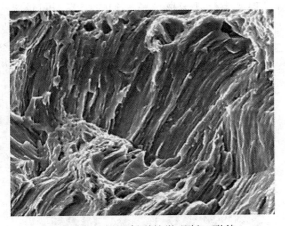

图 10-22 解理断裂的微观断口形貌

　　在多晶体中，由于多种晶界的存在，可以使河流花样呈现复杂的形态。在裂纹通过小角度倾斜晶界时，裂纹只改变走向而基本上不改变花样形态；裂纹通过扭转晶界时，可以观察到有河流激增，如图 10-23 所示。而在大角度晶界上，由于原子排列紊乱，河流可能不直接通过晶界，而是在晶界或下一晶粒中邻近晶界处激发新的解理裂纹，并以扇形方式向外扩展而传播到整个晶粒。于是在多晶体解理时，可以在每一晶粒内有一裂纹源，由此产生的解理裂纹以扇形花样向四周扩展，如图 10-24 所示。解理断裂的另一微观特征是形成舌状花样，如图 10-25 所示，因其在电子显微镜下的形貌类似于人舌而得名。它是由于解理裂纹沿孪晶界扩展留下的舌头状凹坑或凸台，故在匹配断口上"舌头"是黑白对应的。应该指出，解理断裂通常是脆性断裂，但有时在解理断裂前也显示一定的塑性变形，所以解理断裂与脆性断裂不能完全等同，前者指断裂机理而言，后者则指断裂的宏观性态。

 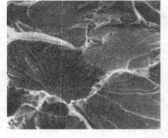 

图 10-23　河流花样通过扭转晶界　　图 10-24　解理断裂的扇形花样　　图 10-25　解理断裂的舌状花样

10.3.3　微孔聚集剪切断裂

微孔聚集剪切断裂是指通过微孔形核、长大聚合而最终导致材料的分离。它是韧性剪切断裂的一种断裂机理。事实上，韧性剪切断裂有纯剪切断裂和微孔聚集剪切断裂两种形式。其中，纯剪切断裂主要是在高纯金属材料中出现，而微孔聚集剪切断裂则是在常用的钢铁、铝合金、镁合金等工程材料中出现。

微孔聚集剪切断裂过程是由微孔形核、长大和连接等不同阶段形成的。

如图 10-26 所示，微孔聚集剪切断裂的断口形貌主要表现为韧窝特征。通常，在每一些韧窝内部都含有第二相质点或者夹杂物粒子。显然，材料中的非金属夹杂物和第二相或者其他脆性相（统称为异相）颗粒是微孔形成的核心，韧窝形貌的断口就是断裂过程中微孔继续长大和连接的结果。

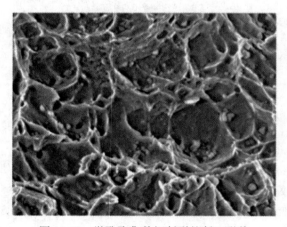

图 10-26　微孔聚集剪切断裂的断口形貌

如图 10-27 所示，金属材料中的异相在力学性能上，如强度、塑性和弹性模量等，均与基体不同。塑性变形时，滑移沿基体滑移面进行，异相起阻碍滑移的作用。滑移的结果，在异相前方形成位错塞积群，在异相与滑移面交界处造成应力集中，随着应变量的增大，塞积群中的位错密度增大，应力集中加剧。当集中的应力达到异相与基体的界面结合强度或异相本身的强度时，便导致界面脱离或异相本身断裂，这就是最初的微孔开裂（形核）。显然异相尺寸越大，与基体结合越弱，微孔形核越早。

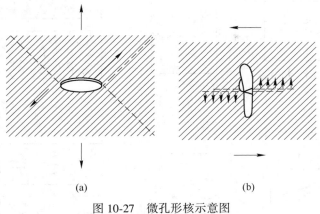

图 10-27　微孔形核示意图

（a）异相与基体界面开裂；（b）异相破裂

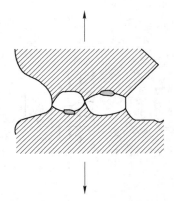

图 10-28　微孔长大和连接示意图

微孔的长大与连接是基体金属塑性变形的结果。如图 10-28 所示，在拉伸应力作用下，当相邻两个异相质点与基体界面之间形成微孔后，其间的金属犹如颈缩试样，在继续变形中伸长，使微孔不断扩大，并最终以内颈缩（微孔之间的基体的横向面积不断减小）方式断裂。可见，内颈缩的发展使微孔长大，最终微孔间的基体局部撕裂或剪切断裂导致微孔连接，从而形成断口上观察到的韧窝形貌。

如前所述，韧窝大多在第二相粒子处形成。对于非常纯的金属的韧性断裂，由于没有第二相粒子，一般不产生韧窝而是形成纯剪切断裂。此外，韧窝还可以在晶界、孪晶界及相界等处形核，这种韧窝中可能没有第二相粒子。

韧窝的形状取决于应力状态或应力与断面的相对取向。当正应力垂直于微孔的平面时，微孔在此平面上各方向长大的倾向相同，从而形成等轴韧窝，如图 10-29（a）所示，如低碳钢单轴拉伸试样的杯锥断口底部中心区就是等轴韧窝形貌。但在杯锥断口的剪切唇区，由于切应力作用使微孔被拉长，断裂时形成的韧窝则呈抛物线状，而且在对应断面上抛物线方向相反，如图 10-29（b）所示。若微孔在拉伸（有时包括弯曲）作用下引起撕裂，也可以在断口上观察到被拉长的抛物线状韧窝，但对应断面上的抛物线方向相同，且都指向裂纹源，如图 10-29（c）所示。

韧窝的大小和深浅取决于材料断裂时韧窝的形核数量、材料的塑性及断裂时所处的温度等。如果微孔形核数量多或材料塑性较差、温度较低，则断口上形成的韧窝尺寸较小也较浅，反之，则韧窝尺寸较大也较深。此外，异相质点的密度及基体材料的塑性变形能力也影响韧窝尺寸。异相质点密度增大或其间距减小，微孔尺寸也减小。金属材料的塑性变形能力差，难以发生内颈缩，韧窝尺寸也减小。应该指出，微孔聚集剪切断裂的断口中一

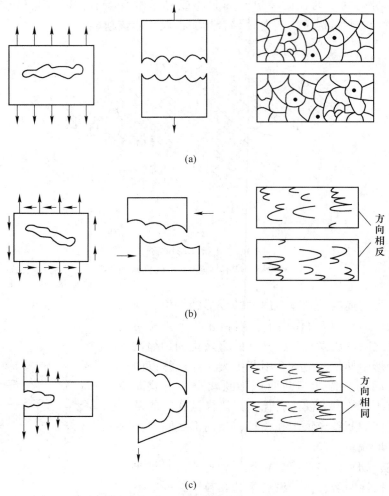

图 10-29 不同应力状态下的韧窝状态
（a）等轴韧窝；（b）剪切韧窝；（c）撕裂韧窝

定有韧窝存在，但在微观断口形态上出现韧窝，其宏观上不一定就是韧性断裂。因为如前所述，宏观上为脆性断裂的材料在局部区域内也可能有塑性变形，从而在断裂面上显示出韧窝形态。

10.3.4 准解理断裂

实际上，准解理不是一种独立的微观断裂机理，它是解理和微孔聚合两种机理的混合。如图 10-30 所示的扫描电镜照片显示出了这种断口的微观形貌。可见，除在断裂小平面内有辐射状河流花样外，还可以看到许多撕裂棱分布在小平面内和小平面之间。

一般地，准解理和解理的区别主要是：

（1）准解理断裂起始于断裂小平面内部，这些小裂纹逐渐长大，被撕裂棱连接起来，而解理裂纹则起始于断裂的一侧，向另一侧延伸扩展，直至断裂。

（2）准解理是通过解理台阶和撕裂棱把解理和微孔聚合这两种机理掺和在一起，但准解理断裂的主要机理仍然是解理，其宏观表现主要显示为脆性断裂。

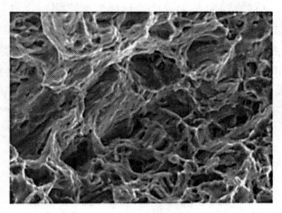

图 10-30　准解理断裂的断口形貌

应当指出，对于大多数的工程材料而言，实际上的断裂往往都是以两种或多种微观断裂机理组合而形成的混合断裂，应视具体情况进行分析。例如，图 10-31 所示的 Mg-Li 合金的微观断口形貌，可见其断裂主要是由沿晶断裂与微孔聚集剪切断裂两种微观机理组合的混合断裂。

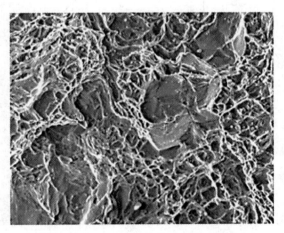

图 10-31　Mg-Li 合金的微观断口形貌

10.4　断裂强度的裂纹理论（Griffith 理论）

10.4.1　Griffith 理论及其断裂准则

为了解释玻璃、陶瓷等脆性材料的理论断裂强度与实际断裂强度的巨大差异，Griffith 在 1921 年提出了裂纹理论。该理论假定，在实际材料中已经存在裂纹，当名义应力很低时，在裂纹尖端的局部应力已经达到很高数值（如达到 σ_c），从而可使裂纹快速扩展并导致材料脆性断裂。

　　从能量平衡角度分析，裂纹的存在使系统降低的弹性能应与因形成裂纹而增加的表面能相平衡。如果弹性能降低是以满足表面能增加的需要，则裂纹就会失稳扩展，引发脆性断裂。Griffith 根据能量平衡原理计算出了裂纹体的断裂强度。

　　设有一单位厚度的无限宽平板，对之施加均匀拉应力，使之弹性伸长后将其固定，形成一个隔离系统，如图 10-32（a）所示。采用无限宽板是为了消除板的自由边界的约束，并且在垂直于平板表面的方向（z 方向）上，$\sigma_z = 0$，使平板处于平面应力状态。如果在板中心割开一个垂直于应力 σ、长度为 $2a$ 的裂纹，则原来弹性拉紧的宽平板就要释放弹性能。根据弹性理论，计算出释放的弹性能为：

$$U_e = -\frac{\pi\sigma^2 a^2}{E} \tag{10-10}$$

式中，负号表示系统释放的弹性能。

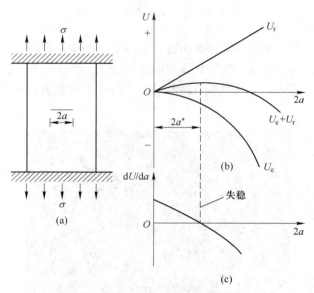

图 10-32　Griffith 平板及其中裂纹的能量变化

　　另外，裂纹形成时产生新表面需要提供表面能，设裂纹的比表面能为 γ_s，则表面能为：

$$U_r = 2(2a\gamma_s) = 4a\gamma_s \tag{10-11}$$

　　于是，由整个系统的总能量：

$$U = U_0 + U_e + U_r \tag{10-12}$$

可得：

$$U = U_0 - \frac{\pi\sigma^2 a^2}{E} + 4a\gamma_s \tag{10-13}$$

式中，U_0 为受载但未开裂纹时系统储存的弹性能（常量）。

　　系统能量随裂纹长度 $2a$ 的变化如图 10-32（b）所示。当裂纹增长到 $2a^*$（记为 $2a_c$）后，系统的总能量达最大值。若裂纹再增长，则系统的总能量下降。因此，从能量观点来看，系统能量对裂纹长度的变化率 $\dfrac{\mathrm{d}U}{\mathrm{d}a} = 0$ 应为裂纹失稳扩展的临界条件。即：

$$\frac{\mathrm{d}}{\mathrm{d}a}\left(-\frac{\pi\sigma^2 a^2}{E} + 4a\gamma_\mathrm{s}\right) = 0 \tag{10-14}$$

于是，裂纹失稳扩展的临界应力为：

$$\sigma_\mathrm{f} = \sqrt{\frac{2E\gamma_\mathrm{s}}{\pi a}} \tag{10-15}$$

式（10-15）便是著名的 Griffith 公式。此式给出的断裂强度与理论断裂强度 σ_c 在形式上相仿，只是 $\pi a/2$ 代替了 a_0。如果 a 取 $10^{-4}\mathrm{m}$ 的数量级，而 a_0 取 $10^{-10}\mathrm{m}$ 的数量级，则 σ_f 比 σ_c 小 2~3 个数量级就不足为奇了。

应该指出，Griffith 公式所要说明的不只是 $\sigma_\mathrm{f} \ll \sigma_\mathrm{c}$ 的问题，实际上更重要的是它对脆性断裂提出了一个新的断裂准则。由式（10-15），有：

$$\sigma\sqrt{\pi a} = \sqrt{2E\gamma_\mathrm{s}} \tag{10-16}$$

式（10-16）表明，在理想脆性材料中的裂纹失稳扩展是受远处外加应力 σ 与裂纹长度 a 平方根的乘积和材料性能所控制的。由于式（10-16）中右端的 E 和 γ_s 均为材料常数，所以，对给定理想脆性材料，其裂纹失稳扩展是在 $\sigma\sqrt{\pi a}$ 值达到一个恒定的临界值时产生的，此即为 Griffith 断裂准则。依据该准则，对于含裂纹的脆性大平板，板材的实际断裂强度 σ_f 与裂纹半长 a 的平方根成反比。具体体现在两个方面，一方面是对于一定裂纹长度 $2a$ 的裂纹板，外加应力达到 σ_f 时，裂纹即失稳扩展。另一方面是对承受拉应力为 σ 的板材，其中的裂纹半长 a 存在一个临界值 a_c，当 $a \geqslant a_\mathrm{c}$ 时，裂纹就会自发扩展；而当 $a < a_\mathrm{c}$ 时，要使裂纹扩展须由外界提供能量，即增大外力 σ。因此，Griffith 断裂准则从能量平衡的意义上确定了理想脆性断裂的必要条件。

10.4.2 Griffith 断裂准则的修正

应当指出，Griffith 理论研究仅限于完全脆性的情况，而实际上绝大多数的金属材料断裂前和断裂过程中裂纹尖端区都会产生不同程度的塑性变形，裂纹尖端也会因塑性变形而钝化，所以在实际金属材料中，直接应用 Griffith 准则是不精确的。

在 Griffith 理论提出 30 年后，Orowan 通过对金属材料裂纹扩展的研究，指出裂纹扩展前其尖端附近要产生一个塑性区，因此提供裂纹扩展的能量不仅是用于形成新表面所需的表面能，而且还要有用于引起这种塑性变形所需的能量（塑性功）。因此，塑性功 γ_p 就和表面能 γ_s 一起成了裂纹扩展的阻力。Orowan 修正了 Griffith 准则，并给出了材料的实际断裂强度为：

$$\sigma_\mathrm{f} = \sqrt{\frac{2E(\gamma_\mathrm{p} + \gamma_\mathrm{s})}{\pi a}} \tag{10-17}$$

由于 $\gamma_\mathrm{p} \gg \gamma_\mathrm{s}$，所以推广到弹塑性材料中的 Griffith 准则所给出的断裂强度可简化为：

$$\sigma_\mathrm{f} = \sqrt{\frac{2E\gamma_\mathrm{p}}{\pi a}} \tag{10-18}$$

由上述 Griffith 断裂准则和 Orowan 修正准则，使我们对工程材料作为一个裂纹体或含类裂纹缺陷体的断裂，有了较深入的理解。但需要强调的是，Griffith 理论的前提是材料中已经存在着裂纹，但不涉及裂纹来源。一般说来，工程材料中的初始裂纹既可由冶金、加工等过程引入，也有可能在服役过程中产生。

10.5 裂纹体的断裂韧性

早在 20 世纪 20 年代，Griffith 就提出了著名的裂纹体的脆断强度理论。但由于当时工业中使用的金属结构材料的强度较低、塑性和韧性很好，因而构件发生脆断的情况很少，同时也限于相关学科的发展水平，所以对裂纹体的断裂研究没有迫切的需要和基础，长期处于停滞状态。

第二次世界大战后，在相当多的工业部门，尤其是航空航天工业中，广泛使用高强度材料，引起了一系列的脆断事故。例如，20 世纪 50 年代美国北极星导弹发动机壳体，采用 $\sigma = 1400\text{MPa}$ 的超高强度钢制造，经过一系列传统的韧性指标检验合格后，却在点火后发生脆断，研究表明，很多脆断事故与构件中存在裂纹或缺陷有关，而且断裂应力低于屈服强度，即低应力脆断。

裂纹总会在构件中出现。在冶炼、热加工或冷加工过程中，由于工艺技术上的原因。在材料或半成品中会形成裂纹或裂纹式的缺陷，在无损检测中又未能发现。在构件服役过程中，由于力学、温度和介质等环境因素的作用，在构件中也会形成裂纹。为防止裂纹体的低应力脆断。不得不对其强度、断裂抗力进行研究，从而形成了断裂力学这样一个新学科。断裂力学的研究内容包括裂纹尖端的应力和应变分析、建立新的断裂判据、断裂力学参量的计算与实验测定。其中包括材料的力学性能新指标，断裂韧性及其测定，断裂机制和提高材料断裂韧性的途径等。断裂力学用于构件的安全性评估或断裂控制设计，是对静强度设计的重大发展和补充，具有重大的工程应用意义。

10.5.1 断裂韧度

10.5.1.1 裂纹尖端应力强度因子

裂纹体的断裂是因裂纹的失稳扩展引起的，而裂纹的扩展显然是受裂纹尖端的力学状态控制的。因此，有必要了解裂纹尖端的应力、应变场。应用线弹性理论，分析裂纹尖端的应力场与位移场，构成了线弹性断裂力学的力学基础。设有一无限大板，含有一长为 $2a$ 的中心穿透裂纹，在无限远处作用有均布的双向拉应力，如图 10-33 所示。线弹性断裂力学给出裂纹尖端附近任意点 $P(r, \theta)$ 的各应力分量的解如下：

$$\sigma_x = \frac{K_\text{I}}{\sqrt{2\pi r}}\cos\frac{\theta}{2}\left(1 - \sin\frac{\theta}{2}\sin\frac{3\theta}{2}\right) \tag{10-19}$$

$$\sigma_y = \frac{K_\text{I}}{\sqrt{2\pi r}}\cos\frac{\theta}{2}\left(1 + \sin\frac{\theta}{2}\sin\frac{3\theta}{2}\right) \tag{10-20}$$

$$\tau_{xy} = \frac{K_\text{I}}{\sqrt{2\pi r}}\sin\frac{\theta}{2}\cos\frac{\theta}{2}\cos\frac{3\theta}{2} \tag{10-21}$$

若为薄板，裂纹尖端处于平面应力状态；若为厚板，裂纹尖端处于平面应变状态，故

$$\sigma_z = 0 \qquad （平面应力） \qquad (10\text{-}22)$$

$$\sigma_z = \nu(\sigma_z + \sigma_z) \qquad （平面应变） \qquad (10\text{-}23)$$

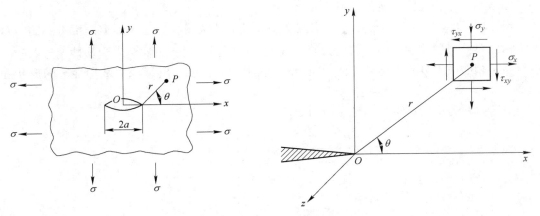

图 10-33 裂纹尖端附近的应力场

由胡克定律，可求出裂纹尖端的各应变分量；然后积分，求得各方向的位移分量。下面仅仅写出沿着 y 方向位移分量 V 的表达式。在平面应力状态下：

$$V = \frac{K_{\mathrm{I}}}{E}\sqrt{\frac{2r}{\pi}}\sin\frac{\theta}{2}\left[2 - (1 + \nu)\cos^2\frac{\theta}{2}\right] \qquad (10\text{-}24)$$

在平面应变状态下：

$$V = \frac{(1 + \nu)K_{\mathrm{I}}}{E}\sqrt{\frac{2r}{\pi}}\sin\frac{\theta}{2}\left[2(1 - \nu) - \cos^2\frac{\theta}{2}\right] \qquad (10\text{-}25)$$

由以上式子可以得出，裂纹尖端任一点的应力和位移分量取决于该点的坐标（r，θ）、材料的弹性常数以及参量 K_{I}，可用下式表示：

$$K_{\mathrm{I}} = \sigma\sqrt{\pi a} \qquad (10\text{-}26)$$

若裂纹体材料一定，且裂纹尖端附近某一点的位置（r，θ）给定时，则该点的各应力分量唯一地决定于 K_{I}，K_{I} 越大，该点各应力、位移分量之值越高，因此 K_{I} 反映了裂纹尖端区域应力场的强度，故称为应力强度因子。它综合反映了外加应力、裂纹长度对裂纹尖端应力场强度的影响。

10.5.1.2 断裂韧度

当 G_{I} 增大，达到材料对裂纹扩展的极限抗力时，裂纹体处于临界状态此时，G 达到临界值 G_{IC}，裂纹体发生断裂，故裂纹体的断裂应力 σ_{c} 可求得：

$$\sigma_{\mathrm{c}} = \left(\frac{EG_{\mathrm{IC}}}{\pi a}\right)^{1/2} \qquad (10\text{-}27)$$

对于脆性材料，有：

$$G_{\mathrm{IC}} = 2\gamma \qquad (10\text{-}28)$$

这表明脆性材料对裂纹扩展的抗力是形成断裂面所需的表面能或表面张力，而对金属材料，断裂前要消耗一部分塑性功 W_{P}，故有：

$$G_{\mathrm{IC}} = 2(\gamma + W_{\mathrm{P}}) \qquad (10\text{-}29)$$

无论是表面能或塑性功 W_P，都是材料的性能常数，故 G_{IC} 也是材料的性能常数，又由于 G_{IC} 的单位为 J/mm^2，与冲击韧性的相同，故可将 G_{IC} 称为断裂韧性。

10.5.1.3 裂纹尖端塑性区形状和尺寸

当 $r \to 0$ 时，σ_x、σ_y、σ_z、τ_{xy} 等各应力分量均趋于无穷大。这实际上是不可能的。对于实际金属，当裂纹尖端附近的应力等于或大于屈服强度时，金属会发生塑性变形。改变了裂纹尖端的应力分布。Irwin 根据 VonMises 屈服判据，计算出裂纹尖端塑性区的形状和尺寸。

根据材料力学，可求得三个主应力 σ_1、σ_2、σ_3 为：

$$\sigma_1 = \frac{\sigma_x + \sigma_y}{2} + \sqrt{\left(\frac{\sigma_x - \sigma_y}{2}\right)^2 + \tau_{xy}^2}$$

$$\sigma_2 = \frac{\sigma_y + \sigma_y}{2} + \sqrt{\left(\frac{\sigma_x - \sigma_y}{2}\right)^2 + \tau_{xy}^2}$$

$$\sigma_3 = \nu^2(\sigma_1 + \sigma_z) \tag{10-30}$$

求得裂纹尖端各主应力，再将各主应力代入 VonMiscs 判据，化简后得：

$$r = \frac{1}{2\pi}\left(\frac{K_I}{\sigma_{0.2}}\right)^2\left[\cos^2\frac{\theta}{2}\left(1 + 3\sin^2\frac{\theta}{2}\right)\right] \quad \text{(平面应力)} \tag{10-31}$$

$$r = \frac{1}{2\pi}\left(\frac{K_I}{\sigma_{0.2}}\right)^2\left[(1 - \nu^2)\cos^2\frac{\theta}{2} + \frac{3}{4}\sin^2\frac{\theta}{2}\right] \quad \text{(平面应变)} \tag{10-32}$$

上式为塑性区的边界线表达式，图形如图 10-34 所示。在 x 轴上，$\theta = 0$，塑性区宽度为：

$$r_0 = \frac{1}{2\pi}\left(\frac{K_I}{\sigma_{0.2}}\right)^2 \quad \text{(平面应力)} \tag{10-33}$$

$$r_0 = \frac{1}{2\pi}\left(\frac{K_I}{\sigma_{0.2}}\right)^2(1 - 2\nu^2)^2 \quad \text{(平面应变)} \tag{10-34}$$

若取 $\nu^2 = 0.3$，则由式（10-31）和式（10-32）可知，在平面应变状态下，裂纹尖端塑性区比平面应力状态下的要小很多，前者仅为后者的 1/6 左右。这一数值偏小。因此，Irwin 参照实验结果将平面应变状态下的塑性区宽度修正为：

$$r_0 = \frac{1}{4\sqrt{2}\,\pi}\left(\frac{K_I}{\sigma_{0.2}}\right)^2 \tag{10-35}$$

平面应变状态是理论上的抽象。实际上，厚试件的表面仍是形状示意图平面应力状态，中心是平面应变状态，两者之间有一过渡区，如图 10-34 所示。

10.5.1.4 有效裂纹修正

σ_y 沿 x 轴的分布应如图 10-35 中的虚线所示。

但由于裂纹尖端材料发生塑性变形且假设材料是理想塑性的，故当 $x < r_0$，裂纹尖端 y 方向的应力应等于 $\sigma_{0.2}$，为保持裂纹尖端局部区域的力学平衡，由于塑性屈服而松弛的应力（图 10-35 中的阴影面积），将使塑性区前（$x > r_0$）的材料所受的应力升高，直到屈服强度。这就是说，屈服区内应力松弛的结果导致塑性区的进一步扩大，由 r_0 扩大到 R_0，如图 10-35 所示。考虑到裂纹尖端局部区域的力学平衡，并假定试件的厚度为 1，则有：

$$\int_0^{r_0} \frac{K_I}{\sqrt{2\pi x}} dx = \sigma_{0.2} R_0 \qquad (10\text{-}36)$$

积分并整理后得：

$$R_0 = \sqrt{\frac{2}{\pi}} \frac{K_I}{\sigma_{0.2}} \sqrt{r_0} \qquad (10\text{-}37)$$

计算得到平面应力状态下的真实塑性区尺寸 R_0 为：

$$R_0 = \frac{1}{\pi} \left(\frac{K_I}{\sigma_{0.2}} \right)^2 = 2r_0 \qquad (10\text{-}38)$$

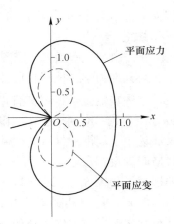

图 10-34　裂纹尖端
塑性区形状示意图

考虑到应力松弛的影响，裂纹尖端塑性区尺寸扩大了一倍。这一结论，对平面应变状态的塑性区也适用，即塑性区也扩大一倍。

由于裂纹尖端区域发生塑性变形，改变了应力分布，如图 10-36 所示。为使线弹性断裂力学的分析仍然适用，必须对塑性区的影响进行修正。按弹性断裂力学计算得到的 σ_y 分布曲线为 ADB，屈服并应力松弛后的 $\sigma_{y'}$ 分布曲线为 $CDEF$，此时的塑性区宽度为 R_0，如图 10-36 所示。若将裂纹顶点由 O 虚移到 O' 点，则在虚拟的裂纹顶点 O' 以外的弹性应力分布曲线为 GEH，与线弹性断裂力学的分析结果符合。而在 EF 段，则与实际应力分布曲线重合。这样，线弹性断裂力学的分析结果仍然有效。但在计算 K_I 时，要采用等效裂纹长度代替实际裂纹长度，即：

$$K_I = \sigma \sqrt{\pi(a + OO')} f\left(\frac{a}{W}\right) = \sigma \sqrt{\pi(a + r_y)} f\left(\frac{a}{W}\right) \qquad (10\text{-}39)$$

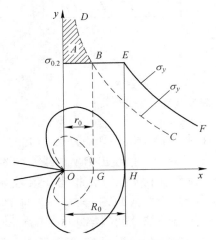

图 10-35　应力松弛后的塑性区

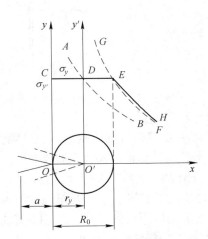

图 10-36　等效裂纹法修正

计算表明，修正量 r_y 正好等于应力松弛后的塑性区宽度 R_0 的一半。即 $r_y = r_0$，虚拟的裂纹顶点在塑性区的中心。显然，修正后的 K_I 比未经修正的值稍大。若外加应力小，

因而 $(K_{\mathrm{I}}/\sigma)^2$ 值小。使 $r_y \ll a$ 则进行塑性区修正与否对 K_{I} 影响不大。在这种情况下，可不作修正。

10.5.1.5　平面应变断裂韧度的测定

与其他力学性能指标的测定相比，平面应变断裂韧性 K_{IC} 的测定具有更严格的技术规定。这些规定是根据线弹性断裂力学的理论提出的。在临界状态下，塑性区尺寸正比于 $(K_{\mathrm{IC}}/\sigma_{0.2})^2$。$K_{\mathrm{IC}}$ 值越高，则临界塑性区尺寸越大。测定 K_{IC} 时，为保证裂纹尖端塑性区尺寸远小于周围弹性区的尺寸，即小范围屈服并处于平面应变状态，故对试件的尺寸作了严格的规定，$B > 2.5(K_{\mathrm{IC}}/\sigma_{0.2})^2$，$W = 2B$，$a = (0.45 \sim 0.55)W$，$W - a = (0.45 \sim 0.55)W$，即韧带尺寸比 R_0 大 20 倍以上。按规定，K_{IC} 的测定要点如下：

（1）试件及其制备，用于测定 K_{IC} 的试件为紧凑拉伸试件和三点弯曲试件，在确定试件尺寸之前，要测定材料的 σ 值，并估计 K_{IC} 值。然后按 $B > 2.5(K_{\mathrm{IC}}/\sigma_{0.2})^2$ 的要求，定出试件的最小厚度。若材料的 K_{IC} 值无法估算，可根据 $\sigma_{0.2}/E$ 的值估计 B 值。然后按比例关系，定出试件的其他尺寸。试件毛坯经粗加工、热处理和磨削，随后在钼丝切割机床上开切口，再在疲劳试验机上预制裂纹。预制裂纹的长度不小于 1.5mm。裂纹总长是切口深度与预制裂纹长度之和，应在 $(0.45 \sim 0.55)W$ 之间，平均为 $0.5W$，故韧带尺寸平均值为 $W - a = 0.5W$。预制裂纹时的 $K_{\mathrm{max}} < 2K_{\mathrm{IC}}/3$。

（2）测定方法：首先要测定载荷 P 与裂纹嘴张开位移 V 的关系曲线。为此，将试件安装在万能试验机的底座上：三点弯曲试件及试验装置如图 10-37 所示。

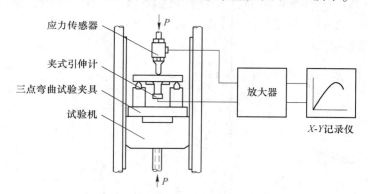

图 10-37　三点弯曲试件及试验装置示意图

载荷 P 由载荷传感器测量，裂纹嘴张开位移 V 由跨接于试件切口两侧的夹式引伸计测量。载荷与位移信号经放大器放大后，再输入 X-Y 记录仪。描绘出 P-V 曲线，如图 10-38 所示。根据 P-V 曲线，可求出裂纹失稳扩展时的临界载荷 P_Q，P_Q 相当于裂纹扩展量 $\Delta a/a = 2\%$ 时的载荷，对于标准试件，$\Delta a/a = 2\%$ 大致相当于 $\Delta V/V = 5\%$。为求 P_Q，从 P-V 曲线的坐标原点画 OPS 线，其斜率较 P-V 曲线的直线部分的斜率小 5%，P-V 曲线与 OPS 的交点对应的载荷为 P_S。这个条件相当于 $\Delta V/V = 5\%$。图 10-39 表示了不同的确定 P_Q 的方法。若在 P_S 之前，没有比 P_S 大的载荷，则取 $P_Q = P_S$，若在 P_S 前有一较 P_S 大的载荷，则取该载荷为 P_Q。

试件压断后，用工具显微镜测量裂纹长度 a，由于裂纹前线呈弧形，故规定在 0、

$B/4$、$B/2$、$3B/4$、B 等于 5 处测定 a_1、a_2、a_3、a_4、a_5。取 $(a_2 + a_3 + a_4)/3$ 为裂纹长度 a_0，为保证裂纹的平直度，a 与 $(a_1 + a_5)/2$ 之差应小于 10%。

求得 P_Q 和 a 值后，即可代入相应的 K_I 表达式，计算出 K_Q，最后按文献进行有效性检验，其中主要的是：（1）$P_{max}/P_Q < 1.10$；（2）$B > 2.5 (K_{IC}/\sigma_{0.2})^2$。若满足有效性规定，则 K_Q 即为 K_{IC}；否则，将原试件尺寸加大 50%，重新测定 K_{IC} 值。

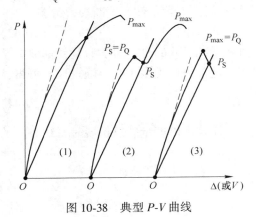

图 10-38　典型 P-V 曲线

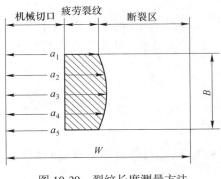

图 10-39　裂纹长度测量方法

10.5.2　线弹性条件下的金属断裂韧度

线弹性断裂力学认为在脆性断裂过程中，裂纹体各个部分的应力和应变处于线弹性阶段，只有裂纹尖端极小区域处于塑性变形阶段。它处理问题有两种方法：一种是应力应变分析法，研究裂纹尖端附近的应力应变场，提出应力场强度因子及对应的断裂韧性和 K 判据；另外一种是能量分析法，研究裂纹扩展时系统能量的变化，提出能量释放率及对应的断裂韧性和 G 判据。对于应力应变分析法，在 10.5.1 节已有表述。

裂纹扩展能量释放率 G_I 及断裂 G 判据：

Griffith 最早用能量方法研究了玻璃、陶瓷等脆性材料的断裂强度及其受裂纹的影响，从而奠定了线弹性断裂力学的基础。他还提出驱使裂纹扩展的动力是弹性能的释放率，即：

$$-\frac{\partial U}{\partial a} = \frac{\sigma^2 \pi a}{E} \tag{10-40}$$

令：

$$G_I = -\frac{\partial U}{\partial a} = \frac{\sigma^2 \pi a}{E} \tag{10-41}$$

式中，G_I 为最早的断裂力学参量，J/mm^2 或 kN/mm，称为裂纹扩展的能量释放率。对于平面应变，G_I 的表达式为：

$$G_I = \frac{(1 - \nu^2)\sigma^2 \pi a}{E} \tag{10-42}$$

可见，G_I 和 K_I 相似，也是应力 σ 和裂纹尺寸 a 的复合参量，是一个力学参量。

由于 G_I 是以能量释放率表示的应力 σ 和裂纹尺寸 a 的复合力学参量，是裂纹扩展的动力，因此，采用类似于应力场强度因子的方法，可由 G_I 建立材料的断裂韧度的概念和裂纹失稳扩展的力学条件。

由式（10-42）可知，随着 σ 和 a 的单独或共同增大，都会使 G_I 增大，当 G_I 增大到某一临界值 G_{IC} 时，裂纹便失稳扩展而断裂。G_{IC} 又称断裂韧度，单位为 J/mm^2 或 kN/mm，它表示材料阻止裂纹失稳扩展时单位面积所消耗的能量。

根据 G_I 和 G_{IC} 的相对大小，也可建立裂纹失稳扩展的力学条件，即断裂 G 判据：

$$G_I \geqslant G_{IC} \tag{10-43}$$

尽管 G_I 和 K_I 的表达式不同，但它们都是应力和裂纹尺寸的复合力学参量，都取决于应力和裂纹尺寸，其间必有相互联系。如对于具有穿透裂纹的无限大板，通过比较可得：

$$G_I = \frac{1 - \nu^2}{E} K_I^2 \tag{10-44}$$

所以，K_I 不仅可以度量裂纹尖端的应力场强度，而且可以度量裂纹扩展时系统势能的释放率。

10.5.3 弹塑性条件下的金属断裂韧度

10.5.3.1 J 积分及断裂 J 判据

Rice 于 1968 年提出了 J 积分理论，它可定量地描述裂纹体的应力应变场的强度。定义明确，有严格的理论依据。

需要指出，塑性变形是不可逆的，所以在弹塑性条件下，J_I 不能像 G_I 那样理解为裂纹扩展时系统势能的释放率，应当理解为裂纹相差单位长度的两个等同试样，加载到等同位移时，势能差值与裂纹面积差值的比率，即所谓形变功差率。正因为如此，通常 J 积分不能处理裂纹的连续扩展问题，其临界值只是开裂点，不一定是失稳断裂点。

与 G_I 和 K_I 一样，J_I 也是一个力学参量，表示裂纹尖端附近应力应变场的强度。在平面应变条件下，当外力达到破坏载荷时，即应力应变场的能量达到使裂纹开始扩展的临界状态时，J_I 积分值也达到相应的临界值 J_{IC}。J_{IC} 又称断裂韧度，但它表示材料抵抗裂纹开始扩展的能力。J_I 和 J_{IC} 的单位同 G_I 和 G_{IC}。

根据 J_I 和 J_{IC} 的相互关系，可以建立断裂 J 判据，即：

$$J_I \geqslant J_{IC} \tag{10-45}$$

只要满足该式，裂纹就会开裂。

实际生产中很少用 J 积分判据计算裂纹体的承载能力，主要原因是：（1）各种实用的 J 积分数学表达式并不清楚，即使知道材料的 J_{IC} 值，也无法用来计算；（2）中、低强度钢的断裂机件大多是韧性断裂，裂纹往往有较长的亚稳扩展阶段，J_{IC} 对应的点只是开裂点。

用 J 判据分析裂纹扩展的最终断裂，需要建立裂纹亚稳扩展的 R 阻力曲线，即建立用 J 积分表示的裂纹扩展阻力 J_R 与裂纹扩展量 a 之间的关系曲线。这种曲线能描述裂纹体从开裂到亚稳扩展以至失稳断裂的全过程，因此近年来得到了发展。

10.5.3.2 裂纹尖端张开位移

裂纹尖端张开位移（COD）法起源于英国，在英国、日本等国首先得到发展，其后在其他工业发达国家也得到广泛应用，主要用于压力容器、管道和焊接结构等产品的安全分析上。

δ 判据和 J 判据一样，都是裂纹开始扩展的断裂判据，而不是裂纹失稳扩展的断裂判据，显然，按这种判据设计构件是偏于保守的。对于大范围屈服，G_I 和 K_I 已不适用，但 COD 法仍不失其使用价值。

应该指出，COD 的理论和试验都在不断发展中，复杂裂纹的 COD 表达式还没有解决。因此，δ 判据作为一个完整的断裂判据还有很多的工作要做。

10.5.4　断裂韧度的影响因素

断裂韧性是评价材料抵抗断裂能力的力学性能指标，是材料强度和塑性的综合体现，取决于材料的化学成分、组织结构等内在因素，同时也收到温度、应变速率等外部因素的影响。

10.5.4.1　化学成分、组织结构对断裂韧度的影响

对于金属材料、非金属材料、高分子材料和复合材料，化学成分、基体相的结构和尺寸、第二相的大小和分布都将影响其断裂韧度，并且影响的方式和结果既有共同点，又有差异之处。除金属材料外，对其他材料的断裂韧度的研究还比较少。

对于金属材料，化学成分对断裂韧度的影响类似于对冲击韧度的影响。其大致规律是：细化晶粒的合金元素因提高强度和塑性，可使断裂韧度提高；强烈固溶强化的合金元素因大大降低塑性而使断裂韧度降低，并且随合金元素浓度的提高，降低的作用越明显；形成金属间化合物并呈第二相析出的合金元素，因降低塑性有利于裂纹扩展而使断裂韧度降低。

10.5.4.2　特殊改性处理对断裂韧度的影响

A　基体相结构和晶粒尺寸的影响

基体相的晶体结构不同，材料发生塑性变形的难易和断裂的机理不同，断裂韧度也发生变化。一般来说，基体相晶体结构易于发生塑性变形，产生韧性断裂，材料断裂韧度就高。如钢铁材料，基体可以是面心立方固溶体，也可以是体心立方固溶体。面心立方固溶体容易发生滑移塑性变形而不产生解理断裂，并且形变硬化指数较高，其断裂韧度较高，故奥氏体钢的断裂韧度高于铁素体钢和马氏体钢。对于陶瓷材料，可以通过改变晶体类型调整断裂韧度的高低。

基体的晶粒尺寸也是影响断裂韧度的一个重要因素。一般来说，细化晶粒既可以提高强度，又可以提高塑性，那么断裂韧度也可以得到提高。但是，某些情况下，粗晶粒的 K_{IC} 反而较高。

B　夹杂物和第二相的影响

夹杂物和第二相的形貌、尺寸和分布不同，将导致裂纹的扩展途径不同、消耗的能量不同，从而影响断裂韧度。对于金属材料，非金属夹杂物和第二相的存在对断裂韧度的影响可以归纳为：（1）非金属夹杂物往往使断裂韧度降低；（2）脆性第二相随着体积分数的增加，使得断裂韧度降低；（3）韧性第二相当其形态和数量适当时，可以提高材料的断裂韧度。非金属夹杂物和脆性第二相存在于裂纹尖端的应力场中时，本身的脆性使其容易形成微裂纹，而且它们易于在晶界或相界偏聚，降低界面结合能，使界面易于开裂，这些微裂纹与主裂纹连接加速了裂纹的扩展，或者使裂纹沿晶扩展，导致沿晶断裂，降低断

裂韧度。

　　第二相的形貌、尺寸和分布不同，将导致裂纹的扩展途径不同、消耗的能量不同，从而影响断裂韧度，如碳化物呈粒状弥散分布时的断裂韧度就高于呈网状连续分布时。尤其是对于韧性第二相，其塑性变形可以松弛裂纹尖端的应力集中，降低裂纹扩展速率，提高断裂韧度，所以，只要韧性第二相的形貌和数量适当，材料的断裂韧度就可提高。如马氏体基体上存在适量的条状铁素体时，断裂韧度就高于单一马氏体组织。

10.5.4.3　外界因素对断裂韧度的影响

A　温度

　　对于大多数材料，温度降低通常会降低断裂韧度，大多数结构钢就是如此，但是，不同强度等级的钢材，变化趋势有所不同。一般中、低强度钢都有明显的韧脆转变现象：在韧脆转变温度以上，材料主要是微孔聚集型的断裂机制，发生韧性断裂，K_{IC}较高；而在韧脆转变温度以下，材料主要是解理型断裂机制，发生脆性断裂，K_{IC}较低。随着材料强度水平的提高，K_{IC}随温度的变化趋势逐渐缓和，断裂机理不再发生变化，温度对断裂韧度的影响减弱。

B　应变速率

　　应变速率对断裂韧性的影响类似于温度。增加应变速率相当于降低温度，也可使K_{IC}下降。一般认为应变速率每增加一个数量级，K_{IC}约降低10%。但是，当应变速率很大时，形变热量来不及传导，造成绝热状态，导致局部温度升高，K_{IC}又回升。

10.5.5　断裂韧度的工程应用

　　断裂力学就是把弹性力学、弹塑性力学的理论应用到含有裂纹的实际材料中，从应力和能量的角度，研究裂纹的扩展过程，建立裂纹扩展的判据，并因此而引出与之相对应的一个材料力学性能指标——断裂韧度，从而进行结构设计、材料选择、载荷校核、安全性检验等。所以，断裂力学从其问世起就与工程实际相结合，特别是线弹性断裂力学在工程中获得了广泛应用。

　　断裂韧度在工程中的应用可以概括为三个方面。一是设计，包括结构设计和材料选择。可以根据材料的断裂韧度，计算结构的许用应力，针对要求的承载量，设计结构的形状和尺寸；可以根据结构的承载要求、可能出现的裂纹类型，计算可能的最大应力强度因子，依据材料的断裂韧度进行选材。二是校核，可以根据结构要求的承载能力、材料的断裂韧度，计算材料的临界裂纹尺寸，与实测的裂纹尺寸相比较，校核结构的安全性，判断材料的脆断倾向。三是材料开发，可以根据对断裂韧度的影响因素，有针对性地设计材料的组织结构，开发新材料。

习　题

1. 通常，金属材料的实际断裂强度仅为理论断裂强度的1/1000~1/10，为什么？
2. 如何理解Griffith对脆性断裂提出的断裂准则？
3. 材料的宏观断裂类型如何分类，可分别分为哪几类？
4. 通常拉伸试样韧性断裂的宏观断口由哪几部分组成，各有何特征？

5. 简要说明脆性断裂宏观断口的主要特征。如何根据断口特征寻找断裂源？

6. 为什么焊接船只比铆接船只更容易发生脆性破坏？

7. 何谓材料的力学状态图，有何工程意义？

8. 试用力学状态图简要说明材料的宏观断裂类型（方式）与哪些因素有关？

9. 沿晶断裂的微观断口形貌有何特征，产生沿晶断裂的主要原因有哪些？

10. 何谓解理断裂与微孔聚集剪切断裂，二者的微观断口形貌各有何典型特征，当微孔聚集剪切断裂也呈现为穿晶断裂时，二者的断裂性质为什么完全不同？

11. 脆性断裂与解理断裂是否等同，为什么？

12. 简述微孔聚集剪切断裂的韧窝形成过程，举例说明应力状态对韧窝形貌有何影响？

13. 何谓准解理断裂，准解理断裂与解理断裂有何区别？

14. Si_3N_4 材料的表面能 $\gamma_s = 30J/m^2$，原子间距 $a_0 \approx 0.2nm$，弹性模量 $E = 380Gpa$。

（1）计算这种材料的理论断裂强度 σ_c，并比较此理论断裂强度与实际拉伸试验测得的强度值（$S_k = 550MPa$）的差异；

（2）计算导致拉伸断裂的临界裂纹尺寸。

15. 对一个 Al_2O_3 试样进行拉伸，该试样心部有尺寸为 $100\mu m$ 的缺陷。如果 Al_2O_3 的表面能 $\gamma_s = 0.8J/m^2$，弹性模量 $E = 2.2 \times 10^5 MPa$，试用 Griffith 准则计算 Al_2O_3 的实际断裂强度。

16. 某钢板构件中心存在一个长 $2a$ 的裂纹，其受到张力（$\sigma = 400MPa$）的作用，已知此钢板的弹性模量 $E = 220GPa$，表面能 $\gamma_s = 10J/m^2$，试计算该板材失稳断裂的临界裂纹长度 $2ac$。

11　材料的疲劳性能

【本章提要与学习重点】

　　本章介绍了疲劳破坏的特点和疲劳断口特征、疲劳 S-N 曲线的测试方法和疲劳极限的定义和工程应用、疲劳裂纹的萌生与扩展机制等。

　　重点：疲劳破坏的特点、疲劳断口特征、疲劳 S-N 曲线及疲劳极限和疲劳极限的工程应用。

【导入案例】

　　人累了会有疲劳的感觉，那么材料会疲劳吗？答案是肯定的，材料也会疲劳。而且材料的疲劳可能会造成更大的伤害，这绝不是危言耸听！金属大桥断裂、房屋倒塌、车祸、飞机失事（图 11-1）都会造成多人死亡，而这些惨剧的发生可能就是由材料的疲劳断裂引起的。

图 11-1　飞机失事抢救现场

　　1998 年 6 月 3 日，德国一列高速列车在行驶中突然出轨，100 多人遇难，导致惨重的铁路事故。事后调查发现，惨剧是由一节车厢的车轮疲劳断裂引起的。

　　2001 年 11 月 7 日，四川宜宾南门大桥一断为三，造成两死两伤。专家分析，断桥是多种因素共同作用的结果。落后的工艺无法杜绝吊索生锈，而过度的金属疲劳加速了大桥夭折。资料表明，宜宾大桥到 2005 年的设计每日车辆流量是 7760 辆，而倒塌前已达到 47000 多辆。在经过长年累月的超载荷运营下，吊索强度急剧下降，直到突然断裂。

　　2002 年 5 月 25 日，一架机龄超过 22 年的波音 747 客机坠毁，机上 225 人全部罹难。经过 5 个多月调查，确认机尾下方蒙皮和左五号门的金属疲劳及中油箱下方主结构体出现变形是造成机体空中解体的最大因素。

　　据不完全统计，自第二次世界大战结束以来，全球发生过几千艘船舶、几十座桥梁毁于金属疲劳破坏，几百起因铁轨或机车车轮、车轴疲劳引起的火车翻车事故，有过数千起因汽车车轴、车架疲劳破坏而使司机、乘客惨死，几万名拖拉机手因前梁、车架或操纵杆疲劳破坏而受伤的记录。人类把人造卫星送上天的历史不过半世纪，但也出现过卫星因金属疲劳引发坠毁的意外。

为了说明材料也会疲劳，我们可以做一个很有名的小实验。找一把铝合金汤匙，然后从汤匙柄的根部将汤匙微微弯曲数次，最后汤匙会因过度疲劳而断裂。这说明，金属在反复交变的外力作用下，它的强度要比在静载荷作用下小得多。

材料为什么会疲劳呢？当材料所受的外力超过一定的限度时，在材料的内部存在缺陷，或者是相互间作用最强的地方会出现极微细的肉眼看不见的裂纹。如果材料所受的外力不是交变的，这些微细裂纹不会扩展，材料也就不会损坏。但若材料所受的是方向或大小不断重复变化的外力，这时候这些微细裂纹的边缘就会时而胀开，时而相压，或者彼此研磨，使得裂纹逐渐扩大和发展。当裂纹发展到一定的程度，材料被削弱到不再能承担外力时，材料就会像雪崩似地毁于一旦。

工程上，有很多构件是在交变载荷下工作的，如常见的轴、齿轮、弹簧、桥梁等，其失效形式主要是疲劳断裂。研究材料的疲劳机理，预测构件的疲劳寿命对材料的工程应用来说具有重要意义。据统计，在各类构件的断裂破坏中，有80%～90%是疲劳断裂，而且大部分的断裂是在应力远低于抗拉强度，甚至低于屈服强度的情况下，瞬间突然断裂。正是由于疲劳断裂在发生前往往没有明显预兆，所以，它造成的危害是特别巨大的。

11.1　疲劳破坏的一般规律

11.1.1　疲劳破坏的变动应力

工件在变动载荷和应变长期作用下，因累积损伤而引起的断裂现象，称为疲劳。由于变动载荷和应变是导致疲劳破坏的外动力，所以应该先对其进行了解，变动载荷是指载荷大小，甚至方向随时间变化的载荷变动载荷在单位面积上的平均值称为变动应力，可分为规则周期变动应力（或称循环应力）和无规则随机变动应力两种，可用应力-时间曲线描述，如图11-2所示。

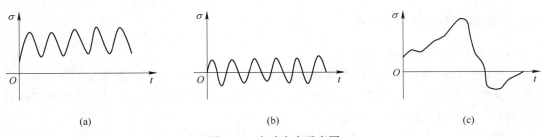

图 11-2　变动应力示意图

(a) 应力大小的变化；(b) 应力大小及方向都变化；(c) 应力大小及方向无规则变化

一般机件承受的变动应力多为循环应力。循环应力是周期性变化的应力，变化的波形有正弦波、矩形波和三角波等，其中最常见的为正弦波。表征应力循环特征的参数有：

（1）最大循环应力 σ_{max}，最小循环应力 σ_{min}；

（2）平均应力 $\sigma_m = (\sigma_{max} + \sigma_{min})/2$；

（3）应力幅 σ_a 或应力范围 $\Delta\sigma$：$\dfrac{\sigma_a}{2} = (\sigma_{max} - \sigma_{min})/2$；

（4）应力比 $r = \sigma_{max}/\sigma_{min}$。

按照应力幅和平均应力的相对大小，循环应力有以下几种类型，如图 11-3 所示。

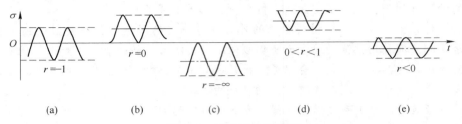

图 11-3　循环应力的类型

（a）交变应力；（b）重复循环应力；（c）重复循环应力；（d）重复循环应力；（e）交变应力

（1）对称循环：$\sigma_m = 0$，$r = -1$。大多数旋转轴类零件承受此类应力。

（2）不对称循环：$\sigma_m \neq 0$，$-1 < r < 1$。发动机连杆或结构中某些支撑杆、螺栓承受此类应力，$\sigma_\omega > \sigma_m > 0$，$-1 < r < 0$。

（3）脉动循环：$\sigma_m = \sigma_a > 0$，$r = 0$。齿轮的齿根及某些压力容器承受此类应力；$\sigma_m = \sigma_a < 0$，$r = \infty$，轴承承受脉动循环压应力。

（4）波动循环：$\sigma_m > \sigma_a$，$0 < r < 1$。发动机气缸盖、螺栓承受这种应力。

（5）随机变动应力：循环应力呈随机变化，如运行时因道路的变化，汽车、拖拉机及飞机等的零件，工作应力随时间随机变化，如图 11-4 所示。

图 11-4　农用挂车前轴的载荷谱

11.1.2　疲劳破坏的概念和特点

11.1.2.1　疲劳破坏的概念

疲劳的破坏过程是材料内部薄弱区域的组织在变动应力作用下，逐渐发生变化和损伤累积、开裂，当裂纹扩展达到一定程度后发生突然断裂的过程，是一个从局部区域开始的损伤累积，最终引起整体破坏的过程。

疲劳破坏是循环应力引起的延时断裂，其断裂应力水平往往低于材料的抗拉强度，甚至低于其屈服强度。机件疲劳失效前的工作时间称为疲劳寿命，疲劳断裂寿命随循环应力不同而改变。应力高，寿命短；应力低，寿命长。当应力低于材料的疲劳强度时，寿命可无限长。这种规律可用疲劳曲线描述。

疲劳断裂也经历了裂纹萌生和扩展过程。由于应力水平较低，因此具有较明显的裂纹萌生和稳态扩展阶段。

11.1.2.2　疲劳破坏的特点

疲劳破坏与静载或一次性冲击破坏对比具有以下特点：

（1）疲劳破坏的断裂应力水平往往低于材料的抗拉强度，甚至低于其屈服强度。

（2）疲劳破坏属低应力循环延时断裂，应力高，机件寿命短；应力低，寿命长。当应力低于材料的疲劳强度时，寿命可无限长。

（3）疲劳损伤是在长期累积损伤过程中，经裂纹萌生和缓慢亚稳扩展到临界尺寸时才突然发生的。

（4）可按不同方法对疲劳形式分类。按应力状态分，有弯曲疲劳、扭转疲劳、拉压疲劳、接触疲劳及复合疲劳。按应力高低和断裂寿命分，有高周疲劳和低周疲劳，高周疲劳的断裂寿命（N）较长，$N > 10^4$，断裂应力水平较低，$a < \sigma_s$，又称低应力疲劳，为常见的材料疲劳形式；低周疲劳的断裂寿命较短，$N = 10^2 \sim 10^4$，断裂应力水平较高，$\sigma \geq \sigma_{ss}$，往往伴有塑性应变发生，常称为高应力疲劳或应变疲劳。

11.1.3　疲劳断口的宏观特征

疲劳断口保留了整个断裂过程的所有痕迹，记载着很多断裂信息，具有明显的形貌特征，而这些特征又受材料性质、应力状态、应力大小及环境因素的影响，因此对疲劳断口的分析是研究疲劳过程、分析疲劳失效原因的一种重要方法。如图 11-5 所示，典型疲劳断口具有 3 个特征区：疲劳源、疲劳裂纹扩展区、瞬时断裂区。

疲劳源是疲劳裂纹萌生的策源地，多出现在机件表面，常和缺口、裂纹、刀痕、蚀坑等缺陷相连，但若材料内部存在严重冶金缺陷（夹杂、缩孔、偏析、白点等），也会因局部材料强度降低而在机件内部引发出疲劳源，因疲劳源区裂纹表面受反复挤压，摩擦次数多，疲劳源区比较光亮。而且

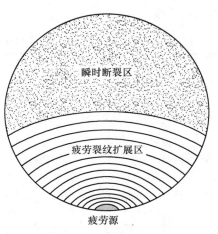

图 11-5　疲劳断裂断口

因加工硬化，该区表面硬度会有所提高，机件疲劳破坏的疲劳源可以是一个，也可以是多个，它与机件的应力状态及过载程度有关。如单向弯曲疲劳仅产生一个源区，双向反复弯曲可出现两个疲劳源。过载程度越高，名义应力越大，出现疲劳源的数目就越多，若断口中同时存在几个疲劳源，可根据每个疲劳区大小、源区的光亮程度确定各疲劳源产生的先后，源区越光亮，相连的疲劳区越大，就越先产生；反之，产生得就晚。

疲劳区是疲劳裂纹亚临界扩展形成的区域。其宏观特征是：断口较光滑并分布有贝纹线（或海滩花样），有时还有裂纹扩展台阶，断口光滑是疲劳源区的延续，其程度随裂纹向前扩展逐渐减弱，反映裂纹扩展快慢、挤压摩擦程度上的差异。贝纹线是疲劳区的最典型特征，一般认为是因载荷变动引起的，因为机器运转时不可避免地常有启动、停歇、偶然过载等，均要在裂纹扩展前沿线留下弧状贝纹线痕迹。疲劳区的每组贝纹线好像一簇以疲劳源为圆心的平行弧线，凹侧指向疲劳源，凸侧指向裂纹扩展方向。近疲劳源区贝纹线较细密，表明裂纹扩展较慢；远疲劳源区贝纹线较稀疏、粗糙，表明此段裂纹扩展较快。

贝纹区的总范围与过载程度及材料的性质有关。若机件承受较高的名义应力或材料韧性较差，疲劳区范围较小，贝纹线不明显；反之，低名义应力或高韧性材料，疲劳区范围较大，贝纹线粗且明显。贝纹线的形状则由裂纹前沿线各点的扩展速度、载荷类型、过载程度及应力集中等决定。

由表 11-1 可见，（1）轴类机件拉压疲劳时，若表面无缺口应力集中，截面上应力分布均匀，裂纹扩展等速，贝纹线呈一簇平行的圆弧线。若机件表面有环状缺口的应力集中，裂纹沿表层的扩展比中间区快。高名义应力时，疲劳区范围小，表层与中间区的裂纹扩展相差无几，贝纹线的形状从起始的半圆弧状到半椭圆状，最后为波浪状变化；低名义应力时，因疲劳区大，表层裂纹扩展比中间超前许多，故贝纹线形状由起始的半圆弧状到半椭圆弧状、波浪弧状，最后为凹向椭圆弧状变化。（2）机件弯曲疲劳时，表面应力最高，其贝纹线变化与带缺口机件的拉压疲劳相似。表面有缺口时，应力集中增强，变化会更大。（3）机件扭转疲劳时，因最大正应力方向与扭转轴倾斜 45°，最大切应力垂直或平行于轴向分布，故正断型疲劳断口与轴向呈 45°，且易出现锯齿状或星形状断口，像花键轴断口，由切应力引起的切断型疲劳断口沿最大切应力即垂直于扭转轴方向，上面一般看不到贝纹线。

表 11-1　各类疲劳断口形貌示意图

瞬断区是裂纹失稳扩展形成的区域。在疲劳亚临界扩展阶段，随应力循环增加，裂纹不断增长，当增加到临界尺寸 a_c 时，裂纹尖端的应力场强度因子 K_I 达到材料断裂韧性 $K_{IC}(K_C)$ 时，裂纹就失稳快速扩展，导致机件瞬时断裂，该区的断口比疲劳区粗糙，宏观特征如同静载，随材料性质而变。脆性材料断口呈结晶状；韧性材料断口，在心部平面应变区呈放射状或人字纹状，边缘平面应力区则有剪切唇区存在。

瞬断区一般应在疲劳源对侧。但对旋转弯曲来说，低名义应力时，瞬断区位置逆旋转方向偏转一角度；高名义应力时，多个疲劳源同时从表面向内扩展，使瞬断区移向中心位置。瞬断区大小与机件承受名义应力及材料性质有关，高名义应力或低韧性材料，瞬断区大；反之，瞬断区则小。

11.2 材料疲劳破坏机理

11.2.1 疲劳裂纹的萌生

金属材料的疲劳过程也是裂纹萌生和扩展的过程。因变动应力的循环作用，裂纹萌生往往在材料薄弱区或高应力区，通过不均匀滑移、微裂纹形成及长大而完成。目前尚无统一的尺度标准确定裂纹萌生期，常将长 $0.05 \sim 0.10mm$ 的裂纹定为疲劳裂纹核，对应的循环周期为裂纹萌生期，其长短与应力水平有关。低应力时，疲劳的萌生期可占整个寿命的大半以上。

疲劳微裂纹由不均匀滑移和显微开裂引起，主要方式有：表面滑移带开裂；第二相、夹杂物与基体界面或夹杂物本身开裂；晶界或亚晶界处开裂，如图 11-6 所示。

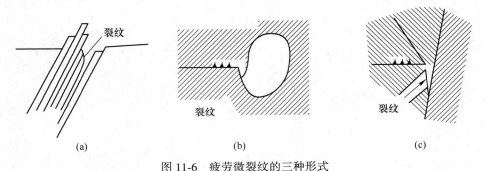

图 11-6 疲劳微裂纹的三种形式

（a）表面滑移带开裂；（b）第二相、夹杂物与基体界面或夹杂物本身开裂；（c）晶界或亚晶界处开裂

在循环载荷的作用下，即使循环应力未超过材料屈服强度，也会在试件表面形成循环滑移带，它与静拉伸形成的均匀滑移带不同。循环滑移带集中于某些局部区域（高应力或薄弱区），用电解抛光法也很难将其去除，即使去除了，再重新循环加载后，还会在原处再现。故称这种永留或再现的循环滑移带为驻留滑移带，驻留滑移带一般只在表面形成，深度较浅。随着加载循环次数的增加，循环滑移带会不断地加宽。

驻留滑移带在表面加宽过程中，还会出现挤出脊和侵入沟，于是就在这些地方引起应力集中，经过一定循环后会引发微裂纹，挤出和侵入的现象在很多实验中可以观察到，并看到了由它形成的微裂纹（图 11-7）。柯垂尔（A. H. Cottrell）和赫尔（D. Hull）曾提出一个交叉滑移模型说明"挤出"和"侵入"的形成过程，如图 11-8 所示，拉应力的上半周初期，先在取向最有利的滑移面上，位错源 S_1 被激活，当位错滑动到表面时，便在 P 处留下一个滑移台阶。随着拉应力的增大，另一个滑移面上的位错源 S_2 也被激活，当位错滑动到表面时，在 Q 处留下一个滑移台阶，同时还使第一个滑移面错开，位错源 S_1 与滑移台阶 P 不再处于同一个平面内，在压应力的前半周期，位错源 S_1 又被激活，但位错向反向滑动，并在晶体表面留下一个反向滑移台阶 P'，结果 P 处形成一个侵入沟，同时也使位错源 S_2 与滑移台阶 Q 不再处于同一平面内。随着压应力增加，位错源 S_2 又被激活，位错沿相反方向运动，滑出表面后留下一个反向的滑移台阶 Q'，并在此处形成一条挤出脊，同时又将位错源 S_1 带回原位错处，与滑移台阶 P 处在同一平面内。随着应力如此不断循环，挤出脊高度与侵入沟深度将不断增加。侵入沟就像很尖锐的微观缺口，应力集中严重，疲劳微裂纹也就易在此处萌生了。

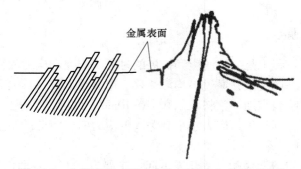

图 11-7　金属表面"挤出"与"侵入"并形成裂纹

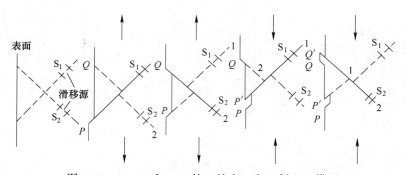

图 11-8　Cottrell 和 Hull 的"挤出"和"侵入"模型

该模型从几何和能量角度考虑是可行的，但由此产生的挤出脊和侵入沟分别出现在两个滑移系中，与实际情况不符，实验中观察到的挤出脊和侵入沟常处在同滑移系的相邻部位。晶界开裂，夹杂物、第二相与基体界面开裂，萌生疲劳裂纹可用位错塞积形成裂纹模型解释。

11.2.2　疲劳裂纹的扩展

疲劳裂纹萌生后便开始扩展，如图 11-9 所示，第Ⅰ阶段是沿着最大切应力方向向内扩展，其中多数微裂纹并不继续扩展，成为不扩展裂纹，只有个别微裂纹可延伸几十微米

（即2~5个晶粒）长。随即疲劳裂纹便进入第Ⅱ阶段，沿垂直拉应力方向向前扩展形成主裂纹，直至最后形成剪切唇为止。

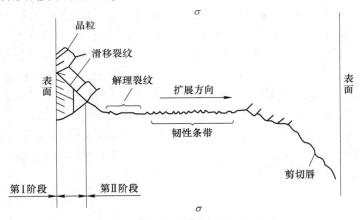

图11-9　疲劳裂纹扩展的两个阶段

由于第Ⅰ阶段的裂纹扩展极慢，扩展的总量很小，所以该阶段的断口很难辨析，不易观察到其形貌，所以该阶段的断口很难辨析，不易观察到其形貌，只有某些擦伤的痕迹，在某些强化材料中，有时可见到周期解理或准解理的花样，甚至可见到沿晶开裂的冰糖状花样。

在室温及无腐蚀条件下，第Ⅱ阶段疲劳裂纹是穿晶扩展的。扩展速率 da/dN 随循环周次增加而增加。大部分循环周期内，da/dN 约为 $10^{-5} \sim 10^{-2}$ mm/次。在多数韧性材料的第Ⅱ阶段断口上用电子显微镜可观察到韧性疲劳条带，而脆性材料中可观察到脆性条带（图11-10）。疲劳条带（疲劳辉纹）是略呈弯曲并相互平行的沟槽状花样，与裂纹扩展方向垂直，是裂纹扩展时留下的微观痕迹，为疲劳断口最典型的微观特征。

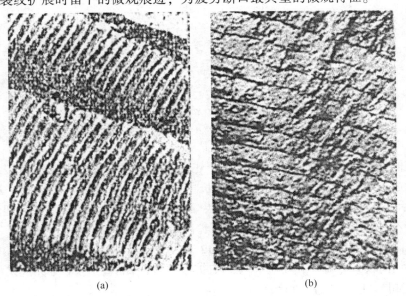

(a)　　　　　　　　　　　　　(b)

图11-10　疲劳条带

（a）韧性条带，1000×；（b）脆性条带，600×

关于疲劳条带形成的原因，曾提出不少模型。其中公认的塑性钝化模型是由 Laird 和 Smith 提出的，也称 L-S 模型，他们认为铝镍等高塑性材料在变动循环应力作用下，裂纹尖端的塑性张开钝化和闭合锐化，会使裂纹向前延续扩展，如图 11-11 所示。图 11-11（a）为原始状态，应力为零，裂纹处于闭合状态。随着拉应力增大，裂纹张开，并在裂纹尖端沿最大切应力方向产生滑移（图 11-11（b））。当拉应力增加到最大值时，裂纹张开至最大，裂尖的塑性变形也增至最大，并使裂尖钝化，并向前扩展一段距离（图 11-11（c））。当转入压应力半周期时，滑移沿相反方向进行，原裂纹和新扩展的裂纹表面被压合，裂纹尖端被弯折成一对耳状切口（图 11-11（d））。图 11-11（e）表示最大压应力时，裂纹表面完全被压合，裂尖变成一对尖角，同时也向前扩展了一段距离，并在断口上留下一条疲劳条带。可见在循环应力的作用下，裂纹尖端的钝锐交替变化着，如此反复进行，使新的条带不断形成，疲劳裂纹也就不断向前扩展。

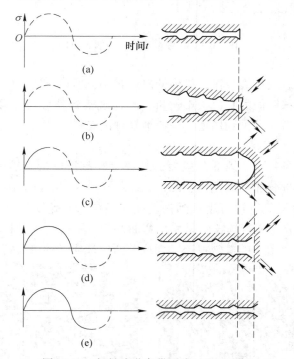

图 11-11 韧性疲劳条带形成过程示意图

（a）原始状态；（b）拉应力增大 ；（c）拉应力最大值时；（d）压应力半周期时；（e）最大压应力时

再生核模型是 Forsyth 和 Ryder 提出的，也称 F-R 模型。他们认为疲劳裂纹的扩展是断续的，通过主裂纹前方萌生新裂纹核，长大并与主裂纹连接来实现的，具体过程如图 11-12所示。在循环拉应力半周期，裂纹尖端发生塑性变形，在其前方弹塑性交界三向拉应力区，若存在第二相或夹杂物，便会因它们与基体的界面开裂或第二相、夹杂物脆断形成显微空洞和疲劳裂纹再生核，如图 11-12（a）所示。随后主裂纹和裂纹核之间因内颈缩而发生相向长大、桥接，使主裂纹向前扩展一段距离（相当于塑性区尺寸）而构成疲劳条带，如图 11-12（b）所示。

若材料强度较高，或由于环境中氢或腐蚀介质的影响，在裂尖塑性区前沿三向最大拉

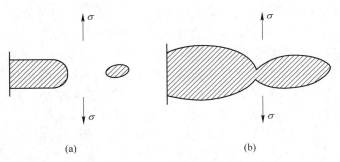

图 11-12 F-R 再生核模型
（a）拉应力半周期内裂纹尖端形成空洞，再生核；（b）再生核裂纹与主裂纹桥接

应力处并不形成显微空洞，而是形成解理裂纹，出现主裂纹和解理微裂纹的桥接，形成脆性疲劳条带，如图 11-13 显示出韧性条带和脆性条带的形态，韧性条带只有相互平行的弧状条纹，脆性条带除此之外，还带有解理台阶的河流花样，它们大致垂直于疲劳条带线。

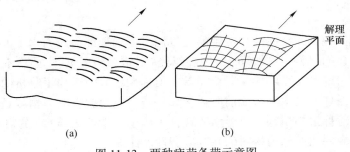

图 11-13 两种疲劳条带示意图
（a）韧性条带；（b）脆性条带

　　以上论述确实说明了疲劳损伤是材料在使用过程中逐渐累积的结果。因此，在失效分析中，常利用疲劳微观断口中疲劳条带间宽和裂纹尖端的应力强度因子幅 ΔK_{I} 间关系分析破坏原因，但是在实际观察不同材料的疲劳断口时，并不一定都能看到清晰的疲劳条带，一般滑移系多的面心立方金属，如 Al、Cu 合金和 18-8 不锈钢，其疲劳条带比较明显；而滑移系较少或组织状态较复杂的钢铁材料，其疲劳条带往往短窄而紊乱，甚至看不到。这里特别强调的是，疲劳条带和前面提到的贝纹线并不是一回事，疲劳条带是疲劳断口的微观特征，贝纹线是断口的宏观特征，在相邻贝纹线间可能有成千上万条疲劳条带。二者既可同时在断口上出现，也可在断口上不同时出现。这种不完全对应的现象在对疲劳断口分析时值得注意。

11.3 高周疲劳

　　采用疲劳裂纹萌生时的载荷循环总周次描述裂纹萌生寿命，传统上可以将裂纹萌生的疲劳问题划分为高周疲劳（High Cycle Fatigue）和低周疲劳（Low Cycle Fatigue）。高周疲劳是指疲劳寿命所包含的载荷循环周次比较高，一般大于 10^4 周次，而作用在结构或构件上的循环应力水平比较低，最大循环应力通常小于材料的屈服应力，即 $\sigma_{\max} < \sigma_{\mathrm{s}}$。材料

始终处于弹性阶段，应力和应变之间满足胡克定律，具有一一对应关系，采用应力或应变作为疲劳控制参量。一般采用应力作为控制参量，因此高周疲劳又称为应力疲劳（Stress Fatigue）。低周疲劳是指疲劳寿命所包含的载荷循环周次比较少，一般小于 10^4 周次，而作用在结构或构件上的循环应力水平比较高，最大循环应力通常大于材料的屈服应力，即 $\sigma_{max} > \sigma_s$。由于材料进入屈服后应变变化较大，而应力变化很小，采用应变作为疲劳控制参量更为合适，因此低周疲劳又称为应变疲劳（Strain Fatigue）。

由于传统疲劳试验机频率低，开展疲劳试验耗时长，测试成本高，一次疲劳试验很少超过 10^7 周次载荷循环，因此 10^7 周次就成为传统高周疲劳寿命的上限。材料在经历 10^8 或 10^7 周次以上载荷循环以后仍然未发生破坏所对应的临界应力，称为疲劳极限。大量试验数据表明，在传统疲劳极限附近应力水平的循环载荷作用下，金属材料的疲劳破坏大多发生在 $10^6 \sim 10^{10}$ 循环周次之间。近年来，随着高频振动疲劳试验技术的迅速发展，材料在高达 $10^6 \sim 10^{10}$ 周次载荷循环下的超高周疲劳（Very High Cycle Fatigue）问题研究逐渐成为热点。

11.3.1　基本 *S-N* 曲线

在高周疲劳问题中，材料的疲劳性能可以用表征循环载荷应力水平的应力幅或最大应力与表征疲劳寿命的材料到裂纹萌生（此时即认定材料失效）时的循环周次之间的关系来描述，称为应力寿命关系或 *S-N* 曲线。对于恒幅循环应力，为了分析的方便，采用应力比和应力幅描述循环应力水平。如前所述，如果给定应力比，应力幅就是控制疲劳破坏的主要参量。由于对称恒幅循环载荷容易实现，工程上一般将 $R = -1$ 的对称恒幅循环载荷下获得的应力寿命关系，称为材料的基本疲劳性能曲线。

在工程和试验中，裂纹萌生的实时判定是一个难题。在试验中为了简便，针对不同的材料分别采用下面的标准判定裂纹萌生或失效。

（1）脆性材料小尺寸试件发生断裂。对于中高强度钢等脆性材料，裂纹从萌生到扩展至小尺寸圆截面试件断裂的时间很短，对整个寿命的影响很小，因此这样的标准是合理的。

（2）延性材料小尺寸试件出现可见小裂纹或 5% ~ 15% 的应变降。对于延性较好的材料，裂纹萌生后有相当长的一段扩展阶段，这个阶段不能计入裂纹萌生寿命。如果采用更为精确的观察方法，就可以以小裂纹（如尺寸在1mm 左右）的出现作为裂纹萌生的判定标准，也可以监测试件在恒幅循环应力作用下的应变变化，利用裂纹萌生可能导致局部应变释放的规律，通过监测应变降来确定试件中是否萌生裂纹。

11.3.1.1　一般形状和主要特征

根据《金属材料疲劳试验轴向力控制方法》（GB/T 3075—2008），金属材料的疲劳试验一般采用小尺寸的圆形或矩形横截面试件，试件数量不能太少，7~10 件比较合适。

在给定的应力比下，施加不同应力幅的循环应力，记录失效时的载荷循环次数（即寿命）。以寿命为横轴、应力幅为纵轴，描点并进行数据拟合，即可得到如图 11-14 所示的 *S-N* 曲线。很明显，在给定的应力比下，应力水平（应力幅或最大应力）越低，寿命越长。因此，*S-N* 曲线是下降的。当应力水平（如应力幅）小于某个极限值时，试件永远都不会发生破坏，寿命趋于无限大。因此，*S-N* 曲线存在一条水平的渐近线。

在 S-N 曲线上对应于寿命 N 的应力，称为寿命为 N 的条件疲劳强度，以下简称疲劳强度，记作 σ_N。在 $R = -1$ 的对称循环载荷下寿命为 N 的疲劳强度，记作 $\sigma_{N(R=-1)}$。寿命 N 趋于无穷大时所对应的应力，称为材料的疲劳极限（Fatigue Limit），记作 σ_f。在 $R = -1$ 的对称循环载荷下的疲劳极限，记作 $\sigma_{(R=-1)}$，简记为 σ_{-1}。材料的疲劳极限可以直接用于开展无限寿命设计，即确保工作应力满足 $\sigma < \sigma_f$。

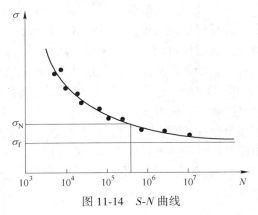

图 11-14　S-N 曲线

由于疲劳试验不可能无休止地做下去，因此试验中的"无穷大"，对于钢材，一般定义为 10^7 次循环；对于焊接件，一般为 2×10^6 次循环；而对于有色金属材料，则为 10^8 次循环。

11.3.1.2　数学表达

A　Wöhler 公式

德国工程师 Wöhler 最早提出了一个指数形式的表达式：

$$e^{m\sigma} N = c \tag{11-1}$$

式中，m 和 c 为与材料、应力比、加载方式等有关的参数。对式（11-1）两边同时取对数，即得：

$$\sigma = a + b\lg N \tag{11-2}$$

式中，$a = \dfrac{\lg c}{m\lg e}$，$b = \dfrac{1}{m\lg e}$。式（11-2）表明，在寿命取对数而应力不取对数的坐标图中，应力和寿命之间满足线性关系，通常称为半对数线性关系。

B　Basquin 公式

1910 年，Basquin 在研究材料的弯曲疲劳特性时，提出了描述材料 S-N 曲线的幂函数表达式，即：

$$\sigma^m N = c \tag{11-3}$$

对式（11-3）两边同时取对数，有：

$$\lg \sigma = a + b\lg N \tag{11-4}$$

式中，$a = \dfrac{\lg c}{m}$，$b = -\dfrac{1}{m}$。式（11-4）表明，应力和寿命之间存在对数线性关系。

C　Stromeyer 公式

上述两种应力寿命公式虽然简单明了，但是不能表达 S-N 曲线存在水平渐近线的事实。1914 年，Stromeyer 基于 Basquin 公式提出了一个新的表达式：

$$(\sigma - \sigma_f)^m N = c \tag{11-5}$$

式中，引入了疲劳极限 σ_f。很明显，当 σ 趋于 σ_f 时，寿命 N 趋于无穷大。

在上述三个公式中，最常用的是 Basquin 的幂函数表达式。注意到，S-N 曲线描述的是高周疲劳，因此其寿命不应该低于 10^4 周次循环。

11.3.1.3 近似估计

描绘材料疲劳性能的基本 S-N 曲线，一般应当通过 $R=-1$ 的对称循环疲劳试验得到。但是，有时候可能因为各种原因而缺乏试验结果或无法开展试验。在这样的情况下，可以依据材料的强度数据进行简单估计，供初步设计参考。

图 11-15 给出了一些金属材料旋转弯曲疲劳极限 σ_f 与极限强度（Ultimate Strength）σ_u 的试验数据。可以发现，当材料极限强度不超过 1400MPa 时，疲劳极限与极限强度之间近似呈线性关系，而在极限强度超过 1400MPa 以后，疲劳极限不再有明显的变化趋势。因此，可以用一条斜线和水平直线描述二者之间的关系。

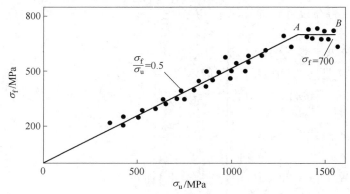

图 11-15　旋转弯曲疲劳极限与极限强度

考虑到加载方式对疲劳行为的影响，对于一般常用金属材料，根据不同的加载方式有下述经验关系：

$$\sigma_f = \begin{cases} k\sigma_u, & \sigma_u < 1400\text{MPa} \\ 1400k, & \sigma_u \geqslant 1400\text{MPa} \end{cases} \tag{11-6}$$

式中，k 为与加载方式有关的系数。对于弯曲疲劳问题，试验结果表明 k 在 0.3~0.6 之间，一般取 $k=0.5$；对于轴向拉压对称疲劳问题，试验结果表明 k 在 0.3~0.45 之间，一般取 $k=0.35$；而对于对称扭转疲劳问题，k 在 0.25~0.3 之间，一般取 $k=0.29$。

对于高强脆性材料，极限强度 σ_u 数值等于极限抗拉强度 σ_b；对于延性材料，极限强度 σ_u 数值等于屈服强度 σ_s。

如果已知材料的疲劳极限和极限强度，就可以用下述方法对 S-N 曲线做偏于保守的估计。考虑到 S-N 曲线描述的是长寿命疲劳，不宜用于 $N<10^3$ 的情况，因此可以假定 $N=10^3$ 对应的疲劳极限为 $0.9\sigma_u$。同时，金属材料疲劳极限。所对应的无限大寿命一般为 $N=10^7$ 周次，因此可以偏于保守地假定对应疲劳极限的寿命为 10^6 周次。

根据 Basquin 公式，有：

$$(0.9\sigma_u)^m \cdot 10^3 = c \tag{11-7}$$

和

$$\sigma_f^m \cdot 10^6 = c \tag{11-8}$$

联立式（11-7）和式（11-8）：

$$m = \frac{3}{\lg 0.9 - \lg k} \tag{11-9}$$

和

$$c = \lg^{-1}\left[\frac{6\lg 0.9 + 3(\lg\sigma_u - \lg k)}{\lg 0.9 - \lg k}\right] \tag{11-10}$$

必须注意，按照上述方法估计的 S-N 曲线，只能应用于寿命在 $10^3 \sim 10^6$ 周次之间的疲劳强度估计，不能外推。

11.3.2 平均应力的影响

采用应力比和应力幅描述循环应力水平，利用在给定应力比（如 $R = -1$）下的材料疲劳试验，可以得到反映应力幅对寿命影响的 S-N 曲线。本节主要讨论应力比对疲劳性能的影响。

根据应力幅和应力比，平均应力可以表示为：

$$\sigma_m = \frac{1 + R}{1 - R}\sigma_a \tag{11-11}$$

很明显，当应力幅 σ_a 给定时，平均应力 σ_m 随着应力比 R 的增大而增大，并且具有一一对应关系，如图 11-16 所示。因此，讨论应力比的影响，实际上也就是讨论平均应力的影响。

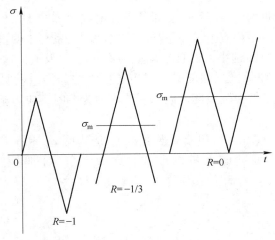

图 11-16 应力比与平均应力之间的对应关系

11.3.2.1 一般趋势

从图 11-16 可以看出，随着平均应力的增大，循环载荷中的拉伸部分所占的比重也增大，这会促进疲劳裂纹的萌生和扩展，从而降低疲劳寿命。平均应力对 S-N 曲线的影响的一般趋势如图 11-17 所示。图中，$\sigma_m = 0$（对应于 $R = -1$）对应的曲线，就是基本 S-N 曲线。

明显地，当 $\sigma_m > 0$ 时，循环载荷有拉伸平均应力，与 $\sigma_m = 0$ 的情况相比，S-N 曲线下移。这表示随着平均应力上升，相同的应力幅对应的寿命将缩短，或者相同的寿命对应的疲劳强度将降低。因此拉伸平均应力对疲劳是不利的。而当 $\sigma_m < 0$ 时，循环载荷有压缩平均应力，相对于 $\sigma_m = 0$ 的情况，S-N 曲线上移。这表示随着平均应力下降，同样的应

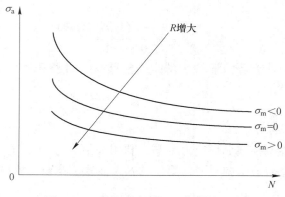

图 11-17 平均应力对 S-N 曲线的影响

力幅对应的寿命将延长，或者同样的寿命对应的疲劳强度将提高。因此，压缩平均应力对疲劳是有利的。在工程实践中，可以用喷丸、冷挤压和预应变等方法，在结构高应力局部引入残余压应力，以提高寿命。

11.3.2.2 等寿命曲线

以应力幅 σ_a 为横轴、平均应力 σ_m 为纵轴，将不同应力水平下的疲劳试验数据描点，并按照等寿命条件拟合曲线，可以获得多条等寿命曲线，如图 11-18 所示。等寿命曲线可以反映给定寿命条件下，循环应力幅与平均应力之间的关系。很明显，当寿命一定时，平均应力越大，相应的应力幅越小，而且平均应力有一个上限值，这就是材料的极限强度 σ_u。当平均应力等于材料的极限强度时，对应的应力幅为零，表明导致材料破坏的载荷为静载荷，发生的破坏是静强度破坏。而当平均应力为零时，应力幅就是对称循环载荷下的疲劳强度 $\sigma_{N(R=-1)}$。

分别采用疲劳强度 $\sigma_{N(R=-1)}$ 和极限强度 σ_u 对应力幅 σ_a 和平均应力 σ_m 做归一化处理，可以将等寿命曲线处理成无量纲形式。这种无量纲的等寿命图称为 Haigh 图，图 11-19 给出了金属材料在寿命为 10^7 周次时的 Haigh 图。

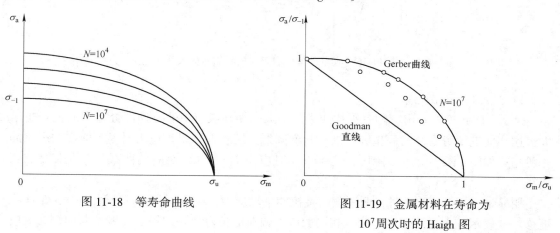

图 11-18 等寿命曲线

图 11-19 金属材料在寿命为
10^7 周次时的 Haigh 图

等寿命曲线可以采用抛物线方程拟合，即：

$$\frac{\sigma_a}{\sigma_{N(R=-1)}} + \left(\frac{\sigma_m}{\sigma}\right)^2 = 1 \tag{11-12}$$

该抛物线称为 Gerber 曲线。从图 11-19 可以看出，数据点基本上在此抛物线附近。除此以外，也可以采用直线方程拟合，即：

$$\frac{\sigma_a}{\sigma_{N(R=-1)}} + \frac{\sigma_m}{\sigma} = 1 \tag{11-13}$$

该直线称为 Goodman 直线。可以看出，所有的数据点都在这一直线的上方。一般来说，直线方程拟合形式简单，而且在给定的寿命下，根据直线方程拟合做出的估计偏保守，因此在工程实际中经常采用。

利用 Goodman 直线，已知材料的极限强度和基本 S-N 曲线，就可以估计其在不同应力比或平均应力下的疲劳性能。

【例 11-1】 构件受拉压循环应力作用，$\sigma_{max} = 800\text{MPa}$，$\sigma_{min} = 80\text{MPa}$。若已知材料的极限强度为 $\sigma_u = 1200\text{MPa}$，试估算其疲劳寿命。

解：（1）根据最大应力和最小应力计算应力幅和平均应力，可得：

$$\sigma_a = 360\text{MPa}, \quad \sigma_m = 440\text{MPa}$$

（2）根据极限强度估计对称循环载荷下的基本 S-N 曲线。

首先由式（11-6），在拉压循环应力作用下，疲劳极限可估计为：

$$\sigma_{-1} = 0.35\sigma_u = 420\text{MPa}$$

再根据式（11-9）和式（11-10），如果基本 S-N 曲线采用 Basquin 公式表达，则有：

$$m = 7.314, \quad c = 1.536 \times 10^{25}$$

（3）循环应力水平的等寿命转换。

利用 Goodman 直线，将实际工作的循环应力水平等寿命地转换为对称循环载荷下的应力水平。根据式（11-13），有：

$$\sigma_{N(R=-1)} = \frac{\sigma_a}{1 - \dfrac{\sigma_m}{\sigma_n}} = 568.4\text{MPa}$$

（4）估计寿命。

在 $\sigma_a = 568.4\text{MPa}$、$\sigma_m = 0$ 的对称循环载荷下的寿命，可由基本 S-N 曲线得到。根据 Basquin 公式有：

$$N = 1.09 \times 10^5 \text{（周次）}$$

考虑到构件在 $\sigma_a = 360\text{MPa}$、$m = 440\text{MPa}$ 的工作应力水平下与在 $\sigma = 568.4\text{MPa}$、$\sigma_m = 0$ 的对称循环载荷下是等寿命的，因此可以估计构件在 $\sigma = 360\text{MPa}$、$\sigma_m = 440\text{MPa}$ 的工作应力水平下的寿命为 1.09×10^5 周次循环。

11.3.3 等寿命疲劳图

为了方便进一步讨论，将图 11-18 的等寿命曲线重画于图 11-20 中。对于任一过原点的射线 OB，其斜率 $k = \dfrac{\sigma_m}{\sigma_a}$，且应力比为：

$$R = \frac{\sigma_{\min}}{\sigma_{\max}} = \frac{\sigma_{\mathrm{m}} - \sigma_{\mathrm{a}}}{\sigma_{\mathrm{m}} + \sigma_{\mathrm{a}}} = \frac{1 - k}{1 + k} \qquad (11\text{-}14)$$

可见，射线斜率 k 与应力比 R 有一一对应的关系，不同的射线对应不同的应力比。$k = 1$ 的 45°射线，对应于 $\sigma_{\mathrm{m}} = \sigma_{\mathrm{a}}$，因此 $R = 0$；$k = \infty$ 的 90°射线，对应于 $\sigma_{\mathrm{m}} = 0$，因此 $R = -1$；而 $k = 0$ 的 0°射线，对应于 $\sigma_{\mathrm{a}} = 0$，因此 $R = 1$。

过任意一点 B，作 45°射线 OA 的垂线 CD，垂足为 A，如图 11-20 所示，则有：

$$\frac{OA\sin\dfrac{\pi}{4} - h\sin\dfrac{\pi}{4}}{OA\sin\dfrac{\pi}{4} + h\sin\dfrac{\pi}{4}} = \frac{OA - h}{OA + h} \qquad (11\text{-}15)$$

因此：

$$R = \frac{1 - k}{1 + k} = \frac{h}{OA} = \frac{h}{AC} \qquad (11\text{-}16)$$

这说明 CD 线可作为应力比 R 的坐标轴，A 处 $R = 0$，C 处 $R = 1$，D 处 $R = -1$，其他的 R 值在 CD 上线性标定即可。

为了便于观察，将图 11-20 旋转 45°，如图 11-21 所示。现在看看水平和竖直的两条坐标线 σ_1 和 σ_2 分别代表什么。

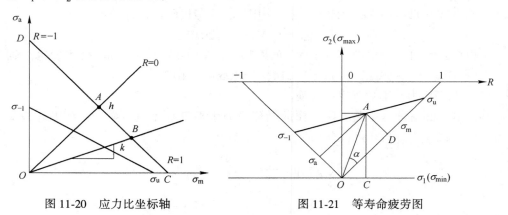

图 11-20 应力比坐标轴   图 11-21 等寿命疲劳图

在 $\triangle AOC$ 中，很明显 $\sigma_1 = OC = OA\sin\left(\dfrac{\pi}{4} - \alpha\right) = \dfrac{\sqrt{2}}{2}\sigma_{\min}$；可见，坐标轴 σ_1 代表 $\sigma_{\min}$ 只是其坐标需要按放大 $\dfrac{\sqrt{2}}{2}$ 倍来标定；类似地，可以证明坐标轴 σ_2 代表 $\sigma_{\max}$，同样也需要按放大 $\dfrac{\sqrt{2}}{2}$ 倍来标定。如此得到的图，称为等寿命疲劳图。

作为一个例子，图 11-22 给出了 7075-T6 铝合金的等寿命疲劳图。利用该图，可直接读出给定寿命 N 下的 $\sigma_{\max}$、$\sigma_{\min}$、σ_{a}、σ_{m} 和 R 等表征循环载荷水平的参数，便于工程设计使用。在给定的应力比 R 下，由与该应力比相对应的射线与等寿命线的交点，读取应力幅和寿命，即可获得相应的 $S\text{-}N$ 曲线。此外，还可利用等寿命疲劳图进行载荷间的等寿命转换。

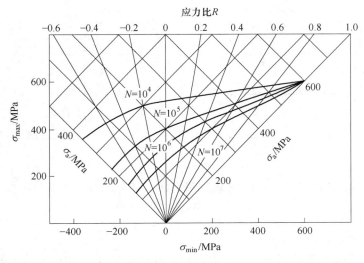

图 11-22   7075-T6 铝合金的等寿命疲劳图

11.3.4   影响疲劳性能的若干因素

大多数描述材料疲劳性能的基本 *S-N* 曲线，都是利用小尺寸试件在旋转弯曲对称循环载荷作用下得到的。为了确保试验数据反映材料的真实性能，并且减少其分散性，国家标准对试件试验段加工的尺寸精度和表面情况都有明确要求。然而，在实际问题中，加载方式、构件尺寸、表面光洁度、表面处理、使用温度及环境等可能与试验室的情况显著不同，这些因素对于疲劳寿命的影响不可忽视。因此，在开展构件疲劳设计时，必须考虑这些因素的影响，对材料的疲劳性能进行适当的修正。

11.3.4.1   加载方式的影响

根据前面小节已经可以知道，材料的疲劳极限与加载方式有关。一般来说，弯曲问题的疲劳极限大于拉压问题的疲劳极限，而拉压问题的疲劳极限又大于扭转问题的疲劳极限。

这可以用不同加载方式在高应力区体积上的差别来解释。假定作用应力水平相同，在拉压情况下，高应力区体积等于整个构件的体积，而在弯曲情况下高应力区体积则要小得多，如图 11-23 所示。一般来说，材料是否发生疲劳破坏，主要取决于作用应力的大小（外因）和材料抵抗疲劳破坏的能力（内因），因此疲劳破坏通常从高应力区或缺陷处起源。假如在拉压和弯曲两种情况下作用的最大循环应力 σ_{max} 相等，那么由于在拉压情况下高应力区域体积较大，材料存在缺陷，由此引发裂纹萌生的可能性也大。因此，在同样的应力水平作用下，材料在拉压循环载荷作用下的寿命比在弯曲循环载荷作用下的短；或者说，在同样的寿命条件下，材料在拉压循环载荷作用下的疲劳强度比在弯曲循环载荷作用下的低。

对于材料扭转疲劳极限较低的问题，则需要从不同应力状态下破坏判据的差别来解释。

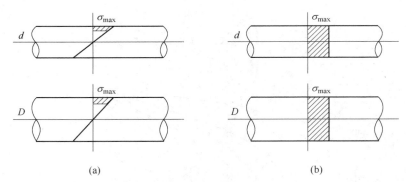

图 11-23　不同加载方式和不同构件尺寸下的高应力区体积

(a) 弯曲加载；(b) 拉压加载

11.3.4.2　尺寸效应

构件尺寸对疲劳性能的影响，也可以根据不同构件尺寸带来的高应力区体积上的差别来解释。从图 11-22 可以看出，如果应力水平保持不变，构件尺寸越大，则高应力区体积越大，高应力区存在缺陷或薄弱处的可能性也越大。因此，在相同情况下，大尺寸构件的疲劳抗力低于小尺寸构件。或者说，在给定寿命的条件下，大尺寸构件的疲劳强度较低；反之，在给定应力水平的条件下，大尺寸构件的疲劳寿命较低。

尺寸效应可以通过引入一个尺寸修正因子 c 来考虑。尺寸修正因子是一个小于 1 的系数，可以从设计手册中查到。对于常用的金属材料，在大量试验研究的基础上，有一些经验公式可以给出尺寸修正因子的估计。对于圆截面构件，Shigley 和 Mitchell 于 1983 年给出了如下的尺寸修正因子表达式：

$$c = \begin{cases} 1.189\, d^{-0.097} & 8\mathrm{mm} \leqslant d \leqslant 250\mathrm{mm} \\ 1 & d < 8\mathrm{mm} \end{cases} \tag{11-17}$$

式（11-17）一般只用作疲劳极限修正，修正后的疲劳极限为：

$$\sigma'_\mathrm{f} = c\sigma_\mathrm{f} \tag{11-18}$$

一般来说，尺寸效应对长寿命疲劳影响较大。当应力水平比较高，寿命比较短时，材料分散性的影响相对较小，因此，如果用上述尺寸修正因子修正整条 S-N 曲线，则将过于保守。

11.3.4.3　表面光洁度的影响

根据疲劳的局部性，粗糙的表面将加大构件局部应力集中程度，从而缩短裂纹萌生寿命。材料基本 S-N 曲线是利用表面光洁度良好的标准试件在试验室通过疲劳试验获得的，因此类似于尺寸修正，表面光洁度的影响也可以通过引入一个小于 1 的修正因子（即表面光洁度系数）来描述。图 11-24 展示了在不同表面加工条件下表面光洁度系数随材料强度变化的一般趋势。

一般来说，材料强度越高，表面光洁度的影响越大；另外，应力水平越低，寿命越长，表面光洁度的影响也越大。表面加工产生的划痕和使用过程中的碰伤，也是潜在的裂纹源，因此构件在加工和使用过程中应当注意防止碰划。

11.3.4.4　表面处理的影响

疲劳裂纹大多起源于表面。因此，为了提高疲劳性能，除改善表面光洁度以外，还可以采用各种方法在构件表面引入压缩残余应力（Residual Stress），以达到提高疲劳寿命的目的。

对于如图 11-25 所示的平均应力为 σ_m 的循环应力 1-2-3-4 来说，如果引入压缩残余应力 σ_{res}，则实际循环应力水平就是原来的循环应力与 $-\sigma_{res}$ 的叠加。因此，原来的循环应力 1-2-3-4 就转变成循环应力 1'-2'-3'-4'，平均应力降为 $\sigma_m = \sigma_m - \sigma_{res}$，疲劳性能将得到改善。

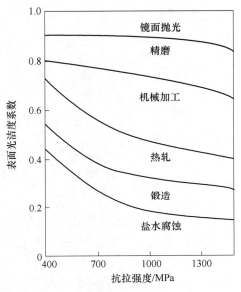

图 11-24　不同表面加工条件、不同
材料强度下的表面光洁度系数

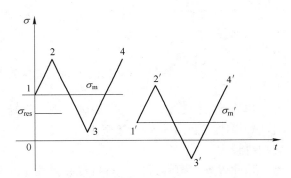

图 11-25　压缩残余应力降低循环平均应力

表面喷丸处理销、轴、螺栓类冷挤压加工，紧固件干涉配合等，都会在零、构件表面引入压缩残余应力，因此这些都是提高疲劳寿命的常用方法。材料强度越高，循环应力水平越低，寿命就会越长，延寿效果也越好。一般来说，在有应力梯度或应力集中的地方采用喷丸处理，效果会更好。

表面渗碳或渗氮处理，可以提高表面材料的强度并在材料表面引入压缩残余应力，对于提高材料疲劳性能是有利的。试验表明，渗碳或渗氮处理一般可使钢材疲劳极限提高一倍，对于缺口件，效果会更好。

不过，值得注意的是，由温度、载荷、使用时间等因素引起的应力松弛，有可能抵消在材料表面引入压缩残余应力带来的延寿效果。例如，钢在 350℃ 以上，铝在 150℃ 以上，都可能出现应力松弛。

与压缩残余应力的作用效果相反，在零、构件表面引入残余拉应力则是有害的。通常，焊接、气割、磨削等都会在零、构件表面引入残余拉应力，从而提高零、构件的实际应力水平，降低疲劳强度或缩短寿命。

镀铬或镀镍，也会在零、构件表面引入残余拉应力，使材料的疲劳极限下降，有时可下降 50% 以上。镀铬和镀镍对疲劳性能的影响的一般趋势是：材料强度越高，寿命越长，镀层厚度越大，镀后疲劳强度下降得也越多。因此必要时，可采取镀前渗氮或镀后喷丸等措施，以减小其不利影响。图 11-26 给出了镀镍和喷丸处理对某普通钢材 S-N 曲线的影响。

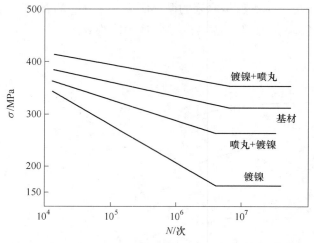

图 11-26　镀镍、喷丸及其顺序对某普通钢材疲劳性能的影响

　　热轧或锻造会使材料表面脱碳，强度下降，并在材料表面引入残余拉应力，从而使材料疲劳极限降低约 50%，甚至更多。而且一般来说，材料强度越高，热轧或锻造带来的影响也越大。

　　除此以外，镀锌或镀镉对材料疲劳性能的影响比较小，但是对腐蚀的防护效果明显比镀铬差。

11.3.4.5　温度和环境的影响

　　材料的 S-N 曲线是在试验室环境（即室温和空气环境）中得到的，在工程应用中必须考虑温度和环境腐蚀的影响。

　　材料在诸如海水、水蒸气、酸碱溶液等腐蚀性介质环境下发生的疲劳，称为腐蚀疲劳。腐蚀介质的作用对疲劳是不利的。在腐蚀疲劳过程中，力学作用与化学作用相互耦合，与常规的疲劳相比，破坏进程会大大加快。腐蚀环境使材料表层氧化，形成一层氧化膜。在一般情况下，氧化膜对内部材料可以起到一定的保护作用，阻止腐蚀进一步深入。但是在疲劳载荷作用下，表层的氧化膜很容易发生局部开裂，从而产生新的表面，引发再次腐蚀，并在材料表面形成腐蚀坑。腐蚀坑在材料表层引起应力集中，进而促进裂纹萌生，缩短零、构件寿命。

　　影响腐蚀疲劳的因素很多，主要有以下几个。

　　（1）加载频率的影响非常显著。对于无腐蚀的情况，在相当宽的频率范围内（如 200Hz 以内），频率对材料 S-N 曲线的影响都不大。但是在腐蚀环境中，随着频率降低，载荷循环周期延长，腐蚀有较充分的时间发挥作用，从而对材料的疲劳性能带来显著影响。

　　（2）在腐蚀介质（如海水）中，和完全浸入状态相比，半浸入状态（如海水飞溅区）对材料疲劳性能更为不利。

（3）耐腐蚀钢材（如高铬钢）通常有较好的抗腐蚀疲劳性能，而普通碳素钢在腐蚀环境中疲劳极限下降较多。

（4）电镀层对材料腐蚀有保护作用。尽管在空气环境下镀铬会降低材料的疲劳强度，但是在腐蚀环境下却可以改善材料的疲劳性能。

金属材料的疲劳极限一般随温度的降低而增大。但是温度降低，材料的断裂韧性会下降，表现出低温脆性。因此，在低温下零、构件一旦萌生裂纹，更容易引发失稳断裂。反过来，温度升高，会降低材料的强度，还可能引起蠕变，对疲劳性能也是不利的。另外，温度升高还可能抵消引入压缩残余应力带来的改善疲劳性能的效果。

11.4 低 周 疲 劳

在疲劳问题中，对于循环应力水平较低（$\sigma_{max} > \sigma_s$）、寿命比较长的高周疲劳问题，采用应力寿命曲线描述疲劳性能是恰当的。然而，工程中有许多零、构件，在其整个使用寿命期间，所经历的载荷循环次数并不多。以压力容器为例，如果每天经受两次载荷循环，则在 30 年的使用期限内，载荷的总循环次数还不到 2.5×10^4 次。一般来说，在寿命较短的情况下，设计应力或应变水平当然可以高一些，以充分发挥材料的潜力。这样，就可能使零、构件中某些高应力的局部（尤其是缺口根部）进入屈服状态。

众所周知，对于延性较好的材料，一旦发生屈服，即使应力的变化非常小，应变的变化也会比较大，而且应力和应变之间的关系也不再是一一对应的关系。应变成为比应力更敏感的参量，因此采用应变作为低周疲劳问题的控制参量显然更好一些。

11.4.1 单调应力-应变响应

和线弹性阶段材料应力、应变的一一对应关系不同，在应力水平比较高的情况下，材料的循环应力应变响应非常复杂。因此，在讨论低周疲劳问题之前，有必要研究材料在循环载荷作用下的应力应变响应。作为基础，这里首先讨论材料在单调载荷作用下的应力应变响应（Monotonie Stress-strain Response）。

11.4.1.1 应力和应变描述

传统的应力和应变是以变形前的几何尺寸定义的，称为工程应力（Engineering Stress）和工程应变（Engineering Strain），分别用 S 和 e 表示。对于标准试件的单轴拉伸试验来说，工程应力和工程应变可以分别定义为：

$$S = \frac{F}{A_0} \tag{11-19}$$

$$e = \frac{\Delta l}{l_0} = \frac{l - l_0}{l_0} \tag{11-20}$$

式中，F 为所施加的轴向载荷；A_0 为试件初始横截面积；l_0 为试件初始标距长度；Δl 为标距长度的改变量，等于试件变形后的长度 l 与其原长 l_0 之差。

然而实际上，一旦沿轴向施加载荷，试件在发生纵向伸长（或缩短）的同时，由于泊松效应横向尺寸会相应缩短（或伸长），因此真实应力（Real Stress）应当等于轴向力除以变形后的横截面积 A，而不是除以初始横截面积 A_0，即：

$$S = \frac{F}{A} \tag{11-21}$$

在载荷从 0 到 F 的过程中，试件的伸长是逐步发生的。考察加载过程中的任一载荷增量 $\mathrm{d}F$，由它引起的应变增量 $\mathrm{d}\varepsilon$ 可以定义为：

$$\mathrm{d}\varepsilon = \frac{\mathrm{d}l}{l} \tag{11-22}$$

式中，l 为加载到 F 时试件的长度，$\mathrm{d}l$ 为与载荷增量 $\mathrm{d}F$ 对应的伸长量。因此，真实应变应为 ε：

$$\varepsilon = \int_{l_0}^{l} \frac{\mathrm{d}l}{\mathrm{d}l} = \ln \frac{l}{l_0} = \ln(1 + e) \tag{11-23}$$

随着载荷继续增大，材料首先进入屈服，之后经过强化、颈缩，最后发生断裂，如图 11-27 所示。在颈缩之前，试件在发生伸长的同时，横截面积均匀缩小，因此颈缩之前的变形都是均匀的。

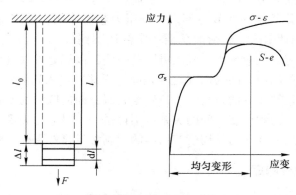

图 11-27 单调加载时的应力与应变

如果忽略弹性体积变化，假定试件发生变形后的体积保持不变，则在颈缩之前的均匀变形阶段有：

$$A_0 l_0 = Al \tag{11-24}$$

根据前述各式，可得：

$$\sigma = S(1 + e) \tag{11-25}$$

$$\varepsilon = \ln(1 + e) = \ln \frac{1}{1 - \psi} \tag{11-26}$$

式中，$\psi = \dfrac{A_0 - A}{A_0}$，称为截面收缩率（Reduction of Area）。式（11-25）和式（11-26），给出了均匀变形阶段工程应力、工程应变与真实应力、真实应变之间的关系。

在拉伸加载下，根据式（11-25），真实应力 σ 大于工程应力 S。二者之间的相对误差为：

$$\frac{\sigma - S}{S} = e \tag{11-27}$$

可见，e 越大，$\sigma - S$ 越大。当 $e = 0.2\%$ 时，σ 比 S 大 0.2%。

假设 e 是一个小量，将式（11-27）展开，得：

$$\varepsilon = e - \frac{1}{2}e^2 - \cdots < e \qquad (11\text{-}28)$$

可见，真实应变 ε 小于工程应变 e。略去三阶小量，可知二者之间的相对误差为：

$$\frac{e - \varepsilon}{e} = \frac{1}{2}e \qquad (11\text{-}29)$$

很明显，e 越大，$e - \varepsilon$ 越大。当 $e = 0.2\%$ 时，ε 比 e 大 0.1%。

在一般工程问题中，σ 与 S、ε 与 e 相差都不超过 1%，二者可不加区别。从图 11-27 所示的工程应力-工程应变曲线与真实应力-真实应变曲线可以看出，随着应变的增大，二者差别明显增大，进入颈缩阶段之后的差别则更大。

11.4.1.2 单调应力-应变关系

在颈缩前的均匀变形阶段，从应力-应变曲线上任一点 A 处卸载，弹性应变 e 将恢复，而塑性应变 ε 与将作为残余应变保留下来，如图 11-28 所示。

应力-应变曲线上任一点的应变 ε，均可表示为弹性应变 ε_e 与塑性应变 ε_p 之和，即：

$$\varepsilon = \varepsilon_e + \varepsilon_p \qquad (11\text{-}30)$$

应力与弹性应变的关系可以用 Hooke 定律描述：

$$\sigma = E\varepsilon_e \qquad (11\text{-}31)$$

而应力与塑性应变的关系则采用 Holomon 关系表达：

$$\sigma = K\varepsilon_p^n \qquad (11\text{-}32)$$

式中，K 为强度系数，具有应力量纲（MPa）；n 为应变强化。

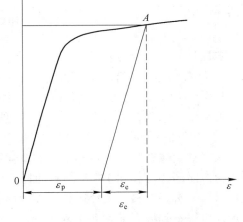

图 11-28　单调应力-应变曲线

根据式（11-30）~式（11-32），可以将应力-应变关系表示为：

$$\varepsilon = \varepsilon_e + \varepsilon_p = \frac{\sigma}{E} + \left(\frac{\sigma}{K}\right)^{\frac{1}{n}} \qquad (11\text{-}33)$$

这就是著名的 Remberg-Osgood 弹塑性应力应变关系。

11.4.2 循环应力-应变响应

在循环载荷作用下，材料的应力-应变响应与在单调加载条件下相比，有很大不同。这主要表现在材料应力应变响应的循环滞回行为上。

11.4.2.1 滞回行为

在恒幅应变循环试验中，连续监测材料的应力-应变响应，可以得到一系列的环状曲线。图 11-29 就是在恒幅对称应变循环下得到的低碳钢循环应力应变响应。这些环状曲线反映了材料在循环载荷作用下应力、应变的连续变化，通常称为滞回曲线或滞回环（Hysteresis Loops）。

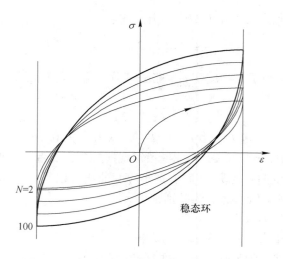

图 11-29   低碳钢的恒对称循环应力-应变响应

滞回环有以下特点：

（1）滞回环随循环次数而改变，表明循环次数对应力-应变响应有影响。

从图 11-29 可以看出，在低碳钢的恒幅对称应变循环试验中，随着循环次数增加，循环应力幅不断增大，以致滞回环顶点位置随循环次数不断改变。

（2）经过一定循环周次之后，有稳态滞回环出现。

大多数金属材料，在达到一定的载荷循环次数之后，应力-应变响应会逐渐趋于稳定，形成稳态滞回环。如图 11-29 所示的低碳钢，载荷循环约 100 次，即可形成稳态滞回环。必须指出，有些材料需要经历相当多的循环次数之后才能形成稳态滞回环，还有些材料甚至永远也得不到稳态滞回环。对于这些材料，可以把在给定应变幅下一半寿命处的滞回环，作为名义稳态滞回环。

（3）有循环强化和软化现象。

在恒幅对称应变循环下，随着循环次数增加，应力幅不断增大的现象，称为循环强化。图 11-29 中的低碳钢就是循环强化的。反之，如果随着循环次数的增加，应力幅不断减小，则称为循环软化。

循环强化和软化现象与材料及其热处理状态有关。一般说来，低强度、软材料趋于循环强化，而高强度、硬材料趋于循环软化。例如，完全退火铜是循环强化的，而冷拉铜是循环软化的。不完全退火铜在循环应变幅小时，是循环强化的，而在循环应变幅大时，又是循环软化的。

11.4.2.2   循环应力幅-应变幅曲线

利用在不同应变水平下的恒幅对称循环疲劳试验，可以得到一个稳态滞回环。将这些稳态滞回环绘制在同一坐标图内，如图 11-30 所示，然后将每个稳态滞回环的顶点连成一条曲线。该曲线反映稳态滞回环的顶点连成一条曲线。该曲线反映了在不同稳态滞回环中与循环应变幅对应的应力幅响应，因此称为循环应力幅-应变幅曲线。值得注意的是，与单调应力-应变曲线不同，循环应力幅-应变幅曲线并不是真实的加载路径。

可以仿照式（11-32）描述循环应力幅-应变幅曲线：

$$\varepsilon_{a} = \varepsilon_{ea} + \varepsilon_{pa} = \frac{\sigma_{a}}{E} + \left(\frac{\sigma_{a}}{K'}\right)^{\frac{1}{n'}} \tag{11-34}$$

式中，K' 为循环强度系数，具有应力量纲，MPa；n' 为循环应变强化指数。式（11-34）称为循环应力幅-应变幅方程。对于大多数金属材料，循环应变强化指数 n' 值一般在 0.1～0.2 之间。很显然，弹性应变幅 ε 和塑性应变幅 ε_{pa} 与应力幅 σ_{a} 之间满足：$\sigma_{a} = E\varepsilon_{ea}$ 与 $\sigma_{a} = K'(\varepsilon_{pa})^{n'}$。

因此，如果已知应变幅 ε_{a}，同时根据 $\varepsilon_{ea} = \dfrac{\sigma_{a}}{E}$ 就可以确定相应的塑性应变幅。

11.4.2.3 滞回环

如何对滞回环进行数学描述呢？

对于拉压性能对称的材料，滞回环的上升半支与下降半支关于原点对称，如图 11-31 所示，因此只需考虑半支即可。以滞回环下顶点 O 为坐标原点，横、纵坐标轴分别为应力范围 $\Delta\sigma$ 和应变范围 $\Delta\varepsilon$。

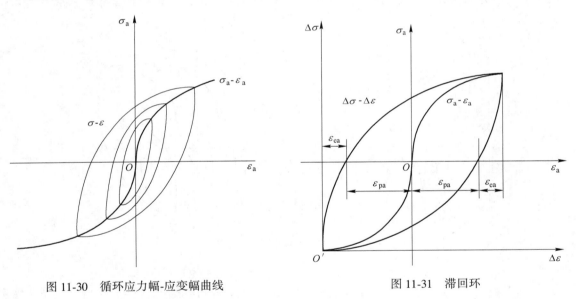

图 11-30　循环应力幅-应变幅曲线　　　　　图 11-31　滞回环

假设滞回环与循环应力幅-应变幅曲线几何相似，则在应力幅-应变幅坐标系中的应力幅 σ_{a} 和应变幅 ε_{a}，分别与在应力范围和应变范围坐标系中的 $\dfrac{\Delta\varepsilon}{2}$ 和 $\dfrac{\Delta\sigma}{2}$ 对应。因此可以仿照式（11-34）描述滞回环，即：

$$\frac{\Delta\varepsilon}{2} = \frac{\Delta\sigma}{2E} + \left(\frac{\Delta\varepsilon_{p}}{2K'}\right)^{\frac{1}{n'}} \tag{11-35}$$

式（11-35）两边同时乘以 2 得到：

$$\Delta\varepsilon = \frac{\Delta\sigma}{E} + 2\left(\frac{\Delta\varepsilon_{p}}{2K'}\right)^{\frac{1}{n'}} \tag{11-36}$$

式（11-36）称为滞回环方程。滞回环与循环应力幅应变幅曲线之间的几何相似性假设，称为 Massing 假设。满足这一假设的材料，称为 Massing 材料。

如果把应变范围也区分为弹性和塑性两部分，即：

$$\Delta\varepsilon = \Delta\varepsilon_e + \Delta\varepsilon_p \tag{11-37}$$

则有：

$$\Delta\sigma = E\Delta\varepsilon_c \quad \text{与} \quad \Delta\sigma = 2K'\left(\frac{\Delta\varepsilon_p}{2}\right)^{n'} \tag{11-38}$$

11.4.3　随机载荷下的应力-应变响应

材料的循环应力幅-应变幅曲线和滞回环，反映了材料的循环性能。这里通过一个具体例子，以上节讨论的材料循环性能和记忆特性为基础，分析在随机载荷作用下材料的应力-应变响应。

图 11-32（a）是从某构件承受的随机应变历程（应变谱）中获取的一个典型载荷谱块。下面研究如何分析其应力响应，进而得到应力-应变曲线。

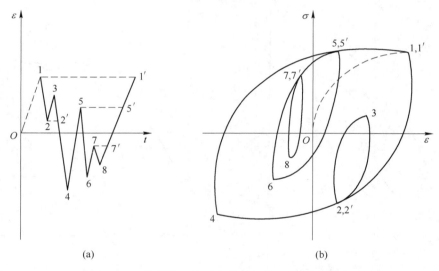

(a)　　　　　　　　　　　(b)

图 11-32　某构件的典型载荷谱块与应力-应变响应
(a) 典型载荷谱块；(b) 循环应力-应变响应

由于图 11-32（a）是一个典型载荷谱块，可以认为在此之前构件已经经历了许多循环，因此循环应力-应变响应已经进入稳态。点 1 处必定是某稳态滞回环的顶点，因此其应力与应变关系可以由式（11-32）的循环应力幅-应变幅方程描述，即：

$$\varepsilon_1 = \frac{\sigma_1}{E} + \left(\frac{\sigma_1}{K'}\right)^{\frac{1}{n'}} \tag{11-39}$$

式中，σ_1 和 ε_1 分别为点 1 处的应力和应变，由此可以根据 ε_1 求解 σ_1。

由点 1 到点 2 是一个卸载过程，处于某滞回环的下半支，因此必须采用式（11-36）的增量形式的滞回环方程描述，即：

$$\Delta\varepsilon_{1\text{-}2} = \frac{\Delta\sigma_{1\text{-}2}}{E} + 2\left(\frac{\Delta\sigma_{1\text{-}2}}{2K'}\right)^{\frac{1}{n'}} \tag{11-40}$$

式中，$\Delta\varepsilon_{1\text{-}2} = |\varepsilon_2 - \varepsilon_1|$，$\Delta\sigma_{1\text{-}2} = |\sigma_2 - \sigma_1|$，$\sigma_2$ 和 ε_2 分别为点 2 处的应力和应变。

求出 $\Delta\sigma_{1\text{-}2}$ 后，可以得到点 2 处的应力：

$$\sigma_2 = \sigma_1 - \Delta\sigma_{1\text{-}2} \tag{11-41}$$

由点 2 到点 3 是一个加载过程，处于另一滞回环的上半支，也需要采用式（11-36）的增量关系描述，即：

$$\Delta\varepsilon_{2\text{-}3} = \frac{\Delta\sigma_{2\text{-}3}}{E} + 2\left(\frac{\Delta\sigma_{2\text{-}3}}{2K'}\right)^{\frac{1}{n'}} \tag{11-42}$$

式中，$\Delta\varepsilon_{2\text{-}3} = |\varepsilon_3 - \varepsilon_2|$，$\Delta\sigma_{2\text{-}3} = |\sigma_3 - \sigma_2|$，$\sigma_3$ 和 ε_3 分别为点 3 处的应力和应变。

求出 $\Delta\sigma_{2\text{-}3}$ 后，可以得到点 3 处的应力为：

$$\sigma_3 = \sigma_2 + \Delta\sigma_{2\text{-}3} \tag{11-43}$$

由点 3 到点 4 又是一个卸载过程。但是当曲线到达点 2′ 处时，应变再次回到点 2 处的值。注意到应变变化曾在该处发生过反向，根据材料记忆特性，应力-应变响应将在 2-3-2′ 形成封闭环，而且不会影响随后的应力应变响应。因此，应该按路径 1-2-4 计算第 4 点的应力响应。根据式（11-36）的滞回环方程，有：

$$\Delta\varepsilon_{1\text{-}4} = \frac{\Delta\sigma_{1\text{-}4}}{E} + 2\left(\frac{\Delta\sigma_{1\text{-}4}}{2K'}\right)^{\frac{1}{n'}} \tag{11-44}$$

式中，$\Delta\varepsilon_{1\text{-}4} = |\varepsilon_1 - \varepsilon_4|$，$\Delta\sigma_{1\text{-}4} = |\sigma_1 - \sigma_4|$，$\sigma_4$ 和 ε_4 分别为点 4 处的应力和应变。

求出 $\Delta\sigma_{1\text{-}4}$ 后，可以得到点 4 处的应力为：

$$\sigma_4 = \sigma_1 - \Delta\sigma_{1\text{-}4} \tag{11-45}$$

类似地，可以根据式（11-34）的滞回环方程，求出 $\Delta\sigma_{4\text{-}5}$、$\Delta\sigma_{5\text{-}6}$、$\Delta\sigma_{6\text{-}7}$ 和 $\Delta\sigma_{7\text{-}8}$，进而计算点 5、6、7 和 8 处的应力 σ_5、σ_6、σ_7 和 σ_8 由点 8 到 1′ 又是一个加载过程。在这个过程中，曲线到达点 7 处时，应力-应变响应形成封闭环 7-8-7′，不考虑该封闭环的影响，应力-应变响应必须按照 6-7-1′ 的路径计算；随后曲线经过点 5′ 处时，应力-应变响应又形成封闭环 5-6-5′，不考虑该封闭环的影响，应力应变响应必须按照 4-5-1′ 路径计算；最后到达点 1′ 时，再次形成封闭环 1-4-1′。因此点 1′ 处的应力应与点 1 处的相同，即有：$\sigma_{1'} = \sigma_1$。

根据以上各点的应力、应变数据，在坐标图中描点，再将各点依次连接起来，就可以得到应力应变曲线，如图 11-32（b）所示。从图中可以看出，该例的应力-应变响应共形成了 1-4-1′、2-3-2′、5-6-5′ 及 7-8-7 四个封闭滞回环，对应四个完整的具有不同循环特性的载荷循环。

如果采用雨流计数法对图 11-32（a）所示的典型载荷谱块进行分析，就会发现雨流计数法的结果与循环应力-应变响应计算的结果完全一致。这说明了雨流计数法的合理性。

总结一下，针对典型载荷谱块的随机载荷下应力-应变响应的计算方法可以归纳为以下几点。

（1）典型载荷谱块的起止点一般是随机载荷谱中的最大峰或谷处。起点处的应力-应变关系可以采用式（11-34）给出的循环应力幅-应变幅方程描述，利用已知的应变幅（或应力幅）计算应力幅（或应变幅）。

（2）后续的加卸载过程，采用式（11-36）的增量形式的滞回环方程描述，利用已知的应变增量（或应力增量）计算应力增量（或应变增量），然后计算相应峰（或谷）处的应力幅（或应变幅）。

对于卸载过程，有：

$$\sigma_k = \sigma_i - \Delta\sigma_{i-k}, \quad \varepsilon_k = \varepsilon_i - \Delta\varepsilon_{i-k} \tag{11-46}$$

对于加载过程，有：

$$\sigma_k = \sigma_i + \Delta\sigma_{i-k}, \quad \varepsilon_k = \varepsilon_i + \Delta\varepsilon_{i-k} \tag{11-47}$$

式中，下标 i 为计算参考点，k 为当前计算点；$\Delta\sigma$ 和 $\Delta\varepsilon$ 为从计算参考点 i 到当前计算点 k 的应力和应变增量。

（3）注意利用材料的记忆特性。如果应变第二次到达某值，并且此前在该值处曾发生过应变变化的反向，则应力-应变曲线将形成封闭滞回环。由于封闭环不影响其后的应力-应变响应，因此应该按照去掉封闭环后的载荷路径计算后续响应。

（4）依据各峰谷点的应力、应变数据，在坐标图中描点，并且连线，画出应力-应变曲线。应该指出，由于式（11-34）和式（11-35）的非线性，在由应变幅计算应力幅或由应变增量计算应力增量时，需要采用数值方法（或试凑法）求解。

【例 11-2】 某随机应变谱的典型载荷谱块如图 11-33 所示。已知 $E = 210\text{GPa}$，$K' = 1220\text{MPa}$，$n' = 0.2$，试计算其应力-应变响应。

解： 利用式（11-34）的循环应力幅-应变幅方程计算点 1 处的应力，即：

$$\varepsilon_1 = \frac{\sigma_1}{E} + \left(\frac{\sigma_1}{K'}\right)^{\frac{1}{n'}}$$

代入 $\varepsilon_1 = 0.01$，$E = 210$ GPa，$K' = 1220\text{MPa}$ 和 $n' = 0.2$，求得：

$$\sigma_1 = 462\text{MPa}$$

利用式（11-36）的滞回环方程计算后续响应。由点 1 到点 2 是一个卸载过程，有：

$$\Delta\varepsilon_{1-2} = \frac{\Delta\sigma_{1-2}}{E} + 2\left(\frac{\Delta\sigma_{1-2}}{2K'}\right)^{\frac{1}{n'}}$$

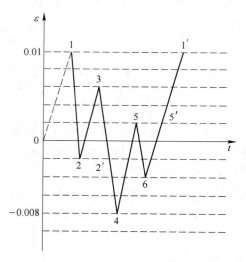

图 11-33 某随机应变谱的典型载荷谱块

代入 $\Delta\varepsilon_{1-2} = 0.012$，$E = 210\text{GPa}$，$K' = 1220\text{MPa}$ 和 $n' = 0.2$，求得：

$$\Delta\sigma_{1-2} = 812\text{MPa}$$

因此：

$$\sigma_2 = \sigma_1 - \Delta\sigma_{1-2} = -350\text{MPa}$$

由点 2 到点 3 是一个加载过程，类似地可以计算应力增量：

$$\Delta\sigma_{2-3} = 722\text{MPa}$$

进而可求得：

$$\sigma_3 = \sigma_2 - \Delta\sigma_{2-3} = 372\text{MPa}$$

由点 3 到点 4 是一个卸载过程。当曲线到达 2 时，形成 2-3-2 封闭环。不考虑其影响，按 1-2-4 的卸载路径计算。利用式（11-34），由点 1 到点 4 的应变增量：

$$\Delta\varepsilon_{1\text{-}4} = 0.018$$

计算应力增量：

$$\Delta\sigma_{1\text{-}4} = 900\text{MPa}$$

进而得到：

$$\sigma_4 = -438\text{MPa}$$

由点 4 到点 5 是一个加载过程，根据应变增量：

$$\Delta\varepsilon_{4\text{-}5} = 0.01$$

计算应力增量：

$$\Delta\sigma_{4\text{-}5} = 772\text{MPa}$$

进而得到：

$$\sigma_5 = 334\text{MPa}$$

由点 5 到点 6 是一个卸载过程，根据应变增量：

$$\Delta\varepsilon_{5\text{-}6} = 0.006$$

计算应力增量：

$$\Delta\sigma_{5\text{-}6} = 658\text{MPa}$$

进而得到：

$$\sigma_6 = -324\text{MPa}$$

由点 6 到点 1′ 是一个加载过程。加载到点 5′ 时，5-6-5′ 形成封闭环。因此，应考虑路径 4-1′。加载到点 1′ 时，1-4-1′ 形成封闭环。因此有：

$$\sigma_{1'} = \sigma_1 = 462\text{MPa}$$

应力-应变曲线如图 11-34 所示。

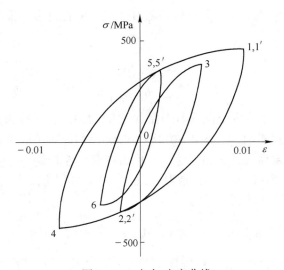

图 11-34　应力-应变曲线

11.4.4 低周疲劳分析

11.4.4.1 应变寿命关系

按照标准试验方法，在 $R = -1$ 的对称循环载荷下，开展给定应变幅下的对称恒幅循环疲劳试验，可得到图 11-35 所示的应变寿命曲线。图中，载荷用应变幅 ε_a 表示，寿命用载荷反向次数表示。注意到每个载荷循环有两次载荷反向，若 N 为总的载荷循环次数，则 $2N$ 就是总的载荷反向次数。很明显，应变幅 ε_a 越小，寿命 N 越长；若载荷（应力幅 σ_a 或应变幅 ε_a）低于某一载荷水平，则寿命可以趋于无穷大。

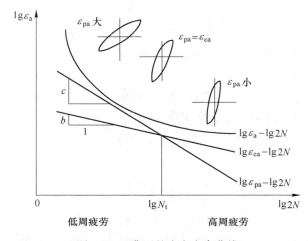

图 11-35　典型的应变寿命曲线

将总应变幅表示为弹性应变幅 ε_{ea} 和塑性应变幅 ε_{pa} 之和，有 $\varepsilon_{pa} = \varepsilon_a - \varepsilon_{ea}$ 和 $\varepsilon_{ea} = \dfrac{\sigma_a}{E}$。

在图 11-35 中分别画出 $\lg\varepsilon_{ea}$-$\lg 2N$ 和 $\lg\varepsilon_{pa}$-$\lg 2N$ 之间的关系，很明显它们都呈对数线性关系。由此，分别有：

$$\varepsilon_{ea} = \frac{\sigma_f}{E}(2N)^b \tag{11-48}$$

$$\varepsilon_{pa} = \varepsilon_f'(2N)^c \tag{11-49}$$

式（11-48）反映了弹性应变幅 ε 与寿命 N 之间的关系，σ 称为疲劳强度系数，具有应力量纲；b 为疲劳强度指数，一般为 $-0.14 \sim -0.06$，估计时可取 -0.1。式（11-49）反映了塑性应变幅 ε_{pa} 与寿命 N 之间的关系，ε_f' 称为疲劳延性系数，与应变一样，无量纲；c 是疲劳延性指数，一般为 $-0.7 \sim 0.5$，常取 -0.6。b 和 c 分别为图中两直线的斜率。

因此，应变寿命关系可以表示为：

$$\varepsilon_a = \varepsilon_{ea} + \varepsilon_{pa} = \frac{\sigma_f'}{E}(2N)^b + \varepsilon_f'(2N)^c \tag{11-50}$$

在长寿命区间，有 $\varepsilon_a \approx \varepsilon_{ea}$，以弹性应变幅 ε_{ea} 为主，塑性应变幅 ε_{pa} 的影响可以忽略，式（11-48）可以改写为 $\varepsilon_{ea}^{m_1}N = c_1$，这与反映高周疲劳性能的 Basquin 公式一致。

在短寿命区间，有 $\varepsilon_a \approx \varepsilon_{pa}$ 以塑性应变幅 ε_{pa} 为主，弹性应变幅 ε_{ea} 的影响可以忽略。式（11-49）可以改写为 $\varepsilon_{ea}^{m_2} N = c_2$，这就是著名的 Manson Coffin 低周应变疲劳公式。

如果 $\varepsilon_{pa} = \varepsilon_{ea}$，则根据式（11-48）和式（11-49）有：

$$\frac{\sigma_f'}{E}(2N)^b = \varepsilon_f'(2N)^c \tag{11-51}$$

由此可求得：

$$2N_t = \left(\frac{\varepsilon_t' E}{\sigma_f'}\right)^{\frac{1}{b-c}} \tag{11-52}$$

式中，N_t 为转变寿命，若寿命大于 N_t，则载荷以弹性应变为主，是高周应力疲劳；若寿命小于 N_t，则载荷以塑性应变为主，是低周应变疲劳，如图 11-35 所示。

11.4.4.2 *材料循环和疲劳性能参数之间的关系*

根据式（11-34）给出的材料循环应力幅-应变幅关系，有：

$$\sigma_a = E\varepsilon_{ea} \quad 和 \quad \sigma_a = K'\varepsilon_{pa}^{n'} \tag{11-53}$$

再根据式（11-50）给出的材料应变寿命关系，又有：

$$\varepsilon_{ea} = \frac{\sigma_f'}{E}(2N)^b \quad 和 \quad \varepsilon_{pa} = \varepsilon_f'(2N)^c \tag{11-54}$$

由上述四个方程，可得到关于 ε_{ea}、ε_{pa} 的两个方程，即：

$$E\varepsilon_{ea} - K'\varepsilon_{pa}^{n'} = 0, \quad E\varepsilon_{ea} - \frac{\sigma_f'}{(\varepsilon_f')^{\frac{b}{c}}}(\varepsilon_{pa})^{\frac{b}{c}} = 0 \tag{11-55}$$

很显然，要使上述两个方程一致，ε_{pa} 项的系数和指数必须分别相等，因此六个参数之间必然满足下列关系：

$$K' = \frac{\sigma_f'}{(\varepsilon_f')^{\frac{b}{c}}} \quad 和 \quad n' = \frac{b}{c} \tag{11-56}$$

注意到上述各系数都需要根据试验结果拟合，因此在数值上往往并不能严格满足上述关系。但是如果它们之间的关系与上述二式相差很大，则应引起注意。

11.4.4.3 *应变寿命曲线的近似估计*

在应变控制下，一般金属材料的应变寿命关系具有如图 11-36 所示的特征。当应变幅 $\varepsilon_a = 0.01$ 时，许多材料都有大致相同的寿命。在高应变区间，材料的延性越好，寿命越长；而在低应变区间，强度高的材料寿命长一些。

1965 年，Manson 在针对钢、钛、铝合金材料开展的大量试验研究的基础上，提出了一个由材料单调拉伸性能估计应变寿命曲线的经验公式：

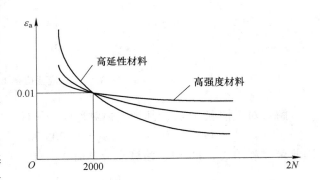

图 11-36 不同金属应变寿命关系的特征

$$\Delta\varepsilon = 3.5\frac{\sigma_{\mathrm{u}}}{E}N^{-0.12} + \varepsilon_{\mathrm{i}}^{0.6}N^{-0.6} \tag{11-57}$$

式中，σ_{u} 为材料的极限强度；ε_{i} 为断裂真应变，它们都可以通过单调拉伸试验得到，应变范围 $\Delta\varepsilon = 2\varepsilon_{\mathrm{a}}$。

11.4.4.4 平均应力的影响

式（11-52）给出的关于应变寿命关系的估计值，仅适用于恒幅对称应变循环。平均应力或平均应变的影响应一般采用下述经验公式考虑平均应力的影响。

$$\varepsilon_{\mathrm{a}} = \frac{\sigma_{\mathrm{f}}' - \sigma_{\mathrm{m}}}{E}(2N)^b + \varepsilon_{\mathrm{i}}'(2N)^c \tag{11-58}$$

式中，σ_{m} 为平均应力。在对称循环载荷下，当 $\sigma_{\mathrm{m}} = 0$ 时，式（11-58）即退化为式（11-50）。

注意到在式（11-50）中，b、c 都小于零，因此当寿命 N 相同时，平均应力越大，可承受的应变幅 ε_{a} 越小；或应变幅不变，平均应力越大，则寿命 N 越短。可见，拉伸平均应力是有害的，压缩平均应力则可提高疲劳寿命

11.4.4.5 疲劳寿命估算

现在讨论利用应变寿命曲线进行疲劳寿命估算的方法。

假定应变或应力历程已知，则必须首先进行循环应力应变响应分析，得到稳态滞回环，确定循环应变幅 ε 和平均应力 σ_{m}，然后利用式（11-58）估算疲劳寿命 N。如果构件承受的是恒幅对称应变循环，则 $\sigma = 0$，可直接利用式（11-50）估算疲劳寿命 N。

【例 11-3】 某试件所用材料 $E = 210\mathrm{GPa}$，$n' = 0.2$，$K' = 1220\mathrm{MPa}$，$\sigma_{\mathrm{f}} = 930\mathrm{MPa}$，$b = -0.095$，$c = -0.47$，$\varepsilon_{\mathrm{f}}' = 0.26$，试估计该试件在如图 11-37 所示的三种应变历程下的寿命。

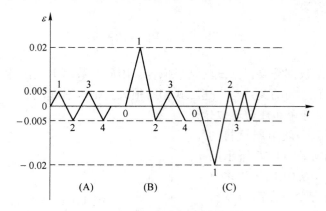

图 11-37 三种应变历程下的寿命图

解：对于情况（A），其为恒幅对称应变循环，并且有：

$$\varepsilon_{\mathrm{a}} = 0.005 \text{ 和 } \sigma_{\mathrm{m}} = 0$$

因此可以利用式（11-50）估算疲劳寿命 N，有：

$$\varepsilon_{\mathrm{a}} = \frac{\sigma_{\mathrm{f}}'}{E}(2N)^b + \varepsilon_{\mathrm{f}}'(2N)^c = 0.005$$

求解方程，得 $N = 5858$。

对于情况（B），首先计算循环应力-应变响应。对于点 1，根据式（11-34）的循环应力幅应变幅方程，有：

$$\varepsilon_1 = \frac{\sigma_1}{E} + \left(\frac{\sigma_1}{K'}\right)^{\frac{1}{n}} = 0.02$$

求解可得 $\sigma_1 = 542\text{MPa}$。

由点 1 到点 2 是一个卸载过程，根据式（11-36）的滞回环方程，有：

$$\Delta\varepsilon_{1\text{-}2} = \frac{\Delta\sigma_{1\text{-}2}}{E} + 2\left(\frac{\Delta\sigma_{1\text{-}2}}{2K'}\right)^{\frac{1}{n}} = 0.025$$

求解可得：

$$\Delta\sigma_{1\text{-}2} = 972\text{MPa}$$

因此：

$$\sigma_2 = \sigma_1 - \Delta\sigma_{1\text{-}2} = -430\text{MPa}$$

由点 2 到点 3 是一个加载过程，根据式（11-36）的滞回环方程，利用 $\Delta\varepsilon_{2\text{-}3} = 0.01$ 可求得 $\Delta\sigma_{2\text{-}3} = 772\text{MPa}$，因此：

$$\sigma_3 = \sigma_2 + \Delta\sigma_{2\text{-}3} = 342\text{MPa}$$

由点 3 到点 4 又是一个卸载过程。注意到 2-3-4 形成一个封闭滞回环，因此有：

$$\sigma_4 = \sigma_2 = -430\text{MPa}$$

画出情况（B）的循环应力-应变曲线，如图 11-38 所示。图中的稳态环有：

$$\varepsilon_a = \frac{\varepsilon_3 - \varepsilon_4}{2} = 0.005 \quad 和 \quad \sigma_m = \frac{\sigma_3 + \sigma_4}{2} = -44\text{MPa}$$

将它们代入式（11-58）估算寿命，有：

$$\varepsilon_a = \frac{\sigma_f' - \sigma_m}{E}(2N)^b + \varepsilon_f'(2N)^c$$

求解得 $N = 6170$。

可见，拉伸高载后引入了残余压应力（$\sigma_m < 0$），疲劳寿命得到延长，是有利的。

对于情况（C），首先计算循环应力-应变响应。与情况（B）类似，根据式（11-34）的循环应力幅应变幅方程，可以求得点 1 处的应力。注意到应变为负，因此应力也为负，因此 $\sigma_1 = -542\text{MPa}$。由点 1 到点 2 是一个加载过程，根据式（11-36）的滞回环方程，由 $\Delta\varepsilon_{1\text{-}2} = 0.025$ 可求得：

$$\Delta\sigma_{1\text{-}2} = 972\text{MPa}$$

因此有：

$$\sigma_2 = \sigma_1 + \Delta\sigma_{1\text{-}2} = 430\text{MPa}$$

由点 2 到点 3 是一个卸载过程，同样，根据式（11-36）的滞回环方程，利用 $\Delta\varepsilon_{2\text{-}3} = 0.01$，可求得 $\Delta\sigma_{2\text{-}3} = 772\text{MPa}$，因此

$$\sigma_3 = \sigma_2 - \Delta\sigma_{2\text{-}3} = -342\text{MPa}$$

由点 3 到点 4 又是一个加载过程，并且 2-3-4 形成一个封闭滞回环。

画出情况（C）的循环应力-应变曲线，如图 11-39 所示。如图中的稳态环有 $\varepsilon_a = 0.005$ 和 $\sigma_m = 44\text{MPa}$，代入式（11-52）估算寿命，求解得 $N = 5565$。

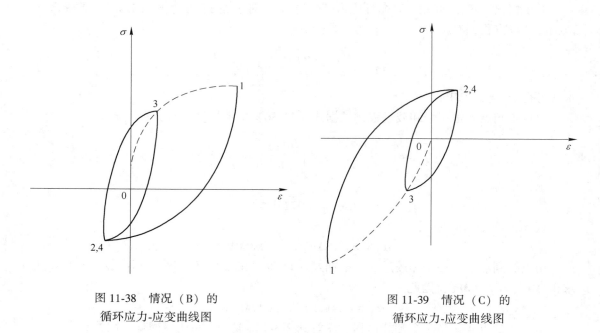

图 11-38 情况（B）的
循环应力-应变曲线图

图 11-39 情况（C）的
循环应力-应变曲线图

可见，拉伸高载后引入了残余拉应力（$\sigma_m > 0$），疲劳寿命被缩短，是有害的。

11.4.5 缺口件的疲劳

由于应力集中效应，缺口件的高应力区或裂纹起始位置通常位于缺口根部。考虑到工程中缺口件的广泛使用，掌握缺口件的疲劳寿命分析和预测方法就显得非常重要。

假设在循环载荷作用下缺口根部发生的疲劳损伤，与承受同样应力或应变历程的光滑件发生的疲劳损伤相同，这样就可以将缺口件的疲劳问题转化为光滑件的疲劳问题。以图 11-40 所示的缺口件为例，如果将缺口根部的材料元看作一个小试件，那么它在局部应力或应变循环作用下的疲劳寿命，按照上面的假设，就可以根据承受同样载荷历程的光滑件来预测。

因此，如果已知缺口件的名义应力或名义应变，则问题就转化为如何确定缺口根部的局部应力和局部应变。

11.4.5.1 缺口根部的局部应力-应变分析

缺口件的名义应力，没有考虑缺口带来的应力集中。对于图 11-40 中的缺口件，名义应力 S 等于载荷 F 除以净面积 A，即：

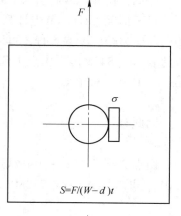

$$S = \frac{F}{A} = \frac{F}{(W-d)t} \tag{11-59}$$

式中，W 和 t 分别为缺口件的宽度和厚度；d 为缺口直径。名义应变 e 则可由式（11-31）根据名义应力得到。

图 11-40 缺口根部的应力集中

设缺口根部的局部应力为 σ，局部应变为 ε。如果应力水平较低，则问题近似为弹性问题，缺口根部的局部应力和应变与名义应力和应变之间的关系可以表示为：

$$\sigma = K_t S \quad 和 \quad \varepsilon = K_t e \tag{11-60}$$

式中，K_t 为弹性应力集中系数，一般可查手册得到。

如果应力水平较高，塑性应变占据主导地位，则缺口根部的局部应力和应变与名义应力和应变之间的关系，不再适合采用弹性应力集中系数描述。为此，需要重新定义缺口应力（或应变）集中系数。

$$\sigma = K_\sigma S \quad 与 \quad \varepsilon = K_\varepsilon e \tag{11-61}$$

式中，K_σ 为应力集中系数；K_ε 为应变集中系数。

无论是名义应力和名义应变，还是缺口根部的局部应力和局部应变，都应满足式（11-26）的材料本构关系。为了求解局部应力和局部应变，必须再补充关于 K_σ、K_ε 和 K_t 之间的一个方程。一般来说，K_σ 和 K_ε 可以采用数值方法求解获得。这里分别讨论两种极端情况的近似估计。

A 平面应变情况

线性理论假设应变集中系数 K_t，等于弹性应力集中系数 K_ε，即

$$K_t = K_\varepsilon \tag{11-62}$$

称为应变集中的不变性假设，可用于平面应变情况。

在这种情况下，如果已知名义应力 S，就可以根据式（11-33）求出名义应变 e；或已知名义应变 e，就可以求出名义应力 S。然后，利用线性理论，确定缺口根部的局部应变：

$$\varepsilon = K_\varepsilon e = K_t e \tag{11-63}$$

进而根据式（11-33）计算缺口根部的局部应力 σ。其解答如图 11-41 中的 C 点所示。

B 平面应力情况

对于平面应力情况，如带缺口薄板拉伸，Neuber 假定：

$$K_\varepsilon K_\sigma = K_t^2 \tag{11-64}$$

左右两边同时乘以 eS，有：

$$K_\varepsilon K_\sigma eS = K_t^2 eS \tag{11-65}$$

注意到 K_ε 为缺口局部应变 ε，$eK_\sigma S$ 为缺口局部应力 σ，因此：

$$\varepsilon\sigma = K_t^2 eS \tag{11-66}$$

称为 Neuber 双曲线。

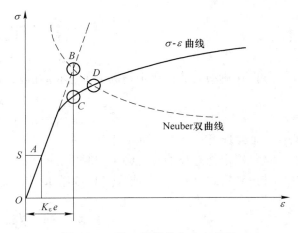

图 11-41 缺口根部的应力应变解

在这种情况下，联立式（11-33）和式（11-45），即可由名义应力 S 和名义应变 e 求解获得缺口根部的局部应力 σ 和局部应变 ε。在图 11-41 中，Neuber 双曲线与材料应力-应变曲线的交点 D，就是 Neuber 理论的解答。

11.4.5.2 缺口根部的循环应力-应变响应分析和寿命估算

在循环载荷作用下，缺口根部的局部应力应变也是随时间变化的。在进行缺口根部的局部应力应变响应分析时，典型载荷谱块起点处的应力应变关系可以采用式（11-34）给

出的循环应力幅-应变幅方程描述。后续的加卸载过程，采用式（11-36）的增量形式的滞回环方程描述。同时，还要考虑缺口处的应力集中效应。

一般来说，问题可以描述为：已知缺口件的名义应力或名义应变历程，以及缺口根部的弹性应力集中系数，要求分析缺口根部的局部应力和局部应变响应，找出稳态滞回环及其应变幅和平均应力，进而利用应变寿命关系估算寿命。

计算分析步骤归纳如下：

（1）根据循环应力幅应变幅方程和 Neuber 双曲线方程，代入与典型载荷谱块起点（或第 1 点）对应的名义应力 S_1 或名义应变 e_1，有：

$$e_1 = \frac{S_1}{E} + \left(\frac{S_1}{K'}\right)^{\frac{1}{n}} \tag{11-67}$$

$$\varepsilon_1 = \frac{\sigma_1}{E} + \left(\frac{\sigma_1}{K'}\right)^{\frac{1}{n}} \tag{11-68}$$

$$\varepsilon_1 \sigma_1 = K_t^2 \, e_1 \, S_1 \tag{11-69}$$

联立求解，得到此时缺口根部的局部应力 σ_1 和局部应变 ε_1。

（2）在从第 i 点到第 $i+1$ 点的加卸载过程中，根据典型载荷谱块获得名义应力增量 ΔS 或名义应变增量 Δe，代入滞回环方程和 Neuber 双曲线方程，即可计算出缺口根部的局部应力增量 $\Delta\sigma$ 和局部应变增量 $\Delta\varepsilon$。即：

$$\Delta e = \frac{\Delta S}{E} + 2\left(\frac{\Delta S}{2\,K'}\right)^{\frac{1}{n}} \tag{11-70}$$

$$\Delta\varepsilon = \frac{\Delta\sigma}{E} + 2\left(\frac{\Delta\sigma}{2\,K'}\right)^{\frac{1}{n}} \tag{11-71}$$

$$\Delta\varepsilon\Delta\sigma = K_t^2 \Delta e\Delta S \tag{11-72}$$

（3）在典型载荷谱块中与第 $i+1$ 点对应的缺口根部局部应力 σ_{i+1} 和局部应变 ε_{i+1} 为：

$$\sigma_{i+1} = \sigma_i \pm \Delta\sigma \tag{11-73}$$

$$\varepsilon_{i+1} = \varepsilon_i \pm \Delta\varepsilon \tag{11-74}$$

式中，加载时用"＋"，卸载时用"－"。

（4）确定稳态环的应变幅 ε_a 和平均应力 σ_m。

（5）利用式（11-58）或式（11-50）的应变寿命关系估算寿命。

11.5 延 寿 技 术

11.5.1 细化晶粒

随着晶粒尺寸的减小，合金的裂纹形成寿命和疲劳总寿命延长，实验结果列入表 11-2。晶粒细化可以提高金属的微量塑性抗力，使塑性变形均匀分布，因而会延缓疲劳微裂纹的形成；再则，晶界有阻碍微裂纹长大和联接作用。故晶粒细化可延长裂纹形成寿命，因而延长疲劳总寿命。

表 11-2　晶粒度对铝合金疲劳性能的影响（$\Delta\sigma = 72\text{MPa}$）

晶粒尺寸/mm	N_A/周次	N_P/周次	N_f/周次
0.127	1280	250	1530
0.254	805	375	1180
0.508	860	350	1210
1.397	600	413	1010
2.667	455	405	866

注：裂纹从试件的两个位置同时出现。

11.5.2　减少和细化合金中的夹杂物

细化合金中的夹杂物颗粒，可以延长疲劳寿命，合金表面上和近表面层（Subsurface）的夹杂物尺寸对疲劳寿命的影响如图 11-42 所示。由此可见，表面或近表面层夹杂物尺寸越大。疲劳寿命越短，在低的循环应力下，夹杂物尺寸对疲劳寿命的影响更大。例如，在 889MPa 的循环应力下，夹杂物尺寸由 2.5μm 增大到 5.0μm 时，疲劳寿命缩短 10 倍以上。因此，减少合金中的夹杂物，细化夹杂物，是延长疲劳寿命的重要途径。

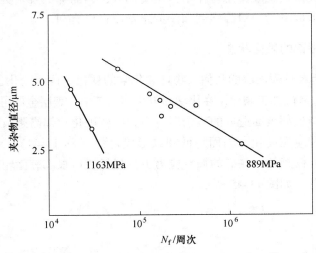

图 11-42　表面或近表面层夹杂物尺寸对比度 4340 钢疲劳寿命的影响

11.5.3　微量合金化

向低碳钢中加铌，大幅度地提高钢的强度和裂纹形成门槛值，大幅度地延长裂纹形成寿命，实验结果如图 11-43 所示，可以认为，微量合金化是改善低碳钢综合力学性能的经济而有效的方法。

11.5.4　减少高强度钢中的残余奥氏体

将高强度马氏体钢中的残余奥氏体由 12% 减少到 5%，可使 30CrMnSiNi2A 钢的屈服强度由 970MPa 提高到 1320MPa，裂纹形成寿命在短寿命范围内延长约 30%。尽管残余奥氏体能提高裂纹扩展门槛值，降低近门槛区的裂纹扩展速率，延长裂纹扩展寿命，但高强

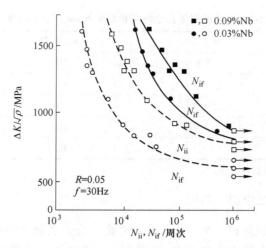

图 11-43　高铌钢与低铌钢的裂纹形成寿命曲线

N_{ii}—形成粗大滑移带的加载循环数；N_{if}—形成贯穿切口根部表面裂纹的加载循环数

度钢零件的裂纹形成寿命在疲劳总寿命中占主要部分，因而降低残余奥氏体含量以提高屈服强度和延长裂纹形成寿命，对静强度和疲劳总寿命将更有利。

11.5.5　改善切口根部的表面状态

切削加工会引起零件表面层的几何、物理和化学的变化。这些变化包括：表面光洁度、表面层残余应力和金属的加工硬化。在化学和电化学加工中，表层金属可能吸氢而变脆。

切削加工在切口根部表面造成的残余压应力和应变硬化，提高裂纹形成寿命；退火消除表面残余压应力和应变硬化，因而降低裂纹形成寿命（图 11-44）。切口根部表面粗糙度越小，裂纹形成寿命越长，在低的循环应力下，降低切口根部表面粗糙度延长裂纹形成寿命的效果更为显著，如图 11-45 所示。

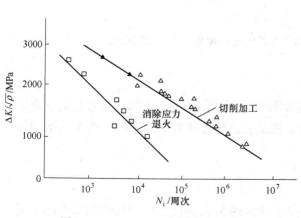

图 11-44　Ti-5Al-2.5Sn 合金的疲劳
裂纹形成寿命的实验结果

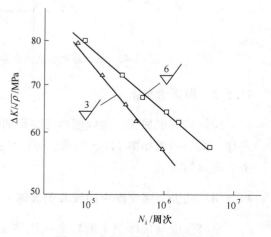

图 11-45　切口根部表面粗糙度
对 45 钢裂纹形成寿命的影响

11.5.6　孔挤压强化

飞机结构件中含有大量的铆钉孔，疲劳裂纹通常在孔边形成，因而对孔壁进行冷挤压，在孔边造成残余压应力并使孔边材料发生强化，从而延长裂纹形成寿命，实验也已表明孔壁冷挤压不仅可以延长铝合金构件在等幅载荷下的裂纹形成寿命，而且可以大幅度地延长变幅载荷下的裂纹形成寿命。

综上所述，只有少数技术能同时延长裂纹形成寿命和裂纹扩展寿命。但很多改变材料组织的技术，若延长裂纹形成寿命，则会引起裂纹扩展寿命的降低，或者相反因此，应当根据零件的疲劳设计要求，合理地选用材料和延寿技术。

习　题

1. 若疲劳试验频率选取为 $f = 20\text{Hz}$，试估算施加 10^6 次载荷循环需要多少小时？

2. 表 11-3 列出了三种材料的旋转弯曲疲劳试验结果，试将数据绘于双对数坐标纸上，并与由 $\sigma_{10^3} = 0.9\sigma$ 和 $\sigma_{10^6} = 0.5\sigma$ 估计的 $S\text{-}N$ 曲线进行比较。

表 11-3　三种材料的旋转弯曲疲劳试验结果表

A $\sigma_u = 430\text{MPa}$		B $\sigma_u = 715\text{MPa}$		C $\sigma_u = 1260\text{MPa}$	
σ_a/MPa	N/105	σ_a/MPa	N/105	σ_a/MPa	N/105
225	0.45	570	0.44	770	0.24
212	2.40	523	0.85	735	0.31
195	8.00	501	1.40	700	0.45
181	15.00	453	6.30	686	0.87
178	27.00	435	19.00	665	1.50
171	78.00	417	29.00	644	1000.0*
168	260.00	412	74.00	—	—

注：*表示未破坏。

3. 某构件承受循环应力 $\sigma_{max} = 525\text{MPa}$、$\sigma_{min} = -35\text{MPa}$ 的作用，材料极限强度 $u = 700\text{MPa}$ 假定在对称循环条件下有 $\sigma_{10^3} = 0.9\sigma$ 和 $\sigma_{10}^6 = 0.5\sigma$，试估算构件的寿命。

4. 什么是应力疲劳，什么是应变疲劳？试述其联系与差别。

5. 什么是材料的循环性能，什么是材料的疲劳性能，如何描述？

6. 如果工程应变分别为 0.2%、0.5%、1%、2% 和 5%，试估算工程应力与真实应力，工程应变与真实应变之间的差别有多大？

7. 材料的循环性能如下：$E = 210\text{GPa}$，$K' = 1220\text{MPa}$，$n = 0.2$。试计算图 11-46 所示应力谱下的循环应力-应变响应。

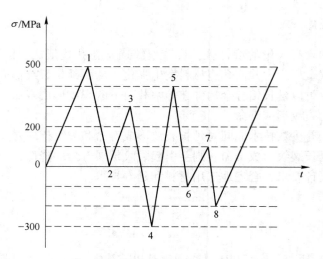

图 11-46   应力谱下的循环应力-应变响应图

12 材料的高温力学性能

【本章提要与学习重点】

本章介绍了蠕变、蠕变极限及持久强度、蠕变过程中合金组织的变化、变形和断裂机制、应力松弛、超塑性能等。

重点：材料在高温下力学性能的特点，蠕变的宏观规律，蠕变极限的定义、工程意义和测试方法。

【导入案例】

纽约世界贸易中心大楼位于曼哈顿闹市区南端，是美国纽约市场最高，楼层最多的摩天大楼，由原籍日本的总建筑师山崎实设计，于1966年开工，历时7年，1966年开工，历时7年，1973年竣工以后，以411m的高度作为110层的摩天巨人而载入史册。纽约世界贸易中心大楼由5个建筑组成，主楼是双塔形，塔柱边宽63.5m。大楼采用钢结构，用钢78000t，楼的外围有密置的钢柱，墙面由铝板和玻璃组成，素有"世界之窗"之称。

美国东部时间2001年9月11日上午8时45分，一架起飞质量达160t的波音767型飞机，直接撞击纽约世贸大厦中心北塔；18min后，又一架起飞重量为100t的757型飞机，几乎拦腰撞击世贸中心南塔。在高达1000℃的烈焰煎熬下，撞击后的一个半小时内，两个塔楼最后坍塌了（图12-1）。

然后，关于大楼坍塌的原因有很多说法，但是较为一致的观点是认为世贸中心大楼双塔不是因为撞击，而是燃烧导致的。钢架构表面的保护层绝缘面板随之脱离。双塔的钢架结构因此完全暴露在大火里，当时获得温度已经接近钢的软化点。根据宾夕法尼亚州立大学教授推测，燃烧喷气燃料温度高达1000~3000华氏度。而钢在1000华氏度下就会失去近一半的强

图12-1 "9·11"事件

度而弯曲变形，在1400华氏度下，只能剩下10%~20%的强度。燃烧使得钢柱软化，而被撞击层以上楼层的重力在加速度的作用下，以雷霆万钧之势，造成了世界贸易中心遇到袭击的必然结果，就是坍塌。

恐怖袭击发生后，美联邦紧急事务管理局和美国民用工程师协会曾联合发表了一份调查报告。报告认为，大楼的最终坍塌是飞机冲撞和随后大火的共同作用。高热已经给已经破损的钢结构框架更大的应力，同时，软化了钢结构框架。这个附加的荷重及其结果产生

的危害足以使双塔坍塌。

航空航天工业、能源和化学工业的发展，对材料在高温下的力学性能提出了很高的要求。在某些情况下，研究新的耐高温材料，正确地评价材料，使之满足机件的服役要求，成为上述工业发展和材料科学研究的主要任务。所谓高温，是指机件的服役温度超过金属的再结晶温度，即 $(0.4 \sim 0.5)T_m$，T_m 为金属的熔点，在这样的高温下长时间服役，金属的微观结构、形变和断裂机制都会发生变化。因此，室温下具有优良力学性能的材料，不一定能满足机件在高温下长时间服役对力学性能的要求。因为材料的力学性能随温度的变化规律各不相同。例如，在室温或较低温度下的材料，可以采用各种介稳组织进行强化，如加工硬化、固溶强化以及沉淀硬化等，但在高温下这些介稳组织要转变为稳定组织，从而引起强度的迅速降低。再则，评定材料的高温力学性能还要考虑时间因素，即载荷作用时间的影响。很多金属材料在高温短时拉伸试验时，塑性变形的机制是晶内滑移，最后发生穿晶的韧性断裂。而在应力的长时作用下，即使应力不超过屈服强度，也会发生晶界滑动，导致沿晶的脆性断裂。在研究高温疲劳时，要考虑加载频率，负载波形等的影响。由此可见，如何评价材料的高温力学性能，并运用这些力学性能评估高温构件的安全性和寿命，是个更为复杂的课题。

本章将介绍和讨论高温蠕变现象、一般规律、变形机理及影响因素，还将介绍除蠕变外的其他材料高温力学性能。

12.1　材料高温蠕变性能

材料在高温时力学行为的一个重要特点就是会产生蠕变。材料在一定温度和恒应力作用下，随时间的增加慢慢地发生塑性变形的现象称为蠕变，由这种变形引起的断裂称为蠕变断裂。1910 年，安德雷德等人发表了他们关于金属发生蠕变的研究报告，之后，越来越多的科研工作者开始把他们的研究领域扩展到材料的蠕变上。

应该指出，蠕变不是绝对的高温现象，在低温下也会产生，只是由于温度太低，蠕变现象不明显，不容易觉察出来。一般认为，只有当温度高于 $0.3T_m$（T_m 为材料熔点，单位为 K）时，才较为明显。因此，不同材料出现明显蠕变的温度也不同。如碳素钢要超过 350℃，合金钢要超过 400℃，低熔点的金属（如 Pb、Sn）和许多高分子材料在室温下即可出现蠕变，而高熔点的陶瓷材料（如 Si_3N_4）在 1100℃以上也不会发生明显蠕变。

12.1.1　蠕变的一般规律

测量材料的蠕变可在如图 12-2 所示的材料蠕变试验机上进行。

蠕变的一般规律可用蠕变曲线表示。蠕变曲线是材料在一定温度和应力作用下，伸长率随时间而变化的曲线，反映了温度、应力、变形量和时间之间的关系。

金属和陶瓷材料蠕变特征类似，其典型蠕变曲线如图 12-3 所示。Oa 段是在 T 温度下承受恒定拉应力时所产生的瞬间伸长，其应变为 δ_0，是由外加载荷引起的一般变形过程。$abcd$ 曲线称为蠕变曲线，其中任意一点的斜率表示该点的蠕变速率。$abcd$ 曲线又可分为 ab、bc、cd 三段，称为蠕变的三个阶段。

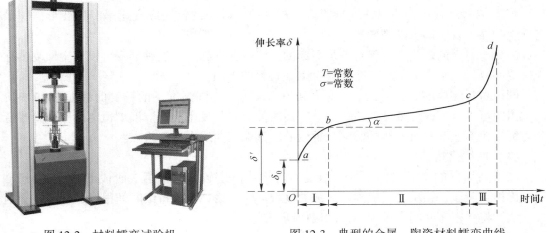

图 12-2 材料蠕变试验机　　　　　图 12-3 典型的金属、陶瓷材料蠕变曲线

（1）*ab* 段——第 I 阶段。蠕变第 I 阶段是减速蠕变阶段，又称过渡蠕变阶段。在这一阶段，开始时蠕变速率很大，随时间的延长，蠕变速率逐渐减小，到 *b* 点蠕变速率达到最小值。

（2）*bc* 段——第 II 阶段。蠕变第 II 阶段是恒速蠕变阶段，这一阶段的特点是蠕变速率几乎保持不变，又称稳态蠕变阶段。通常所指的蠕变速率 ε 就是以这一阶段曲线的斜率表示，此时的蠕变速率称为最小蠕变速率。金属材料的设计、使用、蠕变变形的测量，都是依据这一阶段进行的。

（3）*cd* 段——第 III 阶段。蠕变第 III 阶段是加速蠕变阶段，这一阶段的特点是随着时间的延长，蠕变速率逐渐增加，直至 *d* 点断裂。主要特征是机件出现颈缩，或者在材料内部产生空洞、裂纹等，从而使蠕变速率激增。

高分子材料的黏性使之具有与金属和陶瓷材料不同的蠕变特征，其蠕变曲线如图 12-4 所示。

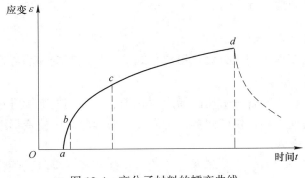

图 12-4 高分子材料的蠕变曲线

高分子材料的蠕变曲线也可分为三个阶段。

（1）*ab* 段，此段为可逆形变阶段，是普通的弹性变形，应力和应变成正比。

（2）bc 段，此段为推迟的弹性变形阶段，又称高弹性变形发展阶段。

（3）cd 段，此段为不可逆变形阶段，蠕变曲线较小的恒定应变速率产生变形，并最终产生颈缩，发生蠕变断裂。

高分子材料的蠕变是由弹性变形引起的。当载荷去除后，这种蠕变可以发生回复，称为蠕变回复。这是高分子材料与金属、陶瓷材料的不同之处。

同一材料在恒定的温度、不同应力和恒定应力、不同温度下的蠕变曲线如图 12-5 所示。由图可见，若改变温度或应力，蠕变曲线的形状将发生改变。温度恒定改变应力或者应力恒定改变温度，对曲线的影响是等效的，其蠕变曲线有以下特点：

（1）曲线仍然基本保持三个阶段的特点。

（2）各阶段的持续时间不同。当应力较小或温度较低时，第二阶段的持续时间长，甚至无第三阶段；相反，当应力较大或温度较高时，第二阶段持续时间很短，甚至完全消失，试样将在很短时间内进入第三阶段而断裂。

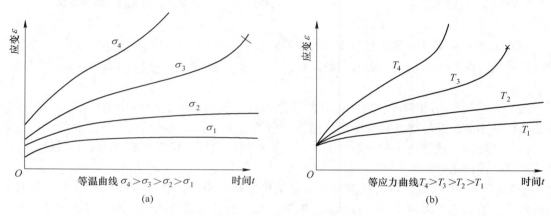

图 12-5　应力和温度对蠕变曲线的影响

（a）恒定温度；（b）恒定应力

12.1.2　蠕变变形及断裂机理

12.1.2.1　蠕变变形机理

从机制上，蠕变变形机理可分为位错滑移蠕变、扩散蠕变和晶界运动蠕变 3 种。

A　位错滑移蠕变机理

在常温下，当位错受到各种障碍阻滞产生塞积，滑移不能继续进行，材料硬化。但在高温下，位错可以借助外界提供的热激活能来克服短程障碍，使变形继续进行，这就是动态回复（又称软化）过程。

在蠕变过程中，硬化和软化是相伴进行的。在蠕变第一阶段，硬化作用较为显著，蠕变速率不断降低，即减速蠕变阶段；在蠕变第二阶段，硬化不断发展，同时促进了动态回复的进行，材料软化过程加速；当硬化和软化达到平衡时，进入恒速蠕变阶段，此时蠕变速率取决于位错的攀移速率。

位错的热激活机制有多种，例如，螺型位错的交滑移、刃型位错的攀移、位错环的分解及带割阶位错的运动等。当然，并不是所有热激活机制同时对蠕变起作用，在蠕变的某一阶段可能只有某一形变机制起主要作用。

如图 12-6 所示为刃形位错攀移克服障碍的几种模型。由图可见，由于热激活运动，位错塞积数量减少，对位错源的反作用力减小，位错源可重新开动、位错增殖和运动，产生蠕变变形。

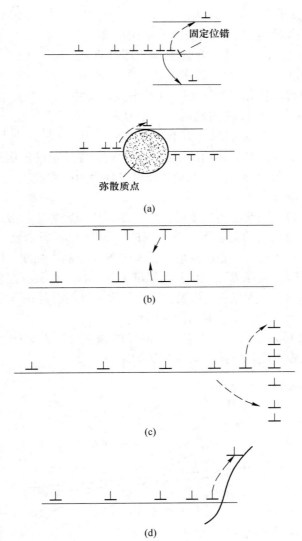

图 12-6　刃形位错攀移克服障碍的几种模型

（a）越过固定位错与弥散质点在新滑移面上运动；（b）与邻近滑移面上异号位错相抵消；
（c）形成小角度晶界；（d）消失于大角度晶界

B　扩散蠕变机理

在蠕变温度高、蠕变速度又较低的情况下，会发生以原子或空位做定向移动为主的扩散蠕变，如图 12-7 所示。在不受外力的情况下，原子和空位的移动没有方向性，宏观上不显示塑性变形。当存在应力时，多晶体内产生不均匀应力场。对承受拉应力的晶界

（如图 12-7 中的 *A*、*B* 晶界）空位浓度增加；对于承受压力的晶界（如图 12-7 中的 *C*、*D* 晶界），空位浓度减少。因此，材料中的空位将从受拉晶界向受压晶界迁空位扩散方向移，原子则向反方向移动，从而使材料逐渐产生蠕变变形。

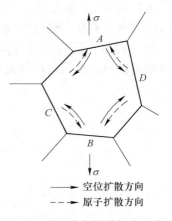

C　晶界运动蠕变机理

当温度较高时，晶界运动也是蠕变的一个组成部分。晶界运动主要有两种方式：一种是晶界滑动，即晶界两边晶粒沿晶界相互错动；另一种是晶界沿着它的法线方向迁移。晶界滑动引起的硬化可通过晶界迁移得到回复。应注意，晶界滑动不是一种独立的机制，一定是和晶内

的滑移变形配合进行的，否则将破坏晶界的连续性，从

图 12-7　晶粒内部扩散蠕变示意图

而导致在晶界上产生裂纹。晶界运动所引起的变形占总蠕变量的比例并不大，即便在温度较高时，晶界滑移引起的变形占总蠕变量的比例也仅为 10% 左右。

12.1.2.2　蠕变断裂机理

在高温蠕变中，特别是在应力较小时，沿晶断裂比较普遍。一般认为，这是由于多晶体中晶内和晶界强度随温度的变化不一致造成的。如图 12-8 所示是晶内强度和晶界强度随温度变化的趋势。由图可见，在低温时，晶界强度高于晶内强度。随着温度的升高，晶内和晶界的强度均下降，但晶界强度比晶内强度下降得快，在某一温度，晶内强度等于晶界强度，这个温度称为等强温度 *T*。当温度高于等强温度时，晶内强度大于晶界强度，发生沿晶断裂。当温度低于等强温度时则恰恰相反。

另外，由图 12-8 可以看出，应变速率对晶粒的强度及等强温度也有影响。应变速率下降，晶粒强度及等强温度均下降，晶界断裂的倾向增大。

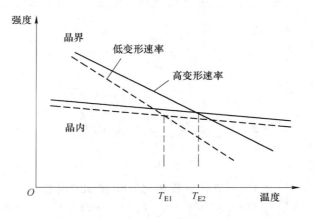

图 12-8　晶内强度和晶界强度随温度变化的趋势

在不同的应力和温度条件下，晶界裂纹形成机理有两种：

（1）低温度大应力情况下，在晶界交会处形成楔形裂纹。在低温度大应力情况下，由于沿晶滑移与晶内变形不协调，在晶界附近形成能量较高的畸变区，晶界滑动在此受

阻，这种情况在高温下可以消除，但在低温大应力下，变形不能协调，当应力集中达到晶界的结合强度时，便在 3 个相邻晶粒交界间发生开裂，形成楔形裂纹，如图 12-9 所示。

（2）高温度小应力情况下，空位聚集形成晶界裂纹。这种裂纹发生在垂直于拉应力的那些晶界上。一般出现在晶界上的突起部位和细小的第二相质点附近，由于晶界滑动而产生空洞。空洞核心一旦形成，在应力作用下，空位由晶内和沿晶界继续向空洞处扩散，使空洞不断长大并互相连接形成裂纹，如图 12-10 所示。由于蠕变断裂主要在晶界上产生，因此，晶界的形态、晶界上的析出物和杂质偏聚、晶粒大小等，对蠕变断裂均会产生较大影响。

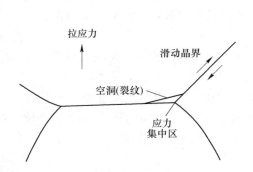

图 12-9　楔形裂纹形成示意图

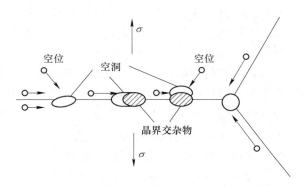

图 12-10　晶界形成空洞裂纹示意图

12.1.2.3　蠕变断口形貌

蠕变断裂断口的宏观特征包括：

（1）在断口附近产生塑性变形，在变形区附近有许多裂纹，使断裂机件表面出现龟裂现象。

（2）由于高温氧化，断口往往被一层氧化膜所覆盖，其微观断口特征主要是冰糖状花样的沿晶断裂形貌。金属材料的高温蠕变断口形貌如图 12-11 所示。

在陶瓷材料中，由于位错在陶瓷晶体内的运动需要克服较高的阻力（其键合力强），所以晶界蠕变对蠕变的贡献更为重要。而高分子材料发生蠕变的机理，一般认为是分子链在外力长时间作用下发生了构象变化或位移而引起的。

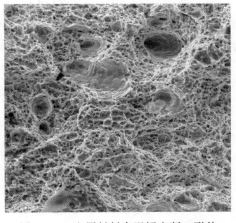

图 12-11　金属材料高温蠕变断口形貌

12.1.3　蠕变性能指标

描述材料的高温力学性能常采用蠕变极限、持久强度、应力松弛与松弛稳定性等力学性能指标。

12.1.3.1　蠕变极限

蠕变极限是材料在长期高温载荷作用下抵抗塑性变形的能力，其含义与材料常温下的屈服强度相似。为了保证材料在长期高温载荷作用下的安全，要求材料具有一定的蠕变极限。

12.1.3.2　持久强度

蠕变极限表征了材料在长期高温载荷作用下对塑性变形的抗力，但不能反映断裂时的强度及塑性。与常温下的情况一样，材料在高温下的变形抗力与断裂抗力是两个不同的性能指标。持久强度极限是指在规定温度 T 下，达到规定的持续时间 t 而不发生断裂的应力值。用 $\sigma_t^T(\mathrm{MPa})$ 表示。

对于某些在高温下运转过程中不考虑变形量的大小，而只考虑在承受给定应力下使用寿命的机件来说，材料的持久强度是极其重要的性能指标。有些耐热钢有缺口敏感性，缺口所造成的应力集中对持久强度的影响取决于温度、缺口的几何形状、钢的持久塑性、热处理工艺及钢的成分等因素。

拓展： 材料的持久强度是试验测定的，持久强度试验时间通常比蠕变极限试验要长得多，根据设计要求，持久强度试验最长可达几万至几十万小时（许多实际中应用的工程构件要求材料的持久强度需要这么长的时间，如飞机发动机）。可以想象，如果进行几万小时的持久强度试验是比较困难的，因此，实际应用中常采用短时间的持久强度试验数据，然后按照经验公式推算出或按直线外推法求得材料长时间的持久强度。

12.1.3.3　应力松弛与松弛稳定性

材料在恒变形的条件下，随着时间的延长，弹性应力逐渐降低的现象称为应力松弛，材料抵抗应力松弛的能力称为松弛稳定性。例如，一些在高温下工作的紧固零件（如汽轮机缸盖或法兰盘上的紧固螺栓等），经过一段时间后紧固应力不断下降，从而产生泄漏。如图 12-12 所示是通过松弛试验测定的应力松弛曲线。σ_0 为初始应力，随着时间的延长，试样中的应力不断减小，在任一时间试样上所保持的应力称为剩余应力 σ_{sh}。试样上所减少的应力，即初始应力与剩余应力之差称为松弛应力 σ_{so}。

松弛稳定性可以用来评价材料在高温下的预紧能力，对于那些在高温状态下工作的紧固件，在选材和设计时，就应考虑材料的松弛稳定性。如果松弛稳定性差，随着工作时间的延长，材料的剩余应力越来越小，当小于需要的预紧工作应力时，就会造成机械故障。

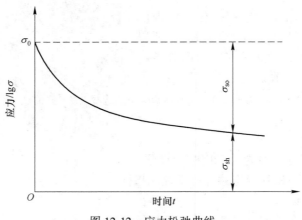

图 12-12　应力松弛曲线

12.1.4 影响蠕变性能的主要因素

根据蠕变变形和断裂机理可知，蠕变是在一定的应力条件下，材料的热激活微观过程的宏观表现。要降低蠕变速率提高蠕变极限，必须控制位错攀移的速率；要提高持久强度，必须抑制晶界的滑动和空位的扩散。

影响材料高温力学性能的因素主要包括材料的化学成分、冶炼及热处理工艺状态和晶粒尺寸等。

12.1.4.1 化学成分及组织结构

材料的成分不同，蠕变的热激活能也不相同。热激活能高的材料，蠕变变形困难，蠕变极限及持久强度较高。对于金属材料，如在设计耐热钢及耐热合金时，一般选用熔点高、自扩散激活能大和层错能低的元素及合金。这是因为在一定温度下，熔点越高的金属，自扩散激活能越大，因而自扩散越慢；层错能越低的金属越易产生扩展位错，使位错难以产生割阶、交滑移和攀移，这些都有利于降低蠕变速率。另外，如果在金属基体中加入一些可以形成单相固溶体的合金元素，如铬、钼、钨、铌等，除产生固溶强化作用外，还可以降低层错能，从而提高蠕变极限。如果加入可以形成弥散相的合金元素，由于弥散相能强烈阻碍位错的滑移，从而提高材料的高温强度。弥散相粒子硬度越高、弥散度越大、稳定性越高，则强化作用越好。如果加入硼、稀土金属等可以增加晶界激活能的元素，则既能阻碍晶界滑动，又能增大晶界裂纹面的表面能，对提高蠕变极限，特别是持久强度也是非常有效的。

陶瓷材料本身即具有较好的抗高温蠕变性能。如果陶瓷材料是共价键结构，由于价键的方向性，使之拥有较高的抵抗晶格畸变、阻碍位错运动的派纳力；如果陶瓷材料是离子键结构，由于静电作用力的存在，晶格滑移不仅遵循晶体几何学的原则，而且受到静电吸力和斥力的制约，这些内在因素都可以提高陶瓷材料的高温蠕变性能。

具有不同黏弹性的高分子材料也具有不同的蠕变性能。如玻璃纤维增强尼龙的蠕变性能反而低于未增强的，这是因为在许多纤维增强的塑料中，基体的黏弹性取决于时间和温度，并在恒定应力下呈现蠕变，而玻璃纤维增强比未增强基体对时间的依赖性要小得多，因此，在较短的时间内断裂，并显示出低的蠕变性能。

12.1.4.2 冶炼及热处理工艺状态

不同耐热合金应采用不同的冶炼工艺，对合金性能要求越高，冶炼工艺要求越严。因为即使杂质元素（如 S、P、Pb、Sn 等）含量只有十万分之几，也会使热强性下降及加工塑性变坏。另外，对金属材料采用不同的热处理工艺，可以改变组织结构，从而改变热激活运动的难易程度。如珠光体耐热钢，一般采用正火加高温回火工艺，正火温度应足够高，以促使碳化物较充分而均匀地溶解在奥氏体中；回火温度应高于使用温度 $100\sim150℃$ 以上，以提高其在使用温度下的组织稳定性。奥氏体耐热钢或合金一般进行固溶处理和时效，使之得到适当的晶粒度，并改善强化相的分布状态。

12.1.4.3 晶粒度的影响

晶粒大小对金属材料性能的影响很大。当使用温度低于等强温度时，细晶粒钢有较高的强度；当使用温度高于等强温度时，粗晶粒钢及合金有较高的蠕变抗力与持久强度。但是晶粒太大会使持久塑性和冲击韧性降低。因此，进行热处理时应考虑采用适当的加热温，以满足晶粒度的要求。对于耐热钢及合金来说，随合金成分及工作条件不同有一最佳晶粒度范围。例如，奥氏体耐热钢及镍基合金，一般以 2~4 级晶粒度较好。

12.2　其他高温力学性能

12.2.1　高温短时拉伸性能

　　同一材料在相同温度，但不同应变率下的拉伸应力整体变化趋势是相似的。随着应变速率的增加，加工硬化程度快速增加。峰值应力和峰值应变增大，动态再结晶的启动越来越困难。因此，高应变能够促进位错滑移，使材料容易发生局部应力集中，塑性变差。对比同样测量各工况下的弹性模量、屈服强度、抗拉强度、拉伸韧性等力学性能参数，得出结果，同一种材料在相同温度下，应变率对拉伸强度几乎没有影响，随着应变率的降低，高温下材料吸收的机械能逐渐增大。钢在不同温度拉伸条件下，屈服强度、抗拉强度、韧性等性能随着温度升高而降低。在不同应变率条件下，材料断裂强度、名义屈服强度、抗拉强度、断裂伸长率等参数影响不大，从晶体微观角度分析，随着应变率减小，这些强度会有小幅度提升。

12.2.2　高温疲劳性能

　　通常我们把高于再结晶温度所发生的疲劳叫作高温疲劳。高温疲劳除与室温疲劳有类似的规律外，还有自身的一些特点。

　　高温疲劳的最大特点是与时间相关，所以描述高温疲劳的参数除与室温相同的以外，还需增添与时间有关的参数。与时间有关的参数包括加载频率、波形和应变速率，实验表明，降低加载过程中的应变速率或频率，增加循环中拉应力的保持时间都会缩短疲劳寿命，而断口形貌也会相应地从穿晶断裂过渡到穿晶加沿晶，直至完全沿晶断裂。造成上述现象的原因是降低应变速率或频率、增加拉应力保持时间将引起下面两种损伤过程加剧：一是引起沿晶蠕变损伤增加，二是环境浸蚀（例如，拉应力使裂纹张开后的氧化浸蚀）的时间也增加了。高温下原子沿晶界扩散。所以环境浸蚀主要沿晶界发展因此无论是蠕变或是环境浸蚀，造成的损伤主要都在晶界，从而出现上述从穿晶到沿晶断裂的变化过程。两种损伤在整个损伤中所占的比例大小因试验条件和材料的不同而异。

　　不同的材料易受损伤的波形不一定相同，图 12-13 是典型的 4 种加载波型，实验表明，A286 合金易受损伤的波形为 CP 型，而 Cr-Mn 材料易受损伤的波形是 PC 型。

　　　　(a)　　　　　　　　　　(b)　　　　　　　　　　(c)　　　　　　　　　　(d)

图 12-13　四种加载波形

（a）PP 型；（b）CC 型；（c）CP 型；（d）PC 型

12.2.3　高温硬度

　　高温硬度是衡量某些材料在高温下力学性能的一项基本指标，用来反映材料在高温下抵抗局部塑性变形的能力，材料的高温硬度值一般随温度的上升而下降。对于某些在高温下使用的结构件（如高温轴承等），材料的高温硬度也是很重要的力学性能指标。

高温硬度实验与其他高温性能如持久性能、蠕变性能等实验相比具方便、简洁。

实验时间短、实验成本低等优点，因而常被人们用来验证或初步估计在高温下材料的某些性能，或用来研究高温下材料的硬度值随承载时间延长而下降的规律。

目前，在实验温度不太高的情况下，一般仍用布氏、洛氏和维氏硬度实验方法来检测。不过，需要在硬度计工作台上加装一套加热保温装置并更换长压头。如果实验温度较高，则需用专门的高温硬度计来进行测量。

12.3　超　塑　性

工程用的金属材料，其室温的伸长率 δ，对于黑色金属一般不超过 40%，对于有色金属一般不超过 60%，即使在高温状态下也难以达到 100%。虽然曾从冶炼、热处理等各个方面努力采取措施，但均未能大幅度提高其塑性。

直至半个世纪前，人们在实验工作中发现某些合金在特定的变形条件下具有很大的伸长率，并于 1945 年正式提出"超塑性"的概念后，情况才起了很大的变化。

所谓超塑性，可以理解为金属和合金具有超常的均匀变形能力，其伸长率达到百分之百、甚至百分之几千。但从物理本质上确切定义，至今还没有。有的以拉伸试验的伸长率来定义认为 $\delta > 200\%$ 即为超塑性；有的以应变速率敏感性指数 m 定义，认为 $m > 0.3$，即为超塑性；还有的认为抗颈缩能力大，即为超塑性。但不管如何，与一般变形情况相比，超塑性效应表现有以下特点：大伸长率，甚至可以达到百分之几千；无缩颈，拉伸时候表现均匀的截面缩小，断面收缩率可以达到 100%；低流动应力，对于很大部分合金，其流动应力仅为每平方毫米几个到几十个牛顿，且非常敏感地依赖于应变速率，且易成形。由于上述原因，且变形过程中基本上无加工硬化，因此，超塑性成形时，具有极好的流动性和填充性，能加工出复杂精确的零件。

12.3.1　超塑性产生的条件

许多材料，包括在通常的变形条件下非常脆的金属间化合物及陶瓷材料在一定条件下也能表现出超塑性。实际上，所有的材料在某些特定的显微组织、温度及变形速率条件下都可以呈现出超塑性，只是对某些材料而言，发生超塑性的条件限制在一个很窄的温度和应变速率范围内，在通过情况下难以满足而已。

对大量的超塑性事例的分析表明，为了使材料获得超塑性，通常应满足以下三个条件：

（1）变形在不低于 $0.5T_m$（ T_m 为材料的熔点）。

（2）加载应变速率 $\dot{\varepsilon}$ 低，一般 $\dot{\varepsilon} \leqslant 10^{-3}\,\mathrm{s}^{-1}$。

（3）材料的具有等轴状细小晶粒（10 μm 以下）的微观组织，且晶粒尺寸比较稳定，在变形过程中不显著长大。

应该指出，上述产生超塑性的条件并非是绝对的，例如，Mg-8%Li 合金在 $3.47 \times 10^{-5}\,\mathrm{s}^{-1}$ 应变速率下得到了延伸率为 116% 的室温超塑性。显然，材料的室温超塑性或高应变率超塑性对超塑性加工成形有更大的工程意义。

12.3.2 超塑性变形的特征

超塑性变形材料的组织结构具有以下特征：

（1）晶粒仍保持等轴状；

（2）没有晶内滑移和位错密度的变化，抛光试样表面也看不到滑移线；

（3）超塑性变形过程中晶粒有所长大，而且变形量越大，应变速率越小，晶粒长大越明显；

（4）产生晶粒换位，使晶粒趋于无规则排列，消除再结晶织构和带状组织。

超塑性变形与普通金属塑性变形在变形力学特征方面有着本质的差别。在超塑性变形时，由于没有加工硬化（或加工硬化可以忽略不计），其条件应力-应变曲线如图 12-14 所示。当条件应力 σ_0 达到最大值后，随着变形程度的增加而下降，而变形量则可达到很大的数值。如果换算成真实应力-应变曲线，则如图 12-15 所示，此时，真实应力几乎不随变形程度的增加而变化。在整个变形过程中，表现出低应力水平、无缩颈的大延伸现象。

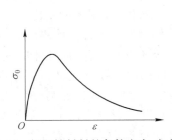

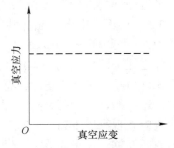

图 12-14 超塑性材料的条件应力-应变曲线   图 12-15 超塑性材料的真实应力-应变曲线

超塑性变形的另一个重要力学特征，是流动应力（真实应力）对变形速率极其敏感。描述这种特征的方程为：

$$Y = K \dot{\varepsilon}^m \tag{12-1}$$

式中，Y 为真实应力；K 为决定于试验条件的材料常数；$\dot{\varepsilon}$ 为应变速率；m 为应变速率敏感性指数。

m 是表征超塑性的一个重要指标。当 $m=1$ 时，上式即为牛顿黏性流动公式，而 K 就是黏性系数。对于普通金属，$m=0.02\sim0.2$；对于超塑性金属，$m=0.3\sim1.0$；m 值越大，伸长率也越大。

12.3.3 超塑性变形的机理

在超塑性变形时，尽管金属具有超细晶粒组织，但其流动应力却很小，这与通常的晶粒度对变形抗力影响的概念相反，而且流动应力对应变速率很敏感。另外，还分析了超塑性变形时组织变化的一些典型特征。所有这些现象和特征都是一般塑性变形机理所难以解释的。

关于超塑性变形机理，目前还处于研究探讨阶段，尚无统一的认识。有人认为，在超塑性变形过程中，起支配作用的变形机理是晶界滑移；也有人认为，扩散蠕变机理的作用很大；还有人认为，在超塑性变形过程中，伴随有动态回复和动态再结晶。由于超塑性变形过程中，晶粒的大小和形状都没有显著的变化，这一事实有力地支持了在超塑性变形过程中，大量的变形来自晶间滑移的观点。但是如果晶粒形状不变只是单纯地依赖于晶间滑移，则必然会导致晶间空洞或裂缝的形成，而这与普遍观察到的现象又是不相符的。因此，晶间滑移不可能作为独立的变形机理，还必须有其他的变形机理来相互协调配合。扩散蠕变机理已如前述，是在应力场的作用下原子（或空位）发生定向转移，引起物质的迁移和晶体的塑性变形，若此过程单独地进行，必然会引起晶粒沿外力方向伸长，而这与超塑性变形中晶粒仍基本保持等轴状也是相矛盾的。动态再结晶虽然能解释超塑性变形中等轴晶粒的形成。但是，在通常的热塑性变形过程中也有发生再结晶，只是不能获得像超塑性变形那样的大伸长率、低流动应力和表现出对应变速率的高敏感性。所有这些都说明，没有哪一个理论能够完全解释各种金属材料中所发生的超塑性变形现象。事实上，超塑性变形机理比常规塑性变形机理更为复杂，它包括晶界的滑移和晶粒的转动、扩散蠕变、位错的运动、在特殊情况下还有再结晶等，不可能是单一的变形机理，而是几个机理的综合作用。而且，在不同情况下，可能有不同的机理起着主导作用。

习　题

1. 名词解释。

(1) σ_ε^T 表示什么；

(2) $\sigma_{\delta/t}^T$ 表示什么；

(3) σ_t^T 表示什么；

(4) 蠕变；

(5) 蠕变极限；

(6) 持久强度；

(7) 应力松弛；

(8) 松弛稳定性。

2. 简答题。

(1) 典型金属材料的蠕变曲线可以分为哪几个阶段，各有什么特点？

(2) 试述材料的蠕变变形机理。

(3) 请问蠕变断裂机理有哪几种具体的形式？简述之。

(4) 描述材料高温力学性能指标有哪些，各有何意义？

(5) 影响材料高温力学性能的因素有哪些？

3. 文献查阅及综合分析。

给出任一材料（器件、产品、零件等）在高温条件下工作的案例，分析材料的成分设计、工艺是如何满足高温工作要求的（给出必要的图、表、参考文献）。

13　环境介质作用下金属的力学行为

【本章提要与学习重点】

本章介绍了应力腐蚀的特点、应力腐蚀的临界应力强度因子及测试方法、应力腐蚀的因素及应力腐蚀机理和防止方法、氢脆的特点、氢脆机理及其防止方法、腐蚀疲劳特点和腐蚀疲劳裂纹扩展机制和防止腐蚀疲劳的措施。

重点：应力腐蚀的特点，应力腐蚀的临界应力强度因子、工程意义和测试方法。

【导入案例】

1943 年，美国俄勒冈州天鹅岛造船厂里刚刚完工不久的船舶安静地停靠在港口里，等待着之后的下水实验，一切显得那么的安逸和谐。忽然，一声巨响惊醒了正在周边休息的工人，工人们来不及穿好衣服就匆匆冲上码头，他们惊讶地发现，好端端的一艘油轮，居然就这么毫无征兆地断成了两半（图 13-1）。

图 13-1　轮船因氢脆发生断裂

针对这一突发情况，专家和学者首先想到的是焊接环节出现的问题。于是叫来焊接工人一顿数落。焊接工人也是冤枉，跟上级主管反映，表示每个步骤每个环节都是严格按照生产规章手册进行的。专家学者们一检查，还真就没发现哪个生产环节中出了漏洞。

既然不是生产环节漏洞，那就得从外部原因入手了，会不会因为傍晚海水太冷，冰冷的海水把船只给冻裂了？为此专家和学者们还专门测了一下海水温度。但毕竟这是美国，不是白令海峡、不是北冰洋，这也是正经油轮，不是破冰船，所以海水自然没冷到能把船只冻裂的情况。

这下轮到专家学者纳闷了，这个原因也不是，那个原因也不是，正巧那几年美国频发UFO 目击事件，就有人猜测难道是遭遇了外星人，被外星神秘力量把船一分为二了？可这也说不通，它得有飞碟目击报告啊，结果当天雷达也没记录，人们也没看到。与其说外星人飞碟来访，倒不如说油轮自己裂开的。

美国人最后查来查去才发现，问题就是出现在焊接的过程上。当时的电焊技术虽然已被广泛应用，但在焊接的过程中，也把一种危险的元素注入到了船体中，这就是氢元素。

13.1　应力腐蚀断裂

13.1.1　应力腐蚀断裂现象及其产生的条件

材料在静应力和腐蚀介质共同作用下发生的脆性断裂称为应力腐蚀断裂（Stress Corrosin Cracking，SCC），应力腐蚀断裂并不是应力和腐蚀介质两个因素分别对材料性能损伤的简单叠加。通常发生应力腐蚀断裂所需要的应力是很小的，假如不是处于特定的腐蚀介质中，这样小的应力是不可能使材料发生断裂的。反之，如果没有任何应力存在。则材料在这种环境介质中所受的腐蚀也是很轻微的。应力腐蚀断裂的危险性正在于它常发生在相当缓和的介质中和不大的应力状态下，而且往往事先没有明显的预兆，因此常造成灾难性的事故。

应力腐蚀断裂有如下三个基本特征：

（1）必须有应力，特别是拉伸应力的作用。拉伸应力越大，断裂所需的时间越短。断裂所需的应力，一般都远低于材料的屈服强度，最近的研究结果表明，在压应力作用下也可能发生应力腐蚀断裂。不过压应力引起应力腐蚀断裂的孕育期比拉应力要大 1 ~ 2 个数量级，裂纹扩展速率（da/dt）也慢得多。因此，在有拉应力存在的情况下，首先在拉应力作用下发生应力腐蚀断裂。这就是压应力引起的应力腐蚀断裂较少被发现的原因。由此可见，认为拉应力存在是发生应力腐蚀断裂的必备条件的观点，是不全面的。需要引起注意的是，所谓应力，不仅指结构零件在服役过程中所承受的工作负荷，而且也包含构件在加工和装配过程中所产生的残留内应力，以及腐蚀产物体积膨胀所带来的附加应力。

（2）对于一定成分的合金只有在特定介质中才能发生应力腐蚀断裂。例如，α 黄铜只有在氨水溶液中才会发生应力腐蚀断裂，而 β 黄铜在水介质中就能发生应力腐蚀断裂。奥氏体不锈钢在氯化物溶液中具有很高的应力腐蚀断裂敏感性（俗称"氯脆"），而铁素体不锈钢对此却不敏感。常用金属材料产生应力腐蚀断裂的环境介质组合如表 13-1 所示。

表 13-1　典型的发生应力腐蚀断裂的配偶体系-金属与环境介质的组合

金属材料	环境介质
低碳钢	$Ca(NO_2)_2$、NH_4NO_3、NaOH（水溶液）
低合结构钢	NaOH（水溶液）
高强度钢	雨水、海水、H_2S（水溶液）
奥氏体不锈钢	热浓的含 Cl^- 溶液（水溶液）
黄铜	NH_4^+（水溶液）
高强度铝合金	海水（水溶液）
钛合金	液态 N_2O_4

（3）对于确定的金属与环境介质组合来说。应力腐蚀断裂速度取决于应力或应力强

度因子的水平。通常在 $10^{-3} \sim 10^{-1}\,\mathrm{cm/h}$ 数量级范围，它远大于没有应力作用时的腐蚀速度，却远小于单纯力学因素引起的断裂速度。应力断裂断口一般属于脆断型，应力腐蚀断裂通常只有一条主裂纹，但形成许多分支，如图 13-2（b）所示裂纹可以是沿晶界扩展的（沿晶型），也可以是穿过晶粒内部扩展的（穿晶型），如图 13-2（a）所示，甚至是兼有这两种形式的混合型。

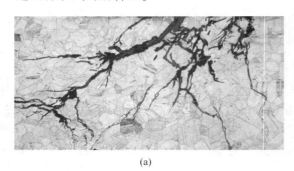 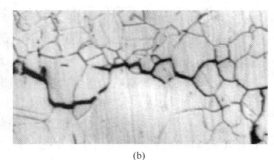

(a)   (b)

图 13-2   应力腐蚀裂纹的形貌特征
(a) 穿晶断裂；(b) 沿晶断裂

13.1.2 应力腐蚀断裂的评定指标

用经典力学方法评定金属的应力腐蚀断裂倾向性，通常以光滑或缺口试样在介质中的拉伸应力与断裂时间的关系曲线（图 13-3）为依据。断裂时间 t_f 是随着外加拉伸应力的降低而增加。当外加应力低于某一定值时，应力腐蚀断裂时间 t_f 趋于无限长。

此应力称为临界应力 σ_c（图 13-3（a））若断裂时间 t_f 是随着外加应力降低而持续不断地缓慢增长，则采取在给定的时间基数下发生应力腐蚀断裂的应力作为条件临界应力 σ_c'（图 13-3（b）），有些情况也可以采用介质影响系数 β 来表示应力腐蚀的敏感性。

$$\beta = \frac{\psi_{空气} - \psi_{介质}}{\psi_{空气}} \times 100\% \tag{13-1}$$

式中，$\psi_{空气}$ 和 $\psi_{介质}$ 分别为在空气和介质中试验时试样的断面收缩率。

运用断裂力学方法研究应力腐蚀断裂，通常采用预制裂纹试样。断裂时间 t_f 是随着应力强度因子 K_i 的降低而增加的。当 K_i 值降低到某一临界值时，应力腐蚀断裂实际上就不发生了，这时的 K_i 值称之为应力腐蚀临界应力强度因子或门槛值，以 K_{iscc} 表示（图 13-4）高强度钢和钛合金都有一定的门槛值 K_{iscc}。但是，有些材料（例如铝合金）却没有明显的门槛值，其门槛值定义为在规定的试验时间内不发生腐蚀断裂的上限 K_i 值。当裂纹尖端的应力强度因子 K_i 高于 K_{iscc} 时，裂纹将扩展。裂纹扩展速度 $\mathrm{d}a/\mathrm{d}t$ 与应力强度因子 K_i 的关系可以分为三个阶段（图 13-5）。

第 I 阶段（$\mathrm{d}a/\mathrm{d}t$）$_i$ 主要取决于应力强度子，同时也取决于环境介质、温度和应力。这时起主导作用的是力学因素，（$\mathrm{d}a/\mathrm{d}t$）$_i$ 随着 K_i 的增大而迅速增加。第 II 阶段（$\mathrm{d}a/\mathrm{d}t$）保持恒定，不随应力强度因子 K_i 而改变，这时化学因素起决定性作用。第 III 阶段（$\mathrm{d}a/\mathrm{d}t$）随 K_i 值的增加而迅速增大，当 K_i 达到 K_{ic} 时，裂纹便失稳扩展，迅即导致断裂。

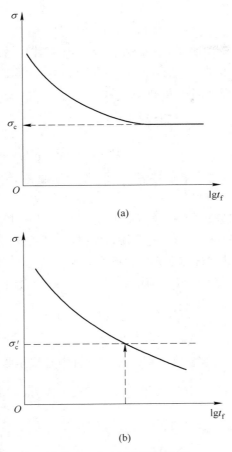

(a)

(b)

图 13-3 应力腐蚀断裂曲线

（a）存在极限应力的情况；（b）不存在极限应力的情况

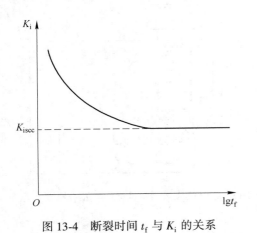

图 13-4 断裂时间 t_f 与 K_i 的关系　　　　图 13-5 裂纹扩展速度 da/dt 与 K_i 的关系

　　应力腐蚀断裂的断裂力学测试方法，按照在测试过程中试件应力强度因子 K_i 变化的特征，可以分为恒载荷法和恒位移法两种类型。

13.1.2.1 恒载荷法

给试样施加一恒定的载荷，在试验过程中随着裂纹的扩展，裂纹顶端的应力强度因子 K_i 逐渐增大。国内目前最常用的是悬臂弯曲试验装置（图13-6）。试样夹头的一端固定在立柱上另一端和一个力臂相连，施加一恒定载荷 P 试样上预制裂纹的部位置于试验介质环境中，裂纹顶端的应力强度因子 K_i 的表达式为：

$$K_i = \frac{1.12M(\alpha^{-3} - \alpha^3)^{1/2}}{BW^{3/2}} \tag{13-2}$$

式中，$M = P \times L$，为裂纹截面上的弯矩；B 为试样厚度；W 为试样宽度；$\alpha = 1 - a/W$，a 为裂纹长度。裂纹扩展时，外加弯矩保持恒定，故裂纹顶端 K_i 不断增大。

13.1.2.2 恒位移法

在整个试验过程中，裂纹张开位移（试样刀口处）保持恒定，随着裂纹的扩展。裂纹顶端的应力强度因子 K_i 逐渐减小。楔力张开加载试样用螺钉和垫块加载如图13-7所示，一个与试样上半部分啮合的螺杆位于在裂纹的下表面上，这样就产生了一个对应于某个初始载荷的裂纹张开位移。试样裂纹顶端应力强度因子 K_i 的表达式为：

$$K_i = \frac{Pf\left(\dfrac{a}{W}\right)}{BW^{1/2}} \tag{13-3}$$

式中，P 为施加载荷；a 为裂纹长度，即从加载螺钉中心线至裂纹顶端的距离；W 为试样宽度；B 为试样厚度；$f\left(\dfrac{a}{W}\right)$ 为形状因子函数，其表达式为：

$$f\left(\frac{a}{w}\right) = 30.96\left(\frac{a}{w}\right)^{1/2} - 195.8\left(\frac{a}{W}\right)^{3/2} + 730.6\left(\frac{a}{W}\right)^{5/2} -$$

$$1186.3\left(\frac{a}{W}\right)^{7/2} + 754.6\left(\frac{a}{W}\right)^{9/2} \tag{13-4}$$

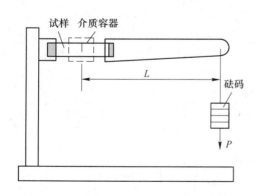
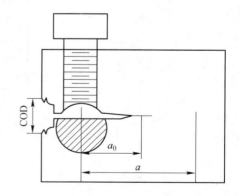

图 13-6 悬臂梁弯曲试验装置示意图   图 13-7 恒位移法测定 da/di 与 K_{iscc} 原理示意图

当裂纹在介质中扩展时，a 逐渐增大，P 相应地逐渐下降，P 下降对 K_i 的影响大于 a 增加对 K_i 的影响，使 K_i 不断减小，da/dt 相应地也下降，最终导致裂纹扩展的停止。这时的 K_i 就是 K_{iscc}。

恒位移法的优点是试验开始之后，试样自行加载，因此不需要特殊试验机，便于现场测试。原则上用一个试样就可以测得 K_{iscc} 和 da/dt 的全部数据。它的缺点是裂纹扩展趋向停止的时间很长，当停止试验时扩展后的裂纹前沿有时不太规整，因此在计算 K_{iscc} 时就有一定误差。恒载荷法能够较准确地确定 K_{iscc}，但需要专用的试验机，所需的试样较多。

应力腐蚀开裂过程是裂纹的形成、扩展到断裂的过程。光滑试样的裂纹萌生期长，可高达占总寿命的90%。但尖缺口或带裂纹试样，断裂寿命则取决于裂纹的扩展。因此临界应力 σ_c 和介质影响系数 β 主要适用于形状光滑，没有高度应力集中的构件的应力腐蚀断裂性能评定指标，对于预先可能具有裂纹的焊件、铸件或有高度应力集中的构件，则应选用断裂力学方法来评定应力腐蚀断裂抗力。

13.1.3 应力腐蚀断裂的机理

应力腐蚀断裂过程也包括裂纹形成和扩展，整体上可分为以下三个阶段：

（1）孕育阶段：这是裂纹产生前的一段时间，在此期间主要是形成蚀坑，以作为裂纹核心。当机件表面存在可作为应力腐蚀裂纹的缺陷时，则没有孕育期而直接进入裂纹扩展期。

（2）裂纹亚稳扩展阶段：在应力和介质联合作用下，裂纹缓慢地扩展。

（3）裂纹失稳扩展阶段：这是裂纹达到临界尺寸后发生的机械性断裂。

关于在应力和介质的联合作用下裂纹形成和扩展问题，有多种理论，但尚未得到统一的解释。下面着重介绍以阳极溶解为基础的保护膜破坏理论。

如图 13-8 所示，对应力腐蚀敏感的合金在特定的弱腐蚀介质中，首先在表面形成一层保护膜，使金属的进一步腐蚀得到抑制，即产生钝化。因此，在没有应力作用的情况下，金属不会发生腐蚀破坏。若有拉应力作用，则可使局部地区的保护膜破裂，显露出新鲜表面。新鲜表面在电解质溶液中成为阳极，而其余具有保护膜的金属表面便成为阴极，两者组成一个腐蚀微电池。

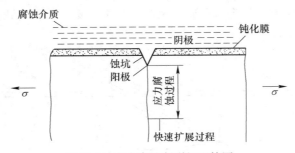

图 13-8 应力腐蚀断裂机理简图

由于电化学反应作用，阳极金属变成正离子（$M \rightarrow M^{+n} + ne$）进入介质中而产生阳极溶解，从而在金属表面形成蚀坑。拉应力除促成局部地区保护膜破坏外，更主要的是在蚀坑或原有裂纹的尖端形成应力集中，使阳极电位降低，加速阳极金属的溶解。如果裂纹前沿的应力集中始终存在，那么电化学反应便不断进行，钝化膜不能回复，裂纹将逐步向纵深发展。在应力腐蚀过程中，衡量腐蚀速度的腐蚀电流可用下式表示：

$$I = \frac{1}{R}(V_c - V_a) \tag{13-5}$$

式中，R 为微电池的电阻；V_c、V_a 为电池两极的电位。

由此可见，应力腐蚀是由金属与环境介质相互间性质的配合作用决定的。如果在介质中的极化过程相当强烈，则式（13-5）中（$V_c - V_a$）将变得很小，腐蚀过程就大受压抑。极端的情况是阳极金属表面形成了完整的保护膜，这时金属处于钝化状态，腐蚀停止相反，如果介质中去极化过程很强，则（$V_c - V_a$）很大，腐蚀电流也很大。此时，金属表面受到强烈而全面的腐蚀，表面不能形成保护膜，即使附加拉应力也不可能产生应力腐蚀。应力腐蚀只是金属在介质中生成略具保护膜的条件下，即金属和介质处在某种程度的钝化与活化边缘的情况下才最易发生。李晓刚等人采用微区电化学测试方法（如扫描振动参比电极（SVET）、局部电化学阻抗谱（LEIS）和扫描 Kelvin 探针（SKI 技术）），研究了铝合金和高强度不锈钢的应力腐蚀裂纹尖端的微区电化学行为，并结合数值模拟计算和表面形貌观察对应力腐蚀电化学机理进行了分析研究表明，随着外加应力作用的增大，铝合金裂纹尖端应力集中区域内表面氧化膜厚度减薄，其稳定性和保护性变弱，导致裂纹尖端对腐蚀过程的敏感性增加。

应力腐蚀裂纹的形成与扩展途径可以是穿晶的也可以是沿晶的。对于穿晶型应力腐蚀断裂，可用在应力作用下局部微区产生滑移台阶使保护膜破裂来说明。在应力作用下，位错沿滑移面运动，并在表面形成滑移台阶，使金属产生塑性变形。若金属表面的保护膜不能随此台阶产生相应的变形，且滑移台阶的高度又比保护膜的厚度大，则该处保护膜即遭破坏，从而产生阳极溶解，并逐渐形成穿晶裂纹，如图 13-9（a）所示。沿晶型应力腐蚀断裂如图 13-9（b）所示。一般认为，沿晶型应力腐蚀断裂是由于应力破坏了晶界处保护膜。已经知道，金属在所有腐蚀性介质中都将在大角度晶界处受到侵蚀，但在无应力的情况下，侵蚀很快被腐蚀产物所阻止。当有附加应力作用时，在侵蚀形成的晶界处造成应力集中，破坏了晶界上的保护膜从而使裂纹不断沿晶界发展。至于裂纹穿晶扩展或沿晶扩展的条件，有人认为与合金中是否易形成扩展位错有关。易于形成扩展位错，裂纹就容易穿晶扩展，否则就易于沿晶扩展。

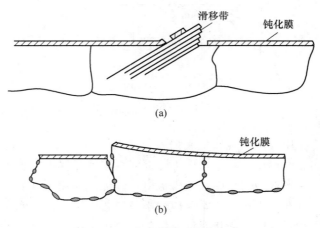

图 13-9 应力腐蚀裂纹的类型

（a）穿晶型裂纹的形成；（b）沿晶型裂纹的形成

13.1.4　防止应力腐蚀的措施

从产生应力腐蚀的条件可知，防止应力腐蚀的措施，主要是合理选择材料，减少或消除机件中残余拉应力及改变化学介质条件。此外，还可以采用电化学方法防护。具体内容如下。

13.1.4.1　合理选择材料

针对机件所受的应力和使用条件（介质），选用耐应力腐蚀的金属材料是一个基本原则。例如，铜对氨的应力腐蚀敏感性很高，因此接触氨的机件就应避免使用铜合金。又如，在高浓度氯化物介质中，一般可选用不含镍、铜或仅含微量镍、铜的低碳高铬铁素体不锈钢，或含硅较高的铬镍不锈钢，也可选用镍基和铁-镍基耐蚀合金。此外，在选材料时还应尽可能选用 K_{iscc} 较高的合金，以提高机件抗应力腐蚀的能力。

13.1.4.2　减少或消除机件中的残余拉应力

残余拉应力是产生应力腐蚀的重要原因。残余拉应力主要是由于金属机件的设计和加工工艺不合理而产生的。因此，应尽量减少机件的应力集中发生，要均匀地加热和冷却，必要时可采用退火工艺以消除应力，采用喷丸或其他表面热处理工艺以使机件表层中产生一定的残余压应力。

13.1.4.3　改善介质条件

改善介质条件可从两方面考虑：一方面设法减少和消除促进应力腐蚀开裂的有害化学离子，例如，通过水净化处理，降低冷却水与蒸气中的氯离子含量，对预防奥氏体不锈钢的氯脆十分有效；另一方面，也可在腐蚀介质中添加缓蚀剂，例如，在高温水中加入0.03%磷酸盐，可使铬镍奥氏体不锈钢抗应力腐蚀性能大为提高。

13.1.4.4　采用电化学保护

由于金属在介质中只有在一定的电极电位范围内才会产生应力腐蚀现象，因此，采用外加电位的方法使金属在介质中的电位远离应力腐蚀敏感电位区域，也是防止应力腐蚀的一种措施，一般采用阴极保护法。高强度钢或其他氢脆敏感的材料，不能采用阴极保护法。

13.2　氢　　脆

13.2.1　氢脆类型及特征

由于氢和应力的联合作用而导致金属材料产生脆性断裂的现象，称为氢脆断裂（简称氢脆）。

金属中氢的来源可分为"内含的"和"外来的"两种。其在金属中的存在可以有几种不同形式。在一般情况下，氢以间隙原子状态固溶在金属中，对于大多数工业合金，氢的溶解度随温度降低而降低。氢在金属中也可能通过扩散聚集在较大的缺陷（如空洞、气泡、裂纹等）处，以氢分子状态存在。此外，氢还可能和一些过渡族、稀土或碱土金属元素作用生成氢化物，或与金属中的第二相作用生成气体产物，如钢中的氢可与渗碳体中的碳原子作用形成甲烷等。

在绝大多数情况下氢对金属性能的影响都是有害的，但也有利用氢提高金属性能的例子，例如，赖祖涵教授等人利用氢对 Ti 合金进行了韧化研究，发现将氢掺入合金再从中脱氢，可使合金的韧性大为改善。

由于氢在金属中存在的状态不同，以及氢与金属交互作用性质的不同，氢可通过不同的机制使金属脆化，因而氢脆种类很多，分类方法也不一样。如根据引起氢脆的氢的来源不同，氢脆可分成内部氢脆与环境氢脆，前者是由于金属材料冶炼和加工过程中吸收了过量氢而造成的，后者是在应力和氢气或其他环境介质联合作用下引起的一种脆性断裂。现将常见的几种氢脆现象及其特征简介如下：

（1）氢蚀。这是由于氢与金属中的第二相作用生成高压气体，使基体金属晶界结合力减弱而导致的金属脆化。如碳钢在 300℃、500℃的高压氢气氛中工作时，由于氢与钢中的碳化物作用生成高压的 CH_4 气泡，当气泡在晶界上达到一定密度后，就使金属的塑性大幅度降低。这种氢脆现象的断裂源产生在与高温、高压氢气相接触的部位。宏观断口断裂面的颜色呈氧化色、颗粒状。对于微观断口，晶界明显加宽，呈沿晶断裂。对碳钢来说，温度低于 220℃时，不出现这种现象。

（2）白点（发纹）。这是由于钢中含有过量的氢，随着温度降低，氢的溶解度减小，但过饱和的氢未能扩散外溢，因而在某些缺陷处聚集成氢分子，体积发生急剧膨胀，内压力很大，足以把材料局部撕裂，而使钢中形成白点。在金属内部白点呈圆形或椭圆形，颜色为银白色，实际上就是微裂纹。这种白点在 Cr-Ni 结构钢的大锻件中最为严重。历史上曾因此造成许多重大事故，因此自 21 世纪初以来对它的成因及防止进行了大量而详尽的研究，并已找出了精炼除气、锻后缓冷或等温退火以及在钢中加入稀土或其他微量元素等方法，使之减弱或消除。

（3）氢化物致脆。纯钛、钛合金、钒、锆、铌及其合金与氢有较大的亲和力，极易形成氢化物，使塑性、韧性降低，产生脆化。这种氢化物又分为两类：一类是熔融金属冷凝时，由于氢的溶解度降低而从过饱和固溶体中析出时形成的，称为自发形成氢化物；另一类则是在含氢量较低的情况下，受外加拉应力作用，使原来基本上是均匀分布的氢逐渐聚集到裂纹前沿或微孔附近等应力集中处，当其达到足够浓度后，也会析出而形成氢化物。由于它是在外力持续作用下产生的，故称为应力感生氢化物。

金属材料对这种氢化物造成的氢脆敏感性随温度降低及试样缺口的尖锐程度增加而增加。裂纹常沿氢化物与基体的界面扩展，因此，在断口上常看到氢化物。

氢化物的形状和分布对金属的脆性有明显影响。若晶粒粗大，氢化物在晶界上呈薄片状，极易产生较大的应力集中，危害很大。若晶粒较细，氢化物多呈块状不连续分布，对氢脆就不太敏感。

（4）氢致延滞断裂。高强度钢或（α+β)-Ti 合金中含有适量的处于固溶状态的氢（原来存在的或从环境介质中吸收的），在低于屈服强度的应力持续作用下，经过一段孕育期后，在内部特别是在三向拉应力区形成裂纹，裂纹逐步扩展，最后会突然发生脆性断裂。这种由于氢的作用而产生的延滞断裂现象称为氢致延滞断裂。工程上所说的氢脆，大多数是这类氢脆，其的特点是：

1）只在一定温度范围内出现，如高强度钢多出现在 100～150℃，而以室温下最敏感；

2）提高形变速率，材料对氢脆敏感性降低。因此，只有在慢速加载试验中才能显示这类氢脆；

3）此类氢脆显著降低金属材料的伸长率，但含氢量超过一定数值后，断后伸长率不再变化，而断面收缩率则随含氢量增加不断下降，且材料强度越高，下降程度越大。

高强度钢氢致延滞断裂断口的宏观形貌与一般脆性断口相似，其微观形貌大多为沿原奥氏体晶界的沿晶断裂，且晶界面上常有许多撕裂棱。但在实际断口上，并不全是沿晶断裂形貌，这是因为氢脆断裂方式除与裂纹尖端的应力场强度因子 K_i 及氢浓度有关外，还与晶界上杂质元素的偏析有关。对 40CrNiMo 钢进行的试验表明，当钢的纯洁度提高时，氢脆断口就从沿晶断裂转变为穿晶断裂，同时断裂临界应力也大为提高。这表明氢脆沿晶断口的出现除力学因素外，可能更主要的是杂质偏析在晶界处吸附了较多的氢，使晶界被削弱的结果。图 13-10 为 40CrNiMo 钢的断裂形式与裂纹尖端和值的关系示意图。当 K_i 较高时，为穿晶韧窝断口（图 13-10（a））；在中等 K_i 下呈准解理断口（图 13-10（b））；仅当 K_i 值较小时，才出现沿晶断口（图 13-10（c））。这样，在断口的不同部位可见到规律变化的断口形貌，其他高强度钢也有类似的结果。这对帮助鉴别这种类型的氢脆断裂是很有价值的。

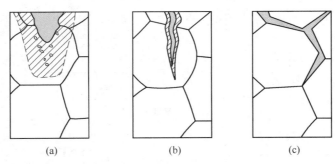

(a)   (b)   (c)

图 13-10　40CrNiMo 钢氢致延滞断裂方式与 K_i 值的关系示意图

（a）高 K_i 值区；（b）中 K_i 值区；（c）低 K_i 值区

13.2.2　高强钢氢延滞断裂机理

高强钢对氢致延滞断裂非常敏感，其裂纹的形成与扩展和应力腐蚀开裂相似，也可分为三个阶段，即孕育阶段、裂纹亚稳扩展阶段及裂纹失稳扩展阶段。

由环境介质中的氢引起氢致延滞断裂必须经过三个步骤，即氢的进入、氢在钢中的迁移、氢的偏聚。氢必须进入 α-Fe 晶格中并偏聚到一定浓度后方可造成氢脆，单纯的表面吸附是不会引起钢变脆的。氢进入钢中后，必须通过输送过程，将氢偏聚到局部区域，使其浓度达到一定数值。氢的进入、输送和偏聚均需要时间，这就是孕育阶段。

多数人认为氢致延滞断裂机理是氢与位错交互作用所致。氢溶解在 α-Fe 晶格中，将产生膨胀性弹性畸变，当它被置于刃型位错的应力场中时，氢原子就会与位错产生交互作用，迁移到位错线附近的拉应力区，形成氢气团。显然，在位错密度高的区域，其中的氢浓度比较高。

既然氢使 α-Fe 晶格膨胀，故拉应力促进氢的溶解，裂纹尖端是高位错密度的三向拉应力区，于是氢往往向这些区域聚集。氢向裂纹尖端聚集是靠位错输送实现的。当应变速率较低而温度较高时，氢原子的扩散速度与位错运动速度相适应，位错将携带氢原子一起运动。当运动着的位错与氢气团遇到障碍（如晶界）时，便产生位错塞积，同时必然造成氢在这些部位聚集。若应力足够大，则在位错塞积的端部形成裂纹。若氢被位错输送到裂纹尖端处，当其浓度达到临界数值后，由于该区域明显脆化，故裂纹扩展，并最终产生脆性断裂。

　　裂纹的扩展方式是步进式发展的。在熔入钢中的氢向裂纹尖端处偏聚过程中，裂纹不扩展。当裂纹前方氢的偏聚浓度再次达到临界值时，便形成新裂纹，新裂纹与原裂纹的尖端汇合，裂纹便扩展一段距离，随后便停止。以后是再孕育、再扩展。最后，当裂纹经亚稳扩展达到临界尺寸时，便失稳扩展而断裂。这种裂纹扩展的方式及裂纹扩展过程中电阻的变化如图 13-11 所示。由图 13-11 （a）可见，新裂纹形核的地点一般在裂纹前沿塑性区边界上，那里是位错塞积处，并且是大量氢原子易于偏聚的地方。氢脆裂纹步进式扩展的过程，可通过图 13-11 （b）所示的裂纹扩展过程中电阻的变化来证实。

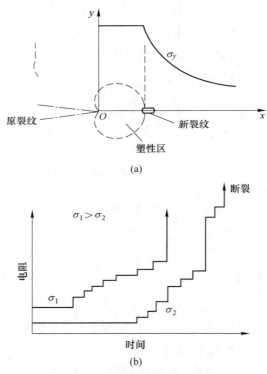

图 13-11　氢脆裂纹的扩展过程和扩展方式
（a）裂纹扩展过程；（b）裂纹扩展过程中电阻的变化

　　根据上述模型可以较好地解释氢致延滞断裂的一些特点。例如，高强度钢氢脆可逆性。如果在裂纹形成前卸去载荷，则由于热扩散可使已聚集的氢原子逐渐扩散均匀，最后消除脆性。又如，氢脆一般都是沿晶断裂，也可用位错在晶界处塞积，氢气团在晶界附近富集，裂纹首先在晶界形成并沿晶界扩展得到解释。

　　高强度钢氢脆另一重要特点是在一定形变速率下，在某一温度范围内出现可用

图 13-12 来说明这个问题。当应变速率为 $\dot{\varepsilon}_a$ 时，如温度过低（$T < T_H$），氢的扩散速率很慢，远跟不上位错的运动。因此，不能形成氢气团，氢也难以偏聚，也就不会出现氢脆当温度接近时，氢原子的扩散速率与位错运动速率逐步适应，于是塑性开始降低。当温度升至 T'_H 时，两者运动速度完全吻合，此时塑性最差，对氢脆最敏感。当温度继续升至 T_0 时，由于温度较高，形成氢气团，同时由于热作用，又促使已富集的氢原子离开气团向四周均匀扩散。于是位错周围氢原子浓度开始下降，塑性开始回升。当温度达到了 T'_0 时，氢气团完全被热扩散破坏，氢脆完全消除。

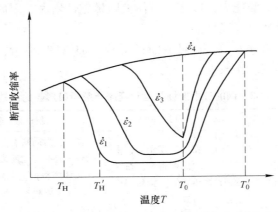

图 13-12 实验温度及应变速率对氢脆敏感性的影响示意图

应变速率对氢脆影响也是如此当形变速率增加时，开始出现氢脆的温度必然高于时的氢脆温度。因为提高形变速率必须在更高的温度下才能使氢原子的扩散速率跟上位错的运动。当形变速率继续升至临界速率时，氢原子的扩散永远跟不上位错的运动，于是氢脆完全消失。

13.2.3 防止氢脆的措施

综上所述，决定氢脆因素有三个，即环境介质、应力场强度和材质。因此，我们可以通过以下途径来防止氢脆。

13.2.3.1 环境介质

设法切断氢进入金属中的途径，或者通过控制这条途径上的某个关键环节，延缓在这个环节的反应速度，使氢不进入或少进入金属中。例如，采用表面涂层，使机件表面与环境介质中的氢隔离。还可在介质中加入抑制剂，如在 100% 干燥中加入 0.6% O_2，由于氧原子优先吸附于裂纹尖端，生成具有保护作用的氧化膜，阻止氢原子向金属内部扩散，可以有效地抑制裂纹的扩展。又如，在 3% NaCl 水溶液中加入浓度为 10^{-3} mol/L 的 N-椰子素、β-氨基丙酸，也可降低钢中的含氢量，延长高强度钢的断裂时间。

对于需经酸洗和电镀的机件，应制订正确工艺，防止吸入过多的氢，并在酸洗、电镀后及时进行去氢处理。

13.2.3.2 力学因素

在机件设计和加工过程中，应避免各种产生残余拉应力的因素。采用表面处理，使表面获得残余压应力层对防止氢脆有良好作用。金属材料抗氢脆的力学性能指标与抗应力腐蚀性能指标一样，可采用氢脆临界应力场强度因子（门槛值）K_{iHEC} 及裂纹扩层速率来表示。应尽可能选用 K_{iHEC} 值高的材料，并力求使零件服役时的 K_i 值小于 K_{iHEC}。

13.2.3.3　材质因素

含碳量较低且硫、磷含量较少的钢，氢脆敏感性低。钢的强度等级越高，对氢脆越敏感。因此，对在含氢介质中服役的高强度钢的强度应有所限制。钢的显微组织对氢脆敏感性有较大影响，一般按下列顺序递增：下贝氏体、回火马氏体或贝氏体、球化或正火组织。细化晶粒可提高抗氢脆能力，冷变形可使氢脆敏感性增大。因此，正确制订钢的冷热加工工艺，可以提高机件抗氢脆性能。

对于一个已断裂的机件来说，还可从断口形貌上加以区分。表 13-2 为钢的应力腐蚀与氢致延滞断裂断口形貌的比较。

表 13-2　钢的应力腐蚀与氢致延滞断裂断口形貌的比较

类　型	断裂源位置	断口宏观特征	断口微观特征	两次裂纹
氢致延滞断裂	大多在表皮下，偶尔在表面应力集中处，且随外应力增加，断裂源位置向表面靠近	脆性，较光亮，刚断开时没有腐蚀，在腐蚀性环境中放置后，受均匀腐蚀	多数为沿晶断裂，也可能出现穿晶解理或准解理断裂。晶界面上常有大量撕裂棱，个别地方有韧窝，若未在腐蚀环境中放置，一般无腐蚀产物	没有或极少
应力腐蚀	肯定在表面，无一例外，且常在尖角、划痕、点蚀坑等拉应力集中处	脆性，颜色较暗，甚至呈黑色，和最后静断区有明显界限，断裂源区颜色最深	一般为沿晶断裂，也有穿晶解理断裂。有较多腐蚀产物，且有特殊的离子如氯、硫等。断裂源区腐蚀产物最多	较多或很多

13.3　腐　蚀　疲　劳

13.3.1　腐蚀疲劳的特点及机理

腐蚀疲劳是机件在腐蚀介质中承受交变载荷所产生的一种破坏现象，它是材料受疲劳和腐蚀两种作用造成的。由于腐蚀疲劳会加速裂纹的形成和扩展，所以它比其中任何一种单一作用要严重得多。在工业上，像船舶推进器、压缩机和燃气轮机叶片等产生腐蚀疲劳破坏的事故在国内外常有报道。因此，腐蚀疲劳现象也是人们所关注的问题之一。

13.3.1.1　腐蚀疲劳的特点

（1）腐蚀环境不是特定的，只要环境介质对材料有腐蚀作用，再加上交变应力的作用，都可发生腐蚀疲劳。这一点与应力腐蚀极为不同，腐蚀疲劳不需要金属和环境介质的特定配合。因此，腐蚀疲劳更具有普遍性。

（2）腐蚀疲劳曲线无水平线段，即不存在无限寿命的疲劳极限。因此，通常采用"条件疲劳极限"，即以规定循环周次（一般为 10^7 次）下的应力值作为腐蚀疲劳极限，来表征材料对腐蚀疲劳的抗力。图 13-13 即为纯疲劳试验和腐蚀疲劳实验的疲劳曲线的比较。

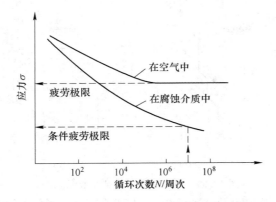

图 13-13　纯疲劳试验和腐蚀疲劳试验的疲劳曲线

（3）腐蚀疲劳极限与静强度之间不存在比例关系。由图 13-14 可见，不同抗拉强度的钢在海水介质中的疲劳极限几乎没有什么变化。这表明，提高材料的强度对在腐蚀介质中的疲劳抗力没有什么贡献。

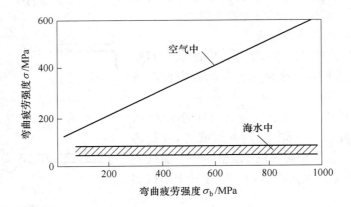

图 13-14　钢在空气中及海水中的疲劳强度

（4）腐蚀疲劳断口上可见到多个裂纹源，并具有独特的多齿状特征。

13.3.1.2　腐蚀疲劳机理

下面简单介绍腐蚀疲劳在液体介质中的两种机理。

（1）点腐蚀形成裂纹模型。这是早期用来解释腐蚀疲劳现象的一种机理。金属在腐蚀介质作用下在表面形成点蚀坑，在点蚀坑处产生裂纹，如图 13-15 所示。

（2）保护膜破裂形成裂纹模型。这个理论与应力腐蚀的保护膜破坏理论大致相同，如图 13-16 所示。

金属表面暴露在腐蚀介质中时，表面将形成保护膜。由于保护膜与金属基体比容不同，因而在膜形成过程中金属表面存在附加应力，此应力与外加应力叠加，使表面产生滑移。在滑移处保护膜破裂露出新鲜表面，从而产生电化学腐蚀破裂处是阳极，由于阳极溶解反应，在交变应力作用下形成裂纹。

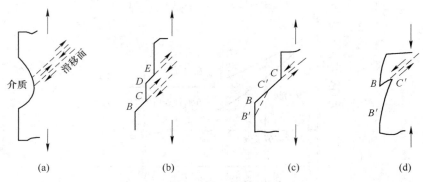

图 13-15　点腐蚀产生疲劳裂纹示意图

（a）在半圆点蚀坑处由于应力集中，受力后易产生滑移；（b）滑移形成的台阶 BC、DE；
（c）台阶在腐蚀介质作用下溶解，形成新表面 $B'C'C$；（d）在反向加载时，沿滑移线生成 $BC'B'$

13.3.2　影响腐蚀疲劳的主要因素

影响腐蚀疲劳的因素很多，但归结起来仍可以从环境介质、力学因素和材料三方面来讨论。

13.3.2.1　环境介质的影响

（1）气体介质中空气（主要是其中的氧）对腐蚀疲劳性能有明显影响，这是由于氧的吸附使晶界能降低。

（2）溶液介质中卤族元素离子有很强的腐蚀性，能加速腐蚀疲劳裂纹的形成和扩展，溶液的 pH 值越小，腐蚀性越强。但不论溶液的 pH 值如何，裂纹尖端处溶液的 pH 值始终稳定在 3~4，恰好处于阳极溶解的范围内。

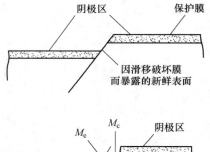

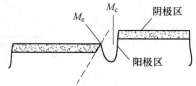

图 13-16　保护膜破裂形成裂纹示意图

13.3.2.2　力学因素的影响

以交变应力的频率对腐蚀疲劳裂纹扩展速率的影响最为显著。当频率低时，腐蚀介质在裂纹尖端所进行的反应、吸收、扩散和电化学作用都比较充分，因此，裂纹扩展速率越快，疲劳寿命越低。

13.3.2.3　材料强度、成分和显微组织的影响

不同成分的碳钢和合金钢在水中的腐蚀疲劳强度与材料强度无关。钢中加入不超过 5% 的合金元素对退火状态下的条件疲劳极限影响很小，只有当加入大量合金元素成为不锈钢，才能使腐蚀疲劳强度较为明显地提高。钢中的夹杂物（如 MnS）对腐蚀疲劳裂纹形成的影响很大，因为夹杂物处易形成点蚀和缝隙腐蚀。在腐蚀介质中工作的机件要求具有电化学性能稳定的组织状态。经热处理得到高强度的组织状态对腐蚀疲劳强度无利，如具有马氏体组织的碳钢对腐蚀介质很敏感。

13.3.3　防止腐蚀疲劳的措施

防止腐蚀疲劳的措施与防止应力腐蚀的一样，一般采用在介质中加缓蚀剂及外加阴极

电流实行阴极保护等措施，还可采用各种表面处理方法，使机件表层产生残余压应力。常用的方法有：表面感应加热淬火，表面滚压强化，表面渗金属（渗铬、渗碳化铬），表面渗碳、渗氮、渗硫等。45 号钢经高频淬火或氮化后，在水溶液中的腐蚀疲劳强度可提高 2 倍。经过上述各种表面处理的机件，其抗腐蚀疲劳破坏的效果往往随介质活性的增加而增大。

　　除上述环境断裂外，工程上还有液体金属引起的环境断裂和中子辐照引起的环境断裂。前者是由于机件与液体金属接触，因液体金属作用而引起的脆性断裂；后者是金属材料受中子辐照损伤而引起的脆性断裂。这两类断裂常常是沿晶断裂。

　　引起脆性断裂的液体金属往往是低熔点金属，如锌、镉、钠和锂等。在不太高的温度（不一定高于低熔点金属的熔点）下，这些低熔点金属即熔化成液体或汽化成金属气体。当金属机件暴露在熔化了的金属中时，由于渗透作用，低熔点金属向机件内部沿晶界扩散使晶界弱化，显著降低材料的断裂强度和总的伸长率。若机件所受应力较大，断裂可能立即发生。但当外加应力较小（低于材料的屈服强度）时，则要经过一定的孕育期后才会断裂。

　　碳钢和低合金钢对许多液体金属引起的环境断裂是敏感的。在 260~815℃ 之间，镉、铜、黄铜、青铜、锌、铟、锂、锑都可能使它们产生液体金属脆断。不锈钢在一般情况下不发生液体金属脆断。

　　中子辐照损伤使钢的韧脆转变温度和无塑性转变温度提高，提高的幅度视中子剂量、中子的光谱、辐照温度和钢的成分而定。中子辐照引起的脆性断裂在核动力工业中选材时是必须考虑的。

习　题

1. 试述金属材料产生应力腐蚀的条件。
2. 金属的应力腐蚀过程可分为哪几个阶段？请简述这几个阶段。
3. 试述金属材料发生应力腐蚀的机理。
4. 防止金属发生应力腐蚀的措施有哪些？

14 金属的摩擦与磨损

【本章提要与学习重点】

本章介绍了摩擦和磨损基本概念、磨损的主要试验规律、磨损机理及其影响因素。

重点：磨损的定义、磨损模型、磨损的定义，磨损的主要试验规律。

【导入案例】

钢轨的接触疲劳磨损是多年来普遍存在的缺陷。某铁路局反映，在其辖区内一条线路上使用仅一年多的U71Mn热轧钢轨，就有数十公里出现严重的裂纹和掉块伤损。经对线路钢轨伤损情况调查发现，在半径为600m的曲线路段，上股钢轨的轮轨作用面出现较突出的鱼鳞纹和剥离掉块伤损缺陷，上股钢轨内侧无侧磨，并且出现有1~2mm的肥边（图14-1）。该钢轨的这种损伤特征表明，属于接触疲劳磨损。

图 14-1 磨损的钢轨

为了分析上述钢轨出现伤损的原因，有关学者对其取样进行化学成分、拉伸性能、冲击韧性和硬度的检验分析，并在裂纹区取样用显微镜和电镜进行裂纹形貌、组织、夹杂物分析。分析结果表明，符合U71Mn热轧钢轨技术条件标准的要求，并且常温冲击韧性较好。证明钢轨本身无质量问题，即钢轨损伤与其质量无关。那么钢轨为什么会磨损呢？

当专家们把不同部位的3个试样在显微镜下对裂纹区及轨头里层的夹杂物情况进行观察时终于发现了造成钢轨磨损的原因。在裂纹缝中，包括在裂纹末端缝中几乎塞满了夹杂物。通过能谱分析这些夹杂物的成分表明，夹杂物的成分主要为氧、铝、硅、钙、锰、磷、硫，有的还含有钾、钠、镁、氯等。这不是钢轨中本身的夹杂物，而是属于外来物塞入裂缝中的，是钢轨表面的油腻类物质被挤压进入裂纹缝中而形成的。当钢轨涂油量过大，油浸入裂纹缝中，起到油契作用，增大了裂纹尖端应力，促进了裂纹扩展，加速了钢轨的接触疲劳磨损。

当轮轨接触应力超过钢轨的屈服强度时，将导致接触表面层金属塑性变形，疲劳裂纹在塑性变形层表面萌生和扩展。当在轮轨接触面表层或次表层金属处存在非金属夹杂物时，将会加速剥离裂纹的形成和发展，这是钢轨踏面剥离掉块的原因。

14.1 摩擦与磨损的概念

两个相互接触的物体或物体与介质之间在外力作用下，发生相对运动，或者具有相对运动的趋势时，在接触表面上所产生的阻碍作用称为摩擦，阻碍相对运动的力称为摩擦力。摩擦力的方向总是沿着接触面的切线方向，与物体相对运动方向相反，以阻碍物体间的相对运动。摩擦力（F）与施加在摩擦面上的法向压力（P）之比称为摩擦系数，以 μ 表示，即 $\mu = F/P$。虽然该式对于极硬材料（如金刚石）和极软材料（如某些塑料）存在着一定的不确切性，但它仍适用于一般工程材料。

用于克服摩擦力所作的功一般都是无用功，它将转化为热能，使零件表面层和周围介质的温度升高，导致机器的机械效率降低。所以生产中总是力图减小摩擦系数，降低摩擦力，这样既可以保证机械效率，又可以减少零件的磨损，然而，在某些情况下却要求尽可能地增大摩擦力，如车辆的制动器、摩擦离合器等。

按照两接触面运动方式的不同，可以将摩擦分为：

（1）滑动摩擦：指的是一个物体在另一个物体上滑动时产生的摩擦。如内燃机活塞在汽缸中的摩擦、车刀与被加工零件之间的摩擦等；

（2）滚动摩擦：指的是物体在力矩作用下，沿接触表面滚动时的摩擦。如滚动轴承的摩擦、齿轮之间的摩擦等实际上发生滚动摩擦的零件或多或少地都带有滑动摩擦，呈现滚动与滑动的复合式摩擦。

磨损和摩擦是物体相互接触并作相对运动时伴生的两种现象。摩擦是磨损的原因，而磨损是摩擦的必然结果。磨损是多种因素相互影响的复杂过程，其结果将造成摩擦面多种形式的损伤和破坏，因而磨损的类型也就相应地有所不同。人们可以从不同角度对磨损进行分类，如按环境和介质可分为流体磨损、湿磨损、干磨损。按表面接触性质可分为金属-流体磨损、金属-金属磨损、金属-磨料磨损。目前比较常用的分类方法则是按磨损的失效机制进行分类。一般分为五类：（1）黏着磨损；（2）磨料磨损；（3）腐蚀磨损；（4）微动磨损；（5）表面疲劳磨损（接触疲劳）。由于表面接触疲劳是齿轮、滚动轴承等零件最常见的一种表面失效形式，故列专节论述。磨损类型并非固定不变，在不同的外部条件和材料特性的情况下，损伤机制会发生转化。

所谓外部条件主要指摩擦类型（滚动或是滑动）、摩擦表面的相对滑动速度和接触压力的大小。图 14-2（a）是在压力一定条件下，滑动速度与磨损量的关系可以看出，当滑动速度很低时，摩擦是在表面氧化膜间进行，此时产生的磨损为氧化磨损，磨损量小。随着滑动速度的增大，氧化膜破裂，便转化为黏着磨损，磨损量也随之增大。滑动速度再增加，因摩擦热增大而使接触表面温度升高，使得氧化过程加快，出现了黑色氧化铁粉末，从而又转化为氧化磨损，其磨损量又变小。如果滑动速度再继续增大，将再次转化为黏着磨损，磨损剧烈，导致零件失效，图 14-2（b）是在滑动速度一定，接触压力与磨损量的关系；表明随着压力增加，导致氧化膜的破裂，使得氧化磨损转化为黏着磨损。

材料特性包括：（1）金属与氧的化学亲和力以及形成的氧化膜性质；（2）金属在常温和高温下抗黏着能力；（3）金属的力学性能；（4）金属的耐热性；（5）金属与润滑剂相互作用的能力。

在摩擦过程中零件表面还将发生一系列物理、化学和力学状态的变化。如因材料塑性变形而引起表层硬化和应力状态的变化；因摩擦热和其他外部热源作用下而发生的相变、淬火、回火以及回复再结晶等；因与外部介质相互作用而产生的吸附作用等。这些过程将逐渐地改变材料的耐磨损性能和类型，因此，在讨论磨损类型时，必须考虑这些变化的影

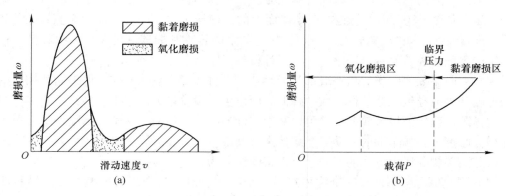

图 14-2　磨损量与滑动速度和载荷的关系

（a）与滑动速度的关系；（b）与载荷的关系

响、从材料的动态特性观点去分析问题。

实际上，上述磨损机制很少单独出现，它们可能同时起作用或交替发生作用。根据磨损条件的变化，可能会出现不同的组合形式。如黏着磨损所脱落下来的颗粒又会作为磨料而成为黏着-磨料复合磨损。但在磨损的各个不同阶段，其磨损类型的主次是不同的，因此，在解决实际磨损问题时，要分析参与磨损过程各要素的特性，找出有哪几类磨损在起作用，而起主导作用的磨损又是哪一类，进而采取相应的措施，减少磨损。

耐磨性是材料抵抗磨损的一个性能指标，可用磨损量来表示。表示磨损量的方法很多，可用摩擦表面法向尺寸减少量来表示，称为线磨损量；也可用体积和质量法来表示，分别称为体积磨损量和质量磨损量。由于上述磨损量是摩擦行程或时间的函数，因此，也可用耐磨强度或耐磨率表示其磨损特性，前者指单位行程的磨损量，单位为 μm/m 或 mg/m；后者指单位时间的磨损量单位为 μm/h 或 mg/h。还经常用磨损量的倒数和相对耐磨性（ε）表示所研究材料的耐磨性。

$$\varepsilon = \frac{被测试样的磨损量}{标准试样磨损量} \tag{14-1}$$

如果摩擦表面上各处线性减少量均匀时，采用线磨损量是适宜的。当要解释磨损的物理本质时，采用体积或质量损失的磨损量更恰当些。

显然，磨损量越小，耐磨性越高。通常磨损量随摩擦行程的关系曲线一般分为三个阶段（图 14-3）：

（1）跑合（或称磨合）阶段（图 14-3 中 Oa 段），摩擦表面具有一定的粗糙度，真实接触面积较小，故磨损速率很大随着表面逐渐被磨平。

（2）稳定磨损阶段（图 14-3 中 ab 段）经过跑合阶段，接触表面进一步平滑，磨损已经稳定下来，磨损量很低，磨损速率保持恒定。

（3）剧烈磨损阶段（图 14-3 中 b 点以后）随着时间或摩擦行程增加，接触表面之间间隙逐渐扩大，磨损速率急剧增加，摩擦副温度升高，机械效率下降，精度丧失，最后导致了零件完全失效。

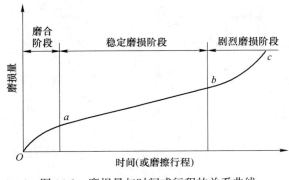

图 14-3 磨损量与时间或行程的关系曲线

14.2 磨损试验方法

　　磨损试验方法可分为零件磨损试验和试件磨损试验两类。前者是以实际零件在机器服役条件下进行试验。这种试验具有真实性和实用性，但其试验结果是结构、材料、工艺等多种因素的综合反映，不易进行单因素考察后者是将待试材料制成试件，在给定的条件下进行试验。它一般用于研究性试验，可以通过调整试验条件对磨损的某一因素进行研究、以探讨磨损机制及其影响规律。

　　磨损试验机种类很多，图 14-4 为其中有代表性的几种。图 14-4（a）为圆盘销式磨损试验机，是将试样加上载荷压紧在旋转圆盘上，该法摩擦速度可调，试验精度较高。图 14-4（b）、（c）为滚子式磨损试验机，可用来测定金属材料在滑动摩擦，滚动摩擦、滚动滑动复合摩擦及间歇接触摩擦情况下的磨损量，以比较各种材料的耐磨性能。图 14-4（d）为往复运动式磨损试验机，试样在静止平面上作往复运动。适用于试验导轨、缸套、活塞环一类往复运动零件的耐磨性。图 14-4（e）为砂纸磨损试验机，与图 14-4（a）相似，只是对磨材料为砂纸，是进行磨料磨损试验较简单易行的方法。图 14-4（f）为切入式磨损试验机，能较快地评定材料的组织和性能及处理工艺对耐磨性的影响。

　　磨损量的测量有称重法和尺寸法两类。称重法是用精密分析天平称量试样在试验前后的质量变化，来确定磨损量。它适用于形状规则和尺寸小的试样和在摩擦过程中不发生较大塑性变形的材料。尺寸法是根据表面法向尺寸在试验前后的变化来确定磨损量。为了便于测量，在摩擦表面上选一测量基准，借助长度测量仪器及工具显微镜等来度量摩擦表面的尺寸。

　　对磨损产物磨屑成分和形态进行分析，是研究磨损机制和工程磨损预测的重要内容。可采用化学分析和光谱分析方法，分析磨屑的成分。可从油箱中抽取带有磨屑的润滑油，分析磨屑的金属种类及其含量，从而了解其磨损情况。铁谱分析是磨损微粒和碎片分析的一项新技术，它可以很方便地确定磨屑的形状、尺寸、数量以及材料成分，用以判别表面磨损类型和程度，这一新方法正受到人们的重视。

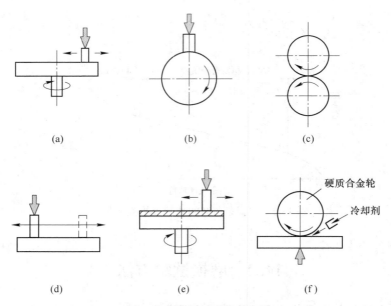

图 14-4　磨损试验机示意图

（a）圆盘销式磨损试验机；（b），（c）滚子式磨损试验机；（d）往复运动式磨损试验机；
（e）砂纸磨损试验机；（f）切入式磨损试验机

14.3　磨损量的测量与评定

磨损量的测定通常有称重法、尺寸法、刻痕法、表面形貌测定法及铁谱分析法等。

（1）称重法是根据试样在试验前后的质量变化，用精密分析天平测量来确定磨损量。称重法适用于形状规则和尺寸较小的试样及在摩擦过程中不发生较大塑性变形的材料，称重前需对试样进行清洗和干燥。这种方法灵敏度不高，测量精度为 0.1mg。

（2）尺寸法是根据表面法向尺寸在试验前后的变化来确定磨损量。这种方法主要用于磨损量较大，用称重法难以实现的情况。

（3）在要求较高精度或某些特殊情况下，可以使用刻痕法。刻痕法是采用专门的金刚石压头，在磨损零件或试样表面上预先刻上压痕，测量磨损前后刻痕尺寸的变化，以此确定磨损量。如可以用维氏硬度的压头预先压出压痕，然后测量磨损前后压痕对角线的变化，换算成深度变化，以表示磨损量。

（4）表面形貌测定法常用于磨损量非常小的超硬材料的磨损量测定。表面形貌测定法是利用接触针式表面形貌测量仪测量磨损前后机件表面粗糙度的变化来标定磨损量。

（5）铁谱分析法是一种越来越受到人们重视的新的磨损量测量方法。铁谱分析法可以很方便地确定磨屑的形状、尺寸、数量及材料的成分，用以判别表面磨损类型和程度。其工作原理如图 14-5 所示，它是先将磨屑分离出来，然后借助显微镜对磨屑进行研究。工作时，先用泵将油样低速输送到处理过的透明衬底（磁性滑块）上，磨屑即在衬底上沉积下来。磁铁能在孔附近形成高密度的磁场。沉淀在衬底上的磨屑近似按尺寸大小分布。然后借助于光学显微镜观察，如果磨屑数量保持稳定，则可断定机器运转正常，磨损缓慢。如果磨屑数量或尺寸有了很大变化，则表明机器开始剧烈磨损。

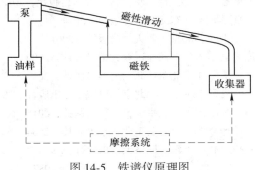

图 14-5　铁谱仪原理图

　　磨损试验结果分散性很大，所以试验试样数量要足够，一般试验需要有 4~5 对摩擦副，数据分散度大时还应酌情增加。处理试验结果时，一般情况下取试验数据的平均值，分散度大时需用均方根值来处理。

　　材料和机械构件的磨损量，目前还没有统一的标准，常用质量损失、体积损失或尺寸损失来表示，分别对应质量磨损量、体积磨损量和线磨损量 3 种表示法。以上 3 种磨损量，都是利用材料磨损前后相应数据的差值来进行标定，并没有考虑磨程和摩擦磨损时间等因素的影响。

　　为便于不同材料和试验条件下的比较，目前较广泛采用的是磨损率，即单位磨程的磨损量或单位时间内的磨损量或总磨程和测试时间内的平均磨损率等。

习　题

1. 按磨损的机理即摩擦面损伤和破坏形式，磨损一般有哪几种类型？
2. 黏着磨损、磨粒磨损、接触疲劳磨损、跑合名词解释。
3. 磨损有哪些类型，如何对磨损进行分类？
4. 机件的磨损过程可分为哪 3 个阶段，每个阶段各有什么特征？
5. 试述黏着磨损的产生机理及影响黏着磨损的因素。
6. 磨粒磨损可分为几种类型，影响磨粒磨损的因素有哪些？
7. 接触疲劳磨损包括哪几种类型？试述其影响因素。
8. 文献查阅及综合分析给出任一材料（器件、产品、零件等）磨损失效的案例，分析磨损失效的原因（给出必要的图、表、参考文献）。

参 考 文 献

［1］杨新华，陈传尧．疲劳与断裂［M］．武汉：华中科技大学出版社，2018．

［2］王磊．材料的力学性能［M］．沈阳：东北大学出版社，2014．

［3］王从曾．材料性能学［M］．北京：北京工业大学出版社，2001．

［4］郑修麟．材料的力学性能［M］．西安：西北工业大学出版社，2000．

［5］付光华，张光磊．材料性能学［M］．北京：北京大学出版社，2017．

［6］俞汉清，陈金德．金属塑性成形原理［M］．北京：机械工业出版社，2016．

［7］沙桂英．材料的力学性能［M］．北京：北京理工大学出版社，2015．

［8］张俊善．材料强度学［M］．哈尔滨：哈尔滨工业大学出版社，2004．

［9］钱志屏．材料的变形与断裂［M］．上海：同济大学出版社，1989．

［10］Kingery W D．陶瓷导论［M］．北京：中国建筑工业出版社，1987．